Tujian Gongcheng Fangshui Cailiao yu Shigong Jishu

土建工程防水材料与施工技术

杨林江　编著

人民交通出版社

内 容 提 要

本书围绕新型防水材料的生产与应用，针对隧道、路桥、地下、屋面等重要和常见防水工程的设计和施工，作了较为全面、翔实的介绍。内容包括防水工程的设计原则，防水材料的性能要求、种类、检测方法、选择原则及其生产方式，防水工程的施工组织、工艺及注意事项，防水工程的质量控制要点、方法等。

本书内容丰实，实用性强，可供从事防水工程设计、施工、科研和防水材料研发、生产等人员及相关大中专院校师生参考。

图书在版编目(CIP)数据

土建工程防水材料与施工技术 / 杨林江编著. —北京：人民交通出版社，2008.6

ISBN 978-7-114-07471-4

Ⅰ.土… Ⅱ.杨… Ⅲ.①土木工程—建筑材料：防水材料②土木工程—建筑防水—工程施工 Ⅳ.TU57 TU761.1

中国版本图书馆 CIP 数据核字（2008）第 173747 号

书　　名：土建工程防水材料与施工技术
著 作 者：杨林江
责任编辑：邵　江
出版发行：人民交通出版社
地　　址：（100011）北京市朝阳区安定门外外馆斜街3号
网　　址：http://www.ccpress.com.cn
销售电话：（010）59757969，59757973
总 经 销：北京中交盛世书刊有限公司
经　　销：各地新华书店
印　　刷：廊坊市长虹印刷有限公司
开　　本：787×1092　1/16
印　　张：20.25
字　　数：500千
版　　次：2008年6月　第1版
印　　次：2008年6月　第1次印刷
印　　数：0001～4000册
书　　号：ISBN 978-7-114-07471-4
定　　价：65.00元
（如有印刷、装订质量问题的图书由本社负责调换）

编 委 会

序

防水，是各类建筑工程的重要功能之一，为提高防水材料的使用可靠性和耐久性，适应各种场合使用要求，形式多样的防水材料应运而生。快速发展的建设事业，促进了防水事业的技术进步，把防水行业的发展推上了新的台阶。

水，是生命存在的必要条件，是最宝贵的社会资源之一，但是在许多情况下水也是一个有害的因素，起到松散基体、腐蚀材料的损害作用。因其宝贵，为防止流失，需要研究防水；因其有害，为防止其渗漏侵入，也需要研究防水。所以，防水的内容实际上涉及社会日常生活的各个方面。在这里，限于篇幅和视野，仅就几类主要的建筑工程防水作初浅的讨论。

不论是防止水流失或是防止其渗漏，所采取的手段主要是堵和排。很简单，堵，即堵其通道；排，即留出通道。因此要求施工中要堵得严密，排得通畅。本书是在多年研究的基础上结合施工实践经验编写的，主观上力求做到理论联系实际，达到深入浅出、通俗易懂的要求，期望通过本书的介绍，能对从事防水工程设计施工及防水材料研究和生产的读者有所启发，有所借鉴。

中国建筑防水材料协会理事长 陈健

《中国建筑防水》杂志编委会主任委员　　2008 年 4 月

目　录

第一章 概　述

第一节　防水工程的概念与分类

一、防水工程的概念

所谓防水工程，具体来讲，是指为防止地表水(雨水)、地下水、滞水、毛细管水及人为因素引起的水文地质改变而产生的水渗入建筑物、构筑物或防止蓄水工程向外渗漏所采取的一系列结构、构造及建筑措施。概括来讲，防水工程主要包括防止外水向防水建筑渗透、蓄水结构的水向外渗透及建筑物构筑物内部相互止水三大部分。

从防水功能出发，任何防水工程，无论选择何种方案，选用何种材料，都应保证在合理使用年限内不发生渗漏这一目标质量要求。

二、防水工程分类

防水工程的分类，可按设防部位、设防方法、设防材料性能及设防材料的品种来划分。

1.按设防部位分类

(1)屋面防水。建筑物和构筑物的顶面防水。

(2)卫生间与地面防水。卫生间、浴室、盥洗室、清洗室、开水间、楼面和地面的防水。

(3)地下建筑物防水。地下室、地下管沟、地下铁道、隧道、地下建筑物和构筑物的防水。

(4)外墙面防水。外墙立面、坡面及板缝的防水。

(5)路桥防水。桥面防水，桥面伸缩缝、桥墩、桥台、梁端和帽梁的防水，以及路面、路基、路堤、边沟的防水。

(6)其他部位防水。储水池、储液池、游泳池、水塔、水库、储油罐、储油池等的防水。

2.按设防方法分类

(1)采用各种防水材料进行复合防水。复合防水是《屋面工程质量验收规范》(GB 50207—2002)肯定的一种新型防水施工方法。在设防中采用多种不同性能的防水材料，利用各自具有的特性，在防水工程中复合使用，以发挥各种防水材料的优势，提高防水工程的整体性能，做到“刚柔结合、多道设防、综合治理”。例如在节点部位，可用密封材料或性能各异的防水材料与大面积的一般防水材料配合使用，形成复合防水。

(2)采用一定形式或方法进行构件自防水，或结合排水进行防水，如地铁车站为防止侧墙渗水采用双层侧墙内衬墙(补偿收缩防水钢筋混凝土)，地铁车站为防止顶板结构产生裂纹而设置诱导缝和后浇带，为解决地铁结构漂浮而在底板下设置倒滤层(渗排水层)等。

3.按设防材料性能分类

(1)刚性防水。刚性防水是指用素浆、水泥浆和防水砂浆组成的防水层。它利用抹压均匀、密实的素灰和水泥砂浆分层交替施工，以构成一个整体防水层。因刚性防水为相间抹压，各层残留的毛细孔道相互弥补，从而阻塞了渗漏水的通道，因此具有较高的抗渗能力。

(2)柔性防水。柔性防水依据起防水作用的材料，还可分为卷材防水、涂膜防水等多种。

①卷材防水。卷材防水材料分为三大类：石油沥青防水卷材、高聚物改性沥青防水卷材、合成高分子防水卷材。根据其性能的不同，在每一类中又可分为若干个系列，归类见图 1-1。

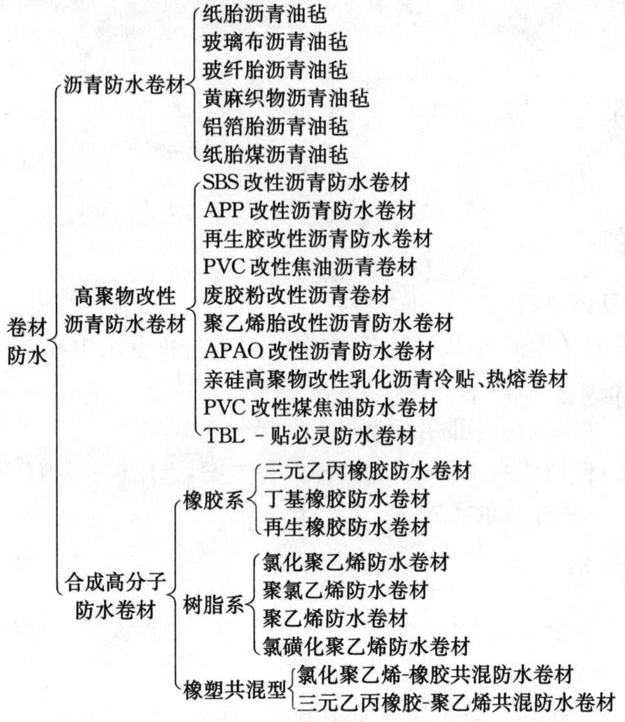

图 1-1　卷材防水材料分类

②涂膜防水。涂膜防水按涂料的液态类型可分为溶剂型、水乳型和反应型 3 种。按涂料成膜物质的主要成分可分为沥青类、高聚物改性沥青类、合成高分子类。见图 1-2。

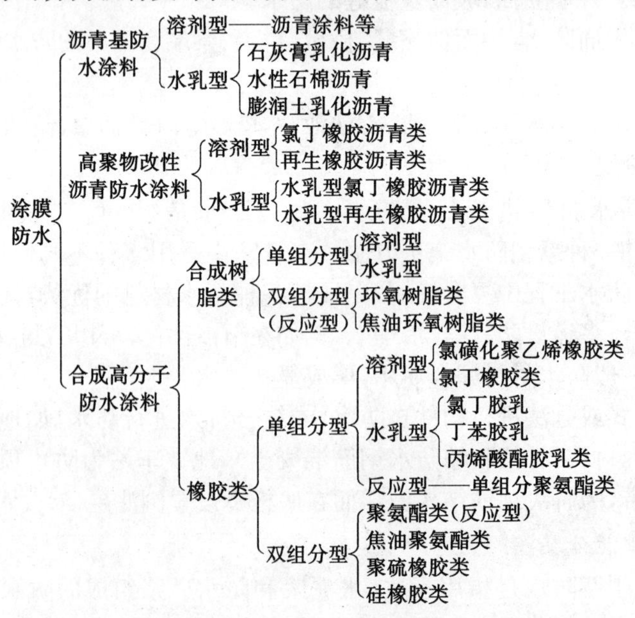

图 1-2　涂膜防水材料分类

4. 按设防材料品种分类

(1)卷材防水。包括沥青防水卷材、高聚物改性沥青防水卷材及合成高分子防水卷材。

(2)涂膜防水。包括沥青基防水涂料、高聚物改性沥青防水涂料及合成高分子防水涂料。

(3)密封材料防水。包括改性沥青密封材料和合成高分子密封材料。

(4)混凝土自防水。包括细石混凝土、普通防水混凝土、补偿收缩(又称微膨胀)防水混凝土、预应力防水混凝土、外加剂防水混凝土及钢纤维防水混凝土等。

(5)粉状憎水材料防水。包括建筑拒水粉、水必克、复合建筑防水粉等。

(6)渗透剂防水。如用 M1500 渗透剂、确保时(COPROX)、加拿大赛佩克斯(XYPEX)等。

第二节　防水工程的内容及要求

工程防水的目的,是保证建筑物在设计耐用的年限内,不会因为雨水、地下水、生活和生产用水、生活和生产污水等因素的作用而发生渗漏。这要求防水层必须能够抵御大气、紫外线、臭氧的老化,耐酸碱的侵蚀,承受各种外力的冲击。

一、防水工程的内容

防水工程就土木工程类别来说,分建筑物和构筑物防水;就防水工程部位来说,分地上防水工程和地下防水工程;就渗漏流向来说,分防外水内渗和防内水外渗。防水工程的基本内容详见表 1-1。

防水工程基本内容　　表 1-1

类　别	项　目	防水工程基本内容
建筑物地上工程	屋面防水	防水混凝土自防水结构,找平层防水,卷材防水层防水,涂膜防水层防水,刚性防水层防水,整体屋面防水
	墙体防水	外墙体防水,女儿墙墙体防水,厕浴间墙体防水,外墙面防水,厕浴间墙面防水,女儿墙墙面防水
	楼地面防水	楼面防水,地面防潮,厕浴间楼面防水,踢脚线防水,阳台楼面防水,楼面穿越管道防水
	门窗及玻璃幕墙防水	框缝防水,窗台防水,玻璃镶嵌部位防水
建筑物地下工程	地下室、地下水泵房、游泳池、电梯井坑等防水	防水混凝土、补偿收缩混凝土、高效预应力混凝土地板、墙体、顶板自防水结构,变形缝防水,后浇缝防水,防水砂浆刚性防水层防水,卷材防水层防水,涂膜防水层防水
构筑物	水塔水箱、水池、闸门、排水管道防水等	防水混凝土、补偿收缩混凝土自防水结构,防水混凝土、防水砂浆刚性防水层防水,变形缝防水,接缝密封防水,穿管防水,涂膜防水层防水
	地铁防水	防水混凝土自防水结构或补偿收缩混凝土自防水结构,衬砌防水,注浆防水,变形缝防水,预埋件防水,穿管防水,防水砂浆防水层防水
	隧道、坑道防排水	注浆防水,贴壁式衬砌防水,离壁式衬砌防水,衬套防水,防水砂浆防水层防水
	特殊施工法的结构防水	盾构衬砌防水结构,预埋管自防水结构,防水混凝土沉井自防水结构,高压喷射帷幕防水

二、防水工程的防水方案

合理确定地下工程防水方案，应根据该工程的使用要求，全面考虑地形、地貌、水文地质、工程地质、地震烈度、冻结深度、环境条件、结构形式、施工工艺及材料来源等因素综合考虑。

1. 无自流排水条件处于饱和岩土层或岩层中的工程

对于没有自流排水条件而处于饱和土层或岩层中的工程，可采用：

(1)防水混凝土自防水结构或钢、铸铁管筒或管片(主要用于盾构法或顶管法施工)；

(2)设置附加防水层，采用注浆或其他防水措施。

2. 无自流排水条件处于非饱和岩土层或岩层中的工程

对于没有自流排水条件而处于非饱和土层或岩层中的工程，可采用：

(1)防水混凝土自防水结构、普通混凝土结构或砌体结构(只用于地下水少或工程允许少量渗漏的工程)；

(2)设置附加防水层或采用注浆或其他防水措施。

无自流排水条件，有渗漏水或需应急排水的工程，应设机械排水系统。

3. 有自流排水条件的工程

对于有自流排水条件的工程，可采用：

(1)防水混凝土自防水结构、普通混凝土结构、砌体结构或锚喷支护；

(2)设置附加防水层、衬套，采用注浆或其他防水措施。

具有自流排水条件的工程，应设自流排水系统。

4. 特殊情况的工程

对于有特殊情况的工程，可采用下列措施：

(1)侵蚀性介质中的工程，应采用耐侵蚀的防水砂浆、混凝土、卷材或涂料等防水方案；

(2)受振动作用的工程，如受机械振动影响或重要的防护工程，应采用柔性的附加防水层(塑料、橡胶类卷材)或乳胶类涂料等防水方案；

(3)处于冻土层中的工程，当采用混凝土结构时，其混凝土抗冻融循环不得小于100次。

实践证明，防水混凝土结构自防水或设置附加防水层防水措施既可单独采用，也可复合使用，但必须精心施工。

三、防水工程施工要求

1. 施工条件

(1)资质与资格

防水工程必须由相应资质的专业防水队伍进行施工，其主要施工人员应持有建设行政主管部门或其指定单位颁发的执业资格证书。

(2)图纸会审

防水施工前，施工单位应进行图纸会审，掌握工程主体及细部构造的防水技术要求，并编制出防水工程的施工方案。

(3)材料合格

防水工程所使用的材料，应有产品合格证书和性能检测报告。材料的品种、规格、性能等应符合现行国家产品标准和设计要求，不合格材料不得在工程中使用。

(4)气候条件的影响

防水工程防水层施工，严禁在雨天、雪天、五级风及其以上时施工。施工环境的气温条件宜符合表 1-2 的规定。

防水层施工环境气温条件 表 1-2

防水层材料	施工环境气温
高聚物改性沥青防水卷材	冷黏法不低于 5℃，热熔法不低于－10℃
合成高分子卷材	冷黏法不低于 5℃，热风焊接法不低于－10℃
有机防水涂料	溶剂型－5～35℃，水溶性 5～35℃
无机防水涂料	5～35℃
防水混凝土、防水砂浆	5～35℃

气候条件对防水层施工影响很大，应予以足够重视。若在雨天施工，会使基层含水率增大，导致防水层黏结不牢；若气温过低时铺贴卷材，易出现开卷时卷材发硬、脆裂，严重影响防水层质量；低温涂刷涂料，涂层易受冻且不成膜；五级风以上进行防水层施工操作，难以确保防水层质量和人身安全。

(5)降低地下水位

进行防水结构或防水层施工，现场应做到无水、无泥浆。为此，施工期间必须做好周围环境的排水和降低地下水位的工作。

①排除基坑内的积水。

②为了确保施工质量，规定地下水位要求降低至防水工程底部最低高程以下 500mm 的位置，直至防水工程完成。

2. 地下工程防水材料质量指标

防水卷材和胶黏剂的质量应符合以下规定。

(1)高聚物改性沥青防水卷材的主要物理性能应符合表 1-3 的要求。

高聚物改性沥青防水卷材主要物理性能 表 1-3

项目		性能要求		
		聚酯毡胎体卷材	玻纤毡胎体卷材	聚乙烯膜胎体卷材
抗拉性能	拉力(N/50mm)，≥	800(纵横向)	500(纵向) 300(横向)	140(纵向) 120(横向)
	最大拉力时的伸长率(%)，≥	40(纵横向)	—	250(纵横向)
低温柔性		≤－50℃		
		3mm 厚、r=15mm，4mm 厚、r=25mm，3s，弯 180°无裂纹		
不透水性		压力 0.3MPa，保持时间 30min，不透水		

(2)合成高分子防水卷材的主要物理性能应符合表 1-4 的要求。

合成高分子防水卷材的主要物理性能 表 1-4

项　　目	性能要求				
	硫化橡胶类		非硫化橡胶类	合成树脂类	纤维胎增强类
	JL_1	JL_2	JF_3	JS_1	
抗拉强度(MPa),≥	8	7	5	8	8
断裂伸长率(%),≥	450	400	200	200	10
低温弯折度(°C)	−45	−40	−20	−20	−20
不透水性	压力 0.3MPa,保持时间 30min,不透水				

(3)胶黏剂的质量应符合表 1-5 的要求。

胶黏剂质量要求 表 1-5

项　　目	高聚物改性沥青卷材	合成高分子卷材
黏结剥离强度(N/10mm)	≥8	≥15
浸水 168h 后黏结剥离强度保持率(%)	—	≥70

第二章　常用工程防水材料

建筑物或构筑物使用防水材料，是为了满足防潮、防渗漏功能。随着现代科学技术的发展，防水材料的品种越来越多，性能各异，大致可按如图 2-1 所示分类。

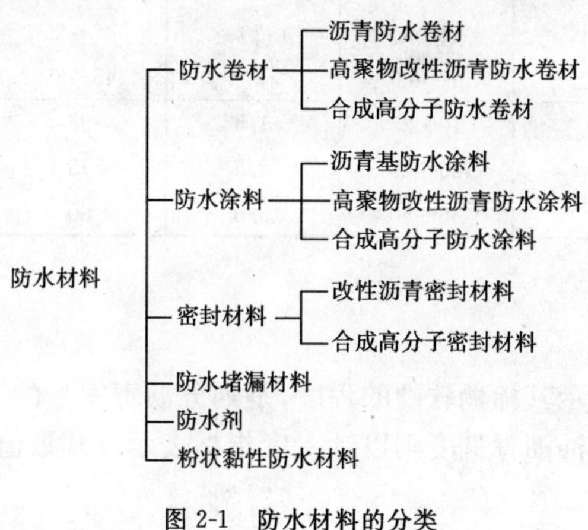

图 2-1　防水材料的分类

第一节　沥 青 材 料

沥青材料广泛应用于防水工程，同时又是各种改性材料的主要组成部分，它的性能直接关系到防水材料的质量。沥青材料是含有沥青成分的材料的总称。它是一种有机胶结材料，为多种高分子碳氢化合物及其金属衍生物组成的复杂混合物，其中碳的含量占 80%～90%，常温下呈固体、半固体或黏性液体，颜色为黑色或黑褐色，具有良好的黏结性、塑性、不透水性及耐化学侵蚀性，并能抵抗大气的风化作用。工程中，沥青材料主要用于屋面、地下防水、车间耐腐蚀地面及道路路面等。此外，沥青材料还可以用来制造防水卷材、防水涂料、防水油膏、胶黏剂及防锈防腐涂料等。可以说，沥青材料是建筑防水材料中的主体材料。

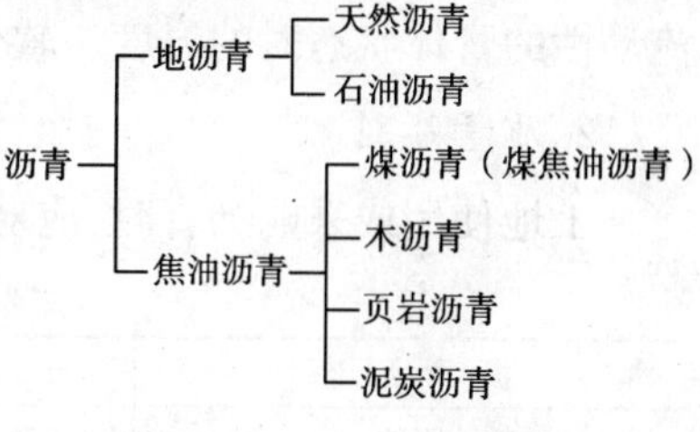

图 2-2　沥青材料按其来源的划分方法

沥青材料按其来源的划分见图 2-2。一般用于工程的沥青有石油沥青和煤沥青两种。

一、石油沥青

石油沥青是石油原油经蒸馏等提炼出各种轻质油（如汽油、煤油、柴油等）和润滑油以后的残留物，再经加工处理而成。石油沥青又分为建筑石油沥青、道路石油沥青和普通石油沥青 3 种。工程上主要使用建筑石油沥青和道路石油沥青制成各种防水材料或现场直接配制使用。石油沥青主要技术性能与质量标准见表 2-1。

石油沥青主要技术性能与质量标准　　表 2-1

名称及标准号码	牌号	针入度(25℃)	延伸度(cm)(25℃),≥	软化点(℃),≥	溶解度(%),≥	闪点(℃)(开口),≥
道路石油沥青(SH 0522—2000)	200	201～300	—	30～45	99.0	180
	180	161～200	100	35～45	99.0	200
	140	121～160	100	38～48	99.0	230
	100 甲	91～120	90	42～52	99.0	230
	100 乙	81～120	60	42～52	99.0	230
	60 甲	51～80	70	45～55	99.0	230
	60 乙	41～80	40	45～55	99.0	230
建筑石油沥青(GB/T 494—1998)	10	10～25	1.5	95	99.5	230
	30	26～35	2.5	75		
	40	36～50	3.5	60		

1. 技术性能

(1)稠度

沥青材料的稠度是表示其稀稠软硬的程度,是划分沥青牌号的主要性能依据。工程中应用较多的半固体或固体石油沥青稠度则以针入度指标表示。其数值愈小,沥青愈硬。针入度值常在 5～200 之间。

(2)塑性

塑性是指沥青材料在外力作用下产生变形而不破坏,除去外力后保持变形后的形状的性质。它是沥青的重要性能之一,用延度(延伸度)指标表示。延度愈大,塑性愈好,柔性和抗裂性愈好,以"cm"为单位。延度常在 1～100cm 之间。

(3)温度稳定性

抵抗温度变化而保持原有性能的品质即为温度稳定性。因沥青的稠度、塑性等性能受外界温度的影响很大,不同沥青其耐热性也不同,因此,温度稳定性也是沥青的一个重要性能,常用软化点指标表示。其数值愈大,耐热性愈好。软化点是指沥青由固体状态转变为具有一定流动性的膏体状态时的温度。软化点常在 25～100℃之间。

2. 质量鉴别

工地使用或采购沥青时,应对其品种、标号加以鉴别,鉴别方法见表 2-2、表 2-3。

石油沥青外观简易鉴别表　　表 2-2

沥青形态	外观简易鉴别
固体	敲碎,检查新断口处,色黑而发亮的质好,暗淡的质差
半固体	即膏状体,取少许拉成细丝,愈细长,质量愈好
液体	黏性强,有光泽,没有沉淀和杂质的较好。也可用一根小木条插入液体内,轻轻搅动几下后提起,成细丝愈长的质量愈好

石油沥青牌号简易鉴别表　　表 2-3

牌号	简易鉴别方法	牌号	简易鉴别方法
140～100	质软	30	用铁锤敲,成为较大的碎块
60	用铁锤敲,不碎,只变形	10	用铁锤敲,成为较小的碎块,表面黑色而有光泽

注:鉴别时的温度为 15～18℃。

二、煤沥青

煤沥青俗称柏油，它是炼焦或制造煤气时的副产品，煤焦油经分馏加工提炼出各种油质后，就得到煤沥青。根据蒸馏程度的不同，煤沥青可分为低温沥青、中温沥青及高温沥青。其技术条件见表2-4，鉴别方法见表2-5。

煤沥青的技术条件(摘自GB/T 2290—1994)　　表2-4

指标名称	低温沥青		中温沥青		高温沥青
	一类	二类	电极用	一般用	
软化点(环球法,℃)	30～45	>45～75	>75～95	>75～95	>95～120
甲苯不溶物含量(%)	—	—	15～25	<25	—
灰分(%),≤	—	—	0.3	0.5	—
水分(%),≤	—	—	5.0	5.0	5.0
挥发分(%)	—	—	60～70	55～75	—
喹啉不溶物含量(%),≤	—	—	10	—	—

骨料级配表石油沥青和煤沥青的鉴别方法　　表2-5

鉴别方法	石油沥青	煤沥青
锤击法 (用锤轻击)	韧性较好，有弹性感觉，声发哑	韧性差，性脆，无弹性感觉，发声清脆
变形率法	受较小的荷重不变形	受较小的荷重易变形
溶液颜色鉴别法 (将沥青置于盛有酒精的透明瓶中观察溶液颜色)	无颜色	呈黄色，并带有绿蓝色荧光
气味嗅别法 将沥青材料加热燃烧	仅有少量油味或松香味，烟无色	有刺激性触鼻臭味，烟呈黄色
密度法 [配制标准密度液(用密度计测定)，将沥青样品投入标准液，观察沉浮可定其密度的大小。密度大于1时，密度液用氯化锌或氯化钙与水配制;密度小于1时，用酒精与水配制]	近于1.0 液体小于1 半固体接近1 固体接近1	1.25～1.28 液体1.1左右 半固体1.2左右 固体大于1.2
液解度法 [将样品一小块(约1g)投入30～50倍的煤油或汽油中，用玻璃棒搅动，充分溶解后观察]	样品基本溶解，溶液呈棕黑色	样品基本不溶解，溶液稍呈黄绿色
毒性	无	含酚蒽有刺激性的毒性
温度稳定性	较好	较差
防水性	较好	较差(含酚，溶于水)
抗腐蚀性	差	强

三、沥青的改性

防水工程中使用的沥青必须具有其特定的性能:在低温条件下应有弹性和塑性，高温时要有足够的强度和稳定性，在使用条件下具有抗老化能力，与各种矿物料及基层表面有较强的黏附力，对基层变形具有一定的适应性和耐疲劳性。通常，由石油沥青加工制备的沥青不能全面满足上述要求，尤其是我国大多数由原油加工出来的沥青，如只控制了耐热性，其他方面就很难达到要求，由此必然影响以沥青为主要原料的防水材料的质量，因此对沥青必须进行改性处理。目前，主要有以下几种改性做法。

1.氧化改性

(1)普通氧化。该种氧化也称作吹制氧化，即向沥青吹入少量氧，会产生氢的氧化作用和聚合物作用，氢原子从大分子中分裂出来，留下活性部分，经冷却或聚合成更大的分子。在氧化时，这种反应将进行无数次，从而形成越来越大的分子。分子变大，则可提高沥青的黏度、软化点、针入度及闪点，改善其温度敏感性。

(2)催化氧化。催化剂不但会影响氧化反应的速率，而且能提高产品的软化点。而最常用的催化剂是三氧化铁和磷的化合物。其中三氧化铁除用以提高反应速率外，主要是用以提高沥青的针入度。

(3)改性油氧化。改性油氧化工艺采用高真空汽油，成本低于催化工艺，同时还能采用较低质量的沥青，而其产品性能与催化氧化相似或稍优。

2.硫化改性

硫化改性通过采用硫与沥青反应对沥青进行改性。硫化沥青不仅能提高沥青的软化点，降低其针入度，还能降低其温度敏感性，便于施工。然而硫化沥青具有不稳定性，硫易在混合时沉淀和结块；在高温下(150℃)会产生剧毒的硫化氢气体，施工温度必须控制在115℃左右，最好在低温下施工。

3.聚合物改性

(1)聚合物的要求

用于沥青改性的聚合物应符合下列要求。

①与沥青的相容性好，无论是在高温还是在室温下储存，聚合物都不应有任何离析现象。

②加入少量聚合物后对熔融沥青的黏度影响不大。

③聚合物的结构能有效地改善沥青的低温脆性、感温性等性能。沥青本身的组分对相容性也有影响。沥青中的沥青质愈多，相容性愈差；树脂、油分多，则相容性好。

(2)聚合物的主要品种

用于沥青改性的聚合物主要可分为橡胶和树脂两大类，也有橡胶与树脂共同用于沥青改性的。使用最为普遍的是SBS橡胶和APP树脂两种聚合物，此外还有氯丁橡胶、丁基橡胶、三元乙丙橡胶及胶粉等。通常又将橡胶沥青和树脂沥青分别称为弹性沥青和塑性沥青。聚合物的掺量对改性沥青的影响十分明显，一般掺量在8%以上，混合物中的聚合物可能呈连续相，掺量大于12%时聚合物的特性更为突出。通常将高掺量的沥青称为聚合物沥青，掺量低且性能改善幅度较少的沥青称为改性沥青。

(3)聚合物改性沥青的特点

①温度敏感性降低，塑性范围扩大，一般为－20～100℃。橡胶含量在10%以上时，塑性范围可达－20～130℃。

②热稳定性提高，在100℃下加热2h，不会产生软化和流淌现象。

③冷脆点降低，低温性能改善，不龟裂，低温下仍有较好的延伸性和柔韧性。

④弹性和伸长率提高，强度好，能抗冲击和耐磨损。

⑤耐久性好，橡胶沥青比纯沥青耐老化性至少提高1倍。

在聚合物改性的同时还要掺入矿物填充料（粉状或纤维状）以改善其黏结力和耐热度。

四、沥青胶（玛蹄脂）

沥青胶是沥青和适量粉状或纤维状矿物填充料的均匀混合物。

1. 沥青胶的技术性能（表2-6）

沥青胶的技术性能 表2-6

指标名称	石油沥青胶						焦油沥青胶		
	S-60	S-65	S-70	S-75	S-80	S-85	J-55	J-60	J-65
耐热度	用2mm厚的沥青胶黏合两片沥青油纸，于不低于下列温度（℃）中，在100%（或45°角）的坡度上，停放5h，沥青胶不应流出，油纸不应滑动								
	60	65	70	75	80	85	55	60	65
柔韧性	涂在沥青油纸上的2mm厚的沥青胶层，在(18±2)℃时，围绕下列直径（mm）的圆棒以2s的均衡速度弯曲成半圆，沥青胶不应有裂纹								
	10	15	15	20	25	30	25	30	35
黏结力	将两片用沥青胶粘贴在一起的沥青油纸揭开，若被撕开的面积超过粘贴面积的1/2，则认为黏结力不合格，否则即为合格								

2. 石油沥青胶的配合比（表2-7）

石油沥青胶的配合比（单位：%） 表2-7

耐热度（℃）	沥青牌号			填充料					催化剂（占沥青质量的百分率）
	10	30	60	滑石粉	钛白粉	烟灰	石棉粉	石棉绒	
70	70			30					
70	60		10	20				10	
70	70	5		25					
70	65	10		25					
70	80			20					
75	70			30					硫酸铜1.5%
75	65		5	30					
75	75								
75	60	10			30				
75		72					25		
75	50	20			30				
80	70			30		28			氧化锌1.5%
80	70				30				硫酸铜1.5%
80	75			25					
85	80			20					氧化锌1.0%

3. 沥青胶的熬制与应用

熬制沥青胶必须掌握以下要点：

(1)按配合比准确计量；

(2)严格掌握熬制温度，石油沥青熬制温度不得高于240℃；

(3)装料深度为沥青锅深度的1/2～2/3，以防起沫后沥青溢出；

(4)加入填料后，应不停地搅拌，以防沉淀。

沥青胶应用广泛，可用于沥青防水卷材的粘贴，沥青防水涂层、沥青砂浆防水层的底层及接头填缝作密封材料等。

注：屋面防水工程中不得使用焦油沥青胶。

五、冷底子油

冷底子油是将石油沥青加入溶剂而制成的溶液。

1. 冷底子油配合比(表2-8)

冷底子油配合比(质量分数) 表2-8

沥青用量(%)		溶剂(%)			冷底子油性能	干燥时间(h)
		煤油轻柴油	汽油	苯		
石油沥青10号或30号	40	60			慢挥发性	12～48
	30		70		快挥发性	5～10
焦油沥青	45			55	快挥发性	5～10

2. 冷底子油的配制与应用

(1)将沥青加热熔化，使其脱水为止。加入快挥发性溶剂，沥青温度不得超过110℃；加入慢挥发性溶剂，沥青温度不得超过140℃。达到上述温度后，将沥青慢慢成细流状注入一定量的溶剂中，并不停搅拌，溶解均匀为止。

(2)将沥青打成5～10mm大小碎块，按质量比加入溶剂中，不停搅拌，直至全部溶解均匀。

使用快挥发性冷底子油时，一般将沥青涂在硬化干燥的水泥砂浆基层上；使用慢挥发性冷底子油时，一般将沥青涂在终凝前的水泥砂浆基层上。

第二节 防水卷材

防水卷材是工程防水材料的重要品种之一，约占整个工程防水材料的80%。1980年以后，在使用传统纸胎沥青油毡的同时，我国科技工作者先后研制成功了耐老化性能好、抗拉强度高、伸长率大、对基层伸缩或开裂变形适应性强的三元乙丙橡胶防水卷材、氯化聚乙烯-橡胶共混防水卷材、氯磺化聚乙烯防水卷材、增强氯化聚乙烯防水卷材、聚氯乙烯防水卷材及SBS改性沥青防水卷材、APP改性沥青防水卷材、再生橡胶改性沥青防水卷材、聚氯乙烯改性焦油沥青防水卷材等。与此同时，我国又先后从西欧、日本及美国等地引进了5条生产合成高分子防水卷材和15条生产高聚物改性沥青防水卷材的生产线。到目前为止，据不完全统计，我国已能生产100多种不同档次、性能的合成高分子防水卷材和高聚物改性沥青防水卷材产品，从此打破了我国传统纸胎沥青防水卷材一统天下的局面，有力地促进了工程防水新材料和新技术的开发与应用，满足了现代建筑工程防水发展的需求。

一、防水卷材的要求

要满足防水工程的要求，防水卷材必须具备以下性能。

(1)耐水性。即在水的作用和被水浸润后其性能基本不变，在水的压力下具有不透水性。

(2)温度稳定性。即在高温下不流淌、不起泡、不滑动，低温下不脆裂的性能；也指在一定温度变化下保持原有性能的能力。

(3)机械强度、延伸度和抗断裂性。即在承受建筑结构允许范围内荷载应力和变形条件下不断裂的性能。

(4)柔韧性。对于防水材料特别要求具有低温柔性，保证易于施工，不脆裂。

(5)大气稳定性。即在阳光、热、氧气及其他化学侵蚀介质、微生物侵蚀介质等因素的长期综合作用下，抵抗老化、抵抗侵蚀的能力。

二、沥青防水卷材

沥青防水卷材俗称沥青油毡。它是用原纸、纤维织物、纤维毡、金属箔、合成膜胎体材料浸涂沥青，表面撒布粉状、粒状或片状材料制成的可卷曲的片状防水材料。接不同的胎体材料，沥青防水卷材大致分类见图 2-3。

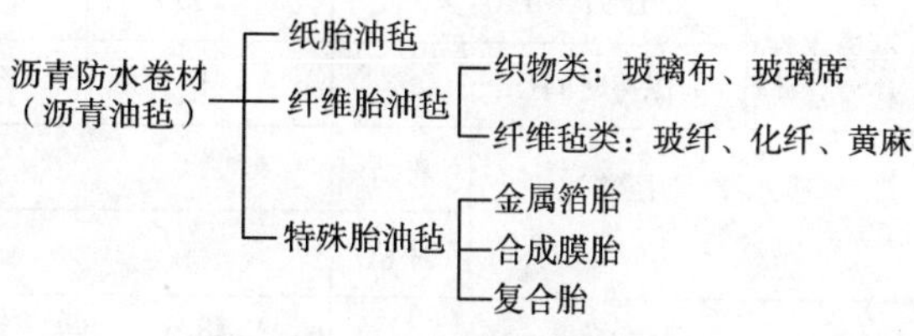

图 2-3　沥青防水卷材的分类

1. 纸胎油毡

石油沥青纸胎油毡系采用低软化点石油沥青浸渍原纸，然后用高软化点石油沥青涂盖油纸两面，再涂或撒隔离材料制成的一种可卷曲的片状防水材料。

(1)纸胎沥青油毡的类型及适用范围(见表 2-9)

纸胎沥青油毡的类型及适用范围　　表 2-9

名　称	类　型	适 用 范 围
石油沥青纸胎油毡 (GB 326—2007)	I 型	辅助防水，保护隔离层，临时性建筑防水、防潮及包装等
	II 型	
	III 型	屋面工程的多层防水
煤沥青油毡 (JC 505—1992)	200 号	适用于简易防水、建筑防潮及包装等
	270 号	建筑防水、防潮和包装，与煤焦油聚氯乙烯涂料等材料配套，可用于屋面多层防水。350 号油毡还可用于一般地下防水
	350 号	

(2)纸胎沥青油毡的技术指标

石油沥青纸胎油毡的物理性能应符合表 2-10 的规定，煤沥青油毡物理性能应符合表 2-11 的规定。

石油沥青纸胎油毡物理性能(摘自 GB 326—2007)　　表 2-10

项　目		指　标		
		I 型	II 型	III 型
单位面积浸涂材料总量(g/m²)，≥		600	750	1 000
不透水性	压力(MPa)，≥	0.02	0.02	0.10
	保持时间(min)，≥	20	30	30
吸水率(%)，≤		3.0	2.0	1.0
耐热性(85±2)℃		受热 2h 涂盖层无滑动、流淌和集中性气泡		
拉力(N/50mm)，纵向≥		240	270	340
柔性(18±2)℃		绕 ϕ20mm 圆棒或弯板无裂纹		

煤沥青油毡的技术性能指标(摘自 JC 505—1992)　表 2-11

指标名称		标号/等级 200号 合格品	270号 一等品	270号 合格品	350号 一等品	350号 合格品
每卷质量(kg),≥	粉毡	16.5	19.5		23.0	
	片毡	19.0	22.0		25.5	
幅度(mm)		915 和 1 000				
每卷总面积(m^2)		20±0.3				
可溶物含量(g/m^2),≥		450	560	510	660	600
不透水性	压力(MPa),≥	0.05	0.05		0.10	
	保持时间(min),≥	15	30	20	30	15
吸水率(常压法)(%),≤	粉毡	3.0				
	片毡	5.0				
耐热度(℃)		70±2	75±2	70±2	75±2	70±2
		受热 2h 涂盖层应无滑动和集中性气泡				
拉力(N) (25±2)℃,纵向		250	330	300	380	350
柔度(℃),≤		18	16	18	16	18
		绕 ϕ20mm 圆棒或弯板无裂纹				

(3)纸胎沥青油毡的保管

①不同品种、标号、规格的产品不应混杂。

②卷材在规定的温度下(粉状撒布面油毡不高于 45℃,片状撒布材料油毡不高于 50℃),应立放保存,高度不超过两层,允许在两层上再平放一层。应避免雨淋、日晒、受潮,并注意通风。

2. 石油沥青玻璃布胎油毡

(1)定义

石油沥青玻璃布油毡,系用玻璃纤维经纺织而成的玻璃布为胎基,用石油沥青涂盖材料浸涂玻璃布两面,并在其表面涂布或撒布矿质粉状隔离材料所制成的一种无机纤维织物胎基沥青防水卷材。

(2)规格、等级及标记

①规格:按幅宽分为 915mm 和 1 000mm 两种。

②等级:按物理性能分为一等品(B)和合格品(C)两个等级。

③产品标记:按产品名称、等级、标准代号依次标记。如石油沥青玻璃布油毡一等品可标记为玻璃布油毡-B-JC84。

(3)外观、面积及卷重

①成卷油毡应卷紧卷齐。

②成卷的油毡在 5～45℃的环境温度下,应易于展开,不得有黏结和裂纹。

③浸涂材料应均匀、致密地浸涂玻璃布胎基。

④油毡表面必须平整，不得有裂纹孔洞、扭曲，20mm 内的边缘裂口或长 50mm、宽 20mm 以内的缺边不应超过 4 处。

⑤涂布或撒布的隔离材料应均匀，紧密地黏附于油毡表面。

⑥每卷油毡的接头不应超过一处，其中较短的一段不得少于 2.5m，接头处应剪切整齐，并加长 15cm 备作搭接。

⑦每卷面积为(20±0.3)m^2。

⑧每卷质量应不小于 15kg，卷重包括不大于 0.5kg 的硬质卷芯的质量。

(4)物理性能、外观质量

该油毡物理性能见表 2-12，外观质量见表 2-13。

石油沥青玻璃布油毡的物理性能(摘自 JC/T 84—1996)　　表 2-12

项目		指标	
		一等品(B)	合格品(C)
可溶物含量(g/m^2)，≥		420	380
耐热性(85±2)℃		受热 2h 涂盖层无滑动、起泡现象	
不透水性	压力(MPa)	0.2	0.1
	保持时间≥15min	无渗漏	
拉力(N) (25±2)℃，纵向≥		400	360
柔度(℃)，≤		0	5
		弯曲直径 30mm 无裂纹	
耐霉菌腐蚀性	质量损失(%)，≤	2.0	
	拉力损失(%)，≤	15	

(5)适用范围

玻璃布油毡可用于铺设地下防水、防腐层，也可用于平屋面、坡屋面作防水层及金属管道作保护层(热力管道除外)。

石油沥青玻璃布油毡外观质量要求(摘自 JC/T 84—1996)　　表 2-13

项目		质量要求
卷重及面积	卷重	每卷油毡质量应不小于 15kg(包括不大于 0.5kg 的硬质卷芯)
	面积	每卷油毡面积为(20±0.3)m^2
卷材外观		①成卷油毡应卷紧 ②成卷油毡在 5～45℃的环境温度下应易于展开，不得有黏结和裂纹 ③浸涂材料应均匀、致密地浸涂玻璃布胎基 ④油毡表面必须平整，不得有裂纹、孔眼、扭曲折纹 ⑤涂布或撒布材料均匀、致密地黏附于涂盖层两面 ⑥每卷油卷的接头应不超过一处，其中较短一段不得少于 2 500mm，接头处应剪切整齐，并加长 150mm 备作搭接

(6)产品性能(表 2-14)

沥青玻璃布油毡技术性能 表 2-14

生产单位	产品规格			质量(kg/卷)	技术性能	
					项 目	指 标
新疆梧桐玻纤建材厂	型号	厚度(mm)	面积(m^2)		单位面积涂盖材料总量(g/m^2)	567
	ST-1	0.5	20±0.3	14	不透水性	合格
	ST-2	0.7	20±0.3	18	吸水性(g/100cm^2)	0.04
	ST-3	0.9	20±0.3	22	耐热性 (85±2)℃,5h	合格
	ST-4	1.5	10±0.3	20	纵向拉力(N)	≥552
					抗剥离性	合格
					柔性	合格
浙江省文成县玻璃布油毡厂	型号	厚度(mm)	面积(m^2)		不透水性	压力 0.3MPa,保持时间 15min
					吸水性(g/100cm^2)	≤0.10
	ST-1	0.5	20±0.3	14	耐热性(85±2)℃,5h	无流淌,不起泡
					纵向拉力(N)(18±2)℃	≥540/2.5cm^2
	ST-2	0.7	20±0.3	18	抗剥离性(剥离面积)	≤2/3
					柔性	绕 φ20mm 圆棒无裂纹
	ST-3	0.9	20±0.3	22	单位面积浸涂材料总量(g/m^2)	ST1 1 500
						ST2 700
	ST-4	1.5	10±0.3	20		ST3 900
						ST4 800

3. *石油沥青麻布胎油毡*

(1)定义

石油沥青麻布胎油毡是以麻布为胎基,先涂以低软化点石油沥青,再在两面涂盖高软化点的石油沥青玛蹄脂,并覆盖一层矿物质隔离材料所制成的沥青防水卷材。

(2)规格、标号及品种

①规格:按幅宽分 1 000mm 和 1 200mm 两种规格,油毡的厚度为 2.2～2.4mm。

②标号:根据所用麻布胎体为 300g/m^2,所生产的石油沥青麻布油毡的标号为 J300。

③品种:根据所用隔离材料的不同分为粉状、砂粒及绿页岩等不同品种。

(3)外观、面积、卷重

①外观:油毡表面涂盖沥青应涂层均匀,经涂盖的麻布应无孔眼、折皱及其他外观缺陷。成卷的油毡应卷切整齐,防止端面里进外出。为防止成卷的油毡存放中发生挤压变形,应加硬质卷芯。

②面积:(10±0.3)m^2。

③卷重:20～25kg/卷。

(4)物理性能

石油沥青麻布胎油毡物理性能见表 2-15,该类油毡的物理性能见表 2-16。

(5)适用范围

石油沥青麻布油毡适用于要求比较严格的防水层及要求抗拉强度高或有结构变形的防水工程。

石油沥青麻布油毡物理性能　　表 2-15

项　目	指　标	项　目	指　标
可溶物含量(g/m^2),≥	砂面、粉面 1 600、绿页岩 2 000	抗拉强度(N),≥	500
耐热度(℃)	70 或 80	断裂伸长率(%),≥	横向 3,纵向 2
柔度(℃)	5 或 0	不透水性(MPa/h)	0.1/24

麻布类油毡物理性能　　表 2-16

项目名称 \ 等级 \ 品种		一般麻布油毡			热熔麻布油毡		
		优等	一等	合格	优等	一等	合格
可溶物含量(g/m^2),≥		1 600	1 500		3 300	2 800	
不透水性(0.1MPa×24h)		不透水					
耐热性(85±2)℃		受热 2h 涂盖层无滑动					
柔度(℃)		0	5	10	0	5	10
		绕 r=15mm 弯板无裂纹					
拉力(N),≥	纵向	600	500		600	500	
	横向	500	500		500	500	
断裂伸长率(%),≥	纵向	2					
	横向	3					

4. *石油沥青玻璃纤维胎油毡*

(1)定义

石油沥青玻璃纤维胎油毡是采用玻璃纤维毡为胎基,浸涂石油沥青,表面涂撒矿物料或覆盖聚乙烯等隔离材料所制成的一种沥青防水卷材。

(2)规格、品种、等级、标号、标记

①规格:幅宽 1 000mm。

②品种:按上表面隔离材料分为膜面、粉面、砂面 3 个品种。

③等级:按其物理性能分为优等品(A)、一等品(B)、合格品(C)3 个等级。

④标号:按 $10m^2$ 标称质量分为 15 号、25 号、35 号 3 个标号。

⑤标记:根据油毡所用的涂盖沥青、胎基、上表面材料及产品等级的代号,加上产品标号、标准号的顺序排列。

各种材料的代号——石油沥青 A,玻璃纤维毡 G,河沙(普通矿物粒、片材)S,彩砂(彩色矿物粒、片材)CS,粉状材料 T,聚乙烯膜 PE。

标记示例——15 号合格品砂面玻璃纤维毡石油沥青油毡标记为油毡 A-G-S-15(C)GB/T 14686;25 号一等品粉面玻璃纤维毡石油沥青油毡标记为油毡 A-G-T-25(B)GB/T 14686。

(3)外观质量、面积及卷重

①外观质量要求:

a. 成卷油毡应卷紧卷齐,卷筒两端厚度差不得超过 5mm,端面里进外出不得超过 10mm。

b. 成卷油毡在环境温度为 5～45℃时易于展开,不得有破坏毡面长度 10mm 以上的黏结和距芯 1 000mm 以外长度 10mm 以上的裂纹。

c. 胎基必须浸透,并与涂盖材料紧密黏结。

d. 油毡表面必须平整,不允许有孔洞、硌(楞)伤,以及长度 20mm 以上的疙瘩和距卷芯 1 000mm以外长度 100mm 以上的折纹、折皱。20mm 以内边缘裂口或长 50mm、宽 20mm 以内的缺边不应超过 4 处。

e. 撒布材料的颜色和粒度应均匀一致，并紧密地黏附于油毡表面。

f. 每卷油毡接头不应超过一处，其中较短的一段不得少于 2 500mm，接头处应剪切整齐，并加长 150mm。

②面积：15 号为(20±0.2)m²/卷，25 号、35 号为(10±0.1)m²/卷。

③卷重：见表 2-17。

不同标号玻璃纤维胎油毡的质量(摘自 GB/T 14686—1993)　　表 2-17

标　号	15 号			25 号			35 号		
上表面材料	PE 膜	粉	砂	PE 膜	粉	砂	PE 膜	粉	砂
标称质量(kg/10m²)	30			25			35		
卷重(kg)，≥	25.0	26.0	28.0	21.0	22.0	24.0	31.0	32.0	34.0

(4)物理性能

该类油毡物理性能见表 2-18。

玻璃纤维胎油毡物理性能(摘自 GB/T 14686—1993)　　表 2-18

指标名称 \ 标号 \ 等级			15 号			25 号			30 号		
			优等	一等	合格	优等	一等	合格	优等	一等	合格
可溶物含量(g/m²)，≥			800		700	1 300		1 200	2 100		2 000
不透水性	压力(MPa)，≥		0.10			0.15			0.20		
	保持时间(min)，≥		30			30			30		
耐热性(85±2)℃			受热 2h 涂盖层应无滑动								
拉力(N)，≥		纵向	300	250	200	400	300	250	400	320	270
		横向	200	150	130	300	200	180	300	240	200
柔性	温度(℃)，≤		0	5	10	0	5	10	0	5	10
	弯曲半径		绕 r=15mm 弯板无裂纹						绕 r=25mm 弯板无裂纹		
耐霉菌(8 周)	外观		2 级			2 级			1 级		
	质量损失率(%)，≤		3.0			3.0			3.0		
	拉力损失率(%)，≤		40			30			20		
人工加速气候老化试验(27 周期)	外观		无裂纹、无气泡等现象								
	失重率(%)，≤		8.0			5.5			4.0		
	拉力变化率(%)		+25～−20			+25～−15			+25～−10		

(5)适用范围

①15 号玻璃纤维胎油毡适用于一般工业与民用建筑的多层防水，并用于包扎管道(非热力管道)作防腐保护层。

②25 号、35 号玻璃纤维胎油毡，适用于屋面、地下、水利等工程的多层防水，其中 35 号玻

璃纤维胎油毡，可采用热熔法施工多层或单层防水；彩砂、玻璃纤维胎油毡适用于防水层的面层，且不可再做表面保护。

5. 铝箔面沥青油毡

(1)定义

铝箔面沥青油毡系采用玻纤毡为胎基，浸涂氧化沥青，在其表面用压纹铝箔贴面，底面撒以细颗粒矿物料或覆盖聚乙烯(PE)膜所制成的一种具有热反射和装饰功能的防水卷材。

(2)规格、分类、标记

①规格：幅宽定为1 000mm。

②标号：按标称卷重分为30、40号两种标号。

③标记：按产品名称、标号和标准号的顺序标记，如30号铝箔面石油沥青防水卷材可标记为铝箔面卷材 30 JC/T 504—2007。

(3) 要求

①卷重：卷材的单位面积质量应符合表2-19的规定。

铝箔面卷材单位面积质量(摘自JC/T 504—2007)　　表2-19

标　　号	30　号	40　号
单位面积质量(kg/10m²)	2.85	3.80

②厚度：30号铝箔面卷材的厚度不小于2.4mm，40号铝箔面卷材的厚度不小于3.2mm。

③面积：卷材的面积偏差不超过标称面积的1%。

④外观：

a. 成卷的油毡应卷紧、卷齐，卷筒两端厚度差不得超过5mm，端面外出里进不得超过10mm。

b. 成卷卷材在10～45℃任一产品温度下展开，在距卷芯1 000mm长度外不应有10mm以上的裂纹或黏结。

c. 胎基应浸 透，不应有未被浸渍的条纹，铝箔应与涂盖材料黏结牢固，不允许有分层、气泡现象，无污迹、折皱、裂纹等缺陷，铝箔应为轧制铝，不得采用塑料镀铝膜。

d. 在卷材覆铝箔的一面沿纵向留70～100mm无铝箔的搭接边，在搭接边上可撒细砂或覆聚乙烯膜。

e. 卷材表面平整，不允许有孔洞、缺边和裂口。

f. 卷材接头不多于一处，其中较短的一段不应少于2 500mm，接头应剪切整齐，并加长150mm。

⑤物理性能：应符合表2-20的要求。

铝箔面沥青油毡物理性能(摘自JC/T 504—2007)　　表2-20

项　　目	指　　标	
	30号	40号
可溶物含量(g/m²)，≥	1 550	2 050
拉力(N/50mm)，≥	450	500
柔性(5℃)	绕半径35mm圆弧无裂纹	
耐热性(90±2)℃	受热2h涂盖层无滑动、起泡、流淌	
分层性(50±2)℃	7d无分层现象	

(4)适用范围

30 号铝箔面油毡适用于多层防水工程的面层，40 号铝箔面油毡适用于单层或多层防水工程的面层。

6.纸胎煤沥青油毡

(1)定义

纸胎煤沥青油毡系采用低软化点煤沥青浸渍原纸，然后用高软化点煤沥青涂盖油纸两面，再涂布或撒布隔离材料所制成的可卷曲片状防水材料。

(2)产品分类

①等级：煤沥青油毡按可溶物含量和物理性能分为一等品和合格品两个等级。

②品种规格：煤沥青油毡按所用隔离材料分为粉状面(F)毡和片状面(P)毡两个品种。煤沥青油毡幅宽分为 915mm 和 1 000mm 两种规格。按原纸质量(g/m^2)分为 200 号、270 号和 350 号 3 种标号。

(3)技术要求

①面积：每卷煤沥青油毡的总面积为$(20\pm0.3)m^2$。

②卷重：每卷煤沥青油毡的质量应符合表 2-21 的要求。

不同品种标号煤沥青油毡质量 表 2-21

标　号	200 号		270 号		350 号	
品种	粉毡	片毡	粉毡	片毡	粉毡	片毡
质量(kg)，≥	16.5	19.0	19.5	22.0	23.0	25.5

③外观：煤沥青油毡的外观，除应符合纸胎石油沥青防水卷材外观质量的各项要求外，还要求纸胎必须浸透，不应有未浸透的浅色斑点；涂盖材料应均匀致密地涂盖油纸两面，不应有油纸外露和涂油不均现象。

(4)物理性能

各种标号等级的煤沥青油毡物理性能，应符合表 2-22 的要求。

(5)适用范围

200 号油毡适用于简易建筑防水、建筑防潮、包装防潮等；270 号和 350 号油毡适用于建筑工程防水、建筑防潮、包装防潮等，它们与聚氯乙烯改性煤焦油防水涂料复合，也可用于屋面多层防水。

7.沥青防水卷材的包装、标志、保管与运输

(1)包装

①油毡应以全柱包装为宜，柱面两端未包装长度，总共不应超过 100mm。

②油纸允许双卷包装。

③由于玻璃布油毡胎基软，为保证储运中不致将油毡压扁，在油毡卷芯处应加硬质卷芯。

④冷底子油采用密封铁桶包装，由于冷底子油系易燃溶剂配制而成，包装必须严密，不得有泄漏。

⑤石油沥青玛蹄脂可选用聚丙烯薄膜袋装；煤沥青玛蹄脂可选用聚氯乙烯薄膜袋装；冷玛蹄脂可用 5kg、32kg 的塑料桶密封包装，也可用 250kg 的铁桶密封包装。

煤沥青油毡物理性能(摘自 JC 505—1992)　　表 2-22

项目		200号	270号		350号	
	等级	合格品	一等	合格	一等	合格
可溶物含量(g/m^2),≥		450	560	510	660	600
不透水性	压力(MPa),≥	0.05			0.10	
	保持时间(min),≥	15	30	20	30	15
吸水率(%),≤	粉毡	3.0				
	片毡	5.0				
耐热度(℃)		70±2	75±2	70±2	75±2	70±2
		受热 2h 涂盖层应无滑动和集中性气泡				
拉力(N) (25±2)℃,纵向≥		250	330	300	380	350
柔度(℃)		18	16	18	16	18
		绕 ϕ20mm 圆棒或弯板无裂纹				

(2)标志

包装上应标明:

①生产厂名;

②商标;

③产品名称、标号、品种、制造日期和班次;

④标准编号;

⑤质量等级标志;

⑥保管与运输注意事项;

⑦生产许可证号;

⑧冷底子油等沥青防水材料的包装上应有易燃物和明显标志。

(3)保管和运输

①不同品种、标号、规格、等级的产品不应混杂。

②油毡在规定的温度下(粉状面油毡不高于 45℃,片状面油毡不高于 50℃)立放保管,其高度不超过两层。应避免雨淋日晒、受潮,并要注意通风。

③由于运输与保管不当,或自生产日起,产品存放超过 1 年发生质量问题时,生产单位不予处理。

④当采用轮船和铁路运输时,卷材必须立放,其层高不超过两层,允许在两层上再平放一层。短途运输平放不要高于 4 层,并不得倾斜或横压,必要时应加盖苫布。

⑤油毡应按同一方向平放堆成三角形进行保管,堆放的层数不得高于 10 层(麻布油毡不得超过 5 层),并应在 40℃以下保管。

⑥冷底子油的储存应远离火源,严格注意防火,容器必须是密闭、无渗漏。

⑦储运时防止曝晒。

三、高聚物改性沥青防水卷材

以高分子聚合物改性沥青为涂盖层,纤维毡、纤维织物或塑料薄膜为胎体,粉状、粒状、片状或塑料膜为覆面材料制成可卷曲的片状防水卷材,称为高聚物改性沥青防水卷材。国内几种主要的高聚物改性沥青防水卷材介绍如下。

1. 塑性体改性沥青防水卷材(APP 防水卷材)

塑性体改性沥青防水卷材，是热塑性塑料(如 APP)改性沥青后的塑性体沥青，涂盖在经沥青浸渍后的胎基两面，在上表面撒以细砂、矿物粒(片)料或覆盖聚乙烯膜，下表面撒以细砂或覆盖聚乙烯膜所制成的一种沥青防水卷材。通常以 APP 改性沥青油毡为典型产品。

(1)产品分类

①按胎基分为聚酯胎(PY)和玻纤胎(G)两类。

②按上表面材料分为聚乙烯膜(PE)、细砂(S)与矿物粒(片)料(M)3 种。

③按物理力学性能分为 I 型和 II 型。

卷材按不同胎基、不同上表面材料分为 6 个品种，见表 2-23。

塑性体沥青卷材的品种(摘自 GB 18243—2000)　　表 2-23

胎基 / 上表面材料	聚 酯 毡	玻 纤 毡
矿物料(片)料	PY-PE	G-PE
细砂	PY-S	G-S
聚乙烯膜	PY-M	G-M

(2)规格

①幅宽：1 000mm。

②厚度：

聚酯胎卷材　3mm 和 4mm；

玻纤胎卷材　2 mm、3mm 和 4 mm。

③面积：每卷面积分为 15m^2、10m^2 和 7.5 m^2。

(3)标记

①标记方法：卷材按弹性体改性沥青防水卷材、型号、胎基、上表面材料、厚度和本标准号的顺序标记。

②标记示例：3mm 厚砂面聚酯胎 I 型弹性体改性沥青防水卷材标记为 APPIPY S3 GB 18243。

(4)适用范围

APP 卷材适用于工业与民用建筑的屋面和地下防水工程，以及道路、桥梁等建筑物的防水，尤其适用于较低气温环境的建筑防水。

(5)卷重、面积及厚度

卷重、面积及厚度应符合表 2-24 的规定。

APP 防水卷材的面积、卷重与厚度(摘自 GB 18243—2000)　　表 2-24

规格(公称厚度,mm)		2		3			4		
上表面材料		PE 膜	砂粒	PE 膜	砂粒	矿物粒(片)料	PE 膜	砂粒	矿物粒(片)料
面积(m^2/卷)		15±0.15		10±0.10			7.5±0.10		
最低卷重(kg/卷)		33.0	37.5	32.0	35.0	40.0	31.5	33.0	37.5
厚度(mm)	平均值,≥	2.0		3.0		3.2	4.0		4.2
	最小单值	1.7		2.7		2.9	3.7		3.9

(6)外观

①成卷卷材应卷紧卷齐，端面里进外出不得超过 100mm。

②成卷卷材在 4～60℃任一产品温度下展开，在距卷芯 1 000mm 长度外不应有 10mm 以上的裂纹或黏结。

③胎基应浸透，不应有未被浸渍的条纹。

④卷材表面必须平整，不允许有孔洞、缺边和裂口，矿物粒(片)料粒度应均匀一致并紧密地黏附于卷材表面。

⑤每卷接头处不应超过 1 个，较短的一段不应少于 1 000mm，接头应剪切整齐，并加长 150mm。

(7)物理力学性能

物理力学性能应符合表 2-25 的规定。

APP 防水卷材物理力学性能(摘自 GB 18243—2000)

表 2-25

<table>
<tr><th rowspan="2">序号</th><th colspan="2">胎基</th><th colspan="2">PY</th><th colspan="2">G</th></tr>
<tr><th colspan="2">型号</th><th>I</th><th>II</th><th>I</th><th>II</th></tr>
<tr><td rowspan="3">1</td><td rowspan="3">可溶物含量(g/m²)，≥</td><td>2mm</td><td colspan="2">—</td><td colspan="2">1 300</td></tr>
<tr><td>3mm</td><td colspan="4">2 100</td></tr>
<tr><td>4mm</td><td colspan="4">2 900</td></tr>
<tr><td rowspan="2">2</td><td rowspan="2">不透水性</td><td>压力(MPa)，≥</td><td colspan="2">0.3</td><td>0.2</td><td>0.3</td></tr>
<tr><td>保持时间(min)，≥</td><td colspan="4">30</td></tr>
<tr><td rowspan="2">3</td><td colspan="2" rowspan="2">耐热度(℃)①</td><td>110</td><td>130</td><td>110</td><td>130</td></tr>
<tr><td colspan="4">无滑动、流淌、滴落</td></tr>
<tr><td rowspan="2">4</td><td rowspan="2">拉力(N/50mm)，≥</td><td>纵向</td><td rowspan="2">450</td><td rowspan="2">800</td><td>350</td><td>500</td></tr>
<tr><td>横向</td><td>250</td><td>300</td></tr>
<tr><td rowspan="2">5</td><td rowspan="2">最大拉力时延伸率(%)，≥</td><td>纵向</td><td rowspan="2">25</td><td rowspan="2">40</td><td colspan="2" rowspan="2">—</td></tr>
<tr><td>横向</td></tr>
<tr><td rowspan="2">6</td><td colspan="2" rowspan="2">低温柔度(℃)</td><td>−5</td><td>−15</td><td>−5</td><td>−15</td></tr>
<tr><td colspan="4">无裂纹</td></tr>
<tr><td rowspan="2">7</td><td rowspan="2">撕裂强度(N)，≥</td><td>纵向</td><td rowspan="2">250</td><td rowspan="2">350</td><td>250</td><td>350</td></tr>
<tr><td>横向</td><td>170</td><td>200</td></tr>
<tr><td rowspan="5">8</td><td rowspan="5">人工气候
加速老化</td><td rowspan="2">外观</td><td colspan="4">1 级</td></tr>
<tr><td colspan="4">无滑动、流淌、滴落</td></tr>
<tr><td>拉力保持率(%)，纵向≥</td><td colspan="4">80</td></tr>
<tr><td rowspan="2">低温柔度(℃)</td><td>3</td><td>−10</td><td>3</td><td>−10</td></tr>
<tr><td colspan="4">无裂纹</td></tr>
</table>

注：表中 1～6 项为强制性项目。

①当需要耐热度超过 130℃的卷材时，该指标可由供需双方协商解决。

2. 弹性体沥青防水卷材(SBS 防水卷材)

SBS 改性沥青防水卷材，属弹性体沥青防水卷材中有代表性的品种，系采用纤维毡为胎体，浸涂 SBS 改性沥青，上表面撒布矿物粒、片料或覆盖聚乙烯膜，下表面撒布细砂或覆盖聚乙烯膜所制成的可卷曲片状防水材料。

(1)产品分类

①按胎基分为聚酯胎(PY)和玻纤胎(G)两类。

②按上表面隔离材料分为聚乙烯膜(PE)、细砂(S)与矿物粒(片)料(M)3 种。

③按物理力学性能分为Ⅰ型和Ⅱ型。

卷材按不同胎基、不同上表面隔离材料共形成 6 个品种,即 G-M、G-S、G-PE、PY-M、PY-S、PY-PE。其中材料代号分别为弹性体沥青 C、玻纤毡 G、聚酯毡 PY、砂 S、矿物粒(片)料 M、聚乙烯膜 PE。

(2)规格

①幅宽:1 000mm。

②厚度:

聚酯胎卷材 3mm 和 4mm;

玻纤胎卷材 2 mm、3mm 和 4 mm。

③面积:每卷面积分为 15m²、10m² 和 7.5m²。

(3)标记

①标记方法:卷材按弹性体改性沥青防水卷材、型号、胎基、上表面材料、厚度和本标准号的顺序标记。

②标记示例:3mm 厚砂面聚酯胎Ⅰ型弹性体改性沥青防水卷材标记为 SBS Ⅰ PY S3 GB 18242。

(4)适用范围

SBS 卷材适用于工业与民用建筑的屋面及地下防水工程,尤其适用于较低气温环境的建筑防水。

(5)技术要求

①浸涂材料的组成

浸渍材料可用石油沥青或 SBS 改性沥青,涂盖材料则必须采用 SBS 改性沥青。在改性沥青中,沥青与 SBS 改性材料必须充分混溶和相容。

②面积、卷重及厚度

弹性体改性沥青防水材料的面积、卷重及厚度应符合表 2-26 的规定 。

SBS 改性沥青防水卷材的面积、卷重及厚度(摘自 GB 18242—2000) 表 2-26

规格(公称厚度,mm)		2		3			4					
上表面材料		PE	S	PE	S	M	PE	S	M	PE	S	M
面积 (m^2/卷)	公称面积	15		10			10			7.5		
	偏差	±0.015		±0.10			±0.1			±0.10		
最低卷重(kg/卷)		33.0	37.5	32.0	35.0	40.0	42.0	45.0	50.0	31.5	33.0	37.5
厚度(mm)	平均值,≥	2.0		3.0		3.2	4.0		4.2	4.0		4.2
	最小单值	1.7		2.7		2.9	3.7		3.9	3.7		3.9

(6)外观

①成卷卷材应卷紧卷齐,端面里进外出不得超过 10mm。

②成卷卷材在 4～50℃任一产品温度下展开,在距卷芯 1 000mm 长度外不应有 10mm 以上的裂纹或黏结。

③胎基应浸透，不应有未被浸渍的条纹。

④卷材表面必须平整，不允许有孔洞、缺边和裂口，矿物粒（片）料粒度应均匀一致并紧密地黏附于卷材表面。

⑤每卷接头处不应超过1个，较短的一段不应少于1 000mm，接头应剪切整齐，并加长150mm。

(7)物理力学性能

物理力学性能应符合表2-27的规定。

SBS改性沥青防水卷材物理力学性能　　表2-27

<table>
<tr><td rowspan="2">序号</td><td colspan="2">胎　基</td><td colspan="2">PY</td><td colspan="2">G</td></tr>
<tr><td colspan="2">型号</td><td>Ⅰ</td><td>Ⅱ</td><td>Ⅰ</td><td>Ⅱ</td></tr>
<tr><td rowspan="3">1</td><td rowspan="3">可溶物含量(g/m²),≥</td><td>2mm</td><td colspan="2">—</td><td colspan="2">1 300</td></tr>
<tr><td>3mm</td><td colspan="2">2 100</td><td colspan="2"></td></tr>
<tr><td>4mm</td><td colspan="2">2 900</td><td colspan="2"></td></tr>
<tr><td rowspan="2">2</td><td rowspan="2">不透水性</td><td>压力(MPa),≥</td><td colspan="2">0.3</td><td>0.2</td><td>0.3</td></tr>
<tr><td>保持时间(min),≥</td><td colspan="4">30</td></tr>
<tr><td rowspan="2">3</td><td colspan="2" rowspan="2">耐热度(℃)</td><td>90</td><td>105</td><td>90</td><td>105</td></tr>
<tr><td colspan="4">无滑动、流淌、滴落</td></tr>
<tr><td rowspan="2">4</td><td rowspan="2">拉力(N/50mm),≥</td><td>纵向</td><td rowspan="2">450</td><td rowspan="2">800</td><td>350</td><td>500</td></tr>
<tr><td>横向</td><td>250</td><td>300</td></tr>
<tr><td rowspan="2">5</td><td rowspan="2">最大拉力时延伸率(%),≥</td><td>纵向</td><td rowspan="2">30</td><td rowspan="2">40</td><td colspan="2" rowspan="2">—</td></tr>
<tr><td>横向</td></tr>
<tr><td rowspan="2">6</td><td colspan="2" rowspan="2">低温柔度(℃)</td><td>−18</td><td>−25</td><td>−18</td><td>−25</td></tr>
<tr><td colspan="4">无裂纹</td></tr>
<tr><td rowspan="2">7</td><td rowspan="2">撕裂强度(N),≥</td><td>纵向</td><td rowspan="2">250</td><td rowspan="2">350</td><td>250</td><td>350</td></tr>
<tr><td>横向</td><td>170</td><td>200</td></tr>
<tr><td rowspan="5">8</td><td rowspan="5">人工气候加速老化</td><td rowspan="2">外观</td><td colspan="4">1级</td></tr>
<tr><td colspan="4">无滑动、流淌、滴落</td></tr>
<tr><td>拉力保持率(%),纵向≥</td><td colspan="4">80</td></tr>
<tr><td rowspan="2">低温柔度(℃)</td><td>−10</td><td>−20</td><td>−10</td><td>−20</td></tr>
<tr><td colspan="4">无裂纹</td></tr>
</table>

注：表中1～6项为强制性项目。

3. PVC改性煤沥青玻纤油毡

(1)定义

PVC改性煤沥青玻纤油毡系采用无纺玻纤毡为胎体，两面涂覆聚氯乙烯改性煤沥青，并在油毡的上表面撒以不同颜色的砂粒料，下表面覆以聚氯乙烯薄膜作隔离材料所制成的一种防水卷材。

(2)规格、品种及标记

①规格：产品幅宽定为1 000mm。

②品种：产品按所使用隔离材料的不同，可分为彩砂和河砂两个品种。

③标记：产品按撒布料品种、产品名称、标准号的顺序进行标记，标记示例如下。

彩砂面聚氯乙烯改性煤沥青玻纤油毡可标记为C-PVC改性煤沥青玻纤油毡-Q/HY-02-94。

河砂面聚氯乙烯改性煤沥青玻纤油毡可标记为H-PVC改性煤沥青玻纤油毡-Q/HY-02-94。

(3)外观、面积及卷重

①外观:

a. 成卷的油毡应卷紧卷齐。

b. 油毡的涂盖材料,应均匀地涂覆在玻纤胎的两面。不应有玻纤毡外露和涂盖不均的现象。

c. 隔离材料应均匀地撒布在卷材的正面,用聚氯乙烯薄膜平整地覆盖卷材反面,不应有未撒布或未覆盖的涂面。

d. 表面应平整,无孔眼、硌(楞)伤、折皱、裂纹,边应无裂口、缺边等缺陷。

e. 每卷接头不超过一处,其中最短的一块不得小于2 500mm,每卷的长度应比规定的长度多出150mm备作搭接,接头应剪切整齐。

f. 成卷卷材在-5～40℃时,应易于展开,高温时不得黏结,低温时不应因开卷造成卷材面有裂纹。

②面积:每卷卷材面积为(10±0.3)m^2。

③卷重:该卷材卷重不应小于30kg/卷。

(4)物理性能

该卷材物理性能见表2-28。

聚氯乙烯改性煤沥青玻纤油毡的物理性能 表2-28

指标名称 \ 等级 \ 产品名称		聚氯乙烯改性煤沥青玻纤卷材		
		合格品	一等品	优等品
可溶物含量(g/m^2),≥		1 000	1 500	2 000
不透水性	动水压(MPa),≥	0.10	0.15	0.20
	保持时间(min),≥	30		
耐热度(℃)		80	85	85
		加热2h不流淌		
拉力(N),纵向≥		250	300	350
柔度(℃)		-5	-10	-15
		绕r=15mm圆棒无裂纹		

(5)适用范围

聚氯乙烯改性煤沥青玻纤油毡适用于一般工业与民用建筑工程的防水。

4. 再生橡胶改性沥青防水卷材

再生橡胶改性沥青防水卷材,系采用聚酯纤维无纺布或原纸为胎体,浸涂再生橡胶改性沥青,表面涂、撒矿物粉、粒料或覆盖聚乙烯膜所制成的可卷曲片状防水材料。

(1)产品分类

①品种:卷材使用聚酯纤维无纺布和原纸两种胎体,形成两个品种。

②规格:卷材幅宽为1 000mm。

③标号:聚酯纤维无纺布胎卷材以10m^2的标称质量作为卷材的标号,分为35号、45号及55号3种标号;纸胎卷材则以每平方米胎体质量的克数作为卷材的标号,分为350号和500

号两种标号。

(2)技术要求

①浸涂材料的组成:在再生橡胶改性沥青中,沥青与再生橡胶必须充分混溶。

②外观:聚酯纤维无纺布胎再生橡胶改性沥青防水卷材和纸胎废胶粉改性沥青防水卷材的外观,应符合纸胎沥青防水卷材的外观质量要求。

(3)物理性能

各种标号、品种的再生橡胶改性沥青防水卷材物理性能,应符合表2-29的要求。

再生橡胶改性沥青防水卷材物理性能 表2-29

项目 \ 品种 / 标号		聚酯纤维无纺布胎再生橡胶改性沥青防水卷材			纸胎废胶粉改性沥青防水卷材	
		35号	45号	55号	350号	550号
可溶物含量(g/m²),≥		2 100	2 900	3600		
浸涂材料总量(g/m²),≥					1 000	1 400
不透水性	压力(MPa),≥	0.15	0.20		0.10	0.15
	保持时间(min),≥	30				
拉力(N),纵横向均≥		400			340	440
断裂伸长率(%),纵横向均≥		30				
耐热度(℃)		85			90	
		受热2h涂盖层无滑动和集中性气泡				
柔度(℃)		−10			−5	
		r=15mm,弯180°无裂纹		r=5mm,弯180°无裂纹	绕φ=20mm圆棒无裂纹	绕φ=25mm圆棒无裂纹
吸水率(%),≤		1.0				

(4)适用范围

该类卷材适用于工业与民用建筑工程防水,其中聚酯无纺布胎卷材尤其适用于地下工程防水;纸胎卷材则主要适用于屋面工程的多叠层防水,尤其适用于对防水层的延伸性和低温柔性要求高的工程。

5.废胶粉改性沥青防水卷材

(1)定义

废胶粉改性沥青防水卷材是以350g/m²的油毡原纸为胎体,以废橡胶粉改性沥青为涂覆层,以滑石粉等为撒布料,沿用传统沥青油毡生产工艺制成的防水卷材。

(2)特点

与普通纸胎油毡相比,废橡胶粉改性沥青防水卷材的抗拉强度有所提高,低温柔性得到改善。

(3)组成材料

该类卷材除加入改性材料废橡胶粉外,其余同纸胎油毡。

(4)规格

每卷面积为(20±0.3)m²,质量不小于28.5kg/卷。

(5)外观质量

除同纸胎油毡要求外，低高温(－10～45℃)条件下，该类卷材应易于开卷无黏边现象。

(6)物理性能

该类卷材物理性能见表2-30。

废橡胶粉改性沥青防水卷材的物理性能 表2-30

项目名称		类型			
		I		II	
		粉面	砂面	粉面	砂面
单位面积浸涂材料总质量(g/m^2)，≥		1 000		1 000	
不透水性	压力(MPa)，≥	1.47×10^5		1.47×10^5	
	保持时间(min)，≥	30		30	
拉力(N) (18±2)℃，纵向≥		431		431	
吸水性(%)，≥		1.0		1.0	
耐热度(℃)		90±2		85±2	
		受热5h涂盖层无滑动和无集中气泡			
柔度(℃)		－10±2		0±2	
		绕ϕ20mm棒无裂纹			
开卷温度(℃)		－15℃时开卷顺利无裂纹		－10℃时开卷顺利无裂纹	

(7)适用范围

废橡胶粉改性沥青防水卷材叠层用于一般屋面防水工程(宜在寒冷地区使用)，以及各种基础工程作防水、防潮、防腐保护层。在低温－10℃以上，它可用于多层防水层的工程。

6. SBR改性沥青防水卷材

SBR改性沥青防水卷材，系采用玻纤毡或聚酯无纺布为胎体，浸涂SBR改性沥青，上表面撒布矿物粒、片料或覆盖聚乙烯膜，下表面撒布细砂或覆盖聚乙烯膜所制成的可卷曲片状防水材料。

(1)产品分类

①等级：产品按可溶物含量和物理性能分为一等品和合格品两个等级。

②品种规格：卷材使用玻纤毡胎和聚酯无纺布胎两种胎体，形成两个品种；卷材幅宽为1 000mm。

③标号：以$10m^2$卷材的标称质量作为卷材的标号。玻纤毡胎的卷材分为25号、35号及45号3种标号，聚酯无纺布胎的卷材分为35号、45号及55号3种标号。

(2)物理性能

①玻纤毡胎各种标号、等级的SBR改性沥青防水卷材物理性能，应符合表2-31的要求。

玻纤毡胎SBR改性沥青防水卷材物理性能 表2-31

项目 \ 指标 \ 标号		25号		35号		40号	
		一等	合格	一等	合格	一等	合格
可溶物含量(g/m^2)，≥		1 400	1 300	2 200	2 100	3 000	2 900
不透水性	压力(MPa)，≥	0.15		0.20			
	保持时间(min)，≥	30					

续上表

项目 \ 指标 \ 标号		25 号		35 号		40 号	
		一等	合格	一等	合格	一等	合格
拉力(N),≥	纵向	350	300	350	300	350	300
	横向	250	200	250	200	250	200
断裂伸长率(%),纵横向均≥		3					
耐热度(℃)		90	85	90	85	90	85
		受热 2h 涂盖层无滑动					
柔度(℃)		−10	−5	−10	−5	−10	−5
		r=15mm,3s,弯 180°无裂纹				r=25mm,3s,弯 180°无裂纹	

②聚酯无纺布胎各种标号、等级的 SBR 改性沥青防水卷材物理性能,应符合表 2-32 的要求。

聚酯无纺布胎 SBR 改性沥青防水卷材物理性能 表 2-32

项目 \ 等级 \ 标号		35 号		45 号		55 号	
		一等	合格	一等	合格	一等	合格
可溶物含量(g/m²),≥		2 200	2 100	3 000	2 900	3 700	3 600
不透水性	压力(MPa),≥	0.30	0.20	0.30	0.20	0.30	0.20
	保持时间(min),≥	30					
拉力(N),纵横向均≥		600	400	600	400	600	400
断裂伸长率(%),纵横向均≥		30	20	30	20	30	20
耐热度(℃)		90	85	90	85	90	85
		受热 2h 涂盖层无滑动					
柔度(℃)		−10	−5	−10	−5	−10	−5
		r=15mm,3s,弯 180°无裂纹				r=25mm,3s,弯 180°无裂纹	

7.改性沥青聚乙烯胎防水卷材

(1)定义

改性沥青聚乙烯胎防水卷材,是以聚乙烯膜为胎体,以氧化改性沥青、丁苯橡胶改性沥青或高聚物改性沥青为涂盖层,表面覆盖聚乙烯薄膜,经滚压成型水冷新工艺加工制成的可卷曲片状防水材料。

(2)产品分类

①品种:按涂盖材料将产品分为氧化改性沥青防水卷材、丁苯橡胶改性沥青防水卷材及高聚物改性沥青防水卷材 3 个品种。

②规格尺寸:卷材长度为 10m,宽度为 1 100mm,厚度为 4mm 和 3mm,组成该卷材的系列产品。

(3)等级、代号、标记

①等级:按物理力学性能将产品分为优等品、一等品及合格品 3 个等级。

②产品代号:氧化改性沥青 O(第一位表示),丁苯橡胶改性沥青 M(第一位表示),高聚物

改性沥青P(第一位表示),高密度聚乙烯胎体E(第二位表示),高密度聚乙烯覆面膜E(第三位表示)。

③标记:卷材按产品名称、厚度、等级及标准编号顺序进行标记,如3mm一等品高聚物改性沥青聚乙烯膜胎防水卷材的标记为改性沥青卷材 PEE 3B JC/T 633。

(4)外观

①成卷卷材应卷紧卷齐,端面里进外出差不得超过30mm。胎体与沥青基料和覆面材料相互紧密黏结。

②卷材表面应平整,不允许有可见的缺陷,如孔洞、裂纹、疙瘩等。

③卷材在35℃下开卷不应发生黏结现象,在环境温度为柔度试验温度以上时,应易于展开。

④成卷卷材接头不应超过一处,其中较短的一段不得少于2 500mm。接头处应剪切整齐,并加长150mm,备作搭接。优等品有接头的卷材数不得超过批量数的3%。

(5)物理性能

该类卷材的物理力学性能应符合表2-33的要求。

改性沥青聚乙烯胎防水卷材的物理力学性能(摘自GB 18967—2003)　　表2-33

<table>
<tr><td rowspan="3">序号</td><td colspan="2">上表面覆盖材料</td><td colspan="6">E</td><td colspan="4">AL</td></tr>
<tr><td colspan="2">基料</td><td colspan="2">O</td><td colspan="2">M</td><td colspan="2">P</td><td colspan="2">M</td><td colspan="2">P</td></tr>
<tr><td colspan="2">型号</td><td>I</td><td>II</td><td>I</td><td>II</td><td>I</td><td>II</td><td>I</td><td>II</td><td>I</td><td>II</td></tr>
<tr><td rowspan="2">1</td><td colspan="2" rowspan="2">不透水性(MPa),≥</td><td colspan="10">0.3</td></tr>
<tr><td colspan="10">不透水</td></tr>
<tr><td rowspan="2">2</td><td colspan="2" rowspan="2">耐热度(℃)</td><td colspan="2">85</td><td>85</td><td>90</td><td>90</td><td>95</td><td>85</td><td>90</td><td>90</td><td>95</td></tr>
<tr><td colspan="10">无流淌、无起泡</td></tr>
<tr><td rowspan="2">3</td><td rowspan="2">拉力(N/50mm),≥</td><td>纵向</td><td rowspan="2">100</td><td>140</td><td rowspan="2">100</td><td>140</td><td rowspan="2">100</td><td>140</td><td rowspan="2">200</td><td rowspan="2">220</td><td rowspan="2">200</td><td rowspan="2">220</td></tr>
<tr><td>横向</td><td>120</td><td>120</td><td>120</td></tr>
<tr><td rowspan="2">4</td><td rowspan="2">断裂延伸率(%),≥</td><td>纵向</td><td rowspan="2">200</td><td rowspan="2">250</td><td rowspan="2">200</td><td rowspan="2">250</td><td rowspan="2">200</td><td rowspan="2">250</td><td colspan="4" rowspan="2">—</td></tr>
<tr><td>横向</td></tr>
<tr><td rowspan="2">5</td><td colspan="2" rowspan="2">低温柔度(℃)</td><td colspan="2">0</td><td colspan="2">−5</td><td>−10</td><td>−15</td><td colspan="2">−5</td><td>−10</td><td>−15</td></tr>
<tr><td colspan="10">无裂纹</td></tr>
<tr><td rowspan="2">6</td><td colspan="2" rowspan="2">尺寸稳定度(℃)</td><td colspan="2">85</td><td>85</td><td>90</td><td>90</td><td>95</td><td>85</td><td>90</td><td>90</td><td>95</td></tr>
<tr><td colspan="10">≤2.5%</td></tr>
<tr><td rowspan="4">7</td><td rowspan="4">热空气老化</td><td>外观</td><td colspan="6">无流淌、无起泡</td><td colspan="4" rowspan="4">—</td></tr>
<tr><td>拉力保持率(%),纵向≥</td><td colspan="6">80</td></tr>
<tr><td rowspan="2">低温柔度(℃)</td><td colspan="2">8</td><td>3</td><td>−2</td><td colspan="2">−7</td></tr>
<tr><td colspan="6">无裂纹</td></tr>
<tr><td rowspan="4">8</td><td rowspan="4">人工气候加速老化</td><td>外观</td><td colspan="6" rowspan="4">—</td><td colspan="4">无流淌、无起泡</td></tr>
<tr><td>拉力保持率(%),纵向≥</td><td colspan="4">80</td></tr>
<tr><td rowspan="2">低温柔度(℃)</td><td>3</td><td colspan="2">−2</td><td>−7</td></tr>
<tr><td colspan="4">无裂纹</td></tr>
</table>

注:表中1~5项为强制性的。

(6)适用范围

该类卷材适用于工业与民用建筑工程的地下室防水，也可用于有保护层的屋面工程防水。4mm厚的卷材可采用热熔法施工。

8. APAO改性沥青防水卷材

APAO改性沥青防水卷材系采用非晶性烯烃聚合物APAO改性沥青作涂层，用聚酯无纺布作基胎而制成的高性能防水卷材。该产品具有良好的耐热、耐寒、耐腐蚀、抗老化、塑性好、抗拉强度高等特性，集防水、黏结、密封为一体，是用于工业、民用建筑、桥梁、水渠等防水防腐的优良材料之一。该产品还具有施工简单、低温施工等特点，是一种用途广泛的防水防腐材料。其技术施工粘贴方法和注意事项见表2-34。

APAO改性沥青防水卷材施工粘贴方法和注意事项 表2-34

项　目	操作说明
施工方法	①热熔法 将卷材按划线展开比齐，先从一头卷2～3m，用喷枪烘烤黏结面，待表面发黑发亮出现熔融层时迅速推卷粘贴挤压，边部出现少量熔融物定位。再卷起另一方，方法如前 ②冷黏法 采用胶黏剂或嵌缝胶进行卷材与基面粘贴、卷材与卷材粘贴
注意事项	①防水基面应坚硬平滑、清洁、无积水异物 ②施工过程不得褶皱空鼓，加热温度适当 ③应在温度10℃以上储存卷材

9. 亲硅高聚物改性乳化沥青冷贴、热熔防水卷材

(1)性能特点

亲硅高聚物改性乳化沥青冷贴、热熔防水卷材系以亲硅快干型多功能防水材料(溶剂型)为基料，加入添加剂，通过机械碾压布胎而成，是一种实用、经济、适用性强的防水卷材。其特点是冷贴热焊二合一，冷贴以亲硅胶黏剂满涂，然后滚铺；热焊以亲硅乳化沥青膏作焊药，以300℃以上喷枪焊接卷材的搭接部位，施工速度快，不起鼓，不皱折，施工方便。

(2)物理性能

该类卷材的物理性能见表2-35。

亲硅改性乳化沥青冷贴、热熔防水卷材的物理性能 表2-35

项　目	性能指标		
	优等品	一等品	合格品
抗拉强度(MPa)，≥	15.5	11.0	7.5
断裂伸长率(%)，≥	280	220	170
热处理变化率(%)，≤	1.8	1.8	2.8
低温弯折性(−30℃)	无裂纹		
抗渗透性	不透水		
抗穿透性	不透水		
剪切状态下的黏合性	≥2.3N		

(3)适用范围

该卷材适用于工业与民用建筑、人防工程、道桥工程防水。

(4)施工操作

该类卷材的施工操作见表 2-36。

亲硅改性乳化沥青冷贴、热熔防水卷材的施工操作 表 2-36

项　目	操 作 要 点
冷贴热熔屋面防水	按规范要求处理好基面，然后在基面上喷(刷)亲硅快干型多功能防水涂料，边涂边铺卷材。搭接 50mm 不刷涂料，以亲硅防水油膏施以搭接处，然后以喷枪烘烤将搭接部分焊接好并压平
屋面、地下、人防工程的顶板防水	干铺、焊缝后，再压平即完工，施工十分方便
选用卷材厚度	一般用于屋面的防水卷材厚度为 2.0～2.5mm，用于地下和人防工程的防水卷材厚度为 2.5～4.0mm

10. 聚氯乙烯(PVC)改性煤焦油防水卷材

(1)定义

聚氯乙烯(PVC)改性煤焦油防水卷材，系采用原纸、纤维毡或纤维织物为胎体，浸涂 PVC 改性煤焦油，表面涂、撒矿物粉、粒料或覆盖聚乙烯膜所制成的可卷曲片状防水材料。

(2)产品分类

①品种：卷材使用原纸、玻纤毡和麻布 3 种胎体，形成 3 个品种。

②规格：卷材幅宽为 1 000mm。

③标号：纸胎卷材以 $1m^2$ 胎体质量的克数作为卷材的标号，分为 350 号和 500 号两种标号；玻纤毡胎和麻布胎卷材则以 $10m^2$ 的标称质量作为卷材的标号，分为 25 号和 35 号两种标号。

(3)技术要求

①浸涂材料的组成：在 PVC 改性煤焦油中，煤焦油与 PVC 树脂或 PVC 塑料(包括废旧塑料)必须充分混溶和相容。

②外观：该类卷材的外观，应符合纸胎沥青防水卷材的外观质量要求。

(4)物理性能

该类卷材物理性能见表 2-37。

PVC 改性煤焦油防水卷材物理性能 表 2-37

项目 \ 品种		纸胎 PVC 改性煤焦油防水卷材		玻纤毡胎 PVC 改性煤焦油防水卷材		麻布胎 PVC 改性煤焦油防水卷材	
		350 号	500 号	25 号	35 号	25 号	35 号
浸涂材料总量(g/m^2)，≥		1 000	1 400	—		—	
可溶物含量(g/m^2)，≥				2 100	2 900	2 100	2 900
不透水性	压力(MPa)，≥	0.10	0.15				
	保持时间(min)，≥	30					
拉力(N)，纵横向均≥		340	440	200		400	
断裂伸长率(%)，纵横向均≥				3		5	
耐热度(℃)		90		85		90	
		受热 2h 涂盖层无滑动和集中性气泡					

续上表

项目 \ 品种	纸胎 PVC 改性煤焦油防水卷材		玻纤毡胎 PVC 改性煤焦油防水卷材		麻布胎 PVC 改性煤焦油防水卷材	
	350 号	500 号	25 号	35 号	25 号	35 号
柔性(－10℃)	绕ϕ20mm 圆棒无裂纹	绕ϕ20mm 圆棒无裂纹	r=15mm 弯 180° 无裂纹	r=25mm 弯 180° 无裂纹	r=15mm 弯 180° 无裂纹	r=25mm 弯 180° 无裂纹
吸水率(%),≤	3		1		3	

(5)适用范围

该类卷材适用于工业与民用建筑工程的屋面防水，其中玻纤毡胎卷材也适用于地下工程多叠层防水。

11. TBL-贴必灵防水卷材

(1)定义与特性

TBL-贴必灵防水卷材是一种高强度自黏结的防水材料，系由热塑性弹性体与优质沥青经过化学反应耦合而成，面层采用抗老化处理的聚酯薄膜防黏层，底层采用不黏隔离纸层。

该卷材的性能特点是自愈性、高弹性、自黏性和冷作业。使用本产品后不易损坏，即使受外界因素破坏，也不需任何修补，它会自动愈合，迅速恢复其优良的防水功能。该卷材具有高弹性，延伸率可达 15 倍以上。使用过程中，基层发生开裂或结构沉降，都不会对卷材造成损坏。卷材可采用粘贴或热熔的施工方法，只需平铺在基面上即可抗水，还可在水中进行带水修补作业。施工时，在基层上涂刷一层专用清洁剂，2h 后将卷材上的不黏纸剥去，直接粘贴于防水基层上即可，其节点处理与传统卷材施工相同。

(2)物理性能

该类卷材的物理性能见表 2-38。

TBL-贴必灵防水卷材物理性能 表 2-38

项　目	性能指标	项　目	性能指标
抗拉强度(MPa)	2.5	延伸率(%)	500
耐热性(90℃,5h,45°)	不流淌	低温柔性(－30℃)	绕 ϕ20mm 圆棒 180°无裂缝
黏结强度(MPa)	1.0	不透水性(压力 0.3MPa,保持时间 1h)	不透水

(3)适用范围

TBL-贴必灵防水卷材适用于各种防水工程，如桥梁和高架高速公路的路面防水，屋顶花园、游泳池、地下室的防水，最适用于各种地下建筑外防水，如地铁、隧道、盾构的内衬防水等。

四、合成高分子防水卷材

合成高分子防水卷材系以合成橡胶、合成树脂或它们两者的共混体为基料，加入适量的化学助剂和填充料等，经混炼、压延或挤出等工序加工制成的可卷曲片状防水材料，称之为合成高分子防水卷材。合成高分子防水卷材可分为加筋和不加筋两种。该防水卷材具有抗拉强度高，断裂伸长率大，抗撕裂强度高，耐热、耐低温性能好及耐腐蚀、耐老化、可冷施工等优良特性，是高档次防水卷材，也是我国今后要大力发展的新型防水材料。

目前，我国开发的合成高分子防水卷材主要有三大系列，分类见第一章图 1-1。

1. 三元乙丙橡胶防水卷材

(1)定义

三元乙丙橡胶防水卷材简称 EPODM，是以乙烯、丙烯及双环戊二烯或乙叉降冰片烯等 3 种单体共聚合成的三元乙丙橡胶为主体，掺入适量的丁基橡胶、软化剂、补强剂、填充剂、促进剂及硫化剂等，经配料、密炼、拉片、过滤、热炼、挤出或压延成形、硫化、检验、分卷、包装等工序加工制成的可卷曲高弹性防水材料，属目前国内高档防水卷材。

(2)主要特点

①耐老化性能好，使用寿命长。由于三元乙丙橡胶分子结构中的主链上没有双键，而其他类型的橡胶多数在分子结构的主链上都有双键存在(图 2-4)。因此，当三元乙丙橡胶受到臭氧、紫外光、湿热的作用时，主链上不易发生断裂，这是它的耐老化性能比主链上含有双键的橡胶或塑料等高分子材料优异得多的根本原因。

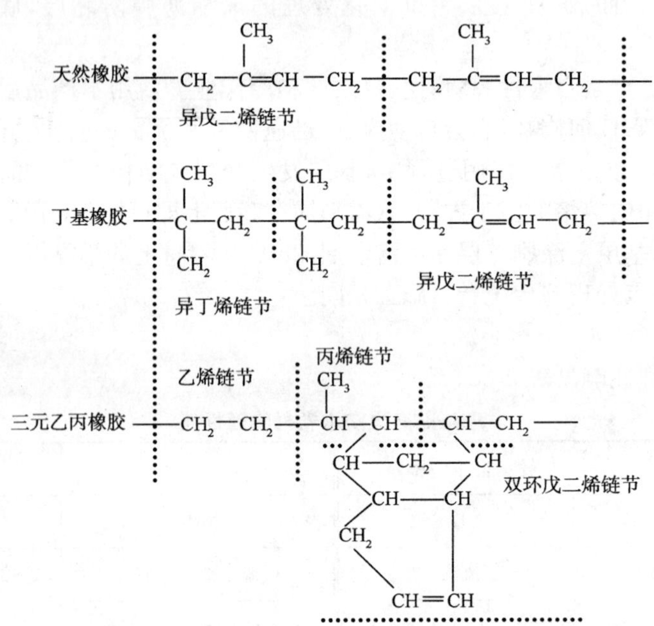

图 2-4　三元乙丙橡胶与其他类型橡胶化学结构比较

因此，采用三元乙丙橡胶为主体制成的卷材作防水层，能经得起长期风吹、雨淋、日晒的考验。

日本三星胶带公司曾在臭氧浓度为 1 000pphm(1pphm 的臭氧浓度相当于 1.01MPa 臭氧分压)的臭氧老化试验机中，对拉伸 100％的天然橡胶、丁基橡胶三元乙丙橡胶防水卷材试件进行了对比试验。在试验过程中发现天然橡胶只经过 0.5h 就发生断裂，丁基橡胶经过 17h 也发生断裂，而三元乙丙橡胶防水卷材经过 36 000h 仍未发生断裂。按照三星胶带公司建材事业部提供的臭氧老化试验与自然老化关系的回归公式，可计算出三元乙丙橡胶防水卷材的耐用年限。

$$\lg y=1.423\lg x+0.226$$

式中：y——臭氧试验时试件发生龟裂的时间(min)；

x——自然暴露时试件发生龟裂的时间(d)。

在这里，$y=36\,000\times60$min，则 $x=19\,618$d，折合 53.7 年。美国用于芝加哥国际机场圆形屋面防水的三元乙丙橡胶防水卷材，使用至今已 40 年，并未发现龟裂和渗漏现象。为考核我国三元乙丙橡胶卷材外露屋面防水层的实际使用情况，曾先后从北京和海口已施工应用 10 年左右的外露屋面工程中，取出三元乙丙橡胶卷材防水层试样，进行性能检测，其结果见表 2-39。

三元乙丙橡胶防水卷材应用前后主要性能变化 表 2-39

项 目 名 称	工程应用前性能指标	工程应用后的性能指标	
		北京某工程实际应用 4 410d 后	海口某工程实际应用 3 555d 后
抗拉强度(MPa)	7.36	7.59	9.47
抗拉强度保持率(%)	—	103.1	128.7
断裂伸长率(%)	450	373.3	299
断裂伸长率保持率(%)	—	83.0	66.4
直角撕裂强度(kN/m)	24.5	23.0	18.7
直角撕裂强度保持率(%)	—	94.0	76.4
卷材间黏结剪切强度(MPa)	—	1.86	1.46

②弹性好，抗拉性能优异。三元乙丙橡胶防水卷材的抗拉强度高(≥7MPa)，断裂伸长率大(≥450%)，回弹性好，抗裂性极佳，能够适应防水基层伸缩或开裂变形的需要。

③耐高、低温性能好。三元乙丙橡胶防水卷材的脆性温度很低(−45℃以下)，耐热性能优良(达 160℃以上)，可在较低气温条件下进行施工作业，并能在严寒或酷热的气候环境中长期使用。

④可采用单层防水做法和冷施工。用三元乙丙橡胶防水卷材防水，改变了过去多叠层(如三毡四油一砂等)和热施工的传统沥青油毡防水做法，既简化了施工工序，提高了施工效率，也减少了环境污染，改善了劳动条件。

(3)产品分类

三元乙丙橡胶防水卷材按物理性能分为一等品和合格品两个等级。

(4)技术要求

①规格尺寸和公差：该类卷材的规格尺寸和公差要求，应符合表 2-40 的规定。

三元乙丙橡胶防水卷材的规格和公差(摘自 HG 2402—1992) 表 2-40

厚度(mm)		宽度(mm)		长度(m)	
基本尺寸	允许偏差	基本尺寸	允许偏差	基本尺寸	允许偏差
1.0 1.2 1.5	+15% −10%	1 000 或 1 200	不允许出现负值	20.0	不允许出现负值
2.0				10.0	

②外观：

a. 卷材表面应平整，边缘应整齐；

b. 卷材不允许有机械损伤、裂口、海绵、玷污等缺陷；

c. 在不影响卷材使用的条件下，卷材外观允许的缺陷，应符合表 2-41 的要求。

卷材外观允许的缺陷要求(摘自 HG 2402—1992)　　表 2-41

缺陷名称	一等品	合格品
凹痕	深度不得超过卷材厚度的 10%	深度不得超过卷材厚度的 20%
杂质	不允许有	每平方米不得超过 $9mm^2$
气泡		深度不得超过卷材厚度的 10%，每平方米不得超过 $3mm^2$
机械损伤	不允许有	
海绵裂口		

(5)物理性能

该类卷材的主要物理性能见表 2-42。

三元乙丙橡胶防水卷材主要物理性能(摘自 HG 2402—1992)　　表 2-42

项目		指标	
		一等品	合格品
抗拉强度(MPa，常温)，≥		8	7
拉断伸长率(%)，≥		450	
直角撕裂强度(N/cm，常温)，≥		280	245
不透水性	压力 0.3MPa，保持时间 30min	合格	—
	压力 0.1MPa，保持时间 30min	—	合格
脆性温度(℃)，≤		−45	−40
热老化(80℃×168h，伸长率 100%)		无裂纹	
臭氧老化	500pphm，40℃×168h，伸长率 40%，静态	无裂纹	—
	100pphm，40℃×168h，伸长率 40%，静态	—	无裂纹

(6)适用范围

三元乙丙橡胶防水卷材主要适用于工程的外露屋面防水和大跨度受振动工程的防水，也适用于埋置式的屋面、地下室及隧道、水池、水渠等工程防水。

2. 丁基橡胶防水卷材

(1)定义

丁基橡胶防水卷材是以合成丁基橡胶为主要原料，加复合胶、防老剂、促进剂、填充料等辅料，经混炼、压延、硫化等工序制成的一种防水卷材。

(2)产品规格、等级

①规格：卷材的厚度为(1.1±0.1)mm、(1.4±0.1)mm，卷材的宽度为(890±10)mm，卷材的长度为(12±0.3)m。

②等级：只有合格品一个等级。

(3)外观

该类卷材的厚度允许偏差和外观质量要求见表 2-43。

丁基橡胶防水卷材的厚度允许偏差和外观质量要求 表 2-43

厚度允许偏差(mm)			外观质量要求
厚度	允许偏差	允许最小单值	
1.20	+0.20 −0.10	1.00	①卷材表面应无孔洞、裂纹、黏结，每平方米卷材上，直径为 3mm 以上的疙瘩不得超过 3 个 ②每卷卷材中接头不得超过一个，其中较短的一段长度不得少于 2 500mm，接头处应增加 150mm 作为搭接 ③卷材的平直度应大于 50mm，平整度应不大于 10mm
1.50		1.25	
2.00		1.70	

①成卷卷材应卷紧卷齐。

②卷材表面应无孔洞、皱折或刻痕等缺陷。

③疙瘩的直径与数量应符合企业标准中规定的要求，但不允许正反面同一位置上并存。

④卷材开卷后不应有黏结现象。

(4)物理性能

该类卷材的物理性能指标见表 2-44。

丁基橡胶防水卷材的物理性能指标 表 2-44

项目		指标
抗拉强度(MPa)	纵向	≥2.0
	横向	≥1.4
断裂伸长率(%)	纵向	≥100
	横向	≥200
低温弯折度(℃)		−20
不透水性(MPa)		0.1
尺寸变化率(%)		≤3
直角撕裂强度(N/cm)		≥80
热老化	抗拉强度相对变化率(%)	+50，−20
	断裂伸长率相对变化率(%)	+50，−30
碱老化	抗拉强度相对变化率(%)	±30
	断裂伸长率相对变化率(%)	±30

(5)适用范围

该类卷材可用于屋面、墙体、地下室、卫生间、地下隧道、水库、水池、污水处理排灌渠道，以及桥梁、停车场等建筑物的防水防潮。

3. 氯化聚乙烯-橡胶共混防水卷材

(1)定义

氯化聚乙烯-橡胶共混防水卷材，是以氯化聚乙烯树脂(CPE)和合成橡胶共混为主体，加入适量的硫化剂、促进剂、稳定剂、软化剂及填充剂等，经过素炼、混炼、过滤、压延(或挤出)成形、硫化、检验、分卷、包装等工序加工制成的高弹性防水卷材。

(2)主要特性

这种防水卷材兼有塑料和橡胶的共有特点，以这种合成高分子聚合物的橡胶共混改性材料，在工业上称为高分子"合金"。

①耐老化性能优异。氯化聚乙烯-橡胶共混防水卷材具有优异的耐老化性能，在 1 000pphm 的高浓度臭氧环境中，使卷材处于拉伸 100%的受力状态下，经 168h 处理后，试件仍无裂纹出现，远远超过了日本 JISA 6008 工业标准的耐臭氧老化指标的要求。因此，该卷材的大气稳定性好，使用寿命长。

②黏结性能好。采用含氯量为 30%～40%的氯化聚乙烯树脂作为共混改性体系的主要原料，由于氯原子的存在，大大提高了共混卷材的黏结性能和阻燃性能，使该卷材本身成为一种易黏结材料。多种氯丁系胶黏剂均可实现卷材与卷材和卷材与基层之间的黏结，便于形成弹性整体的防水层，提高了防水工程的可靠程度。

③抗拉强度高，延伸率大。该卷材属硫化型橡胶类弹性体防水材料，具有抗拉强度高、伸长率大的特性。因此，该卷材对基层伸缩或开裂变形的适应性较强，为提高防水工程质量和延长防水层的使用寿命创造了条件。

(3)产品分类

根据共混材料和物理力学性能的不同，该类卷材可分为 S 型和 N 型两个品种。S 型：以氯化聚乙烯与合成橡胶共混体制成的防水卷材。N 型：以氯化聚乙烯与合成橡胶或再生橡胶共混体制成的防水卷材。

(4)技术要求

①规格尺寸和公差：卷材的规格尺寸和公差要求，应符合表 2-45 的规定，其规格尺寸和标记见表 2-46。

氯化聚乙烯-橡胶共混防水卷材的规格尺寸和公差 表 2-45

厚度(mm)		宽度(mm)		长度(m)	
基本尺寸	允许偏差	基本尺寸	允许偏差	基本尺寸	允许偏差
1.0 1.2 1.5 2.0	+15% −10%	1 000 或 1 200	不允许出现负值	20.0	不允许出现负值

氯化聚乙烯-橡胶共混防水卷材的规格尺寸和标记 表 2-46

规格尺寸		卷材的标记	
		标记方法	标记示例
厚度(mm)	1.0,1.2, 1.5,2.0	产品按下列顺序标记：产品名称、类型、厚度、标准号	厚度 1.5mm S 型氯化聚乙烯-橡胶共混防水卷材标记为： CPBR S 1.5 JC/T 684 标准号 厚度 类型 氯化聚乙烯 - 橡胶共混防水卷材
宽度(mm)	1 000,1 100, 1 200		
长度(m)	20		

②外观：

a. 卷材表面应平整，边缘整齐；

b. 在不影响防水功能的条件下，卷材表面缺陷应符合表 2-47 的要求。

氯化聚乙烯-橡胶共混防水卷材的外观质量要求 表 2-47

项　　目	外 观 质 量
折痕	每卷不超过 2 处,总长度不大于 20mm
杂质	不允许有大于 0.5mm 的颗粒
胶块	每卷不超过 6 处,每处面积不大于 $4mm^2$
缺胶	每卷不超过 6 处,每处不大于 $7mm^2$,深度不超过本身厚度的 30%
接头	每卷不超过 1 处,短段不得少于 3 000mm,并须加长 150mm 备作搭接

(5)物理性能

该类卷材的主要物理力学性能,应符合表 2-48 的要求。

氯化聚乙烯-橡胶共混防水卷材主要物理力学性能(摘自 JC/T 684—1997) 表 2-48

项　　目		指　　标	
		S型	N型
抗拉强度(MPa),≥		7.0	5.0
断裂伸长率(%),≥		400	250
直角撕裂强度(kN/m),≥		24.5	20.0
不透水性	压力(MPa),≥	0.3	0.2
	保持时间(min),≥	30	
热老化保持率[(80±2)℃,168h]	抗拉强度(%),≥	80	
	断裂伸长率(%),≥	70	
臭氧老化(500pphm,40℃×168h,静态)	伸长率 40%	无裂纹	—
	伸长率 20%	—	无裂纹
黏结剥离强度保持率(%)(卷材与卷材,浸水 168h)		20kN/m	
		70	
脆性温度(℃)		−40	−20
		无裂纹	
热处理尺寸变化率(%)		+1,−2	+2,−4

(6)适用范围

该类防水卷材适用于屋面、地下室、室内防水及排水渠、水库、水池等工程防水。

4. 氯磺化聚乙烯防水卷材

(1)定义

氯磺化聚乙烯防水卷材简称 CSP 卷材,系以氯磺化聚乙烯橡胶为主要原料,掺入适量的软化剂、稳定剂、硫化剂、促进剂、防老剂、着色剂及填充剂,经过配料、混炼、挤压成形、硫化、冷却等工序加工而成的防水卷材。

(2)规格与外观质量

产品分为合格品、一等品及优等品。外观质量见表 2-49。

氯磺化聚乙烯防水卷材的外观质量要求 表 2-49

规格尺寸允许误差	外观质量要求
长度:不允许出现负值 宽度:±5mm 厚度:±10%	①表面应平坦 ②不允许有破损、砂眼、异状黏结 ③不允许有明显的气泡、弯曲、异状

(3)特点

该卷材以耐老化、耐紫外线腐蚀的氯磺化聚乙烯橡胶为主体材料,不仅具有橡胶的高弹性、高延伸性,而且还具有优良的耐候性、耐化学腐蚀性,同时热稳定性强、低温柔性好,又具有很好的难燃性,能离火自熄。卷材采用冷施工,操作简便,对环境污染小。

(4)物理性能

该类卷材的物理性能见表 2-50。

氯磺化聚乙烯防水卷材的物理性能 表 2-50

项目		性能指标		
		优等品	一等品	合格品
抗拉强度(MPa)	纵向	12	10	7
	横向	8	6	5
断裂伸长率(%)	纵向	300	200	150
	横向	450	400	300
低温柔性(−20℃)		通过 ϕ20mm 冷弯无裂纹		
耐热性(80±2)℃		受热 5h 不起泡发黏		
抗渗性压力		压力 0.2MPa,保持时间 3h,不透水		

(5)适用范围

该卷材适用于各种屋面、地下工程防水,也可用于地面、桥梁、隧道、水库、水渠、蓄水池、污水池等工程防水,特别适用于有腐蚀介质影响的部位(如化工车间)做建筑防腐蚀及防水处理。

5. 聚氯乙烯防水卷材

(1)定义

聚氯乙烯防水卷材,是以聚氯乙烯树脂(PVC)为主要原料,掺入适量的改性剂、抗氧剂、紫外线吸收剂、着色剂、填充剂等,经捏合、塑化、挤出压延、整形、冷却、检验、分卷、包装等工序加工制成可卷曲的片状防水材料。

(2)产品规格

卷材长度(m)为 10、15、20,厚度(mm)为 1.2、1.5、2.0,其他长度、厚度规格可由供需双方商定,厚度规格不得小于 1.2mm。

(3)分类

产品按有无复合层分类,无复合层的为 N 类、用纤维单面复合的为 L 类、织物内增强的为 W 类。每类产品按理化性能分为 I 型和 II 型。

(4)标记

①标记方法:按产品名称(代号 PVC 卷材)、外露或非外露使用、类、型、厚度、长×宽和标准的顺序标记。

②标记示例：长度 20m、宽度 1.2m、厚度 1.5mm II 型 L 类外露使用聚氯乙烯防水卷材标记为 PVC 卷材外露 LII1.5/20×1.2 GB 12952—2003。

(5)技术要素

①尺寸偏差：长度、宽度不小于规定值的 99.5%，厚度偏差和最小单值见表 2-51。

厚度偏差及最小单值(单位：mm)　　表 2-51

厚　度	允许偏差	最小单值	厚　度	允许偏差	最小单值
1.2	±0.10	1.00	2.0	±0.20	1.70
1.5	±0.15	1.30			

②外观：

a. 卷材的接头不多于一处，其中较短的一段长度不少于 1 500mm，接头应剪切整齐，并加长 150mm。

b. 卷材表面应平整、边缘整齐，无裂纹、孔洞、黏结、气泡和疤痕。

③理化性能：N 类无复合层的卷材理化性能应符合表 2-52 的规定，L 类纤维单面复合及 W 类织物内增强的卷材应符合表 2-53 的规定。

2N 类卷材理化性能(摘自 GB 12592—2003)　　表 2-52

序号	项　目		I 型	II 型
1	抗拉强度(MPa)，≥		8.0	12.0
2	断裂伸长率(%)，≥		200	250
3	热处理尺寸变化率(%)，≤		3.0	2.0
4	低温弯折性		−20℃无裂纹	−25℃无裂纹
5	抗穿孔性		不透水	
6	不透水性		不透水	
7	剪切状态下的黏合性(N/mm)，≥		3.0 或卷材破坏	
8	热老化处理	外观	无起泡、裂纹、黏结孔洞	
		抗拉强度变化(%)	±25	±20
		断裂伸长率变化(%)		
		低温弯折性	−15℃无裂纹	−20℃无裂纹
9	耐化学侵蚀	抗拉强度变化(%)	±25	±20
		断裂伸长率变化(%)		
		低温弯折性	−15℃无裂纹	−20℃无裂纹
10	人工气候加速老化	抗拉强度变化(%)	±25	±20
		断裂伸长率变化(%)		
		低温弯折性	−15℃无裂纹	−20℃无裂纹

注：非外露使用可以不考核人工气候加速老化性能。

3L类及W类卷材理化性能(摘自GB 12592—2003) 表2-53

序号	项目		I型	II型
1	拉力(N/cm),≥		100	160
2	断裂伸长率(%),≥		150	200
3	热处理尺寸变化率(%),≤		1.5	1.0
4	低温弯折性		−20℃无裂纹	−25℃无裂纹
5	抗穿孔性		不透水	
6	不透水性		不透水	
7	剪切状态下的黏合性(N/mm),≥	L类	3.0或卷材破坏	
		W类	6.0或卷材破坏	
8	热老化处理	外观	无起泡、裂纹、黏结孔洞	
		拉力变化率(%)	±25	±20
		断裂伸长率变化(%)		
		低温弯折性	−15℃无裂纹	−20℃无裂纹
9	耐化学侵蚀	抗拉强度变化(%)	±25	±20
		断裂伸长率变化(%)		
		低温弯折性	−15℃无裂纹	−20℃无裂纹
10	人工气候加速老化	抗拉强度变化(%)	±25	±20
		断裂伸长率变化(%)		
		低温弯折性	−15℃无裂纹	−20℃无裂纹

注:非外露使用可以不考核人工气候加速老化性能。

6.高密度聚乙烯(HDPE)防水卷材

(1)定义

高密度聚乙烯防水卷材系以高密度聚乙烯为基料所制成,其中含有大约97.5%的聚合物和2.5%的炭黑,以及抗氧剂、热稳定剂等化学助剂,经混合、压延而成的一种新型高档防水卷材。

(2)特点

高密度聚乙烯防水卷材具有抗拉强度高,伸长率大,有极强的韧性和优良的抗老化性能、抗化学侵蚀性能,使用温度范围广,抗渗性能强。卷材搭接采用焊接,接缝牢固、可靠,使用保证期为20年。

(3)规格(表2-54)

高密度聚乙烯卷材规格 表2-54

宽 度(m)	厚 度(mm)	长 度(m)	面 积(m^2)
6.86 10.50	0.5	381	2 613, 4 000
	0.75	256	1 756, 2 688
	1.0	198	1 359, 2 079
	1.25	152	1 043, 1 596
	1.5	128	878, 1 344
	2.0	98	670, 1 029
	2.5	76	522, 789
	3.0	64	439, 627
	3.5	55	377, 577

(4)应用厚度(表 2-55)

高密度聚乙烯防水卷材应用厚度的选择 表 2-55

应用范围	选择厚度(mm)
用于工业与民用建筑平屋面防水	0.5
用于地上或地下主要工程	1.0
用于有毒的污水池,防腐蚀的地面或水池,或防渗垃圾场等工程	1.0~1.5

(5)物理性能(表 2-56)

高密度聚乙烯防水卷材的物理性能 表 2-56

项目	技术指标(不同厚度,mm)								
	0.5	0.75	1.0	1.25	1.5	2.0	2.5	3.0	3.5
密度(g/m³)	>0.94								
熔流指数(g/10min)	<0.3								
断裂抗拉强度(MPa)	28								
屈服抗拉强度(MPa)	16								
断裂伸长率(%)	700								
屈服伸长率(%)	13								
弹性模量(MPa)	758								
最小抗撕扯力(N)	67	98	113	165	200	267	334	400	467
变脆温度(℃)	−80								
尺寸稳定性(每个方向的最大变化率,%)	±2								
断裂和屈服时的抗拉强度(MPa)	<±5								
断裂和屈服时的伸长率(%)	<±10								
抗臭氧能力(100pphm,40℃,168h)	无破裂								
环境应力开裂(100℃)	最小为 1 500								
抗穿刺能力(N)	377	597	777	977	1 194	1 554	1 953	2 388	2 765
吸水性(最大质量变化,%)	0.1								
抗水压能力(MPa)	1.12	1.69	2.21	2.83	3.44	4.57	5.69	6.83	7.94
热线性膨胀系数(10^{-4}/℃)	1.2								
水汽渗透量[g/(m²·d)]	0.06	0.05	0.04	0.035	0.03	0.02	0.01	0.007	0.005
渗透系数 K(cm/s)	2.7×10^{-13}								
耐磨性(mg/1 000 次)	5.7								

(6)适用范围

该材料的生产技术和施工机械,由中科院高能物理研究所从美国引进,在国内已广泛用于环保、冶金、建筑、市政、水利、化工、电力及航天等部门的防污染、防渗漏及水处理等工程。具体来说,它适用于工业与民用建筑的平屋面、上人屋面、蓄水屋面、屋顶花园等的防水,可用于酸碱或有毒品等场所进行防腐蚀、防毒、防渗工程,适用于基层结构有振动或较大沉降的屋面防水工程,适用于地铁、人防地下室、水库、污水池、清水池等防水工程。

7. SBC120 系列聚乙烯丙纶双面复合防水卷材

(1)定义、特性

SBC120 系列聚乙烯丙纶复合防水卷材，简称乙丙复合防水卷材，为表面增强式结构，由线性低密度聚乙烯树脂加入抗老化剂、稳定剂、助黏剂等与高强度新型丙纶长丝无纺布，采用热熔直压工艺加工制成。该卷材具有良好的综合技术性能，抗渗能力强、抗拉强度高、低温柔性好、线膨胀系数小、易黏结、摩擦系数大、稳定性好、无毒、变形适应能力强、适应温度范围宽、使用寿命长。它最突出的特点是表面粗糙均匀，易黏结，适合与多种材料的基层黏合；可与水泥材料在凝固过程中直接黏合，可在基层潮湿情况下粘贴复合卷材；复合卷材厚度薄，转折处易卷边黏贴，不折裂，防水效果好，是其他防水防渗材料所不具备的。它可以直接在水泥材料结构中使用，也可直接埋设于沙土中使用，具有足够的稳定性。本品可以在环境温度为－40～60℃的范围内长期稳定使用，可以在有水的情况下施工敷设。

(2)产品的种类、规格和物理性能(表 2-57)

(3)适用范围

该卷材可以应用在建筑屋面防水、地面防潮、保温隔汽、内墙防水装修等，还可用于水利堤坝防渗、渠道防渗、池库防渗，以及应用于冶金、化工、环保、采矿等的防污染、防渗、管道防水、矿井防水等。

乙丙复合防水卷材产品的种类、规格及物理性能 表 2-57

种类、规格(g/m^2) / 性能		单面加筋型		双面加筋型					
		G200	G250	250	300	350	400	500	600
抗拉强度	(N/5cm)	130	140	150	180	210	255	290	330
	(MPa)	6	6	优级品 9，一级品 7，合格品 6					
断裂伸长率(%)		40							
不透水性(MPa)		0.10	0.10	0.10	0.30	0.35	0.40	0.45	0.5
低温弯折性(－40℃，浸水－25℃，φ10mm，180°对折)		无裂纹							
抗冻性(－20～20℃，循环 20 次)		合格							
热老化保持率(80℃，168h)		抗拉强度 80% 延伸率 70% 低温柔性 合格							
耐化学性[1% H_2SO_4，饱和 $Ca(OH)_2$，15d]		无异常变化							
低温脆性(℃)		≤－55							
曝置试验(标准强度，198h)		合格							
线膨胀系数(1/℃)(－25～60℃)		8.2×10^5							
黏结特性(水泥胶黏结)		剥离强度 5.1N/cm 抗剪强度 0.018MPa 抗拉强度 0.14MPa							
芯层厚度(mm)		0.16	0.22	0.16	0.22	0.27	0.33	0.41	0.50
包装外经(mm)		210	240	270	285	300	320	240	260
公称卷重(kg)		23.0	28.7	28.7	34.5	42.0	48.0	28.7	34.5
单卷长度(m)		100						50	
单卷数量(m^2)		115						57.5	
产品幅宽(mm)		1 150							

8. 增强氯化聚乙烯防水卷材

(1)定义

增强氯化聚乙烯防水卷材，是以氯化聚乙烯树脂为主体，以玻璃纤维网格布为增强材料，经压延、复合、取卷、检验、包装等工序加工制成的可卷曲片状防水材料。

(2)产品规格

卷材厚度(mm)为1.0、1.2、1.5、2.0，卷材宽度(mm)为900、1 000、1 200，卷材面积(m^2)为10、15、20，其他规格由供需双方商定。

(3)技术要求

①外观质量：卷材表面应无气泡、疤痕、裂纹、黏结、砂眼、孔洞等缺陷。

②卷材的面积和宽度允许偏差为±0.3%。

③一卷卷材中仅允许有一处接头，其中较短的一段长度应不小于2 500mm，接头处应剪切整齐，并加长150mm备作搭接。优等品中有接头的卷材卷数不得超过批量的3%。

④卷材的平直度偏差应不大于50mm。

⑤卷材的平整度偏差应不大于10mm。

⑥卷材厚度允许偏差，应符合表2-58的规定。

卷材厚度允许偏差(单位：mm) 表2-58

厚　度	允许偏差	厚　度	允许偏差
1.0	+0.15，-0.05	1.5	+0.20，-0.15
1.2	+0.15，-0.10	2.0	+0.20，-0.20

(4)物理性能

该卷材的主要物理力学性能，应符合《氯化聚乙烯防水卷材》(GB 12593—2003)的规定。

(5)适用范围

这种防水卷材具有高强度、耐臭氧、耐老化、易黏结及尺寸稳定性较好等特点，适用于基层变形较小的屋面和地下室等工程防水。在条件允许时，最好采用空铺法、点黏法、条黏法施工防水层。

第三节　防 水 涂 料

防水涂料是一种流态或半流态物质，涂刷在基层表面，经溶剂或水分挥发，或组分间的化学反应，形成一定弹性的薄膜，使表面与水隔绝，起到防水、防渗、防潮作用。

一、防水涂料的特点

(1)防水涂料在固化前呈黏稠状液体，因此，在施工时能满足各种复杂的屋面、地面、立面、阴阳角部位的防水工程要求，能形成无接缝、完整的防水膜。

(2)形成的防水膜具有良好的延伸性、耐水性和耐候性，能适应基层裂缝的微小变化。

(3)形成的防水膜层自重小，特别适用于轻型屋面等防水。

(4)安全性好，不必加热，冷施工，既减少环境污染，又便于操作，改善劳动条件。

(5)操作简便，施工进度快，可实行机械化施工。

(6)易于修补,可在渗漏处进行局部修补。它既是涂料,又是胶黏剂,对于基层裂缝、施工缝、雨水斗及贯穿管周围等容易造成渗漏的部位,维修比较简便。

(7)价格相对低廉。

二、防水涂料的分类

目前,防水涂料一般按涂料的类型及其成膜物质的主要成分进行分类。

1. 按防水涂料类型区分

根据涂料的液态类型,可分为溶剂型、水乳型及反应型 3 类。

(1)溶剂型

在这类涂料中,作为主要成膜物质的高分子材料溶解于有机溶剂中,成为溶液。高分子材料以分子状态存在于溶液(涂料)中。该类涂料具有以下特性。

①通过溶剂挥发,经过高分子物质分子链接触、搭接等过程而结膜。

②涂料干燥快,结膜较薄且致密。

③生产工艺较简易,涂料储存稳定性较好。

④易燃、易爆、有毒,生产、储运及使用时要注意安全。

⑤由于溶剂挥发,施工时对环境有一定污染。

国外的氯磺化聚乙烯橡胶涂料(海帕龙)、氯丁橡胶涂料及我国 20 世纪 60 年代就开始使用的溶剂型氯丁橡胶-沥青防水涂料等均属于此类。

(2)水乳型

这类涂料作为主要成膜物质的高分子材料以极微小的颗粒(而不是呈分子状态)稳定悬浮(而不是溶解)在水中,成为乳液状涂料。该类涂料具有以下特性。

①通过水分蒸发,经过固体微粒接近、接触、变形等过程而结膜。

②涂料干燥较慢,一次成膜的致密性较溶剂型涂料低,一般不宜在 5℃ 以下施工。

③储存期一般不超过半年。

④可在稍为潮湿的基层上施工。

⑤无毒、不燃,生产、储运、使用比较安全;操作简便,不污染环境。

⑥生产成本较低。

国外的水乳型橡胶沥青防水涂料和我国的水乳型再生胶沥青防水涂料、水乳型氯丁橡胶沥青防水涂料、硅橡胶防水涂料、丙烯酸酯防水涂料等均属此类。

(3)反应型

在这类涂料中,作为主要成膜物质的高分子材料系以预聚物液态形式存在,多以双组分或单组分构成涂料,几乎不含溶剂。该类涂料具有以下特性。

①通过液态的高分子预聚物与相应物质发生化学反应,变成固态物(结膜)。

②可一次结成较厚的涂膜,无收缩,涂膜致密。

③双组分涂料需现场配料准确,搅拌均匀,才能确保质量。

④价格较贵。

国内外的聚氨酯防水涂料属此类。

2. 按成膜物质的主要成分区分

根据构成涂料的主要成分的不同,可分为下列 4 类:合成树脂类、橡胶类、橡胶沥青类、沥青类。上列 4 类涂料,也可归纳为 3 类:合成高分子类(包括合成树脂类、橡胶类)、高聚物改性沥青类(以橡胶沥青类为主要代表)、沥青类。

三、乳化沥青防水涂料

乳化沥青是一种冷施工的防水涂料,系将石油沥青在乳化剂水溶液作用下,经搅拌机强烈搅拌而成。沥青在搅拌机的搅拌下,被分散成 1～6μm 的细小颗粒,并被乳化剂包裹起来形成悬浮在水中的乳化液。当该乳化液涂在基层上后,水分逐渐蒸发,沥青颗粒遂凝聚成膜,形成了均匀、稳定、黏结强度高的防水层。

乳化沥青按使用乳化剂的不同,可分为膨润土乳化沥青、石灰乳化沥青、皂液乳化沥青、石棉乳化沥青等多种。以下将重点介绍膨润土乳化沥青防水涂料和皂液乳化沥青防水涂料。

1. 膨润土乳化沥青防水涂料

(1)定义、特性

膨润土乳化沥青系以膨润土作为乳化稳定剂,通过一定的工艺程序,将沥青材料乳化而成,应用时加衬玻璃纤维布(网),从而形成有一定透气性能的防水层。该涂料的涂膜不易拉裂,耐热性好,自重小,在大坡度屋面施工时不会流淌,而且可在潮湿的基层上涂布。

(2)物理性能(表 2-59)

膨润土乳化沥青物理性能 表 2-59

项　目	性能指标
耐热性	80℃,5h 不流淌、不起泡
不透水性	动水压 0.3MPa,保持时间 120min,不透水
柔韧性	(20±2)℃空气中,ϕ10～30mm,厚 2.5mm,不裂
黏结性	(20±2)℃,>0.2MPa
抗裂性	(20±2)℃,厚 2.5mm,基层裂缝宽 3mm,涂膜不裂
抗冻性	(−18±2)℃,冻 4～6h,表面淋温水,室温变化 18～20h 为一循环,循环 20 次无变化

(3)技术要求

膨润土乳化沥青所用沥青和膨润土的技术要求如下。

沥青:软化点 45～52℃,针入度 60,延伸度>30cm。

膨润土:胶质价 60mL,膨胀容积大于 18mL/g。

(4)适用范围

该防水涂料适用于民用和工业厂房的复杂屋面,以及平整的保温层上,也可用于屋顶钢筋、板面和油毡表面做保护涂料。

2. 皂液乳化沥青防水涂料

(1)定义

皂液乳化沥青系以一定量的石油沥青置于含有一定浓度的皂类复合乳化剂的水溶液中,通过分散设备,使石油沥青均匀分散于水中所形成的一种相对稳定的沥青乳液。

(2)物理性能

旧规范 JC/T 797—1984 曾对皂液乳化沥青的产品性能进行了如表 2-60 所示的规定,在此列出,以供了解。

皂液乳化沥青的产品性能 表 2-60

项　目	指　标
外观	褐色或黑褐色液体
固体含量(质量分数,%)	≥64
黏度(s)(沥青黏度计,25℃,孔径 5mm)	≥7.2
分水率(%)(经 3 500r/min,15min 出水相体积与试样体积的百分比)	≤12
耐热性[(80±2)℃,5h,45°坡度]	不滑动、不流淌、无气泡
黏结力(MPa)(20±2)℃	≥0.303
粒度(μm)	≤9.5

(3)配合比和使用说明(表 2-61)

皂液乳化沥青的配合比和使用说明 表 2-61

配合比(质量比)			使用说明
材料名称	配　方 Ⅰ	配　方 Ⅱ	
60 号石油沥青	70～75	75	①在运输、储存、使用过程中,对环境温度有一定的要求,一般以 15～30℃为宜,不应在低温下长期储存 ②气温下降到 5℃以下时,必须搬放在 5℃以上的房间存放 ③适用温度为－30～80℃ ④产品储存 3 个月
10 号石油沥青	30～25	25	
洗衣粉	0.9	1.2	
肥皂	0.1	—	
火碱	0.4	0.5	
水玻璃	—	1.0	
石花菜	—	1.0	
水	97.6～100	100	

(4)适用范围

它可与玻璃纤维毡片或玻璃纤维布配合使用,也可与再生橡胶乳液混合使用,作为一般工程的防水材料,可用于建筑屋面的防水,渠道、下水道的防渗,材料表面防腐等。

四、橡胶沥青防水涂料

橡胶沥青类防水涂料,为高聚物改性沥青类的主要代表,其成膜物质中的胶黏材料是沥青和橡胶(再生橡胶或合成橡胶等)。该类涂料有溶剂型和水乳型两种类型,是以橡胶对沥青进行改性作为基础的。用再生橡胶进行改性,以减少沥青的感温性,增加弹性,改善低温下的脆性和抗裂性能;用氯丁橡胶进行改性,使沥青的气密性、耐化学腐蚀性、耐延燃性、耐光、耐气候性得到显著改善。

目前,我国属溶剂型橡胶沥青类防水涂料的品种有氯丁橡胶-沥青防水涂料、再生橡胶沥青防水涂料(包括胶粉沥青防水涂料)、丁基橡胶沥青防水涂料等;属水乳型橡胶沥青类防水涂料的品种有水乳型再生胶沥青防水涂料(包括 JG2 型、SR 型、XL 型等多种牌号产品)、水乳型氯丁橡胶沥青防水涂料(包括各种牌号的阳离子型氯丁胶乳沥青防水涂料)、丁腈胶乳沥青防水涂料、丁苯胶乳沥青防水涂料、SBS 橡胶沥青防水涂料、阳离子水乳型再生胶氯丁胶沥青防水涂料(包括 YR 建筑防水涂料等产品)。

1. 溶剂型再生橡胶沥青防水涂料

(1)定义、特性

溶剂型再生橡胶沥青防水涂料系以胎面再生橡胶、沥青和汽油配制而成。该涂料能在各种复杂表面形成无接缝的防水膜,有一定的柔韧性和耐久性,其防水性、抗裂性、耐寒性都较好，涂料干燥固化迅速，能在常温或较低温度下施工，原料来源广、成本较低。但该涂料属于薄型涂料，一次涂刷成膜较薄，难形成厚涂膜，以汽油为溶剂，不但增加成本，在施工中对环境还有一定污染，而且汽油属于易燃品，在生产、储运及使用过程中均要注意防火和防止爆炸。

(2)物理性能(表 2-62)

溶剂型再生橡胶沥青防水涂料的物理性能 表 2-62

项　目	性能指标
耐热性(80±2)℃	加热 5h 无流淌、起泡和滑动
黏结性(MPa)	≥0.2
不透水性	动水压 0.1MPa，保持时间 30min，不渗漏
低温柔性(−10℃)	无网纹、无裂纹、无断裂
抗冻性[−20℃～(20±10)℃，循环 20 次]	无起泡、开裂、剥离

(3)适用范围

溶剂型再生橡胶防水涂料适用于工业与民用建筑混凝土屋面的防水层，地下室、水池、冷库、地坪等的抗渗、防潮，旧油毡屋面的维修和翻修。该涂料比较适合在表面变形较大的节点及接缝处使用。同时，该涂料还应配用嵌缝材料，方能收到更好的效果。

(4)施工操作(表 2-63)

溶剂型再生橡胶沥青防水涂料的施工操作 表 2-63

项　目	施工操作要点
基层要求及处理	基层要求平整、密实、干燥、含水率低于 9%，不得有疏松起砂、剥落及凹凸不平现象，各种坡度应符合排水要求。基层不平处应采用高强度等级砂浆填平补齐，阴阳角处应做成圆弧角，涂布前应将表面清理干净。基层表面有裂缝时，要进行处理，宽度在 0.5mm 以下时，先刷一遍涂料，然后再用腻子刮填。对于较大的裂缝，可先凿宽，再嵌填弹塑性较大的嵌缝密封材料
屋面防水层施工之前的工作	①无增强骨架时，在屋面防水层施工之前，先涂刷天沟、泛水、穿通管、阴阳角等特殊部位 ②加玻纤网格布做防水层时，先贴天沟、女儿墙、板端、烟囱、阴阳角等处的附加层，对各种接缝、变形缝、分隔缝等，均应预先嵌填嵌缝密封材料
防水层施工	无增强骨架情况： ①施工采用分层涂刷的施工方法 ②冷刷底胶：将防水涂料搅拌均匀后，用滚刷或橡皮刮板均匀涂布在基层表面上，涂布量一般以 0.4～0.5kg/m² 为宜，底胶涂布完，应干燥 4～24h 后，才能进行下一工序的施工 ③涂膜防水层的施工应自上而下进行。将搅拌均匀的防水涂料倒在基层表面上，再用塑料或橡胶刮板刮匀。第一遍涂膜的涂布量以 1kg/m² 为宜，待第一遍涂膜固化后(固化 24h 以上)，再按上述方法涂刷第二遍涂膜，但涂刷方向应与第一遍方向垂直，第二遍涂膜的涂布量以 1kg/m² 为宜 ④保护层施工：在第二遍涂膜施工完毕而未固化时，应在其表面稀散撒上少量干净的粒径为 2～3mm 的石渣或其他材料做保护层 加玻纤网格布做防水层情况： ①根据需要选用一布二涂、二布三涂或多布多涂的施工方法 ②第一道防水层涂刷施工应做到厚薄均匀，不堆积、不流淌、不漏刷 ③第一层玻璃网布铺贴：待第一层防水涂料实干后，进行铺贴玻璃网布，边铺贴边涂刷，使玻璃网布牢固地粘贴在基层上，并使全部网眼浸满涂料，使上下两层防水涂料连成一片，以保证防水效果 ④第二道防水涂料涂刷施工：待上一道玻璃网布实干后，再涂刷第二层防水涂料，涂刷方法与第一道相同 ⑤第二层玻璃网布铺贴：待第二道防水涂料实干后，进行第二层玻璃网布的铺贴，其方法与第一层相同 ⑥根据防水层构造的玻璃网布层数，依次重复上述方法施工，最后进行封面防水涂料的满涂 ⑦面层保护层施工：可选用涂刷浅色涂料，或在涂刷最后一遍涂料后，随即抛撒云母粉或浅色细砂。用胶辊滚压，使之粘牢即可

续上表

项　目	施工操作要点
注意事项	①底层涂层施工未干时,不准上人踩踏 ②玻璃纤维布与基层必须粘牢,不得有皱折、起泡、空鼓、脱层、翘边及封口不严的现象 ③屋面坡度为3%～15%时,玻璃纤维布可平行于屋脊铺贴;坡度大于15%时,玻璃纤维布应垂直屋脊铺贴,并不得有短边搭接。上下玻璃纤维布应错开1/3幅度 ④基层应坚实,不宜在混合砂浆及石灰砂浆表面施工。施工温度为－10～40℃,下雨、大风天气不得施工 ⑤本涂料以汽油为溶剂,在储运及使用过程中,须特别注意防火,应随用随倒随封,以防挥发,存放期不宜超过半年

2. 水乳型再生橡胶沥青防水涂料

(1)定义、特性

水乳型再生橡胶沥青防水涂料系以阴离子型再生胶乳和沥青乳液混合而成,为黑色黏稠乳状液。它和溶剂型再生橡胶沥青防水涂料一样能在各种复杂表面形成无接缝防水膜,有一定的柔韧性和耐久性,以水作分散介质,具有无毒、无味、不燃的优点,安全可靠,不污染环境,可在常温下冷施工作业,并可在稍潮湿而无积水的表面施工,而且材料来源广,价格较低廉。本品亦属于薄型涂料,一次涂刷成膜较薄,要经多次涂刷才能达到要求厚度。

(2)物理性能(表2-64)

水乳型沥青防水涂料的物理性能(摘自JC/T 408—2005)　　表2-64

项　目		L	H
固体含量(质量分数,%)		45	
耐热度(℃)		80±2	110±2
		无滑动、流淌、滴落	
不透水性		压力0.1 MPa,保持时间30min,无渗水	
黏结强度(MPa)		0.3	
表干时间(h)		8	
实干时间(h)		24	
低温柔度(℃)	标准条件	－15	0
	碱处理	－10	5
	热处理		
	紫外线处理		
断裂伸长率(%)	标准条件	600	
	碱处理		
	热处理		
	紫外线处理		

注:供需双方可商定温度更低的低温柔度指标。

(3)适用范围

该涂料适用于工业与民用建筑保温和非保温屋面,以及地下室、洞体、冷库、地面等防水、防潮、隔汽,也可用于旧油毡屋面的翻修和刚性自防水屋面的维修,对混凝土表面的碳化和风化有良好的保护作用。

该涂料一般要加衬玻璃纤维布或合成纤维加筋毡构成防水层,施工时再配以嵌缝密封材料,以达到良好的防水效果。

第四节　止　水　带

1. 止水带的种类及特点

止水带有塑料止水带、橡胶止水带、BW 复合止水带、钢带橡胶复合止水带等，一般为黑色或灰色，又叫封缝带，主要用在建筑物或地下构筑接缝处，如伸缩缝、施工缝、变形缝等。

(1)塑料止水带

塑料止水带的原料比较充足，而且成本较低，仅为天然橡胶的 40%～50%，耐久性好，不易老化。其物理力学性能完全可以满足使用要求，且在施工过程中可以节约橡胶和紫铜片，一般用在地下防水工程、隧道、坝体、沟渠等的变形缝防水。

(2)橡胶止水带

此类材料具有很好的弹性，伸缩能力强，耐磨和抗撕裂性优良，使用的温度范围一般为 −40～40℃，具有变形能力强，防水效果好等优点。它的使用范围也比较广，可用于地下构筑物、小型水坝、蓄水池、游泳池、隧道及其他建筑物和构筑物的变形缝防水，但在温度超过 50℃ 和受强烈的氧化作用或油类有机溶剂侵蚀的条件下，不得使用。

(3)BW 复合止水带

BW 复合止水带是一种自黏胶带，具有特别好的延伸率和自黏率，特别是遇水膨胀，体积增大，可快速封闭结构内部的细小裂缝和孔隙，起到防水、止水的效果。所以说它是一种双层止水结构，止水性能比一般的止水带好。它主要用于蓄水池、沉淀池、游泳池、给排水管道、渠道、涵洞、地下铁道、地下公路、大坝、防洪堤及各种地下工程的变形缝、结构接缝、防水管道接头、防水密封等。

(4)钢带橡胶复合止水带

钢带橡胶复合止水带一般由可伸缩的橡胶两边配有镀锌钢带组成，可以克服橡胶止水带与混凝土黏附力较差，不适应大变形接缝的缺点。它一方面可以延长渗水途径，延缓渗水速度；另一方面，镀锌钢带和混凝土有着良好的黏结性，可使止水带承受较大的拉力和扭力。其用途同一般橡胶止水带一样。

2. 止水带的技术指标

(1)塑料止水带的技术指标见表 2-65。

塑料止水带技术指标(摘自 GB 18173.2—2000)　　表 2-65

外观要求	物理力学性能要求		耐久性要求			
	项目	指标	项目	条件	老化系数	
					抗拉强度	相对伸长率
颜色：灰色或黑色 塑化均匀，不得有焦烧料及未塑化的生料 不得有气孔	抗拉强度(MPa)	≥12	热老化	(70±1)℃，360h	≥0.95	≥0.95
	定伸强度(MPa)	≥45	碱抽取	1%碱溶液 (KOH 和 NaOH)	≥0.95	≥0.95
	相对伸长率(%)	≥300	碱效应	1%碱溶液 (60～65℃，30d)	≥0.95	≥0.95
	硬度(邵氏度)	60～75	低温对折性(℃)		≥−40	

(2)橡胶止水带的技术指标见表 2-66。

橡胶止水带技术指标(摘自 GB 18173.2—2000)　　表 2-66

项　目	技术指标					
	扯断强度(MPa)	伸长率(%)	永久变形率(%)	硬度(邵氏度)	脆化温度(℃)	老化系数(70℃,72h)
防 50 号	≥13.0	≥500	≤45	60±5		>0.80
防 100 号	≥20.0	≥500	≤45	60±5		>0.85
氯丁橡胶	≥14.0	≥200	≤50	60±5		>0.85
一般要求	13~21	200~750	24~50	50~70	−40	>0.80

注:①防 50 号止水带适用于中小型工程。
②防 100 号止水带适用于大中型工程。

第五节　遇水膨胀防水材料

一、遇水膨胀的防水护理

随着土木工程质量的不断提高,对防水材料的要求也愈来愈高。遇水膨胀止水材料由于具有弹性密封止水、遇水膨胀及自修复功能,已在防水工程中得到应用。

遇水膨胀止水材料,作为土木工程的防水止水材料,主要应用于地下工程的施工缝、后浇缝、沉降缝、伸缩缝及管道密封等,安装比传统的橡胶止水带、塑料止水带方便。

遇水膨胀止水材料工程造价低、防水效果好。传统的止水带主要是依靠压缩弹性密封来防水止水,但弹性密封材料都有一定的弹性变形范围,还存在着压缩永久变形的蠕变行为,这种蠕变行为会随着时间的增加使密封材料和被密封制品界面的弹性压缩力逐步降低,甚至可能产生新裂缝,还可能由于制造和安装时存在超出弹性体材料变形范围的缺陷,这些裂缝和缺陷很可能造成渗漏水现象。而遇水膨胀止水材料除保持原有弹性止水材料的力学和弹性性能外,还增加了吸水膨胀功能。它不仅吸水体积膨胀,堵塞弹性密封止水变形范围之外可能存在的缝隙,而且能够通过吸水体积膨胀来弥补弹性密封材料压缩蠕变后产生的新缝隙和弹性老化产生的防水效果减弱的问题。因此,遇水膨胀止水材料是一种具有弹性密封止水和遇水膨胀止水双重止水功能、防水很可靠的新型材料。

二、遇水膨胀材料的种类

遇水膨胀材料是一种弹性体类聚合物,有腻子型遇水膨胀材料、遇水膨胀橡胶、遇水膨胀塑料及密封胶型遇水膨胀材料。其特点都是既有弹性密封止水,又有遇水膨胀特性,但各自性能有所差别,要针对不同的性能特点和应用条件,选择不同的遇水膨胀材料。

1. 腻子型遇水膨胀材料

腻子型遇水膨胀材料是由橡胶、填充油、吸水组分及填料组成。其中吸水组分主要由无机类吸水材料组成,也有采用吸水聚氨酯或高吸水丙烯酸类树脂作吸水组分。腻子型遇水膨胀材料的主要特点是黏附性好、填充性好,并有一定的自黏性,压缩变形能力大,可以有效填充密封界面存在的缝隙。其缺点是材料的强度差,仅适用于流体压力较低的工程中。腻子型遇水膨胀材料的技术指标见表 2-67。

腻子型遇水膨胀材料的技术指标(摘自 GB 18173.3—2002)　　表 2-67

项　目	性　能	项　目	性　能
静水体积膨胀率	3～5 倍	耐低温(－20℃)	不脆裂
高温(120℃)	不流淌		

2.遇水膨胀橡胶

遇水膨胀橡胶由橡胶吸水组分、填加组分及硫化体组成。其中吸水组分主要由吸水聚氨酯、丙烯酸及聚乙烯醇内吸水树脂组成,也有用无机类作为吸水组分的,其特点是吸水组分以聚合物类为主。橡胶组分用硫磺或其他方式交联硫化。这类材料相对腻子型遇水膨胀材料来讲,力学强度较好,用于流体压力较高的地方,但这类材料压缩反弹性大,存在施工性差的缺点。遇水膨胀橡胶的技术指标见表 2-68。

遇水膨胀橡胶的技术指标(摘自 GB 18173.3—2002)　　表 2-68

项　目	性　能	项　目	性　能
硬度	45～65	静水膨胀率	0.5～2 倍
强度	4MPa	永久变形率	10%～6%
延伸率	550%		

3.遇水膨胀塑料及密封胶型遇水膨胀材料

遇水膨胀塑料是以 SPVC、POE、SBS 等弹性较好的塑料作基材,赋以吸水组分和其他助剂混合制备而成。其特点是不硫化、物理力学性能好、加工方便且加工成本低,但其延伸性不如橡胶材料,而且目前国内尚无该类产品。

密封胶型遇水膨胀型材料是以聚氨酯、丙乙酸酯类密封胶为基材开发的一类新型止水材料。它兼具密封胶的特性,现场施工方便,可用以形状复杂部位的防水。

三、遇水膨胀材料的性能

遇水膨胀材料的性能主要是指材料遇水膨胀率、遇水膨胀速度、反复膨胀性能、膨胀体积保持率及材料的力学性能。

1.遇水膨胀率

膨胀材料的防水作用,主要是材料遇水膨胀、体积变化。故此,遇水膨胀率便成为遇水膨胀材料的主要性能指标。高吸水树脂的吸水倍率可以达到几百倍、几千倍,但吸水后材料没有力学强度,不能阻止水分渗透,而且成型加工困难。作为密封型遇水膨胀材料,其膨胀率一般在 10 倍以下,有的甚至只有 1～2 倍,但吸水后具有一定的力学强度,可以达到防、止水的目的。

2.膨胀速度

由于遇水膨胀材料的施工条件制约,所以它的膨胀速度不能太快。因为它本身是一种预防、堵漏材料,而且主要用于地下工程,难免与水接触,如果膨胀速度快,遇水材料会过早吸水膨胀,不利于施工安装,而且影响止水效果。有时因工程需要,在遇水膨胀材料的表面涂刷缓膨剂,以降低其遇水膨胀速度。

3. 遇水膨胀材料的膨胀体积保持率和反复膨胀性能

防水堵漏材料由于受外界环境因素和水文地质的影响，材料会受到有水、无水的交替作用，有水时体积膨胀，无水时材料会逐渐收缩，恢复到原来体积，再遇水时再膨胀，这种反复循环的收缩、膨胀，特别适合做防水、止水材料。材料体积保持率，由于吸水组分吸水时结合的自由水分多，离子化合物进行离子交换排除的水分增加，使膨胀率随时间的增加而降低，体积也会逐渐收缩，膨胀保持率下降；而靠分子间氢键吸引的结合水分多，则膨胀体积保持率高。

4. 遇水膨胀材料的压力

在水压较高的地方，材料吸水后的力学性能和膨胀时产生的压力是遇水膨胀材料性能的关键。目前，遇水膨胀材料的抗拉强度都比较低，当遇水材料应用于力学强度要求较高、水压较大时，可用普通材料来弥补遇水膨胀材料的不足，以达到预期的止水效果。

BW-96 型系列遇水膨胀率指标见表 2-69。

BW-96 型系列遇水膨胀率指标 表 2-69

膨胀率大于 100%所需的时间(h)	膨胀率大于 200%所需的时间(h)	耐 水 性
24	240	呈整体膨胀无碎块
48	240	
72	240	
96	240	
120	240	

注：本表的试验条件均属自由状态下静水浸泡。

第六节 防水混凝土

一、防水混凝土原材料要求

(一)水泥

1. 水泥品种

(1)在不受侵蚀性介质和冻融作用时，宜采用普通硅酸盐水泥、火山灰质硅酸盐水泥、粉煤灰硅酸盐水泥，如采用矿渣硅酸盐水泥，为了改善矿渣水泥的保水性，可渗入外加剂、火山灰质材料、磨细粉煤灰等，以改善其保水性，降低泌水率。

(2)在受冻融作用时应优先选用普通硅酸盐水泥，不宜采用火山灰质硅酸盐水泥和粉煤灰硅酸盐水泥。

(3)不得使用过期或受潮结块的水泥，并不得将不同品种或强度等级的水泥混合使用。

2. 水泥强度等级

水泥强度等级应不宜低于 32.5 级。

3. 水泥用量

(1)水灰比。水灰比的大小不仅影响防水混凝土的抗渗性，同时也影响混凝土的耐久性。只有选择适宜的水灰比，才能使混凝土获得良好的和易性、抗渗性及耐久性等。水灰比不得大于 0.55。

(2)水泥用量。水泥用量与水泥强度等级有关。当水泥强度等级为 32.5 级以上,并掺有活性粉细料时,水泥用量不得少于 280kg/m³。否则,水泥用量不得少于 300kg/m³。粉细料一般采用火山灰、粉煤灰、磨细砂、石粉等。粉细料的掺量应根据单位体积混凝土中的水泥强度等级、水泥用量、小于 0.15mm 的砂粒数量,以及所需抗渗等级的高低,通过试验确定。应当指出,随着粉细料掺量的增加,混凝土强度会下降,见表 2-70,所以粉细料不宜过量。

不同粉细料含量防水混凝土抗渗性能表　　表 2-70

粉细料含量(%)	水用量(kg/m³)	水泥用量(kg/m³)	坍落度(cm)	抗压强度(MPa)	抗渗压力(MPa)	备　注
0	205	350	5.0	26.4	1.0	砂中原有小于 0.15mm 粉细料为 1.5%,折合占集料总质量的 0.95%
2.9	210	350	5.5	26.0	1.2	
5.7	215	350	8.1	21.3	2.2	水泥为原 400 号火山灰质硅酸盐水泥 粉细料为磨细砂
8.5	220	350	8.8	20.8	2.8	

(二)砂、石

1. 砂

砂一般采用中砂或粗中混合砂较好(细度模数 $M_x=30$,平均粒径 $D=0.35\sim0.5$mm),如表 2-71 所示。砂子太粗易产生回弹,砂子太细会增加混凝土的收缩,降低混凝土的强度。砂的含水率以 6%～8%左右为好。

用 砂 要 求　　表 2-71

颗 粒 级 配	筛孔尺寸(mm)	0.16	0.315	1.25	5
	累计筛余(%)	95～100	70～95	20～55	0～10
泥土杂质含量(用水冲洗法试验,按质量计)		≤3%			
硫化物和硫酸盐含量(折算为 SO_3,按质量计)		≤1%			
有机物含量(用比色法试验)		颜色不应深于标准色;否则,须以混凝土强度对比试验加以复核			

砂中有害物质含量规定见表 2-72。

砂中有害物质含量规定　　表 2-72

项　目	≥C30 混凝土	<C30 混凝土
含泥量(按质量计,%)	≤3	≤5
云母含量(按质量计,%)	≤2	≤2
轻物质含量(按质量计,%)	≤1	≤1
硫化物及硫酸盐含量(折算成 SO_4,按质量计,%)	≤1	≤1
泥块含量(按质量计,%)	≤1	≤2
有机质含量(用比色法试验)	颜色不应深于标准色,如深于标准色,则应按水泥胶砂强度试验方法,进行强度对比试验,抗压强度不应低于 28d 龄期抗压强度的 0.95	

2. *石*

碎石、卵石都可以作粗集料，但以卵石为好。卵石的粒径一般不大于25mm，碎石的粒径一般不大于20mm。石子的颗粒级配按表2-73要求选择，石子的技术要求按表2-74执行。碎石或卵石中有害物质含量规定见表2-75。

混凝土石料颗粒级配 表2-73

粒径(mm)	5～7	7～15	15～25
百分率(%)	25～35	45～55	<20

混凝土用石子的技术要求 表2-74

颗粒级配	筛孔尺寸(mm)	5	10	2.0
	累计筛余(%)	90～100	30～60	0～5
强　度 [以岩石试块(5cm×5cm×5cm)在水饱和状态下的极限抗压强度与混凝土设计强度之比]		≥150%		
软弱颗粒含量(按质量计)		≤5%		
针片状颗粒含量(按质量计)		≤15%		
泥土杂质含量(用冲洗法试验)		≤1%		
硫化物和硫酸盐含量(折算为SO_3，按质量计)		≤1%		
有机物含量(用比色法试验)		颜色不应深于标准色；否则，须以混凝土强度对比试验加以复核		

碎石或卵石中有害物质含量规定 表2-75

项　　目	≥C30混凝土	<C30混凝土
针、片状颗粒含量(按质量计，%)	≤15	≤25
含泥量(按质量计，%)	≤1.0	≤2.0
泥块含量(按质量计，%)	≤0.5	≤0.7
硫化物及硫酸盐含量(折算成SO_4，按质量计，%)	≤1.0	≤1.0
卵石中有机质含量(用比色法试验)	颜色应不深于标准色，如深于标准色，则应配制成混凝土，进行强度对比试验，抗压强度比不应低于28d龄期抗压强度的0.95	

使用粗集料时，还应注意以下两点。

(1)碎石、卵石运输中应保持干净，不得混有黏土块或有机杂质，更不得混入燃烧过的白云石或石灰石等，碎石中也不应含有石粉。

(2)不得用含有SiO_2的岩石作集料。

3. *砂率*

水灰比和水泥用量选定之后，应选择适宜的砂率，以保证混凝土中水泥砂浆的数量和质量，减小或改变混凝土空隙率，增加密实度，提高抗渗性。砂率对抗渗性的影响见表2-76。

防水混凝土的砂率宜为35%～45%，见表2-77。

不同砂率、灰砂比的防水混凝土抗渗性能表 表 2-76

灰砂比(质量比)	砂率(%)	水泥用量(kg/m³)	坍落度(cm)	拌和物湿密度(kg/m³)	抗压强度(MPa)		抗渗压力(MPa)
					砂浆	混凝土	
1∶1.0	28.5	500	16	2 470	34.1	26.5	0.4
1∶1.5	34.2	417	12	2 485	26.8	26.4	0.8
1∶2.0	37.4	357	7	2 480	24.3	24.3	1.0
1∶2.5	39.4	312	4	2 475	19.5	25.4	1.0
1∶3.0	41.0	278	2.5	2 460	17.7	22.2	0.6

砂率选用表 表 2-77

砂的细度模数和平均粒径		石子空隙率(%)				
细度模数	平均粒径(mm)	30	35	40	45	50
0.70	0.25	35	35	35	35	35
1.18	0.30	35	35	35	35	36
1.62	0.35	35	35	35	35	37
2.16	0.40	35	35	36	37	38
2.71	0.45	35	36	37	38	39
3.35	0.50	36	37	38	39	40

注:本表是按石子平均粒径 5～50mm 计算的,砂率的单位为%。

4.灰砂比

灰砂比是水泥用量和砂子用量的质量比。它和砂率都是直接表示了水泥砂浆包裹石子的情况,对混凝土的结构生成作用和沉降过程起重要作用。灰砂比选用适当,就能取得密实度较高的混凝土。从表 2-76 中可看出,如灰砂比为 1∶1.0～1∶1.5 偏大时(即砂率偏低),尽管水泥用量较大,但混凝土的抗渗性仍较差。这是由于砂子数量不足,水泥和水含量多,混凝土往往出现不均匀及收缩大的现象所致。反之,灰砂比为 1∶3.0 偏小时(即砂率偏高),拌和物干而缺乏黏结能力,使混凝土密实度不高,抗渗能力下降。

防水混凝土的灰砂比宜为 1∶2～1∶2.5。

(三)水

应采用不含有害物质的洁净水。要求水中不含有影响水泥正常硬化的有害杂质,如油脂、糖类等。

pH 值小于 4 的酸性水和 pH 值大于 9 的碱性水、硫酸盐含量(按 SO_4 计)超过水质量 1%的水,以及海水、污水、工业废水等,均不得使用。

(四)外加剂

防水混凝土可根据工程需要掺入引气剂、减水剂、密实剂等外加剂,其掺量和品种应经试验确定。规范规定掺引气剂或引气型减水剂时,混凝土含气量应控制在 6%～8%。使用减水剂时,减水剂宜预溶成一定含量的溶液。

防水混凝土可掺入一定数量的磨细粉煤灰或磨细砂、石粉等,粉煤灰掺量不应大于 20%,磨细砂、石粉的掺量不宜大于 5%。粉细料应全部通过 0.15mm 筛孔。

防水剂可采用氢氧化铁防水剂、氯化铁防水剂等。氢氧化铁防水剂的适宜掺量为 2%,氯化铁防水剂的适宜掺量为2%～3%。

膨胀剂可采用明矾石膨胀剂、氧化钙膨胀剂、复合膨胀剂等，其常用掺量可按表2-78选用。

膨胀剂的常用掺量(质量比，单位：%)　　表2-78

膨胀剂名称	掺　量	膨胀剂名称	掺　量
明矾石膨胀剂	13～17	氧化钙膨胀剂	3～5
硫铝酸钙膨胀剂	8～10	氧化钙-硫铝酸钙复合膨胀剂	8～12

地下防水要加速混凝土的凝结硬化，需适当掺入一些速凝剂来缩短其凝结硬化时间。掺入了速凝剂的混凝土不仅可提高早期强度，减少回弹，而且还可以增强其在潮湿岩面或轻微含水层的适应性。速凝剂的掺量，应在使用前做速凝效果试验，以确定最佳掺量。一般用于顶拱的混凝土，速凝剂掺量为水泥用量的3%～4%；用于侧壁的混凝土，速凝剂的掺量为水泥用量的0.5%～3%，凝结时间为3～7min。速凝剂用量不宜太多，否则会对混凝土后期强度有较大的影响。常用速凝剂的种类、掺量及技术性能见表2-79。

常用速凝剂的种类、掺量及技术性能　　表2-79

种　类	主要成分	常用掺量(约占水泥质量的百分率，%)	技术性能
红星一型	铝氧熟料、碳酸钠、生石灰	2.5～4	3min初凝 10min终凝
711型	矾土、纯碱、石灰、无水石膏	2.5～3.5	3min初凝 10min终凝
782型	矾泥、铝氧熟料、石灰	6～7	3min初凝 10min终凝
尧山型	铝矾土、土碱、石灰石	3.5	3min初凝 10min终凝

二、防水混凝土种类、特点、适用范围及设防要求

1. 防水混凝土种类

防水混凝土包括普通防水混凝土、外加剂或掺和料防水混凝土、膨胀水泥防水混凝土三类。

普通防水混凝土是以调整配合比的方法，提高混凝土自身的密实性和抗渗性。

外加剂防水混凝土是在混凝土拌和物中加入少量改善混凝土抗渗性的有机物或无机物，如减水剂、防水剂、引气剂等外加剂。掺和料防水混凝土是在混凝土拌和物中加入少量硅粉、磨细矿渣粉、粉煤灰等无机粉料，以增加混凝土密实性和抗渗性。外加剂和掺和料可单掺，也可以复合掺用。

膨胀水泥防水混凝土是利用膨胀水泥在水化硬化过程中形成大量体积增大的结晶(如钙矾石)，改善混凝土的孔隙结构，提高混凝土的抗渗性能。同时，膨胀后产生的自应力使混凝土处于受压状态，可提高混凝土的抗裂能力。

2. 防水混凝土特点

防水混凝土与卷材防水层等相比，具有材料来源广泛、工艺操作简便、改善劳动条件、缩短

施工工期、节约工程造价、检查维修方便等优点。单从经济角度讲，防水混凝土比一般混凝土所需增加的费用，仅相当于一般混凝土采用附加卷材防水层所耗资金的10%左右。因此，采用防水混凝土防水就成为地下防水工程的一种主要形式。

3. 防水混凝土适用范围

防水混凝土的抗渗强度不应小于0.6MPa。它是通过调整配合比，掺加外加剂、粉细料(活性与非活性)等方法配制而成的，其抗渗强度应根据防水混凝土的设计壁厚及地下水的最大水头的比值，按表2-80选用。

防水混凝土的抗渗强度　　表2-80

最大水头(H)与防水混凝土壁厚(h)的比值	设计抗渗强度(MPa)	最大水头(H)与防水混凝土壁厚(h)的比值	设计抗渗强度(MPa)
<10	0.6	25～35	1.6
10～15	0.8	>35	2.0
15～25	1.2		

由于防水混凝土的抗渗性随温度的升高而降低，当环境温度达100℃时，其抗渗性则比常温时下降很大。所以防水混凝土的环境温度，不得高于100℃。否则就应采取防热措施，以降低其表面温度，一般控制在50～60℃以下，最好是接近常温。

若防水混凝土处于侵蚀性介质中，则防水混凝土的耐侵蚀系数不应小于0.8。耐侵蚀系数是混凝土试块分别在侵蚀性介质中与在饮用水中养护6个月的抗折强度之比。

防水混凝土结构的混凝土垫层厚度不应小于100mm，抗压强度等级不应小于10MPa。防水混凝土结构的衬砌厚度不应小于200mm；钢筋保护层厚度迎水面不应小于35mm，当直接处于侵蚀性介质中时，其保护层厚度不应小于50mm；裂缝宽度不得大于0.2mm。裂缝宽度不宜控制过小，若将其控制在0.1mm以内，则配筋数量要比普通钢筋混凝土结构增加20%～40%，不仅提高了造价，而且因钢筋稠密，混凝土不易密实，易出现蜂窝、孔洞，反而对抗渗性不利。因此，对特殊重要的工程、薄壁构件或处于侵蚀性水中的结构，其裂缝允许宽度应控制在0.1～0.15mm。

4. 防水混凝土工程设防要求

地下工程的防水包括主体防水和细部构造防水。目前主体采用防水混凝土结构自防水的效果尚好。细部构造防水是指施工缝、变形缝、后浇带及诱导缝等处防水，这些部位渗漏水现象比较普遍，有"十缝九漏"之称。

明挖法施工时，不同防水等级的地下工程防水设防，对主体防水"应"或"宜"采用防水混凝土。当工程的防水等级为1～3级时，还应增设1～2道其他防水层，称为"多道设防"。增设的防水层可采用卷材多道防水，也可采用卷材、涂料、刚性防水复合使用。暗挖法施工，应针对主体不同的衬砌，按不同防水等级采用不同的防水措施。总之，防水等级越高，所采用的防水措施越多。

三、防水混凝土施工

防水混凝土结构工程质量的优劣，除取决于优良的设计、材料的性质及配合成分以外，还取决于施工质量的好坏。因此，对施工中的各主要环节，如混凝土搅拌、运输、浇注、振捣、养护等，均应严格遵循防水技术规范和操作规程的规定进行施工。

(一)施工准备

施工准备的主要内容有:

(1)编制施工组织设计,选择经济合理的施工方案,健全技术管理系统,制订技术措施,落实技术岗位责任制,做好技术交底及质量检验和评定的准备工作。

(2)进行原材料检验,各种原材料必须符合规定标准;备足材料,并妥善保管,注意集料中不能掺有泥土等污物。

(3)将需用的工具、机械、设备配备齐全,并经检修试验后备用。

(4)正确选定混凝土的施工配合比,确保混凝土的抗渗等级。

(5)做好基坑排水和降低地下水位的工作,要防止地面水流入基坑,要保持地下水位在施工底面最低高程以下不小于50cm,以避免在带水或带泥浆的情况下施工防水混凝土结构。

(6)按规范要求,对模板进行认真检查。钢筋进行隐蔽工程验收。

以下将详细介绍防水混凝土的配合比设计。

防水混凝土与普通混凝土的配制原则不同。普通混凝土配制时,其配合比设计是根据混凝土强度要求进行的,而防水混凝土则应根据工程设计所需抗渗等级要求进行配制。通过调整配合比,使水泥砂浆除满足填充和黏结石子骨架作用外,还在粗集料周围形成一定数量且良好的砂浆包裹层,从而提高混凝土的抗渗性。

作为防水混凝土,首先应满足设计的抗渗等级要求,同时适应强度要求。一般来说,满足抗渗要求的混凝土,其强度往往会超过设计要求。本文介绍的普通混凝土设计原理和方法,在工程实践中,通过调整配合比、外加剂、外掺料及对原材料的优选和级配,可求得合格的防水混凝土。

1.配合比设计原则

防水混凝土配合比设计应参照《普通混凝土配合比设计规程》(JGJ 55—2000)的有关规定进行。设计配合比时应参考以下原则。

(1)根据工程的要求,由混凝土的抗渗性和耐久性确定水泥的品种,由混凝土的强度确定水泥的强度等级。

(2)砂、石材料应合理选用,一般应优先考虑当地的砂、石材料,但必须符合工程要求,以及防水混凝土的选材要求。

(3)水灰比主要依据工程要求的抗渗性和施工最佳和易性来确定。施工和易性要由结构条件(如结构截面、钢筋布置等)和施工方法(运输、浇筑及振捣等)综合考虑确定。

2.防水混凝土配合比计算

防水混凝土的配合比计算和试配的步骤应参照《普通混凝土配合比设计规程》(JGJ 55—2000)的有关规定进行。

防水混凝土配合比计算步骤如下。

(1)按要求计算混凝土的配制强度($f_{cu,o}$)

$$f_{cu,o} = f_{cu,k} + 1.645\sigma \tag{2-1}$$

式中:$f_{cu,o}$——混凝土配制强度(MPa);

$f_{cu,k}$——混凝土立方体抗压强度标准值(MPa);

σ——混凝土强度标准差(MPa)。

σ值采用无偏估计值,确定该值的强度试件组数不应少于25组。当混凝土强度等级为

C20、C25 级，其 σ 计算值低于 2.5MPa 时，σ 取 2.5MPa；当混凝土强度≥C30，σ 计算值低于 3.0MPa 时，σ 取 3.0MPa。

(2)按要求确定水灰比(W/C)

规范规定防水混凝土的水灰比宜在 0.55 以下，最大不得超过 0.6，见表 2-81。

普通防水混凝土水灰比参考表　　表 2-81

混凝土抗渗等级	混凝土强度等级		备　注
	C20	C30	
S4～S6	0.60～0.65	0.55～0.60	①试块 S 值应比设计提高 0.2MPa ②严格控制水灰比小于表中数字
S8～S12	0.55～0.60	0.50～0.55	
S12 以上	0.50～0.55	0.45～0.50	

注：混凝土抗渗等级是表示混凝土试块在渗透仪上做抗渗试验时，试块未发现渗水现象的最大水压值。例如，S6 表示该试块能在 0.6MPa 的水压力下不出现渗水现象。

(3)选定每立方米混凝土的用水量及水泥用量

混凝土用水量见表 2-82；水泥用量可根据确定的水灰比和用水量计算，但不得低于 $300kg/m^3$。

混凝土拌和用水量参考表(单位：kg/m^3)　　表 2-82

用水量 / 砂率(%) / 坍落度(cm)	砂率(%)		
	35	40	45
1～3	175～185	185～195	195～205
3～5	180～190	190～200	200～210

注：①表中石子粒径为 5～20mm。若石子粒径最大为 40mm，则用水量应减少 5～$10kg/m^3$。表中石子按卵石考虑，若为碎石，则应增加 5～$10kg/m^3$。

②表中采用的是火山灰质硅酸盐水泥，若用普通硅酸盐水泥，则用水量可减少 5～$10kg/m^3$。

(4)确定砂率、灰砂比

防水混凝土的砂率宜为 35%～40%，灰砂比宜为 1∶2～1∶2.5。

(5)计算砂、石用料量

当采用质量法时，应按下式计算：

$$M_{C0}+M_{G0}+M_{S0}+M_{W0}=M_{CP} \tag{2-2}$$

$$\beta_S=M_{S0}/(M_{S0}+M_{G0})\times 100\% \tag{2-3}$$

式中：M_{C0}——每立方米混凝土的水泥用量(kg)；

M_{G0}——每立方米混凝土的粗集料用量(kg)；

M_{S0}——每立方米混凝土的细集料用量(kg)；

M_{W0}——每立方米混凝土的用水量(kg)；

β_S——砂率；

M_{CP}——每立方米混凝土拌和物的假定质量(kg)，其值可取 2 400～2 450kg。

当采用体积法时，应按下式计算：

$$M_{C0}/\rho_C+M_{G0}/\rho_G+M_{S0}/\rho_S+M_{W0}/\rho_W+0.01\alpha=1 \tag{2-4}$$

$$\beta_S=M_{S0}/(M_{S0}+M_{G0})\times 100\% \tag{2-5}$$

式中：ρ_C——水泥的密度(kg/m^3)，可取 2 900～3 100kg/m^3；

ρ_G——粗集料的表观密度(kg/m^3)；

ρ_S——细集料的表观密度(kg/m^3)；

ρ_W——水的密度(kg/m^3)，可取 1 000kg/m^3；

α——混凝土的含气量百分数，在不使用引气型外加剂时，α 可取 1。

粗集料和细集料的表观密度 ρ_G、ρ_S 应按现行部颁标准《普通混凝土用碎石或卵石质量标准及检验方法》(JGJ 53—1992)和《普通混凝土用砂质量标准及检验方法》(JGJ 52—1992)所规定的方法测定。

(6)提出供试配用的混凝土配合比

由以上步骤计算或确定的每立方米混凝土的材料用量，可以列出初步配合比为：

$$水泥：砂子：石子 = C:S:G$$

$$水灰比 = W/C$$

(7)试配与校正步骤

①按计算配合比进行试拌，相应调整用水量或砂率，提出供混凝土强度试验用的基准配合比。

②按混凝土基准配合比制作 3 组试块(其中两组分别按基准配合比增减水、灰及砂率)。

③对混凝土试块进行抗压强度试验。

④由试验得出的各水灰比及其对应混凝土强度关系，求出与混凝土配制强度相应的水灰比。

⑤确定每立方米混凝土的材料用量。

⑥计算混凝土表观密度，求出混凝土配合比校正系数，按校正系数调整混凝土配合比。

值得指出的是，防水混凝土配合比设计时，应增加抗渗性能试验。试配要求的抗渗水压值应比设计值提高 0.2MPa。试配时，应采用水灰比最大的配合比作抗渗试验，其试验结果应符合下式要求：

$$P_t \geqslant P/10 + 0.2 \tag{2-6}$$

式中：P_t——6 个试件中 4 个未出现渗水时的最大水压值(MPa)；

P——设计要求的抗渗等级。

掺引气剂的混凝土还应进行含气量试验。

(二)防水混凝土的拌制

(1)混凝土的原材料，应按其施工配合比准确计量。每盘称量的允许偏差不应超过表2-83的规定。

混凝土组成材料计量结果的允许偏差(单位：%)　　表 2-83

混凝土组成材料	每 盘 计 量	累 计 计 量
水泥、掺和料	±2	±1
粗、细集料	±3	±2
水、外加剂	±2	±1

施工配合比是现场使用的配合比，区别于试验室提供的配合比，也称理论配合比。因为理论配合比是用干燥的砂、石配成的，而现场堆放的砂、石与试验室的砂、石不同，尤其是下过雨

或露水等比较大的日子，现场砂、石含水率比较大，此种情况，若不对砂、石、水的用量进行合理调整，就会使水灰比过大，甚至超过规定，影响混凝土的强度和抗渗能力。其调整办法如下。

$$C : S(1+W_s) : G(1+W_g) \tag{2-7}$$

$$W' = W - SW_s - GW_g \tag{2-8}$$

式中：C、S、G、W——分别为试验室提供的水泥、砂、石、水的比值；

W_s——施工现场实际测得砂含水率(%)；

W_g——施工现场实际测得石含水率(%)；

W'——扣除砂、石含水率后的用水量。

(2)外加剂在使用时，宜配制成溶液，与拌和水同时投入，溶液的用水量应从拌和水量中扣除。

(3)防水混凝土应用机械搅拌，每盘搅拌时间比普通混凝土略长，一般不应少于2min。掺外加剂时，应根据外加剂的技术要求确定搅拌时间，一般不应少于3min。

(4)防水混凝土拌和物应以最少的转载次数和最短时间，从搅拌地点运到浇筑地点。此时混凝土拌和物的坍落度若有损失，则应加入原水灰比的水泥浆进行二次搅拌。防水混凝土拌和物在运输后如出现离析现象，则必须进行二次搅拌后方能浇筑。

(5)防水混凝土拌和物从搅拌机中卸出到浇筑完毕的延续时间不宜超过表2-84的规定。

混凝土拌和物从搅拌机中卸出到浇筑完毕的延续时间(单位：min)　　表2-84

混凝土强度等级	气温	
	≤25℃	>25℃
≤C30	120	90
>C30	90	60

(三)防水混凝土浇筑和振捣

(1)混凝土在浇筑地点的坍落度，每工作班至少检查两次。混凝土实测坍落度与要求坍落度之间的偏差应符合表2-85的规定。

混凝土坍落度允许偏差(单位：mm)　　表2-85

要求坍落度	允许偏差	要求坍落度	允许偏差
≤40	±10	≥100	±20
50～90	±15		

(2)防水混凝土在浇筑前，应认真清理干净模板内的杂物和钢筋上的油污、泥浆等；对模板的缝隙和孔洞应予堵严；若为木模板，还应浇水湿润，但不得积水。

(3)浇筑混凝土的自落高度不得超过2m，否则应使用串桶、溜槽或溜管等工具进行浇筑，以防石子堆积，影响质量。在结构中若有密集管群，以及预埋件或钢筋稠密之处，不易使混凝土浇捣密实时，可改用相同抗渗等级的细石混凝土进行浇筑，以保证质量。

(4)混凝土浇筑应分层。当用插入振捣器时，浇筑层厚度为振捣器作用部分长度的1.25倍；当用表面式振动器时，浇筑层厚度为200mm。

(5)防水混凝土必须采用机械振捣落实，其振捣时间宜为10～30s，以混凝土开始泛浆和不冒气泡为准，并应避免漏振、欠振及超振。

对掺有引气剂或引气型减水剂的混凝土，应用高频插入式振捣器振捣。高频插入式振捣器插点间距不宜大于振动棒作用半径的1.5倍，振动棒与模板的距离不应大于其作用半径的

0.5倍。振动棒插入下层混凝土内的深度应不小于50mm。每一插点应快插慢拔，利于振动棒拔出后，混凝土能自然地填满插孔。当采用表面式振动器时，其移动间距应保证振动器的平板能覆盖已振实部分的边缘。

(6)防水混凝土的浇筑应连续进行。必须间歇时，其间歇时间宜缩短，并在前层混凝土初凝之前，将次层混凝土浇捣完毕。

混凝土运输、浇筑及间歇的全部时间不得超过表2-86的规定，否则就应留置施工缝。

混凝土运输、浇筑及间歇的允许时间(单位：mm)　　表2-86

混凝土强度等级	气温	
	≤25℃	>25℃
≤C30	210	80
>C30	180	150

(四)施工缝

施工缝是防水薄弱部位之一，应不留或少留。

1.施工缝的留设位置

底板和顶板混凝土应连续浇筑，不宜留施工缝；顶拱、底拱不宜留纵向施工缝。墙体一般只允许留水平施工缝，其位置不应留在剪力或弯矩最大处或底板与墙体交接处，一般留在高出底板上表面不小于200mm的墙体上。墙体上有孔洞时，施工缝距孔洞的边缘不宜小于300mm。拱墙结合的水平施工缝，宜留在起拱线以下150～300mm处；先拱后墙的施工缝可留在起拱线处，但必须加强防水措施。

2.施工缝的形式

施工缝的断面可做成不同形状，如平直缝、凹缝、凸缝、阶梯缝等，见图2-5。不同断面形式的施工缝各有利弊，其优缺点对比见表2-87。

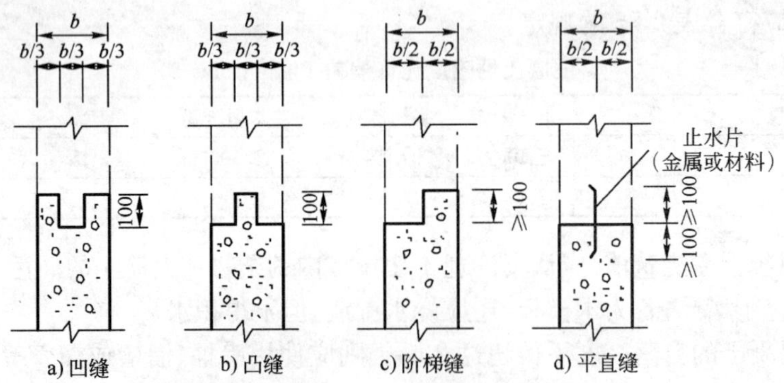

图2-5　水平施工缝构造图(尺寸单位：mm)

不同断面形式施工缝优缺点对比　　表2-87

形式	优点	缺点	备注
凹缝	施工简便，界面结合较好	清理困难，易积杂物	较常用
凸缝	接缝表面容易清理	支模费时	较常用
阶梯缝	渗水线路延长	支模麻烦	
平直缝加止水带	施工较简单，防水效果可靠	界面结合差，耗费带材	

垂直施工缝应避开地下水和裂隙水较多的地段，并宜与变形缝相结合。

3.施工缝的处理

在施工缝上浇筑混凝土前，应将施工缝处的混凝土表面凿毛，清除浮粒和杂物，用水冲洗干净，保持湿润，再铺上一层厚20～25mm的1∶1水泥砂浆或涂刷混凝土界面处理剂，并及时浇筑混凝土。

施工缝采用腻子型遇水膨胀橡胶止水条时，应将止水条牢固地安装在缝表面预留槽内；采用中埋式止水带时，应确保止水带位置准确、固定牢固。

(五)防水混凝土养护

1.养护时间

防水混凝土终凝后应立即进行养护，养护时间不得少于14d，在养护期间应使混凝土表面保持湿润。

混凝土浇筑后，若养护不及时，混凝土内水分将迅速蒸发，使水泥水化不完全。而水分的蒸发会造成毛细管网彼此连通，形成渗水通道；同时混凝土收缩增大，出现龟裂，抗渗性急剧下降，甚至完全丧失抗渗能力。若养护及时，混凝土在潮湿环境中，水泥水化充分，其水化生成物堵塞毛细孔隙，形成不连通的毛细孔，从而提高了混凝土的抗渗性。养护龄期的不同，影响着混凝土的抗渗性，表2-88即可证明。

不同养护龄期的混凝土抗渗性能 表2-88

养护方式	雾室养护			备注
龄期(d)	7	14	28	水灰比为0.5，砂率为35%
坍落度(cm)	7.1	7.1	7.1	
抗渗压力(MPa)	1.1	>3.5	>3.5	

2.养护方法

防水混凝土终凝后，常温下立即进行覆盖并浇水养护。冬期施工时宜采用暖棚法养护，即在防水混凝土结构周围搭设暖棚，确保棚内温度不低于5℃。应当指出，防水混凝土不宜用电热养护，因为电热养护属于“干热养护”，可使混凝土内形成连通的毛细管网路，同时也易产生干缩裂缝而降低混凝土的抗渗性；加之，电热养护不易控制混凝土内部温度均匀，更难控制混凝土内部和外部之间的温差，因而易产生温差裂缝，对抗渗不利。

一般情况下，防水混凝土也不宜采用蒸汽养护。因为蒸汽养护会使混凝土内部毛细孔在蒸汽压力下大大扩张，导致混凝土抗渗性下降。在特殊地区，必须使用蒸汽养护时，应注意：

(1)不宜直接对混凝土表面喷射蒸汽加热。

(2)及时排除聚在混凝土表面的冷凝水。

(3)防止结冰。

(4)控制升温和降温速度。升温速度，对表面系数小于6的结构，不宜超过6℃/h；对表面系数大于或等于6的结构，不宜超过8℃/h。降温速度不宜超过5℃/h。

表面系数是指结构的冷却表面积(m^2)与结构全部体积(m^3)的比值。

(5)恒温温度不得超过50℃。拆模时，防水混凝土结构表面温度与周围气温的温差不得超过15℃。

(六)防水混凝土结构细部处理

防水混凝土结构内的预埋铁件、穿墙管道，以及结构的后浇缝、变形缝等部位，为可能导致渗漏水的薄弱之处，应采取措施，仔细施工，如采用止水带、腻子型遇水膨胀橡胶止水条等高分子防水材料和接缝密封材料。

1. 预留锚孔

固体设备用的锚栓等预埋件，应在浇筑混凝土前埋入。如必须在混凝土中预留锚孔时，预留孔底部需至少保留 150mm 厚的混凝土。当预留孔底部的厚度小于 150mm 时，应采取局部加厚措施，见图 2-6。

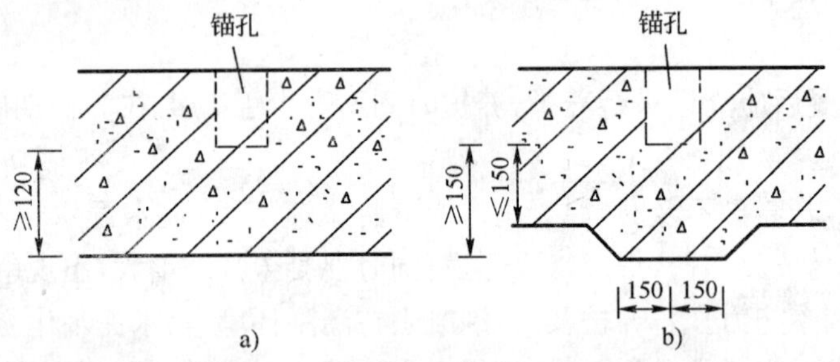

图 2-6　锚孔处局部加厚(尺寸单位:mm)

2. 管道、螺栓穿墙

(1)钢管道穿墙，应先在其中间焊上钢翼环，并作除锈、防锈处理。钢管道可在浇筑混凝土前埋入，也可在墙体上预留孔洞后穿管道，在管道与孔壁间的孔隙中填以膨胀混凝土，并加以捣实，见图 2-7。

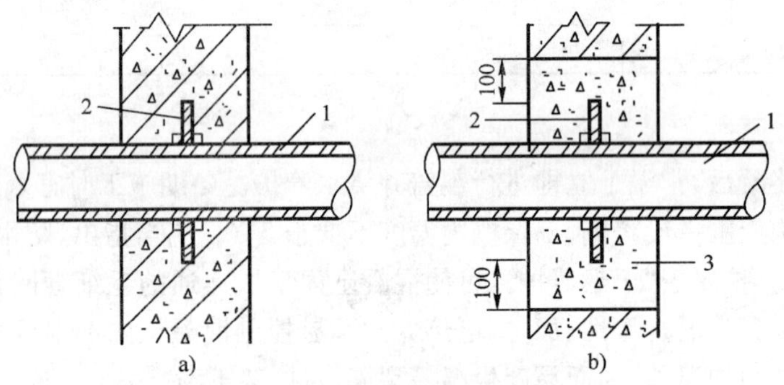

图 2-7　钢管道穿墙(尺寸单位:mm)

1-钢管;2-翼环;3-膨胀混凝土

铸铁管道及非金属管道穿墙，应在墙体内预留孔洞，并预埋铸铁套管或钢套管(加翼环)。管道穿过套管后，在管道与套管之间空隙用沥青麻丝填严，并在空隙两头用石棉水泥捻实，见图 2-8。

(2)螺栓穿墙，防水混凝土结构内部设置的各种钢筋或绑扎铁丝，不得接触模板，固定模板用的螺栓必须穿过混凝土结构时，应采用如下措施。

①在螺栓或套管上加焊止水环，止水环必须满焊，见图 2-9。拆模后将螺栓拔出，套管内用膨胀水泥砂浆封堵。

②螺栓加堵头，详见图 2-10。拆模后将螺栓沿平凹处割去，再用膨胀水泥砂浆封堵。

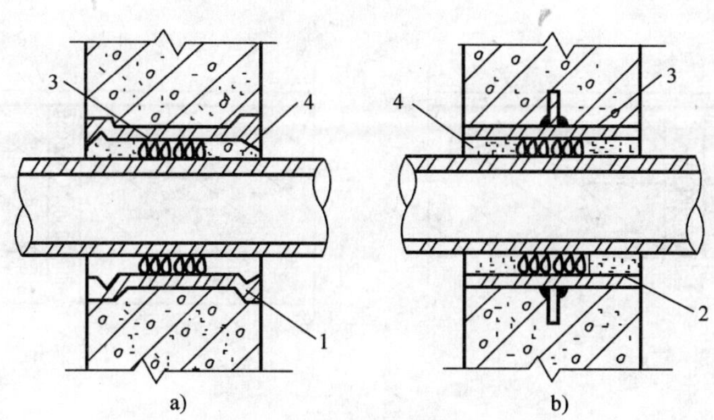

图 2-8　铸铁管道穿墙

1-铸铁套管；2-钢套管；3-沥青麻丝；4-石棉水泥

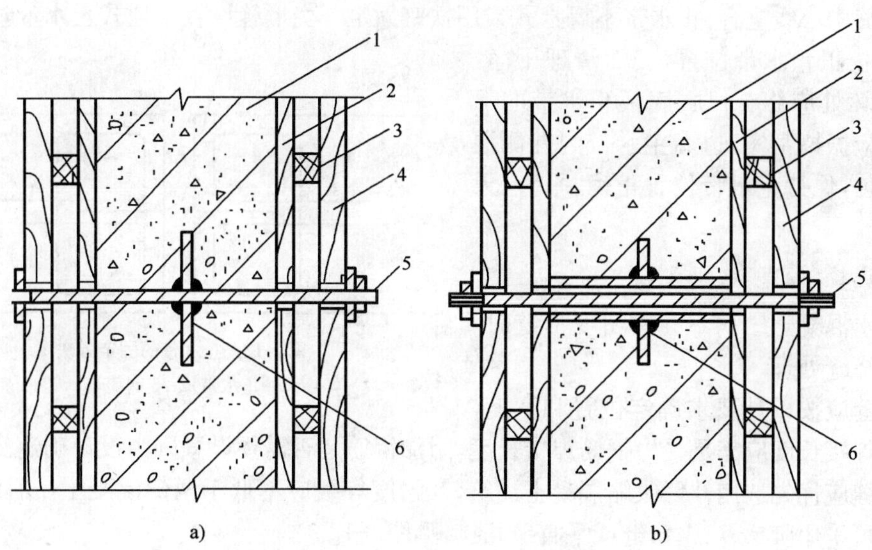

图 2-9　螺栓穿墙

1-围护结构；2-模板；3-小龙骨；4-大龙骨；5-螺栓；6-止水环

3. 变形缝

当水压及变形量较大时，防水混凝土墙体及底板应设置变形缝，变形缝的宽度为 30mm。在结构厚度中心处埋设橡胶止水带或塑料止水带，止水带中间空心圆应位于变形缝中心。在变形缝内填塞 30mm 厚浸乳化沥青的木丝板，在背水面的变形缝口填塞牛皮纸及聚氯乙烯胶泥（热塑型聚氯乙烯建筑防水密封膏），见图 2-11。

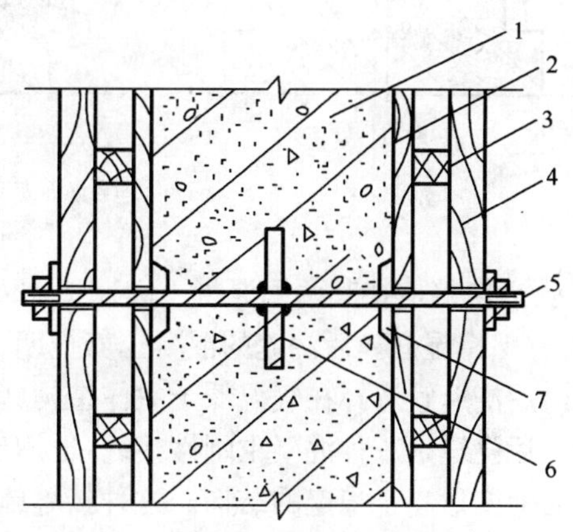

图 2-10　螺栓加堵头

1-围护结构；2-模板；3-小龙骨；4-大龙骨；5-螺栓；6-止水环；7-堵头

止水带在混凝土浇筑前，必须妥善地固定在专用的钢筋套中，并在止水带的边缘处用镀锌铁丝绑牢，以防止位移，见图 2-12。止水带的接茬不得留在转角处，而宜留在较高部位。止水带应无裂缝和气泡，接头应采用热接，不得叠接。接缝平整、牢固，不得有裂口和脱胶现象。中埋式止水带中心线

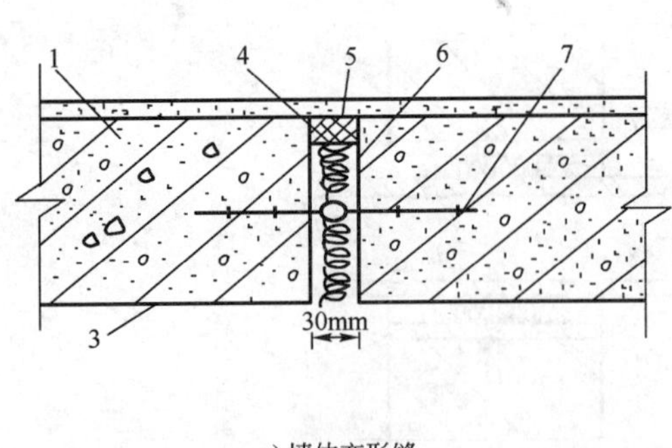

a) 墙体变形缝

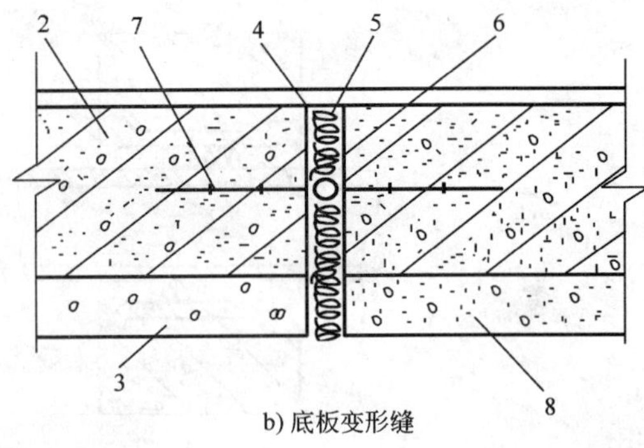

b) 底板变形缝

图 2-11　变形缝

1-墙体；2-底板；3-迎水面；4-牛皮纸；5-聚氯乙烯胶泥；6-浸乳化沥青木丝板；7-止水带；8-底板垫层

应和变形缝中心线重合，止水带不得穿孔或用铁钉固定。变形缝设置中埋式止水带时，混凝土浇筑前应校正止水带位置，表面清理干净，止水带损坏处应修补；顶、底板止水带的下侧混凝土应振捣密实，边墙止水带内外侧混凝土应均匀，保持止水带位置正确、平直，无卷曲现象。

图 2-12　止水带的固定方法

1-止水带；2-$\phi 6$ 钢筋套

4. 后浇缝(带)

当防水混凝土结构不允许留变形缝时，应采取后浇缝处理。

后浇缝应按设计要求确定位置和宽度，伸出钢筋焊接长度应满足受力钢筋焊接长度，附加钢筋是否需要设置则由设计确定。

后浇缝应优先选用补偿收缩混凝土浇筑，其强度等级应不低于两侧混凝土。后浇缝与两侧混凝土可采用阶梯缝、企口缝或平直缝相接，见图 2-13。

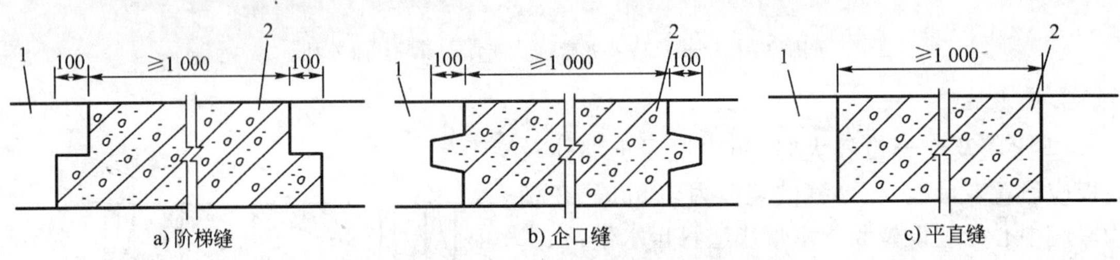

a) 阶梯缝　b) 企口缝　c) 平直缝

图 2-13　后浇缝(带)(尺寸单位：mm)

1-先浇混凝土；2-后浇混凝土

后浇缝应待其两侧混凝土龄期达 42d 后再施工。施工前应将接缝处混凝土凿毛，清洗干净，并保持湿润。后浇缝的混凝土养护期不应少于 28d。

后浇缝宜选择在气温低于主体结构施工时的温度或气温较低季节施工。

后浇缝是一种混凝土刚性接缝，适用于不宜设置柔性变形缝的结构(如大型设备基础)，以及后期变形趋于稳定的结构。这种接缝施工简便，可避免柔性变形缝施工烦琐、不易保证接缝质量的缺点，而且可与留置施工缝结合起来，施工更加方便。但对于防水结构来说，必须严格做好，保证抗渗性能。

四、混凝土抗渗性能的改善与提高

(一)抗渗试块的留置

防水混凝土结构的抗渗性能,应以标准条件养护下的防水混凝土抗渗试块的试验结果评定。因此,在混凝土浇筑期间,应留置为检验抗渗和抗压强度的试块。抗渗试块留置的组数,可根据结构的规模和要求而定,但每单位工程不得少于2组。试块应在浇筑现场制作,其中至少一组抗渗试块在标准条件下养护,以检验防水混凝土的设计特征值。由于抗渗试块不是在试验室条件下制作的,而是在浇筑现场制作的,因此,这个特征值应比设计抗渗等级高0.2MPa,而其余试块应与结构同条件养护,以获取检验强度等级,作为衡量防水混凝土结构实际抗渗性能的依据。

试块养护期不少于28d。如使用的原材料、配合比或施工方法有变化,则均应另行留置试块。强度试块必须按施工规范的规定留置。

(二)抗渗等级快速测定

1. 抗渗工能值

(1)抗渗工能值的含义

抗渗工能值是指被液体渗透的物质,在液体压力作用的时间内,渗透单位厚度所消耗的工作能量的数值,可表示为:

$$G = 10pt/L \tag{2-9}$$

式中:G——抗渗工能值($kg \cdot h/cm^3$);

p——液体压力(MPa);

t——液体压力对渗透物质的作用时间(h);

L——渗透高度(cm)。

根据试验评定方法的不同,抗渗工能值又可分为单位工能值G^M和标准工能值G^H。

单位工能值G^M,即为被测试件在液体压力作用下渗透一定时间后,将试件劈开,按所测渗透高度,计算确定抗渗等级。

标准工能值G^H,是抗渗工能值的一种特殊情况。它是以被测试件在液体压力作用下完全被渗透(15cm)所需的时间来计算确定抗渗等级的,其计算公式为:

$$G^H = 10pt \tag{2-10}$$

式中:G^H——标准工能值;

p——水压力(MPa);

t——渗透15cm所需时间(h)。

(2)抗渗工能值与抗渗等级的关系

抗渗工能值与抗渗等级的换算关系见表2-89。

2. 混凝土抗渗等级快速试验方法

本试验包括透水试验法和劈裂试验法两种。

(1)一般规定

采用底面直径185mm,顶面直径175mm,高150mm的截锥体试件;所用试件以6块为一组，均采用标准抗渗试验用过的混凝土；所用仪器、设备及其他规定均与标准抗渗试验相同。

抗渗工能值与抗渗等级换算表 表 2-89

单位工能值 G^{M}	标准工能值 G^{H}	抗渗等级	单位工能值 G^{M}	标准工能值 G^{H}	抗渗等级
0.5	8	S1	72.53	1 088	S16
1.6	24	S2	81.5	1 224	S17
3.2	48	S3	91.2	1 368	S18
5.33	80	S4	101.33	1 520	S19
8.00	120	S5	112.0	1 680	S20
11.2	168	S6	123.2	1 848	S21
14.98	224	S7	134.93	2 024	S22
19.2	228	S8	147.2	2 208	S23
24.0	360	S9	160.0	2 400	S24
29.33	440	S10	173.33	2 600	S25
35.2	528	S11	187.2	2 808	S26
41.5	642	S12	201.6	3 028	S27
48.53	728	S13	216.53	3 248	S28
56.0	840	S14	232.0	3 480	S29
64.0	960	S15	$G_a^{M}n(n+1)/30$	$G_a^{H}n(n+1)/2$	S*n*

(2)透水法测定混凝土抗渗等级实例

①在试验前 1d 将试件从养护池内取出，在空气中烘干，置于熔化的纯石蜡里滚 2～3 遍后取出。

②将试模放在烘箱里加热至 65℃取出(如没有烘箱，也可以将试模放在火炉烘烤至石蜡接近试模时能熔化为止，不能过凉、过热)。

③将表面附有石蜡的试件放入试模内让其徐徐沉落，稍停片刻，用烧红的火钩沿试模底部和顶端边缘熔烫 2～3 周至石蜡填满空隙为止。

④将上述制备好的试模装于抗渗仪上，直接加水压 1.5MPa(一般水压不宜超过 1.5MPa，否则，将破坏试件与试模间的石蜡黏结力，造成漏水，影响试验正常进行)，并保持稳定不变。其中有两个试件最先透水，所用时间分别为 5.6h 和 5.7h。

⑤透水试件标准抗渗工能值的计算如下。

标准抗渗工能值：

$$G_2^{H} = 10 \times 1.5 \times 5.6 = 84; G_4^{H} = 10 \times 1.5 \times 5.7 = 86$$

由表 2-89 查得 G_2^{H}、G_4^{H} 所对应的抗渗等级均为 S4，此测定结果与标准测定结果一致。

(3)劈裂法测定混凝土抗渗等级

采用劈裂法测定混凝土抗渗等级的相关规定与透水法相同。其测定方法：试块在恒定的水压作用下渗透一定时间后，从顶端将其劈开，测量其渗透高度，先计算单位工能值，再查表得出混凝土抗渗等级。采用本法进行两组试验。

第一组抗渗试验加恒定水压 1.5MPa，共持续 3.13h，劈开之后量其渗透高度分别为 13cm、11.5cm、12cm，求混凝土抗渗等级。

渗透高度为 13cm 时：$G_1^M=10\times1.5\times3.13\div13=3.61kg\cdot h/cm^3$

渗透高度为 11.5cm 时：$G_2^M=10\times1.5\times3.13\div11.5=4.10kg\cdot h/cm^3$

渗透高度为 12cm 时：$G_6^M=10\times1.5\times3.13\div12=3.91kg\cdot h/cm^3$

由表 2-89 查得 G_1^M、G_2^M、G_6^M 所对应的抗渗等级均为 S3。

第二组抗渗试验加恒定水压 1.5MPa，持续 64.1h，改变恒定水压为 2.6MPa，持续 1h 后停止加压，将试件劈开量其渗透高度分别为 8cm、9cm、13cm、8.5cm、15cm，求此混凝土的抗渗等级。

渗透高度为 8cm 时：$G_1^M=10\times(1.5\times64.1+2.6\times1)\div8=123.40kg\cdot h/cm^3$

渗透高度为 9cm 时：$G_3^M=10\times(1.5\times64.1+2.6\times1)\div9=109.7kg\cdot h/cm^3$

渗透高度为 13cm 时：$G_4^M=10\times(1.5\times64.1+2.6\times1)\div13=76kg\cdot h/cm^3$

渗透高度为 8.5cm 时：$G_5^M=10\times(1.5\times64.1+2.6\times1)\div8.5=116.2kg\cdot h/cm^3$

渗透高度为 15cm 时：$G_6^M=10\times(1.5\times64.1+2.6\times1)\div15=65.73kg\cdot h/cm^3$

由表 2-89 查得 G_1^M、G_3^M、G_4^M、G_5^M、G_6^M 所对应的混凝土抗渗等级分别为 S21、S20、S16、S20、S15，结果评定此混凝土的抗渗等级为 S15。

由于快速试验只加一次恒定水压，而且"抗渗工能值与抗渗等级的换算"是以认为满足 8h 才作为一个抗渗等级来计算的，因此这和现行"标准试验"及"结果评定方法"相比，具有缩短试验时间，减少人为误差，减轻试验人员劳动强度等优点，利用抗渗工能值也可对现行"标准抗渗试验法"所得数据进行计算，以评定混凝土抗渗等级。

(三)混凝土抗渗性能的改善与提高

有关研究表明，在普通防水混凝土中，由于水泥的化学缩减，在混凝土内部产生空隙的数量极为可观。如每 100g 水泥水化后的化学减缩值为 7～9mL，假定混凝土中水泥用量为 $350kg/m^3$，则形成的空隙体积约 24.5～31.5L。在有压力水的情况下，部分大空隙就成为渗水的通道。而采用 UEA 补偿收缩混凝土技术，不仅可以增加混凝土的密实性与抗渗性，而且还因在混凝土内部掺入了膨胀剂，在混凝土硬化阶段可以产生 2×10^{-4}～4×10^{-4} 的限制膨胀率，同时在混凝土中产生值为 0.2～0.7MPa 的自应力。用限制膨胀来补偿混凝土的限制收缩，抵消钢筋混凝土结构在收缩过程中产生的全部或大部分拉应力，从而使结构混凝土不开裂，或把裂缝控制在无害裂缝的范围内(一般裂缝宽度宜小于 0.1mm)。因此，将 UEA 补偿收缩混凝土作为结构自防水的首选材料，是实现无缝防水设计的一个重要措施。

五、防水混凝土的裂缝控制

(一)防水混凝土的裂缝类型

1.收缩裂缝

开始凝结的混凝土因受到强风、直射的阳光或湿度下降的影响，外露表面的水分迅速蒸发，产生收缩应力，最后导致裂缝，这种裂缝一般是不规则的表面龟裂。

已经凝结的防水混凝土，由于养护不及时，早期失水，会产生干燥收缩裂缝。这种裂缝也是不规则的，而且易于贯通结构而引起渗漏。但当混凝土体积收缩受到限制时，则容易因温度变化产生比较规则的收缩裂缝。

2.膨胀裂缝

许多因素都能引起混凝土产生膨胀裂缝，如防水混凝土水泥用量偏高、衬砌偏厚、混凝土内水泥水化热过高且又不宜散发增大了混凝土表面和内部之间的温差等，都容易导致膨胀裂缝的产生。

3.移动裂缝

模板强度或刚度不够，尚未凝固的混凝土在自重和振捣器压力作用下，很容易因变形而产生裂缝。此外，木模板吸水、漏水、漏浆，也容易使混凝土产生裂缝。

4.结构裂缝

结构设计考虑不周，如钢筋用量不足、配筋错误、地基不均匀下沉、超荷载、过度振动等都会使混凝土拉应力过大而产生裂缝。

(二)防水混凝土裂缝控制要求及措施

1.混凝土原材料质量

混凝土原材料质量必须符合规范要求。

2.混凝土配合比设计

混凝土配合比设计应符合下列要求。

(1)防水混凝土的配合比应通过试验确定，其抗渗等级应比设计要求提高 0.2MPa，在满足抗渗要求的前提下，尽量减少水泥用量，以提高防水混凝土的抗裂性。在设计允许的前提下，大体积防水混凝土可采用后期强度(如 60d 或 90d)进行配合比设计。

(2)防水混凝土中的水泥用量不得小于 300kg/cm^3，掺有活性粉细料时，水泥用量不得小于 280kg/cm^3；砂率宜为 35%～40%，泵送时可增至 45%；灰砂比宜为 1：2～1：2.5；水灰比不得大于 0.55，用于防水商品混凝土时不得大于 0.6；普通防水混凝土坍落度不宜大于 5cm，用于防水商品混凝土的入模坍落度宜控制在(12±2)cm，入模前坍落度每小时损失应小于 3cm，坍落度总损失值不应大于 6cm。

(3)掺引气剂或引气型减水剂时，混凝土含气量应控制在 3%～5%。用于防水的商品混凝土的缓凝时间宜为 6～8h。

3.模板设计

防水混凝土施工最好采用钢模板，钢模板散热快、失水少、振感灵敏，不宜使混凝土产生裂缝。木模板要支撑牢固，浇筑混凝土前务必充分湿透，以减少混凝土早期失水。模板拼缝要严密，必要时应在木模板上铺贴塑料布或刷涂料，以防漏浆。

4.浇筑要求

要避免在炎热的夏天露天浇筑防水混凝土。混凝土初期曝晒，会因温度过高大量失水而开裂。

在浇筑时还要注意控制施工温度，夏季施工时，宜将砂石预冷。实践证明，集料温度每增减 1℃，即可使混凝土温度升降 0.7℃。另外，加冰水拌和混凝土也是降低初温的有效途径。总之，夏季混凝土入模温度宜控制在 25℃以下，而冬季拌和混凝土时，应将拌和水适当加热，使混凝土入模温度能保持在 5～10℃以上。

防水混凝土必须采用机械搅拌，搅拌的时间不应小于 2min，掺外加剂时应根据外加剂的技术要求确定搅拌时间。混凝土运输过程中如出现离析，必须进行二次搅拌。当坍落度损失后不能满足施工要求时，应加入原水灰比的水泥浆或二次掺加减水剂，严禁直接加水。

防水混凝土必须采用机械振捣，时间宜为 10～30s，以混凝土开始泛浆和不冒气泡为准，并应避免偏振、欠振及超振。掺引气剂或引气型减水剂时，应采用高频插入式振捣器振捣。

5. 养护要求

养护及时，对防止裂缝有重大作用，特别在夏季施工时更是如此。混凝土在潮湿环境中养护，有利于降温散热，减少温差，减少和推迟因失水而产生的干缩，保证混凝土强度迅速增长。因此，规定防水混凝土至少养护 14d，对防止产生有害裂缝是非常必要的。大体积防水混凝土施工应采取保温保湿养护，混凝土厚度内的中心温度与表面温度及混凝土表面温度与大气温度的差值均不应大于 25℃，且混凝土的降温速率每天不应大于 2℃。

六、防水混凝土工程施工质量验收

1. 防水混凝土施工过程检查

(1)防水混凝土的原材料，必须进行检查。对不符合现行国家标准、施工及验收规范和设计要求的材料，不得使用。

(2)每班检查原材料称量不应少于两次。如有变化时，应及时调整混凝土配合比。

(3)在拌制和浇筑地点测定混凝土坍落度，每班不应少于两次。

(4)掺引气剂的防水混凝土含气量测定，每班不少于一次。

(5)如施工过程中混凝土配合比发生变动，则应按新的配合比重复上述(2)、(3)、(4)条的检查。

(6)检查模板尺寸、坚固性、有无缝隙和杂物，对欠缺之处应及时纠正。

(7)检查配筋、钢筋保护层、预埋铁件、穿墙管等细部构造是否符合设计及规范要求，合格后填写隐蔽验收单。

(8)检查混凝土拌和物在运输、浇筑过程中有无离析现象，观察浇捣施工质量，发现问题及时纠正。

(9)检查防水混凝土结构的养护情况。

2. 制作抗渗混凝土试块

(1)连续浇筑混凝土量为 500m^3 以下时，应留两组抗渗试块，每增加 250～500m^3，应增留两组抗渗试块(每组 6 块)。

(2)若使用的原材料、配合比或施工方法有变化，则均应另行留置抗渗试块。

(3)试块应在浇筑地点制作，其中一组应置于标准情况下养护，另一组试块应与现场相同情况下养护，养护期不得少于 28d。

3. 防水混凝土施工后检查

(1)混凝土原材料的质量证明文件、试验报告或检验记录。

(2)混凝土的强度、抗渗试验报告单。

(3)分项工程及隐蔽工程验收记录。

(4)拆模后检查结构表面有无蜂窝、麻面、孔洞、露筋等缺陷，穿墙管、变形缝等细部构造是否封闭严密，整个结构有无渗漏现象。若有，则应找出确切部位，分析渗漏原因，采取措施，及时修补。

第三章　隧道防水工程

第一节　概　　述

一、隧道工程的概述

我国是一个多山的国家，有3/4的国土为山地或重丘，过去修建公路的普遍做法是盘山绕行或切坡深挖。据资料统计，汽车翻山越岭平均时速不足30km，不到经济时速的一半；汽车的机械损坏和轮胎磨损极为严重，低等级道路的汽油耗量比高等级公路多20%～50%。而且劈山筑路会造成许多高边坡，在南方雨量充沛地区，它严重破坏自然景观，造成塌方滑坡和水土流失。因此，为了根除道路病害，保护自然环境，在山区高等级公路建设中必须重视隧道运用。此外，我国江河湖海区域较为宽阔，过去跨江跨海通道一般只考虑桥梁方案，而桥梁设计考虑范围广、工程造价高，如桥梁的高度能否通过大货轮船、桥墩台碰撞隐患、枯水期航道不畅通而待航……相比而言，水下隧道因其优越性更能得到重视、应用。

近年来，随着我国高等级公路铁路的发展，隧道的建设规模越来越大，目前已建成中梁山隧道(3 100m)、大溪岭隧道(4 160m)、二郎山隧道、华营隧道及珠江隧道(1 238m)等。据不完全统计，我国已建成的公路隧道1 108座，总里程约352km，铁路隧道5 000多座。这些隧道，在降低交通事故发生率，缩短行车距离，提高车速，保护环境诸方面发挥了积极作用，取得了良好的社会经济效益。

隧道防水是防水大家族中的一个重要分支，而就其特定的环境和特定的技术要求，又注定了隧道防水的特殊性。众所周知，隧道修建在河底、海底及山体内的岩层中，其结构无论是哪种材料，均不可避免地长期被水侵蚀和渗透(过江隧道和海底隧道更是如此)，因此隧道的修建比地上工程复杂得多，其防水的质量保障与技术要求也高得多。

我国隧道防水自20世纪60年代，便坚持多道设防、刚柔结合、综合防治的原则，走过了漫长的岁月，在长期的工程实践中积累了较为丰富的经验，有过不少成功的范例也有过失败的教训。据国家1993年5月统计资料显示，全国的5 000多座铁路隧道中有近1/3数量的隧道存在渗漏现象，虽采取了相应的技术措施，但渗漏现象仍然十分严重，这将对我国交通事业的发展造成重大损失。

随着社会发展，人们对隧道的功能不断提出更高的要求。铁路隧道的渗漏不仅仅是对钢轨扣件的腐蚀而危及行车安全，渗漏还危及隧道内电气化设施的安全运行及使用寿命。

同样，随着高等级公路建设的加快，山岭公路隧道(特别是长隧道)内的设施越来越完善，有通风系统、照明系统、防滑设备、监视系统、摄像器材及环境监视器设施。因漏水引起隧道路面防滑功能减弱，给行车带来危险；因漏水引起反复冻蚀，破坏隧道结构，缩短路面使用寿命。为保证隧道内设施的正常运营，延长其使用寿命，隧道内防水的重要作用更是显而易见了。

我国的隧道防水发展起步较晚，国外经济发达国家在这方面已做了大量的工作，在防水排水新材料开发、结构自防水、止水带及防水施工新工艺、新工艺配套机具方面均取得了许多研究成果，其工程应用效果良好。相对而言，我国公路铁路隧道防水在一定程度上讲，都是从建筑防水中移接过来的。不论是施工技术，还是选用的材料性能，都远远不能满足隧道工程的特殊要求。近几年，随着石油、化工、建材工业的快速发展和科技事业取得的进步，隧道防水事业有了快速发展。隧道防水材料从无到有，从少数品种逐渐向多品种的格局发展，合成高分子材料、高聚物改性沥青材料、防水混凝土、改性防水砂浆、水泥基防水涂层材料及各种堵漏、止水带已在隧道防水工程中被广泛应用。隧道防水设计，从总体上遵循"防、排、截、堵，刚柔结合，因地制宜、综合治理"和坚持"多道设防，多种材料复合使用"的原则，在以往成功的范例和失败的教训中总结出了在不同类型隧道工程中采用防排结合，材料防水与构造防水结合，柔性材料(卷材、涂料)与接缝密封材料互补并用等设计方法。隧道施工技术和工艺装备日趋成熟，基本上可以适应各类新型防水材料的发展，掌握使用要求并进行规范化作业。20 世纪 60 年代制定的国家标准《地下工程防水技术规范》、《地下防水工程施工及验收规范》使设计、施工单位选取防水标准和防水方法有了可遵循的依据与标准。

20 世纪 90 年代末相关规范得以修订和完善，为我国地下防水事业的发展、地下工程防水质量的全面提高，提供了更可靠的保证。

1. 隧道的分类

隧道按其使用功能可分为铁路隧道、公路隧道、水工电缆隧道、城市地铁隧道、观光隧道、过江隧道、海底隧道及人防隧道等，就公路(铁路)隧道而言，又可分为单线隧道、双线隧道、连拱隧道等。隧道按其长短又可以分为短隧道、中隧道、长隧道等。

2. 隧道的主要特点

目前，人们较多认识和常见的隧道是公路隧道、铁路隧道及地铁隧道。公路隧道作为克服地形或高程障碍物的特殊结构物，对改善公路线形、提高行车速度、缩短公路行程、节省时间、节约能源及保护生态环境有着十分重要的意义。随着交通建设的发展，特别是高等级公路建设的发展，公路隧道的建设将呈迅速上升的势头。

公路隧道的主要特点如下。

(1)设有人行与车道，若是双线隧道，一般两洞之间设有横向人行、车行道。

(2)在设计和施工时均有较完善的防排水材料和措施。

(3)隧道内设有照明、通风装置，一些特殊(如高车流量)的隧道还设有监控通信及交通管理设施。

公路隧道的主要设计标准往往包括：

(1)设计交通量及行车方式；

(2)设计行车速度；

(3)设计隧道内路面荷载；

(4)隧道建筑限界(行车道宽度、限界净宽度、净高度等)；

(5)设计卫生标准(烟雾允许浓度等)。

铁路隧道较公路隧道而言，除照明及监控设施外，对通风和防排水的要求也非常高，铁路的提速和电力机车的普及，特别是防水更为重要。

随着社会经济的发展、城市人口的激增，地面交通越来越显得不堪重负，因此，一种新的交通模式——地铁应运而生。目前，除北京、天津、上海、广州等地相继建成地铁外，许多城市正积极开展修建地铁的筹备工作。

地铁隧道在完全具备公路隧道的几个特点和要求外，更注重于环保方面，总之越来越多的事实表明，一个现代化的隧道，必须有良好的防水、通风、照明设施，这也构成了隧道所具有的主要特征。

江(海)水下隧道的优特点如下。

(1)不侵占水路航道的净空，不影响江河、海峡及港口的航行，不干扰任何航务设施。

(2)不受大风、雨、雪、雾等恶劣自然环境的影响，能全天候通行，并有很强的抗自然灾害的能力。

(3)在建设时能做到不拆迁或少拆迁，可以大大降低工程综合造价。

(4)具有很大的荷载能力，且结构耐久性好，结构维护保养费用低。据资料记载，世界上运行超过100年的水下隧道有14座以上。对生态环境干扰影响小。水下行车避免了噪声、施工对周围环境的干扰和污染；水下隧道无任何水流阻力，不会引起河(海)床的变化。

(5)水下隧道比较容易做到一洞多用，可以安排城市供水、供电、供气及通风管道等的布置空间，易于布设安装和维修，且综合造价低。

3.隧道施工的程序和方法

由于各类隧道所处的环境、水文地质及气候等条件不同，其施工程序及方法也各有差异。而根据现代隧道的施工技术，总体可分为明挖法和暗挖法两种。按隧道的不同可分为：

(1)喷射混凝土衬砌或现浇钢筋混凝土(喷锚支护)衬砌结构或现浇混凝土衬砌结构；

(2)预制钢筋混凝土管片(盾构法施工)衬砌结构；

(3)喷射混凝土衬砌或现浇钢筋混凝土衬砌附加离壁体(对套)结构；

(4)沉管隧道。

以上4种结构形式中，第一种形式主要用于穿越山体、岩层的公(铁)路隧道；第二种形式主要用于水底(过江隧道、海底隧道)隧道、取水隧道及地铁工程；第三种形式则多用于隧道洞口(进出口)区段，地铁车站、地下仓库及军事人防工程；第四种形式适用于海底、过江隧道。

根据我国目前的情况，钻爆法是山岭隧道最常用的施工方法，松弛荷载的矿山法(又称背板法)和岩承新奥法是当今存在的两大理论体系。鉴于隧道工程的特点，可根据具体工程的多方面综合条件，采用多种方法施工应用。

二、隧道防水的概述

(一)隧道防水的基本内容

随着高等级公路的大量修建，铁道铺设、地铁、地下商场、地下通道等的大量修筑，近年来，我国开始将地下防水列为隧道工程的一个重要部分。隧道渗漏水不仅会降低混凝土衬砌的耐久性，而且会降低隧道内各种设施的功能，恶化隧道内的环境，影响隧道的正常使用。

1.各种隧道的防水规定

《地下工程防水技术规范》(GB 50108—2001)对地下工程的防水提出了总的治理原则，即“防、排、堵相结合，因地制宜，综合治理”。在我国，公路、铁路及城市地铁等不同的隧道工程，除了遵循总的防水治理原则外，还应根据功能、施工费用及美观等方面的要求，建立自己的防水要求及防水等级。

在铁路隧道方面，我国的《铁路隧道设计规范》(TB 10003—2001)、《铁路隧道施工规范》

(TB 10204—2002)及《铁路隧道新奥法指南》等都要求根据总的防水治理原则，因地制宜，形成完整的防水系统，以达到防水可靠、经济合理的目的。

在公路隧道方面，《公路工程技术标准》(JTG B01—2003)要求根据综合治理原则，对地面水和地下水作妥善处理。《公路隧道设计规范》(JTG D70—2004)规定一般公路隧道的防水应做到拱部不滴水，边墙不淌水，路面不冒水、不积水，设备箱洞处不渗水，寒冻地区隧道衬砌背后不积水，排水沟不冻结。

在城市地铁方面，有《地下铁道设计规范》(GB 50157—92)，该规范规定：车站及机电设备集中的地段，隧道结构不应渗水，结构表面不得有湿渍。区间及其他一般隧道结构不得有线流和漏泥沙，当有少量漏水点时，每昼夜水量不得大于 0.5L/m^2。变形缝、施工缝、穿墙管等特殊部位应采取加强措施等。

2.新出版的规范对旧规范的修改

《地下防水工程质量验收规范》的修订工作，已于 2000 年 6 月审查通过，针对各方面反映的问题，对该规范重点修订的内容如下。

(1)对规范的结构框架作了较大调整

根据地下工程防水技术发展现状和实际工程需要，重新划分了原《地下防水工程质量验收规范》的章节，包括统一规范地下工程防水设计基本规定，在总体内容上不按工程类别划分，而是分为主体防水，细部构造防水、排水，注浆防水，特殊施工法的结构防水，渗漏水治理等 10 章。这种编排不仅中心突出，而且使各章节有机联系，层次分明，便于使用。

(2)量化了地下工程防水等级

为确保地下工程施工质量，便于工程验收，修订规范时不仅保留了原规范中防水等级的大体要求，而且根据不同类型工程防水等级的划分，参照隧道工程系统的要求以及各种类型工程的实践经验，对防水等级为 II～IV 级的工程提出了允许渗漏水的量值，这就避免了有的工程整体渗漏量达标，而局部渗漏水量超标的现象。不同防水等级的适用范围如表 3-1 所示。

不同防水等级的适用范围表 表 3-1

防水等级	适 用 范 围	工程类别(举例)
I级	人员长期停留的场所；因有少量湿渍会使物品变质、失效的储存场所及严重影响设计正常运转和危及工程安全运行的部位；极重要的战备工程	住宅、办公用房、医院、餐厅、旅馆、娱乐场所、商场、粮库、金库、档案库、通信工程、计算机房、电站控制室、发电机房、配电室间、要求较高的生产车间、铁路旅客站台、行李房、地铁车站、指挥工程、防护工程、军事地下库房
II级	人员经常活动的场所；在有少量湿渍的情况下不会使物品变质、失效的储物场所及基本不影响设备正常运转和工程安全运行的部位；重要的战备工程	一般生产车间、空调机房、燃料库、冷库、储藏库、地下车库、电气化铁路隧道、高速铁路和公路隧道、寒冷及严寒地区铁路和公路隧道、地铁区间隧道、城市公路隧道、水底隧道、一般公路隧道拱部、城市地道、水泵房、人员掩蔽工程等
III级	人员临时活动的场所；一般战备工程	电缆隧道、城市公用沟、取水隧道、非电气化铁路隧道、一般公路隧道侧墙、战备交通隧道及疏散干道等
IV级	对渗漏无严格要求的工程	自流污水排放隧道、涵洞等

(3)按防水等级提出相应的设施要求

确定不同防水等级的地下工程防水方案是地下防水界极为关注的问题。这次规范修订对此作了明确规定，充分考虑了工业与民用建筑地下工程（一般采用明挖法施工）及其他地下工程（隧道、地铁等采用暗挖法施工）的区别和特性，对不同施工方法的地下工程按工程主体和细部构造部位，结合选材类别或品种，分别提出了相应的防水要求，如表 3-2 所示，为设计人员制定防水设计方案创造了基本条件。

地下工程防水等级表 表 3-2

防水等级	标　准
Ⅰ级	不允许渗水，结构表面无湿渍
Ⅱ级	不允许漏水，结构表面可少量湿渍 工业与民用建筑：总湿渍面积不应大于面积（包括顶部、墙面、地面）的 1/1 000；任意 $100m^2$ 防水面积上的湿渍不超过一处，单个湿渍的最大面积不大于 $0.1m^2$ 其他地下工程：总湿渍面积不应大于总防水面积的 6/1 000；任意 $100m^2$ 防水面积上的湿渍不超过 4 处，单个湿渍的最大面积不大于 $0.21m^2$
Ⅲ级	有少量漏水点，不得有线流和漏泥沙 任意 $100m^2$ 防水面积上的漏水点不超过 7 处，单个漏水点的最大漏水量不大于 2.5L/d，单个湿渍的最大面积不大于 $0.3m^2$
Ⅳ级	有漏水点，不得有线流和漏泥沙 整个工程平均漏水量不大于 $2L/(m^2 \cdot d)$；任意 $100m^2$ 防水面积上的平均漏水量不大于 $4L/(m^2 \cdot d)$

(4)明确主体防水的含义与内容

原规范中列有“防水混凝土”和“附加防水层”两章，均为地下工程混凝土结构主体防水方法。但因附加防水层，“附加”两字定位不正确，容易引起取舍均可的误解，故将两章合并为“地下工程结构主体防水”一章，即将原附加防水层一章的“水泥砂浆防水层、卷材防水层、涂料防水层、金属板防水层”与防水混凝土并列成节。每节按一般规定设计、材料施工等内容分别编写条款，这比原规范对结构主体的防水设防要求清晰，更有利于设计和施工等单位采用。

(5)突出细节构造防水的重要位置

变形缝、后浇带、穿墙管、埋设件等细部构造是地下工程防水的重要部位，也是地下工程出现渗漏的最薄弱部位。细部构造部位防水处理不当、选材不妥导致地下工程渗漏现象屡见不鲜。为此，修编规范将细部构造防水与结构主体防水并列成章，紧密相连。并根据各方面意见及搜集到的各种图籍，在条文内容上作了较多补充且增加了图示，以保证细部构造部位的防水设计质量。

(6)明确提出“刚柔结合”的设计原则

多年来工程实践的成功经验和失败教训告诉我们，基于地下工程长期被水包围和受力条件复杂，仅有刚性防水层是不够的，还必须增加柔性防水层。这是因为地下工程防水混凝土在浇筑过程中，有时难免会出现蜂窝和麻面，硬化后，又往往由于多种原因出现大小不一、深度不同的裂缝与裂纹，影响混凝土自防水功能，导致防水工程渗透漏水。因此，从材料角度考虑，在地下工程中刚性防水材料和柔性防水材料结合使用,可以达到取长补短、相辅相成的效果。实际上,目前大量地下工程主体结构和细部构造部位均已采取了刚柔材料结合使用的方法,防水效果良好。因而将"刚柔结合"作为防水设计原则是符合目前工程实际要求的。

(7)拓宽了排水法的应用范围

排水法是减轻地下工程渗水压力的一种常用且十分有效的防水方法。修订后的规范除保留原规范隧道、坑道排水做法外,还增加了工业与民用建筑地下室常用的排水、盲沟排水法等内容,使此章内容得以充实,也拓宽了其应用范围。

(8)将"渗漏水治理"列入规范正文

地下工程渗漏水原因很复杂,常因制造设计不当、防水材料选用不合理、施工质量不良或地基沉降、地震灾害等原因造成渗漏。修订规范时考虑到渗漏水治理不仅存在于工程使用过程中,也常存在于工程修理过程中的情况,且考虑到治理的技术手段需要加以指导,因此将原规范附录一"渗漏水治理的内容"加以充实,并列入规范正文,对提高治理技术的质量和水平是十分必要的。

规范的修订内容除具有上述特点外,在推荐推广应用新型防水材料方面应采取哪些措施的问题上遇到了较大的困难,归纳起来主要存在以下几个问题。

(1)长期以来传统的或是新型的防水材料,其产品标准制定的技术指标大多以满足屋面防水工程的要求为主,缺少针对地下工程防水特需的技术指标,导致应用于地下工程的防水材料选择性较小。

(2)许多质量较好的新型防水材料尚无行业标准或国际标准,且产品的型号、等级规定参差不齐,如原《地下防水工程质量验收规范》简单地规定等级要求,就势必将一些防水材料排除在外,因此除在新《地下防水工程质量验收规范》"地下工程防水设计"一章的一般规定中提出了设计内容应包括选用材料的技术指标外,还在主体防水和细部构造防水等章各节的材料部分,对各类防水材料的技术指标提出了共性的、统一的原则要求,以便设计人员掌握选用。

(3)根据地下工程需要,修改后的规范对选用的防水材料提出了耐水性、耐久性等新的技术性能要求。但如何测定这些技术性能尚无统一的方法,对有关技术性能指标的合格标准的看法也不尽相同。

(二)隧道防水的设计

1.隧道防水设计方案的提出和确定

隧道防水设计方案的提出和确定,由以下 3 条构成。

(1)防水部位。即隧道工程处的特定地理位置,特定的地质水文条件,我国地域辽阔,水文地质情况千差万别,不应采用单一的设计模式,怎样将防水设计方案因地制宜地与工程的地质水文情况联系起来,是一个必须解决的问题。

(2)选择防水材料。用于隧道的防水材料要兼顾抗渗性、延伸率、抗拉强度、变形能力、阻燃性,就规范还特别强调材料的耐久性等因素,当然也考虑成本因素。

(3)内部构造及施工工艺和施工方法。防水部位的特殊性,要求有相适应的防水材料来配合,部位和材料要求有切实可行的工艺来落实,特别是要有正确的方法来保证。

2.隧道防水设计与基本原则

隧道内的防水排水设计,也是隧道设计中很重要的内容之一,它直接关系到隧道主体洞内设施的使用年限和效果，又关系到隧道的外观质量，总结以往隧道防水排水设计的经验和教训，靠一层的防水是绝对不能达到完美的防水效果，故应结合隧道的具体特点来设计，采用“防、排、截、堵”刚柔结合的原则，并因地制宜，综合治理，坚持多道设防，多种材料复合使用。在不同类型的工程中，采用防排相结合，材料防水与构造防水相结合，柔性防水材料与接缝密封材料互补并用，为确保地下工程的围护结构发挥防水防护的功能与作用，还应采取混凝土结构体的自防水，以及柔性防水材料的防水层与细部构造点和接缝进行柔性防水处理的多道设防综合技术措施。

3. 隧道防水设计的基本要求

众所周知，设计是工程建设的先行，有好的设计才能建设出高质量水平的工程，防水工程也不例外，有了科学的防水设计方案，包括合理选材和结合工程特点，画出精心设计的构造节点详图，才能为实现无渗漏工程创造先决条件。但是长期以来，防水工程往往被设计工作者忽视，防水工程的设计不仅要掌握地质水文情况，而且要认识有关防水材料的性能与选择，再结合防水工程标准规范规定的要求进行设计。

4. 防水工程设计的一般步骤

(1)在防水工程设计之前首先必须明确有关隧道防排水方面的规程条例。

(2)分析该隧道的工程地质及水文地质的详细情况，主要包括隧道穿过的岩层成分与结构特征、断层情况、地下水文与状况及各类围岩的比例如何等。

(3)根据工程的特点、功能要求，确定防水等级及防水标准。

(4)根据等级选择适合的防水材料，既要保证相应等级的防水质量，又要做到经济合理。在设计文件中应详细注明产品执行的标准、品种、规格、等级及防水材料的老化年限和其他性能，但不宜指定生产厂家。

(5)设计文件中应对施工基面作出具体要求，便于施工单位控制质量和选择正确的防水材料，隧道防水施工质量的优劣是防水效果好坏的关键，而防水材料的基面状态又是影响施工质量的重要因素，据发达国家的经验表明，D/L 值控制在 1/6～1/10 之间的效果较好。

(6)应与隧道洞内排水、洞外排水紧密结合。

(7)对细部构造认真进行处理，重要部位要做大样详图。

5. 防水工程设计的技术管理

防水工程设计的技术管理一般应包括：

(1)组织设计人员培训，学习防水技术和防水材料方面的标准规范；

(2)防水设计必须由有防水设计经验的人员承担；

(3)沟通技术信息，重要工程宜邀请防水技术专家对设计进行咨询；

(4)建立设计责任制度、设计审核制度、设计交底制度；

(5)建立图档，编制图集；

(6)进行工程回访，总结设计经验等；

(7)用科技手段提高设计的经济性。

隧道设计应该是个系统工程，涉及专业面广，对各行业的新技术、新工艺容纳性强，如何在设计过程中使结构力学、地质学、空气动力学、交通工程学、自动控制、工程机械、物理生物化工、计算机技术和材料科学等学科中的新成果得以积极推行，用科技手段提高隧道建设的社会经济效益，也是工程设计人员应当重视的重要问题。

(三)隧道防水措施及新技术

1. 在初期支护与二次衬砌之间铺设防水层

在初期支护与二次衬砌之间安设防水层。防水层表面比较光洁,既能将水引导到隧道的排水系统中,又能减少喷射混凝土与二次衬砌模筑混凝土之间的约束应力,防止二次模筑混凝土产生裂缝。常用作防水层的材料,主要有低密度聚乙烯(LDPE)、高密度聚乙烯(HDPE)、乙烯—醋酸乙烯共聚物(EVA)、聚氯乙烯(PVC)、氯化聚乙烯(CPE)、乙烯-共聚物沥青(ECB)及LTW隧道专用防水卷材等。防水层选用时,幅宽2～4m,厚度1～2mm左右。

2. 二次衬砌选用防水混凝土

防水混凝土分为普通防水混凝土、外加剂防水混凝土及膨胀水泥防水混凝土3类,可做成管片或用模筑混凝土做二次衬砌。管片自身结构要有自防水功能,主要通过采用防水混凝土及严密的施工工艺来保证管片的制作质量,以达到防水效果。制作管片的混凝土在结构隧道衬砌中,应用外加剂防水混凝土,抗渗等级在S12以上。通常情况下,混凝土抗渗性能随抗渗等级的增大而增高。抗渗等级越高,水泥用量越多,水化热增高收缩量加大,反而易出现裂缝。所以应合理选定混凝土的抗渗等级,若管片存在较深裂缝时,要增加外防水层。对钢筋混凝土的要求如下:

(1)水泥采用强度等级大于42.5的普通硅酸盐水泥;

(2)砂为含泥量小于1%的中砂;

(3)石、碎石含泥量应小于1%,配合水必须为无腐蚀性的洁净水;

(4)在拌制混凝土之前掺入一定数量的TMS外加剂。

3. 设置衬砌盲沟

初期支护设施之后,在喷混凝土层表面有流水及流水部位设置盲沟,盲沟应牢固地固定在初期支护的喷层上,以防止设置防水板时脱落。可根据实际情况设置盲沟之间的距离,一般还应设置软管透水盲沟。

4. 对施工缝及伸缩缝选用遇水膨胀材料

衬砌施工缝、沉降缝及伸缩缝或明洞与隧道衬砌接缝是隧道防水的薄弱环节。若处理不妥,则是漏水的主要通道,甚至会造成衬砌侵蚀、电器设备锈蚀、危及交通安全等后果。对此应采用高弹、有压缩变形性能的材料,可在荷载作用下产生弹性变形,起到紧固、密封、有效防止接缝漏水的作用。目前,遇水膨胀材料的种类较多,主要有硫化型遇水膨胀橡胶和腻子型遇水膨胀止水条。硫化橡胶遇水膨胀制品力学强度较好,遇水膨胀后的材料具有一定的力学性能,当水压较高时,有较好的防水效果。但硫化橡胶遇水膨胀制品强度较大,压缩反弹性大,在用于形状复杂的接缝部位和拐角部位,以及表面比较粗糙的混凝土制品的接缝部位时,要将其埋入间隙之中,且由于其反弹性较大,需要相当大的压入力。

5. 注浆防水

盲沟隧道也可采用注浆防水及填缝堵漏。注浆能起到提高隧道围岩整体性的作用,有利于改善衬砌所受压力。注浆防水属于隧道介质防水,其有效性可以通过注浆后达到的抗渗等级来评价。注浆也可用于隧道变形缝的处理。

虽然以上各种防水措施均能起到有效的防水,但实践证明,要想做到隧道不漏水,单一的防水方法已很难胜任。一般采用混合防水法,通过多道防线层层设防,如表3-3所示,以达到隧道不渗水、不漏水的目的。

各类地下工程的防水措施 表 3-3

工程类别	结构形式	重要防水部位	主体防水方案	主要防水材料种类
隧道工程	喷锚结构 衬砌结构(复合式衬砌,衬套,贴壁式衬砌)	内衬砌的垂直施工缝 内衬砌的变形缝(诱导缝) 衬砌管片及接缝、灌浆孔 预留通道接头	喷射防水混凝土衬砌 防水混凝土衬砌,注浆防水 衬砌防水砂浆抹面 衬砌防水涂层 自流,机械排水系统 渗排水与盲沟排水	喷射防水混凝土,防水混凝土衬砌及管片,防水剂,防水砂浆,防水卷材,防水板,防水涂料,堵漏,注浆,止水材料,中埋式、可卸式止水带,密封膏,遇水膨胀止水条等
地下构筑物	钢筋混凝土结构 防爆结构 砌体结构	施工缝 变形缝 构造节点 穿墙管(盒) 埋设件	防水混凝土结构 防水层(包括防水砂浆、卷材、涂膜、金属防水层) 构造节点等部位 止水堵漏处理 排水系统	防水混凝土,堵漏,注浆,止水材料,弹性体接缝与密封材料,防水剂,防水砂浆,防水卷材,防水板,金属板,防水涂料等
地下建筑物	防水混凝土结构 钢筋混凝土结构 砌体结构 衬套结构	桩头 施工缝 后浇带 变形缝 穿墙管(盒) 埋设件 预留孔孔洞 孔口 出入口	防水混凝土结构 防水层(包括防水砂浆、卷材、涂膜防水层) 构造节点等部位 止水堵漏处理 排水系统	防水混凝土,膨胀混凝土,普通防水砂浆与改性防水砂浆,高聚物改性沥青防水卷材,防水涂料,弹性体接缝与密封材料(橡胶类止水带,遇水膨胀止水条,密封膏)等

(四)隧道防水措施新技术

1. 卵石代替碎石用作喷射混凝土的粗集料

受工程原料来源的限制,一般情况下碎石常被用作喷射混凝土的粗集料。这虽然有利于就地取材,但却给隧道防水层的长期完好带来了不利影响。碎石棱角锋利,其粒径长 10mm 左右,若棱角露出长度大于防水板的厚度与土工布厚度之和,在受围岩挤压后,便会压破防水板,并由于喷射混凝土与二次衬砌间的变形不协调,会使一次衬砌与二次衬砌产生相对运动,从而产生剪力,使防水板破裂处越撕越大,产生严重渗漏漏水。当用卵石代替碎石作粗集料,可由人工或机械压抹,使边面平整光滑,从而减小相对运动的剪力,降低防水板在围岩压挤时的破损率。在用卵石作粗集料时,还应注意以下两点。

(1)喷射混凝土的砂率和水泥用量应适当增加。

(2)在施工中应边喷射、边抹压,使喷射层表面的个别外露卵石面外凸高度小于防水板的厚度。

2. 将防水层设置在模筑混凝土之后

隧道的防水系统一般是在喷混凝土与模筑混凝土之间,用防水卷材铺设一层防水层,但这样铺设一旦出现渗漏,不利于维修和更换。而且现今的防水层使用年限不能与混凝土使用年限同步,一旦老化,将导致防水功能失败,现将防水层铺设在模筑混凝土之外,在防水板外做保护层(即装饰层),一旦防水失效,更换维修较方便。这种新型措施有以下优点:

(1)基面平整度好,使用防水卷材的范围宽;

(2)可缩短模筑混凝土的工序时间,有利于隧道围岩的稳定和安全施工;

(3)防水层的施工工期不受掘进工序的控制,也不会影响其他工序的进展;

(4)对防水层的维护更换方便；

(5)可满足人为景观期望，极大限度地实现美学要求；

(6)可为减少通车噪声提供可能。

三、隧道防水材料概述

隧道防水材料比较多，有防水卷材、防水涂料、止水条、防水混凝土及遇水膨胀橡胶等，在此将重点介绍隧道防水卷材。

近几年，随着我国经济的快速发展，塑料橡胶工业也取得了飞速发展。塑料和橡胶制品广泛用于工业、交通运输业，特别是在多山地区隧道防水中的应用。据统计，隧道防水中的塑料制品和橡胶制品已占隧道防水材料的90%以上。树脂类的防水卷材一般有EVA、PE、PVC等，橡胶类的有CPE橡胶共混卷材、三元乙丙橡胶卷材。由兰亭高科开发研制的既具有橡胶性能，又具有塑料特性的LTW专用隧道防水卷材，是当今市场最适用的材料之一。

(一)防水卷材的分类

防水卷材的分类见表3-4。

防水卷材分类表(摘自GB 18173.1—2006)　　表3-4

分类		代号	主要原材料
均质片	硫化橡胶类	JL1	三元乙丙橡胶
		JL2	橡胶(橡塑)共混
		JL3	氯丁橡胶、氯磺化聚乙烯、氯化聚乙烯等
		JL4	再生胶
	硫化橡胶类 非硫化橡胶类	JF1	三元乙丙橡胶
		JF2	橡塑共混
		JF3	氯化聚乙烯
	树脂类	JS1	聚氯乙烯等
		JS2	乙烯醋酸乙烯、聚乙烯等
		JS3	乙烯醋酸乙烯改性沥青共混等
复合片	硫化橡胶类	FL	乙丙、丁基、氯丁橡胶、氯磺化聚乙烯等
	非硫化橡胶类	FF	氯化聚乙烯、乙丙、丁基、氯丁橡胶、氯磺化聚乙烯等
	树脂类	FS1	聚氯乙烯等
		FS2	聚乙烯等

(二)防水卷材的规格

防水卷材的规格见表3-5。

防水卷材规格表(摘自GB 18173.1—2006)　　表3-5

项目	厚度(mm)	宽度(m)	长度
橡胶类	1.0、1.2、1.5、1.8、2.0	1.0、1.5、2.0、4.0	20m以上
树脂类	0.5以上	1.0、1.2、1.5、2.0、4.0	

注：橡胶类卷材在每卷20m长边中允许有一处接头，且最小块长度不小于3m，并应加长15cm备作搭接。树脂类片材在每卷至少20m长度内不允许有接头。

根据企业标(Q 0006—2000),LTW 的规格见表 3-6。

LTW 规格表　　表 3-6

项　目	厚　度(mm)	宽　度(m)	长　度
LTW	0.5～2.5	2.0～4.0	20m 以上

(三)防水卷材的生产工艺方法

1. 挤出成型法

挤出成型法又称挤压成型法,挤塑、压出是最早的成型法之一,目前仍居于成型方法之冠。挤出成型法生产效率高,操作简单,产品质量均匀,设备可大可小,可简可精,容易制造便于投产。可一体多用或进行综合性生产。

(1)挤出成型法的工艺过程

挤出成型得到制品的全过程可分为两个阶段:第一阶段,使固态物料在一定温度和一定压力条件下熔融塑化,并使其通过一定形状的口模成为与口模形状相仿的连续体;第二阶段,则是采用适当的处理方法使其失去塑性而变为与口模断面形状相仿的制品。物料从加入到挤出机料斗开始,到最后得到制品,一般均需经过加料、塑化、成型、定型 4 个过程。它们之间是应相联系和影响的,但大多数情况下,塑化的均匀、快慢,是影响产品质量的关键所在。

(2)挤出成型设备

挤出成型的主要设备是挤出机。一台挤出机一般由 3 部分组成:主机、铺机和控制系统。

①主机部分:主要包括挤压系统、加热冷却系统和传动系统。

②辅机部分:一般包括口模(习惯叫模头)定型装置、冷却装置、牵引装置、切割装置或卷取装置。

③控制系统:由各种电器、仪表和执行机构组成。

2. 压延成型法

压延成型法是热塑性塑料和橡胶成型的方法之一。它是将熔融塑化的,或热橡胶混合物挤压到两个以上的平行辊筒间,每对辊筒成为旋转的成型模具,物料通过旋转的辊筒被拉伸或挤压,或二者兼备,连续增密形成一定厚度和光洁度的片状制品。也可以附以一定的基材,如胎体制成加强型的片板或板材。

(1)工艺流程

压延成型法的工艺流程,包括配料、塑化、供料、压延等,详细如下:

配料→密炼→混炼→供料→压延→引离→压花→冷却→卷数→切割→制品。

整个工艺流程中,“压延”是保证质量的关键所在,辊温、辊速、速比、辊距、辊隙及存料操作因素对压延制品质量的影响很大。

(2)压延机

压延机是压延成型的主要设备,常以辊筒数目和排列方式分类,辊筒的数目有三辊、四辊和五辊;常见的辊筒排列方式有直线形、L 形、Z 形、斜 Z 形等数种,见图 3-1。

目前,使用最多的是性能较好的四辊压延机,与三辊压延机相比,在压同一物料时,四辊压的较薄,而且均匀、光滑,四辊还可增大辊筒转矩,以提高生产率,所以在压延成型法中,四辊将逐步代替三辊。

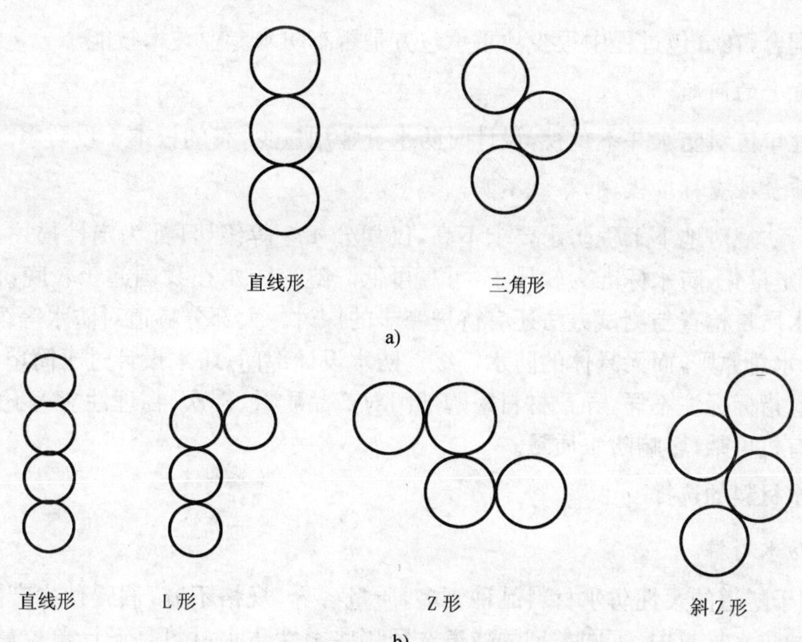

图3-1 辊筒排列方式示意图

a)三辊;b)四辊

四、隧道防水工程施工概述

隧道防水是一个复杂的系统工程,贯穿隧道建设的全过程,从围岩注浆防水,设管、设沟排水,初期锚喷支护面到铺设夹层柔性防水层、二次模筑刚性防水缝的密封防水等,其技术性强,涉及面广,施工现场环境复杂。

(一)防水工程施工现状

1.对施工人员的要求

根据隧道防水工程的特点及施工的复杂性,隧道防水施工对施工人员素质的要求较高。施工人员不但要全面了解各种防水材料的性能,还要熟悉材料的使用性能、各种材料的施工方法及施工工具的使用技术,特别是随着新材料、高性能材料的不断涌现,施工人员更要不断地学习,在熟练掌握各种防水材料、防水施工的理论知识的同时,还必须不断总结经验,不断提高自身实际操作水平。

2.施工顺序

单就隧道的夹层、柔性防水层施工来说,因受特定的工作环境、地质条件、进度等诸多因素的影响,绝大部分隧道防水都是与开挖、掘进、支护、喷锚穿插进行,即边开挖,边喷锚支护,边铺设防水层,边进行二次模筑,而不可能一次性铺设。防水施工都是由其他工种附带或兼顾施工。

3.建筑单位与承建单位

目前,隧道工程大多存在着承建单位与建筑单位脱节的现象。承建单位是大型企业,而在实际建设中真正属于本企业的人员很少,充其量也就是一个架子(管理架子),而大多数一线施工人员都是临时工,到一个地方,就新招一批,施工人员流动大,施工专业化无从谈起;部分承建单位,将工序细分逐项承包给其他人员,将二次模筑与夹层防水层铺设分别分包,而分包人不能很好的配合,在分包过程中很少注重承包方是否有防水专业技术技能。

4. 防水资金的问题

部分承建单位对防水并不重视,设计时防水资金用量少,有的根本不设防水。

5. 防水质量检查标准模糊,界线不明

我国现行法规对地下工程防水要求不高,仅划分4个等级,且都为定性描述。对漏水、渗水、涌水不能定量化,防水标准为软尺子,可高可低。隧道防水在我国起步较晚,比较完善、行之有效的防水质量检查与测试方法还有待进一步的探讨。大部分隧道对防水等级的划分比较模糊,只有防水总原则,而无具体的防水等级。防水设计部门,防水设计过于简单,对防水材料的要求、性能、指标标注不详,导致材料采购部门对产品质量、档次、物理性能等不了解,使不合格防水材料有机可乘,影响防水质量。

(二)防水材料的选择

1. 柔性防水材料

目前,用于隧道的柔性防水材料品种繁多,质量各异,规格不齐,假冒伪劣产品时有出现。在众多类别的防水材料中,不同类型的隧道选用哪些柔性防水材料是设计单位最为关注的问题(见表3-7),在合格的产品中,即便是同一品牌、同一厂家生产的防水材料,因等级不同,其性能差距也是比较大的,优等品与合格品的性能甚至相差1倍。选用何种材料能保证防水质量,需根据隧道的具体特征、防水等级要求及施工方法提出具体要求,也可由施工单位根据实际施工基面状态确定。设计单位在选用防水材料时,除产品的品牌、等级外,还应对防水材料的厚度和无纺布的厚度有选择。一般来讲,防水卷材的厚度越大,抗顶破、撕裂性能越好,但韧性与基面的黏密性越差,施工也越不方便,成本也越高;太薄的防水板又易于被顶破或撕裂而失去防水作用。通常,防水板的厚度宜为0.8～2.2mm,具体选用时应根据基面状态而定。基面平整,可选厚板,防水效果较好;平整度差,应选薄板,无纺布的厚度一般约为3mm(300g/m^2),可起到滤水、导水及缓冲保护作用。另外,选用防水材料时,也应注重材料的耐老化性。防水层的耐用年限直接关系到防水性能的好坏,目前防水层都设在初期支护与混凝土之间,一旦出现老化渗漏将难以治理,故应尽量选用满足国标、行标的防水材料,并选用产品标准中的优等品和一级品,对防水层的层数、厚度、黏度等应从严规定,或优先采用经过试验、检测及鉴定,并经过实践检验、质量可靠的新材料和行之有效的新技术、新工艺,如浙江绍兴兰亭高科LTW隧道专用防水卷材。同时,选择防水材料还应遵循以下基本条件:

柔性防水材料的选用要点 表3-7

类　别	名　称	选用的要点
防水卷材	高聚物改性沥青类防水卷材,合成高分子类防水卷材	卷材及其黏结剂应具有良好的耐久性、耐水性、耐穿刺性、耐腐性和耐菌性。为保证卷材防水层搭接边的质量,当前需大力提倡选用可供热熔法焊接施工的防水卷材。合成高分子防水卷材如使用黏结剂黏结,其浸水168h后的黏结剥离强度保持率不小于80%
塑料防水板	低密度聚乙烯(DPE),聚氯乙烯(PVC),高密度聚乙烯(HDPE),乙烯醋酸乙烯共聚物(EVA),乙烯共聚物沥青(ECB)	执行国家标准GB/T 17643—1998、GB 12952—2003。幅宽宜为2～4m,厚度为1～2mm,两幅防水板搭接,应为100mm,搭接缝应焊接或黏结

(1)在二次衬砌模筑混凝土灌注之前，防水材料能承受机械作用而不损伤；

(2)防水材料之间的接缝处应严密可靠；

(3)施工操作方便；

(4)具有耐久性；

(5)具有良好的经济性。

2.刚性防水材料

刚性防水材料是砂浆防水和混凝土防水的总称，下面将主要介绍防水混凝土的选用标准。

防水混凝土是以自身壁厚及其密实性、隔水性来达到自身防水目的一种混凝土，隧道防水发挥作用的是以衬砌结构自防水为依托的，而达到结构自身防水目的的途径就是采用防水混凝土，对防水混凝土的选择如表 3-8 所示。

防水混凝土的选用要点　　表 3-8

类　别	名　称	选用的要点
混凝土	防水混凝土，膨胀混凝土，喷射防水混凝土，防水混凝土的衬砌	抗渗等级不得小于 S6，处于侵蚀性介质中的耐侵蚀系数不应小于 0.8，每平方米各类材料的总碱量当量不得大于 3kg
改性防水砂浆	外加剂，掺和料防水砂浆，聚合物防水砂浆	外加剂的技术性能应符合国家或行业标准一等品以上的质量要求，聚合物乳液的固体含量应大于 35%，宜选用专用产品，聚合物防水砂浆的耐水性应≥80%
注浆材料、锚喷支护材料	水泥液、超细水泥浆液、自流平水泥浆液，环氧、聚氧酯等化学浆液	预注浆和衬砌前围岩注浆，宜采用水泥浆液、水泥-水玻璃浆液、超细水泥浆液、超细水泥-水玻璃浆液等，必要时可采用化学浆液。衬砌后围岩注浆宜采用水泥浆液、超细水泥浆液、自流平不泥浆液等。衬砌内注浆宜选用水泥浆液、水泥砂浆，宜掺入速凝剂、减水剂、膨胀剂和复合外加剂等材料。施工前应视围岩裂隙及渗漏水情况，预先采用引排或注浆堵水

根据要求，防水工程中的防水混凝土耐侵蚀系数不得小于 0.8。耐侵蚀系数是指混凝土试块分别在侵蚀介质和食用水中养护 6 个月的抗折强度之比，表达式为：

$$耐侵蚀系数=\frac{在侵蚀性水中养护\ 6\ 个月的混凝土试块抗折强度}{在食用水中养护\ 6\ 个月的混凝土试块抗折强度}$$

如果防水混凝土采用耐侵蚀材料配制时不受此限，则防水混凝土结构的混凝土层其抗压强度不应小于 10MPa，厚度不少于 100mm，衬砌厚度不应小于 200mm，裂缝厚度不得大于 0.2mm。

防水混凝土抗渗等级的选取：对防水混凝土抗渗等级的选取正确与否，直接影响防水混凝土的抗渗能力。抗渗强度等级选用是按照最大作用水头对建筑物最小壁厚之比来确定的，但实践工程表明，地下工程按最大水头(H)和混凝土厚(h)的比值(H/h)(表 3-9)来确定。设计抗渗等级与实际有很大差距，往往选用的抗渗强度等级偏高，这不仅造成工程成本的加大，而且由于高抗渗强度等级的防水混凝土，水泥用量大，水化热高，增加了混凝土的开裂、渗漏水的可能性。所以应以工程埋置深度来确定抗渗等级，如表 3-10 所示。

表 3-9

水力梯度 H/h	抗 渗 等 级
10～15	S8
15～20	S12
25～35	S16
大于 35	S20

表 3-10

工程埋置深度(m)	抗 渗 等 级
<10	S6
10～20	S8
20～30	S12
30～40	S16

第二节 LTW 专业隧道防水材料

一、LTW 研究出发点及主要性能

目前，隧道已在交通事业上取得了迅猛的发展，防排水在隧道工程中的地位也日益重要，特别是在严寒地区，普通材料过不了防水关，隧道内渗漏水、路面形成冰霜，将造成严重的行车事故。

据统计，在中国公路隧道建设成品中，渗漏水占整个隧道总数的 60%，而一个隧道中，渗漏水的地方约占该隧道长度的 1/34，其渗漏水位置一般集中在接头处。针对以上原因，兰亭高科防水材料有限公司对隧道进行了研究，经过 3 年的努力，成功开发和研制了以公司名称命名的 LTW 专用防水卷材，因此卷材为针对性的研究成果，所以在同类产品中具有其独特的优点。目前，单位已建成年产 200 万 m^2 的两条生产线，各项指标均能达到或超过国家规定的技术指标，并在全国高速公路隧道工程应用中取得了令人瞩目的效果。

在试制过程中，采用了性能优良的热塑性合成橡胶，它是一种新型的高分子合成材料，具有软段和硬段的微观相分离结构，所以兼具橡胶和塑料的结构和特性。将它均匀分散在有机填充料的连续相中，与有机填料进行共混、密炼、均化分散，最后挤出成型压光。此卷材为抗拉强度高，延伸率优良，耐低温最低(－70℃)的隧道专用防水卷材。

二、LTW 原材料的选用

1. 有机填充料

在研制 LTW 的过程中，采用了价廉易得的有机填充料作为防水材料的连续相，由于其本身具有良好的不透水性，对水蒸气的渗透性也极小，确保了材料具有良好的防水效果。此外，它与另外一种原材料具有良好的相容性，保证了材料性质及改性效果，因此是一种理想的有机填充料。

2. 无机填充料

无机填充料是防水材料中应用最广泛的一类填料，占总填料的 90%以上，主要有 $CaCO_3$、滑石粉、钛白粉、$Mg(OH)_2$、$Al_2(CO_3)_3$ 等天然矿物、工业废渣等。用其目的，除降低成本外，还可以改善制品的一些性能，如改善材料的刚性、耐热性、热稳定性、阻燃性，降低成型收缩率等，但无机填充料也有其不足，用量过多会降低产品的冲击强度、抗拉强度、表面光泽及加工流动性等。

经过研究、试制、筛选，研究人员选用了资源丰富、价格低廉、应用最广泛的一种轻质碳酸钙，它是无毒、无味的白色粉末，其粒子形状为锤形或针形，其物理指标要求见表 3-11。

LTW 对 $CaCO_3$ 的要求

表 3-11

径　粒	密　度	含 水 率	pH 值
0.1～1μm	≤2.5g/cm³	≤0.5%	8～9

3.热塑性合成橡胶

本高分子材料是苯乙烯-丁二烯-苯乙烯嵌段共聚物，其外形为条形颗粒状，质轻、多孔，由于其具有独特的软段和硬段的微相分离结构，并且硬段作为分散相而分布在连续相聚丁二烯之间。聚乙烯软段镶嵌在聚苯乙烯硬段之间，连接成星形或者线形的结构，故称为嵌段共聚物。它既具有橡胶的弹性性质，又具有树脂的热塑性质，因而兼具橡胶和树脂的特性。根据苯乙烯和丁二烯所含比例的不同和分子结构的差异，在－100℃时，它仍具有特别好的延伸能力。

其线形结构式为：

$$[CH_2-\underset{\underset{C_6H_5}{|}}{CH}]_n\,[CH_2-CH=CH-CH_2]_m[CH_2-\underset{\underset{C_6H_5}{|}}{CH}]_n$$

其星形结构式为：

$$[[CH_2-\underset{\underset{C_6H_5}{|}}{CH}]_n\;[CH_2-CH=CH-CH_2]_m]_4$$

每种结构的又有好几种型号，如 4303、4402、1401、1301、4452 等。

注：第一位数字为结构类型，如“1”为线形，“4”为星形；第二位数字为嵌比段，如“3”为 30/70，“4”为 40/60；第三位数字为充油量，如“0”为非充油；第四位数字表示相对分子质量的多少，如“1”为相对分子质量小于 10 万，“2”为相对分子质量在 14～16 万之间，“3”为相对分子质量在 23～28 万之间。

星形结构与线形结构对卷材效果的比较见表 3-12。

星形与线形结构对卷材效果的比较表

表 3-12

类　型	延 伸 率(%)	强　度(MPa)	温度敏感性	加工性难易
星形	1 000	10	优	难
线形	900	6	中	易

由表 3-12 可知，星形做的卷材质量优于线形，但在加工性能方面，线形要比星形容易得多。LTW 卷材的质量除了与热塑性橡胶的结构有关外，还与其分子量有关，分子量越大，LTW 卷材的质量越好，但加工稍显困难。

经过上述性能的对比及试制，研究人员选择了性能优良的热塑性星形结构作为 LTW 卷材的原材料。

三、原材料对 LTW 卷材性能指标的影响

1.热塑性橡胶的含量对 LTW 卷材抗拉强度及断裂伸长率的影响

热塑性橡胶与一定比例的有机填充料、无机填充料，经过密炼、压延、破碎、均化、预处理等一系列工序最后挤出、压光成型。

由图 3-2、图 3-3 可以看出，热塑性橡胶的含量由 10%增加到 60%，卷材的抗拉强度由 2MPa 提高到 12MPa，延伸率从 500%提高到 1 000%。当其含量超过 40%，卷材抗拉强度的

上升明显加快；其含量超过 60%，卷材延伸率开始平稳下降。热塑性橡胶的最佳含量为 40%。

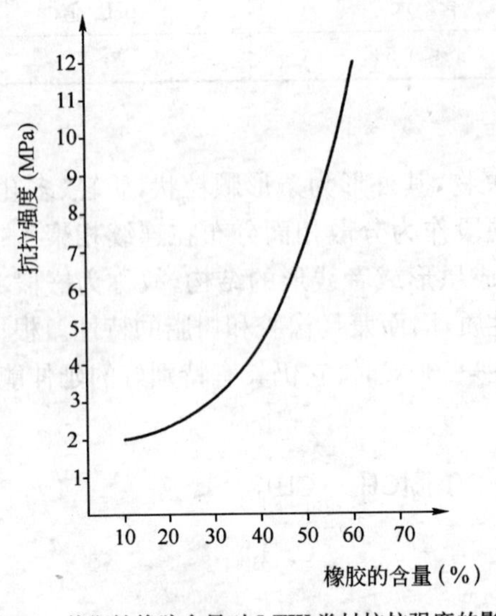

图 3-2 热塑性橡胶含量对 LTW 卷材抗拉强度的影响

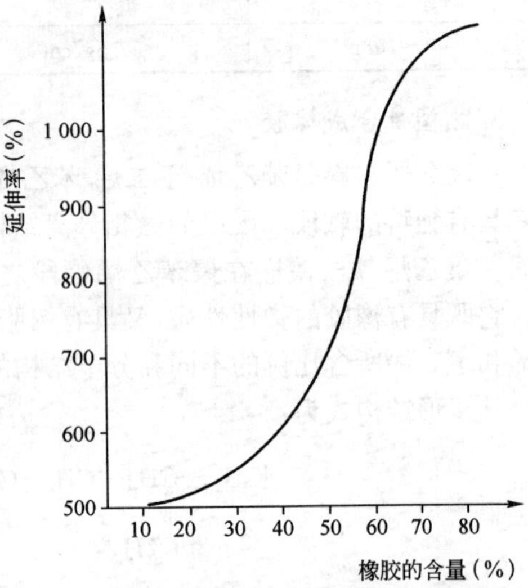

图 3-3 热塑性橡胶含量对 LTW 卷材延伸率的影响

2. $CaCO_3$ 含量对 LTW 卷材强度和延伸率的影响

由图 3-4、图 3-5 可以看出，$CaCO_3$ 含量逐渐增加时，卷材的抗拉强度和断裂伸率这两个指标都受到了特别大的影响，当 $CaCO_3$ 的含量由 10%增加到 50%，卷材的抗拉强度和延伸率分别由 10MPa 下降到 2MPa，100%下降到 600%。$CaCO_3$ 的最佳用量为 20%。

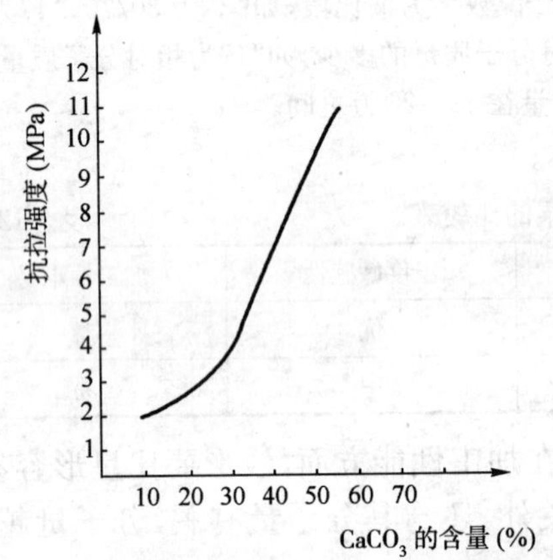

图 3-4 $CaCO_3$ 含量对 LTW 卷材抗拉强度的影响

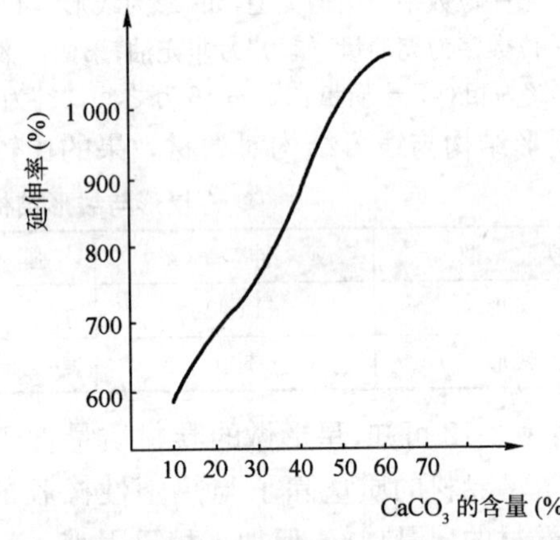

图 3-5 $CaCO_3$ 含量对 LTW 卷材延伸率的影响

四、LTW 防水卷材的指标性能及特点

1. LTW 防水卷材的性能（表 3-13）

LTW 防水卷材的性能 表 3-13

序 号	主要指标	LTW I	LTW II
1	抗拉强度(MPa)	10	>6.0
2	断裂伸长率(%)	>1 000	>800

续上表

序号	主要指标	LTW Ⅰ	LTW Ⅱ
3	低温柔性	−70℃无裂纹	
4	抗渗透性	压力 0.2MPa,保持时间 24h,不透水	
5	剪切状态下的黏合性(N/mm)	2.0	

2. LTW 的特点

(1)卷材的抗拉强度为传统橡胶卷材的 2 倍以上,延伸率可达传统防水卷材的 10 倍以上,保证了隧道防排水的工程质量和使用寿命。

(2)LTW 卷材的低温柔性最好,特别适用于寒冷地区。

(3)在很低的温度下,LTW 卷材仍具有很高的延伸率,能很好地与隧道粗糙的基层接触,便于施工,提高工作效率。

(4)LTW 卷材幅宽 2～6m,厚度可选 0.8～2.0mm,减少搭接缝,既节省了人工,又能提高防水层的整体可靠性。

(5)LTW 卷材采用冷黏搭接,工程应用近 10 万 m^2,使用已 2 年多,无一处渗漏。

第三节　EVA、PE、PVC、橡胶防水材料及检测

一、EVA 防水卷材

(一)EVA 综述

EVA 属树脂类,是醋酸乙烯与乙烯的共聚物,故称乙烯醋酸乙烯。因为乙酸乙烯在共聚物中是无规分布的,所以可以根据它在共聚物中的分布不同而采用不同的生产方法,生产出不同的产品来。如含 2%～5%乙酸乙烯的 EVA,可用注塑法生产出不同的产品;乙酸乙烯含量低于 5%的 EVA,可用吹塑法生产塑料膜或塑料袋之类的产品;乙酸乙烯含量在 15%～30%时的 EVA,一般可用挤出法生产塑料板材或片材;乙酸乙烯含量在 50%以上时,EVA 完全是无定性的。另外,EVA 还可用作胶黏剂。

EVA 的结构式为:

$$(CH_2-CH_2)_x(\underset{\displaystyle O-\underset{\displaystyle \overset{\|}{O}}{C}-CH_3}{\overset{}{\underset{|}{C}H}}-CH_2)_y$$

(二)EVA 卷材原料型号的选择

当 EVA 中的乙酸乙烯含量增加时,它的密度也相应增大,如图 3-6 所示,但其结晶度和抗拉强度则下降,如图 3-7、图 3-8 所示。因此,当 EVA 中的乙酸乙烯含量增加时,一方面,其透明度提高,低温柔性、耐应力开裂和冲击强度均增大;另一方面,其软化点、温度、熔封温度和防渗透性下降。EVA 的平均相对分子质量对其性能也有影响。当 EVA 相对分子质量增大时,则熔体黏度、热熔封强度、韧性、柔性、耐应力开裂及热黏强度也会增加。经过多次试验选择,

用于挤出防水卷材的乙酸乙烯含量应在15%左右，根据表3-14研究人员选择了EVA14/2为隧道防水的型号。

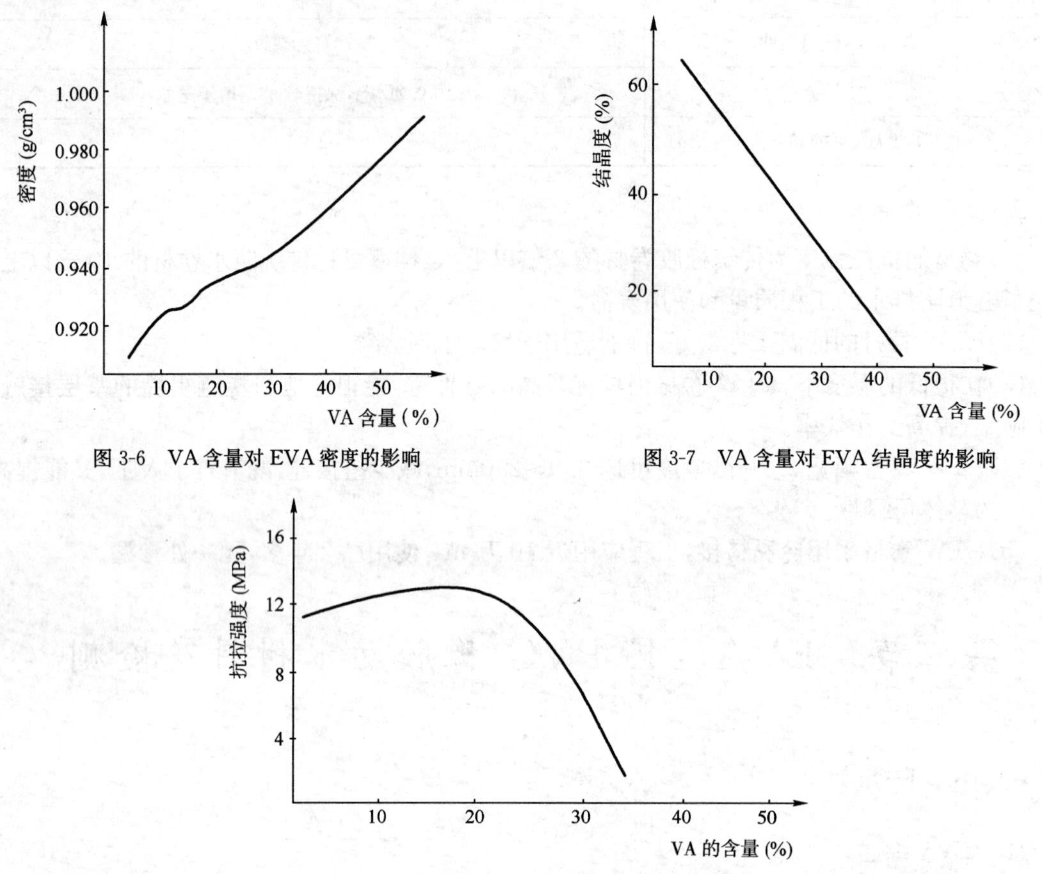

图3-6 VA含量对EVA密度的影响

图3-7 VA含量对EVA结晶度的影响

图3-8 VA含量对EVA卷材抗拉强度的影响

EVA的指标性能

表3-14

名称	密度 (g/cm³)	MI (g/10)	VA (%)	拉伸撕裂力(MPa)		撕裂伸长率(%)		软化点(℃)	光泽度(%)
				MD	TD	MD	TD		
9/9	0.932	9	12	10.0		800		69	—
5/2	0.930	9	9	10.9		820		71	—
14/2	0.925	2	5	27	19	340	620	90	5
14/0.7	0.935	2	14	24	24	440	720	70	1.9
18/0.7	0.935	0.7	14	26	26	360	620	73	211
14/0.3	0.940	0.7	18	32	33	440	460	70	1.4
5/0.3	0.935	0.3	14	27	28	530	630	75	—
28/25	0.925	0.3	5	21	22	500	600	90	—
40/50	0.955	25	28	716		85		—	—
28/150	0.980	50	40	518		800		—	—
28/400	0.955	150	28	3.7		900		—	—
28/400	0.940	150	18	5.3		700		—	—
28/400	0.955	400	28	4.4		300		—	—

(三)生产工艺流程

该卷材可采用二段挤压、三辊宽幅压光生产工艺。

EVA 卷材质量除与 EVA 的型号有关外,关键是生产工艺温度的控制。经多次试验检测,从图 3-9 中可以看出不同区域的温度与强度之间的关系,起始段强度都随温度的升高而增大,但增大到一定程度后又开始下降。EVA 板材的温度控制:一区 155℃,二区 160℃,三区 168℃,四区 180℃,五区 198℃ ,做出的板材无论是内在质量,还是外观表面都是最好的。

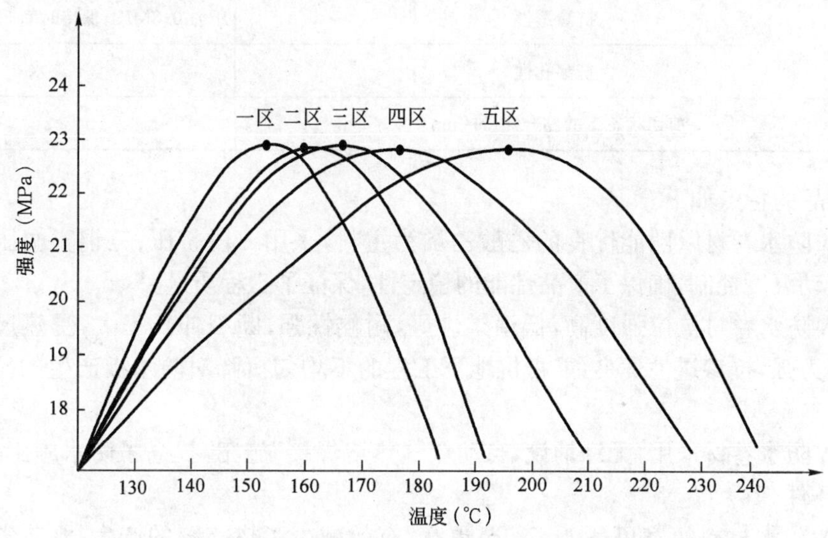

图 3-9　温度对 EVA 强度的影响

(四)主要设备及特点

1. 挤出机

一般采用单螺杆挤出机,螺杆的主要参数是 $L/B \geqslant 20$,压缩比 2～3,过滤网为 80 目两层。

2. 机头

一般采用支管型机头,它的特点是在机头内与模层平行的圆筒形槽,可以储存一定量的物料,起分配物料和稳压作用,使料流稳定。支管型机头的优点是结构简单,机头体积小、质量轻,操作方便。支管型机头的主要工艺参数如下。

(1)支管直径 D:一般为 30～80mm,直径越大储存料越多,料流越稳定,制品厚度越均匀,但机头尺寸增大,会造成机头笨重。

(2)模唇长度 L:一般为制品厚度的 20～30 倍,模唇越大物料压力分布越均匀,制品厚度越均匀,表面也越光滑。

(3)机头内流道改变的地方和支管的两端应呈流线型,光滑无死角。

3. 辊压机

辊压机主要起将制品表面压光和逐渐冷却的作用,同时还起一定的牵引作用。

(五)产品主要物理性能指标及特点

EVA 产品的主要物理性质指标见表 3-15。

EVA 产品主要物理性质指标　　　　表 3-15

序　号	项　　目	纵　向	横　向
1	抗拉强度(MPa),≥	19	17
2	断裂伸长率(%),≥	560	600
3	热尺寸变化率(%),≤	3.0	2.0
4	低温折弯性(−35℃)	无裂纹	
5	抗渗透性	压力 0.3MPa,保持时间 30min,不透水	
6	抗穿孔性	不渗水	
7	剪切状态下的黏合性(N/mm)	≥5	

EVA 产品的特点如下。

(1)EVA 防水卷材以性能优良的乙酸乙烯为主料,采用二段挤压、三辊宽幅压延生产工艺,电加热自动温度控制,确保了产品性能的稳定性,保证了工程质量。

(2)EVA 防水卷材抗拉强度高,低温柔性好,耐候性强,断裂伸长率大,受热尺寸变化率小,抗穿透能力强,抗渗透性优良,能抵抗地下工程的不均匀沉降对防水板产生的拉伸及剪切变形。

(3)EVA 防水卷材采用"无针铺设,自动双缝热熔焊接"施工,提高了防水施工效率,改善了施工劳动条件。

(4)EVA 防水材料幅宽可达 4m 甚至更宽,有效减少了搭接缝的产生,既节省了劳动成本,又能提高防水层的整体可靠性。

二、PE 防水材料

PE(聚乙烯)防水卷材是以 PE 树脂为原料,经挤出成型工艺生产的卷材。此卷材具有无毒,表面光滑平整,耐腐蚀,电绝缘性能优异,低温性能好等特点。

(一)原材料的选择

PE 是由聚乙烯聚合而成的,故名聚乙烯,也属树脂类,其分子式结构式为$(CH_2{=}CH_2)n$。目前,PE 防水卷材按密度的不同,可分为高密度、低密度、线形低密度等,其分子结构见图 3-10。

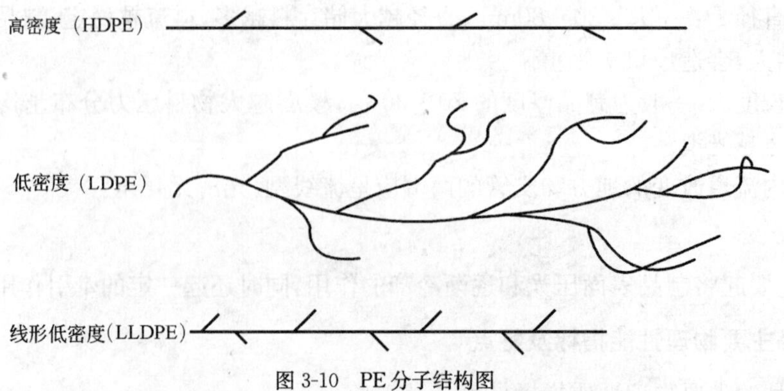

图 3-10　PE 分子结构图

由于 LLDPE 采用低压法在具有配位结构的高活性催化剂作用下，使乙烯和 α-烯烃共聚而成，合成方面与 HDPE 基本相同，因此与 HDPE 一样，分子结构呈直链状。不过，LLDPE 的支链长度一般大于 HDPE，直链数目也多。

由图 3-10 可知，LLDPE 介于 LDPE 与 HDPE 之间，所以它的密度和结晶度也介于 HDPE 和 LDPE 之间，三者的密度、结晶度对比见表 3-16。

LDPE、LLDPE、HDPE 三者密度、结晶度对比 表 3-16

名　称	密　度(g/cm^3)	结晶度(%)
LDPE	0.910～0.940	45～65
LLDPE	0.915～0.934	55～65
HDPE	0.940～0.970	85～95

正是由于 LLDPE 结构上的特点，其性能与 LDPE 近似，又兼具 HDPE 的特点，LLDPE 与 LDPE 和 HDPE 性能的比较见表 3-17。

LLDPE 与 LDPE 和 HDPE 性能比较 表 3-17

性　能	与 LDPE 比较	与 HDPE 比较
抗拉强度	高	低
伸长率	高	高
冲击强度	较好	相近
耐环境应力开裂	较好	相同
耐热性	高 15℃	较近
韧性	较好	较低
加工性	较困难	较容易

由表 3-16、图 3-11、图 3-12 知，最终确定以线性低密度聚乙烯(LLDPE)为 PE 板材的主要原料比较合适。

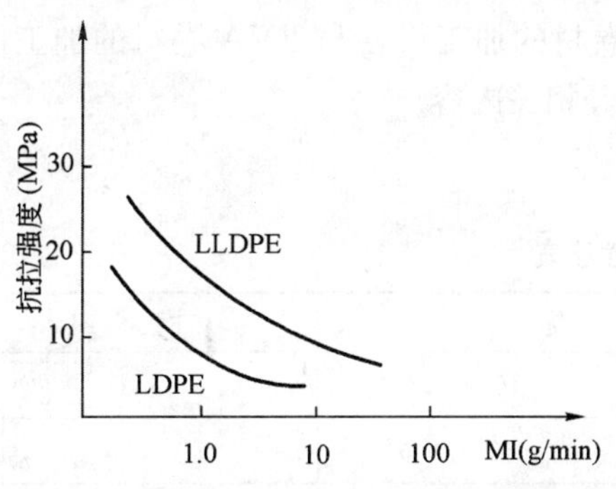

图 3-11　LLDPE 与 LDPE 抗拉强度曲线对比图

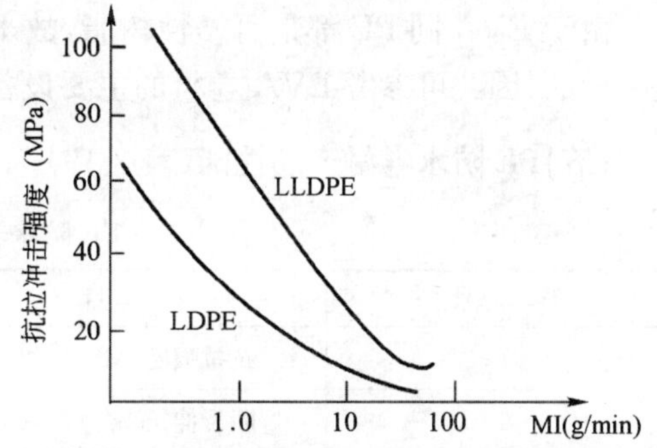

图 3-12　LLDPE 与 LDPE 抗拉冲击强度曲线对比图

(二)工艺流程

PE 防水卷材的生产工艺流程与 EVA 的生产工艺流程基本相同，都是采用二段挤压、三辊宽幅压光工艺。

LLDPE 防水卷材挤出工艺温度如表 3-18 所示，表中挤出机一～五区的温度，分别为挤出机螺杆加料至计量器的各区温度。模头的温度一般与机身五区的温度差不多，但在挤出过程中，存在中间流程短、阻力小、流速快，两边流程长、阻力大、流速慢的现象。所以，模头温度通常采用两边高、中间低的温度控制方法，以便和机头内阻力调节块相配合，保证 LLDPE 卷材挤出速度均匀、稳定。模头温度是 LLDPE 卷材工艺温度中的关键，应严格控制。

LLDPE 防水卷材挤出工艺温度表(单位:℃)　　表 3-18

名称	挤出机					模头温度											三辊压光机温度		
	一区	二区	三区	四区	五区	1号	2号	3号	4号	5号	6号	7号	8号	9号	10号	11号	上辊	中辊	下辊
LLDPE	160 165	170 175	180 185	185 190	200 210	200	190	185	180	180	175	175	180	185	190	200	100	90	85

(三)温度对 PE 防水卷材的影响

温度对 PE 防水卷材的抗拉强度和延伸率的影响如图 3-13 和图 3-14 所示，它与温度对 EVA 的影响基本相同，只是 PE 防水卷材的抗拉强度比 EVA 低 2～3MPa。

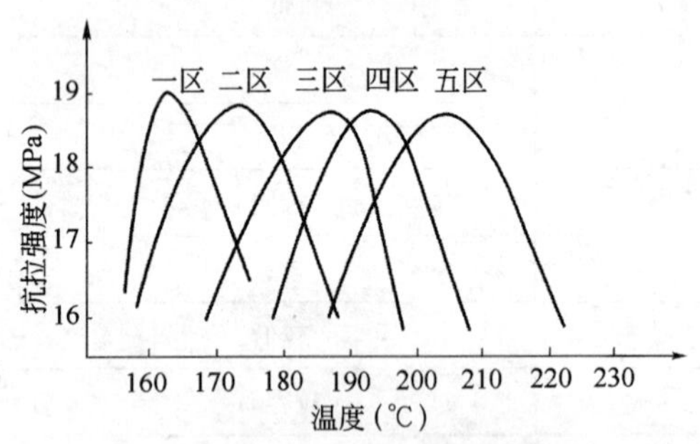

图 3-13　温度对 PE 防水卷材抗拉强度的影响图

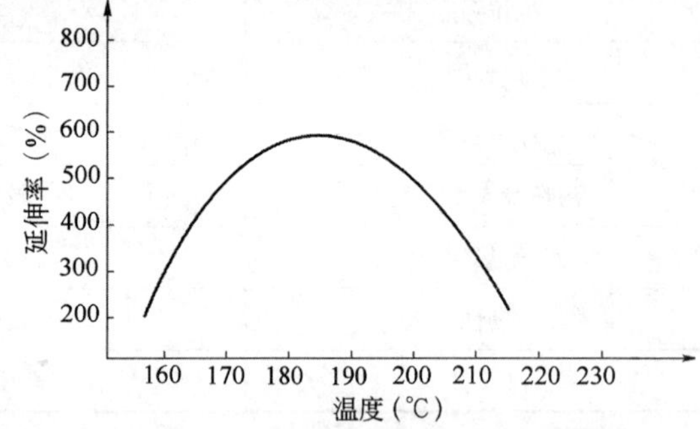

图 3-14　温度对 PE 防水卷材延伸率的影响图

(四)主要设备及特点

由于 EVA 同 PE 都是可塑性树脂，故 PE 防水卷材的加工设备与 EVA 卷材的加工设备是一样的，因此可参考 EVA 卷材的主要设备及特点等相关内容。

(五)PE 防水卷材产品性能(表 3-19)

PE 防水卷材产品性能表　　表 3-19

序号	项目	纵向	横向
1	抗拉强度(MPa),≥	16	16
2	断裂伸长率(%),≥	550	550
3	热尺寸变化率(%),≤	3.0	2.0
4	低温弯折性	−35℃无裂缝	
5	抗穿孔性	不渗水	
6	抗渗透性	压力 0.3MPa,保持时间 30min,不透水	
7	剪切状态下的黏合性(N/mm)	≥4	

三、PVC 防水材料

PVC 防水卷材是以 PVC(聚氯乙烯)树脂为主要原料,以碳酸钙为填充料,加上增塑剂、稳定剂、润滑剂及适量色浆,通过挤出压光成型而制得的卷材。

(一)原材料及配方

1. 原料的选用

(1)PVC,应采用 SG-2 或 SG-3,即 XS-2 型树脂。

(2)$CaCO_3$,掺量见表 3-20。

(3)增塑剂,为普通树脂增塑剂。

(4)稳定剂,为铅系稳定剂。

(5)偶联剂,为钛酸酯偶联剂。

2. PVC 卷材的配方(见表 3-20)

PVC 卷材配方表 表 3-20

原料名称	PVC 树脂	轻质 $CaCO_3$	增塑剂	稳定剂	色浆	偶联剂
质量比例	100	40～50	45	2～2.5	适量	10～15

(二)工艺流程及工艺

1. 工艺

(1)捏合

①按配方将配置好的固体物料加入高速捏合机中,进行低速搅拌,使物料温度逐渐升高。

②边捏合边加入增塑剂、偶联剂等液体物料,并使捏合机高速运转,使物料温度升到 140℃左右。

③排料到运转着的冷搅拌机中,打开夹套冷却水,使物料温度逐渐降到 40℃以下。

④排料到储存料斗备用。

(2)挤出

经过捏合、冷却后的物料通过计量螺杆加料机,加入到挤出机中,通过挤出机的加热、混炼、挤压成为黏流态的物料。黏流态的物料,经过装在挤出机上的排气装置,除去物料中的空气及分解气体,然后通过连接器进入模头。连接器的温度应控制在 152℃左右。

(3)冷却定型

挤出机挤出的卷材通过三辊压光机进行压光并冷却,然后进入冷却辊,在空气下进行冷却后即成成品。

挤出机、模头及压光机的控制温度见表 3-21。

挤出机、模头及压光机控制温度表(单位:℃) 表 3-21

挤出机温度				模头温度											三辊压光机温度		
一区	二区	三区	四区	1号	2号	3号	4号	5号	6号	7号	8号	9号	10号	11号	上辊	中辊	下辊
130	140	150	160	182	180	175	172	170	168	170	172	175	180	182	90	85	80

(三)主要设备及特点

(1)高速捏合机,为定型产品。

(2)冷却搅拌机,其结构与高速捏合机相同,但转速低,一般转速小于 750r/min,主要作用是降低捏合后物料的温度,因为物料温度过高容易结团,造成挤出机喂料困难。

(3)螺杆加料机,为等深等距的螺杆传送机,主要用来输送物料,通过控制螺杆的转速可以均匀、定量地给挤出机送料。

(4)挤出机和模头同 EVA 卷材的设备构造一样。

(四)产品性能指标

1. PVC 卷材的规格(表 3-22)

PVC 卷材规格 表 3-22

项　目	厚度(mm)	宽度(m)	长　度
PVC 卷材	1.0、1.2、1.5、1.8	2～2.3	20m 以上

2. PVC 卷材的指标(表 3-23)

PVC 卷材指标 表 3-23

序　号	项　目	指　标	
		纵　向	横　向
1	抗拉强度(MPa),≥	13	12
2	断裂伸长率(%),≥	200	200
3	低温弯折度(℃)	−20	−20
4	抗渗透性(抗穿孔)	压力 0.2MPa,保持时间 30min,不透水	

四、橡胶防水材料

橡胶防水材料不仅可以作为屋面建筑防水材料,而且还可以作为隧道防水卷材,一般有硫化橡胶类和非硫化橡胶类,其各自品种也比较多,如硫化橡胶类有三元乙丙橡胶、橡塑共混、再生胶、氯丁橡胶、氯化聚乙烯等,非硫化橡胶类有三元乙丙橡胶、橡塑共混、氯化聚乙烯等。非硫化型氯化聚乙烯橡胶卷材又分为增强型和非增强型防水卷材。而隧道工程中的防水卷材为Ⅰ型,即非增强型氯化聚乙烯防水卷材中的优等品。在此,将主要介绍非硫化型的非增强型氯化聚乙烯防水卷材。

(一)原材料的选择

氯化聚乙烯是由高密度聚乙烯经氯化反应制得的一种饱和性的无规非晶橡胶,其氯含量30%～40%,含有极性饱和键的弹性体。CPE 作为橡胶使用,结晶度应接近 0 为佳。因为结晶度低,则弹性好,易于橡胶共混。在此,以测定其 TAC 值来表征,TAC 值越大,表示结晶度越高。用高温炼胶机通过薄通,可以明显观察出各种型号的 CPE 的差别。

试验条件:辊温 80℃,每通过辊一次为"薄通一次"。不同型号 CPE 薄通情况比较(80℃)见表 3-24。

不同型号 CPE 薄通情况比较(80℃)　　表 3-24

类　型	结 晶 度	TAC 值	薄 通 次 数				
			1	3	5	10	15
CPE365S	6	22.6	不成片	7	6	4	2
CPE135A	0	0～2	4	4	3	2	
CPE140B	0	0～2	5	3	2	1	
CPE1414	0	0～2	7	6	4	2	
CPE351A	0		6	4	2	1	

注:1～10 表示塑化程度,1 为最好,10 为最差。

由表 3-24 可知,CPE135A 和 CPE140B 极易成片,薄通 3～5 次基本上无颗粒。所以研究人员以 CPE135A 作为主要原料,其分子结构见图 3-15。

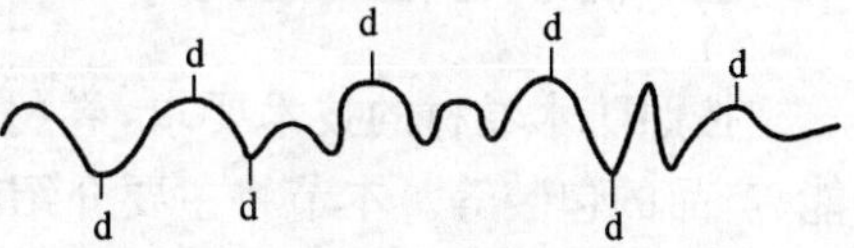

图 3-15　CPE135A 分子结构示意图

(1)再生胶采用 30 目的普通胎面胶即可。

(2)填料,可参照 $CaCO_3$ 填料要求等相关内容。

(二)生产工艺流程

前面几种材料都是挤出工艺方法,而氯化聚乙烯橡胶卷材则是以压延法生产的,其工艺控制点是混炼的速比、精炼长短及压延的温度和压力,具体要求根据材料性能而定。其生产工艺流程见图 3-16。

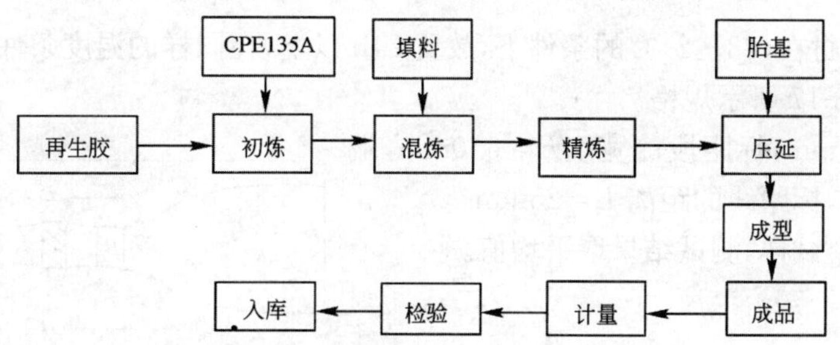

图 3-16　CPE 橡胶卷材生产工艺流程图

(三)CPE 橡胶卷材的性能及特点

CPE 橡胶卷材的性能见表 3-25。

CPE 橡胶卷材性能　　表 3-25

序　号	项　　目	纵　　向	横　　向
1	抗拉强度(MPa),≥	5	5
2	断裂伸长率(%),≥	10	10
3	热尺寸变化率(%),≤	1.0	
4	低温弯折性(−20℃)	无裂纹	
5	抗穿孔性	不渗水	
6	抗渗透性	压力 0.2MPa,保持时间 24h,不透水	
7	剪切状态下的黏合性(N/mm)	≥2.0	

CPE 橡胶卷材的特点如下。

(1)防水性能好，耐用年限长，一般使用 10～15 年。

(2)具有质量小，抗拉强度高，延伸性能好，抗渗水性能优良，耐温度范围宽等优点。

(3)具有十分优异的耐臭氧老化性能，臭氧浓度 1.01×10^{3}MPa，温度 40℃，拉伸 20%，168h 仍不裂。

(4)耐热性优良，可以在 120℃下较长期的使用。

(5)耐寒性强，在－30℃下不脆裂。

(6)具有很好的阻燃性、绝缘性、耐油性、耐碱性。

五、防水卷材的检测

按照防水卷材的技术要求，卷材的检测范围比较广，包括卷材的规格、外观质量、物理性能、产品的包装等。本节将主要介绍防水卷材的外观质量和物理性能的检测。

1. 产品的外观质量检测

(1)成品的卷材应卷紧卷齐，端面里进外出不得超过 10mm。

(2)卷材的表面必须平整，不允许有孔洞、缺边、裂口及其他影响使用性能的缺陷。

(3)在不影响使用性能的条件下，气泡深度不得超过片材厚度的 30%；每平方米不得超过 $7mm^2$ 凹痕，深度不得超过片材厚度的 30%；杂质每平方米不得超过 $9mm^2$。

2. 主要物理性能的检测

测试条件：卷材在(23±2)℃的条件下，放置 24h 以上，在同样的温度条件下进行测试。试样样品裁成如图 3-17 所示规格。

总长 $A=115$mm，标距段的宽度 $B=6.0$mm，端部宽度 $G=25$mm，标距线的距离 $L=25$mm。

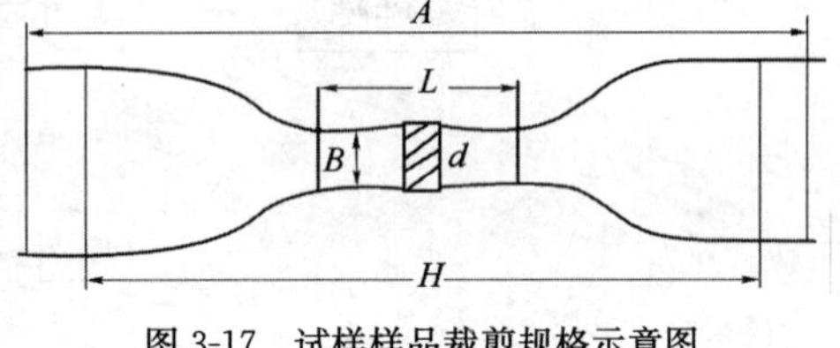

图 3-17　试样样品裁剪规格示意图

纵横各取 3 个试样，测试结果取平均值。

(1)抗拉强度

$$Q_t=P/(Bd)=P/6d$$

式中：Q_t——试样的抗拉强度(MPa)；

P——试样断裂时的拉力(N)：

B——试样标距段的宽度，取 6mm；

d——试样标距段的厚度(mm)。

(2)断裂伸长率

$$E_t=(L_1-L)/L\times100\%$$

式中：E_t——试样的断裂伸长率(%)；

L——试样标距线间初始有效长度，取 25mm；

L_1——试样断裂瞬间标距线间的长度(mm)。

(3)低温弯折性

裁样：50mm×100mm、100mm×50mm 各一块。

弯折仪：主要由金属材料制成的上下平板、转轴及调距螺栓组成，平板间距可任意调节，其形状与尺寸如图 3-18 所示。

将弯折仪上平板翻开，将两块试样平放在弯折仪下平板上，重合的一边朝向转轴，且距离转轴 20mm，将弯折仪连同试样放入低温箱内，在规定温度下保持 1h，然后在 1s 之内将弯折仪的上平板压下，达到所调间距位置，保持 1s 后将试样取出，待恢复到定温后观察试样弯折处是否断裂，两块试样均不断裂或无裂纹时，评定为无裂纹。

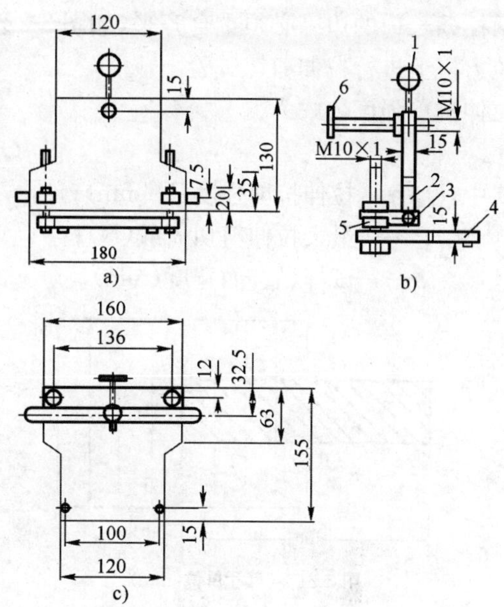

图 3-18　弯折仪(尺寸单位：mm)

1-手柄；2-上平板；3-转轴；4-下平板；5、6-调距螺栓

(4)抗渗透性试验

取直径为 100mm 的 3 块试样。

①不透水仪：具有 3 个透水盘，主要由液压系统、测试路系统、夹紧装置及透水盘组成，如图 3-19所示。

②测试：将 3 块试样分别置于透水仪的水盘上，用夹角将试件压紧在试验仪上，打开进水阀，当压力达到要求指定值时关闭进水阀和油泵，在指定压力下保持 24h。如果试样表面无湿渍和不卸压，说明无渗漏现象，判断为不透水，其原理如图 3-20 所示。

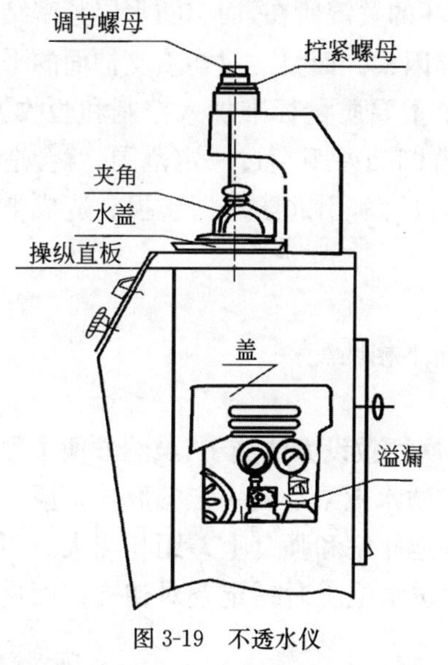

图 3-19　不透水仪

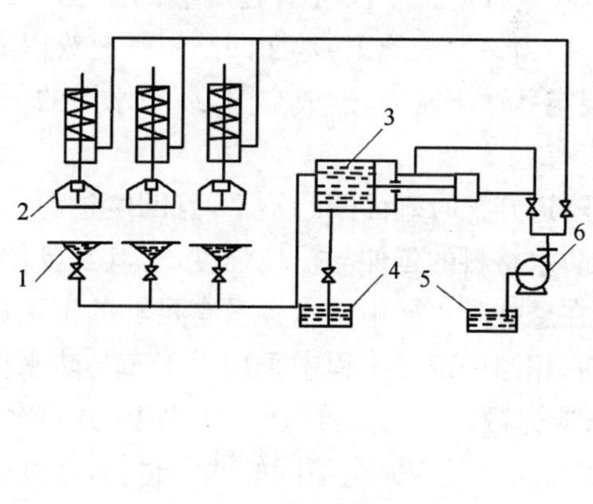

图 3-20　不透水仪测试原理图

1-试座；2-夹脚；3-水缸；4-水箱；5-油箱；6-油泵

(5)剪切状态下的黏合试验

试样：300mm×400mm 两块。

将试样在 60℃的恒温箱中放置 15min，在样品中间部位涂抹宽度 100mm、厚度适当的胶

黏剂，然后将两块下部未抹胶黏剂的另一部分截去，在长度方向剪成50mm的样条，得到50mm×100mm的胶黏面，如图3-21所示。每次将两片涂抹胶黏剂的样条搭接黏合成试样，两样条长边的边缘必须重合齐平，如图3-22所示。取5块试样在标准条件下放置24h，然后在拉力机上进行拉伸剪切试验。

拉伸抗剪强度公式为：

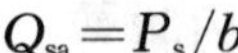

$$Q_{sa}=P_s/b$$

式中：Q_{sa}——拉伸抗剪强度(N/mm)；

P——最大拉伸剪切荷载(N)；

b——试样黏合面宽度(mm)。

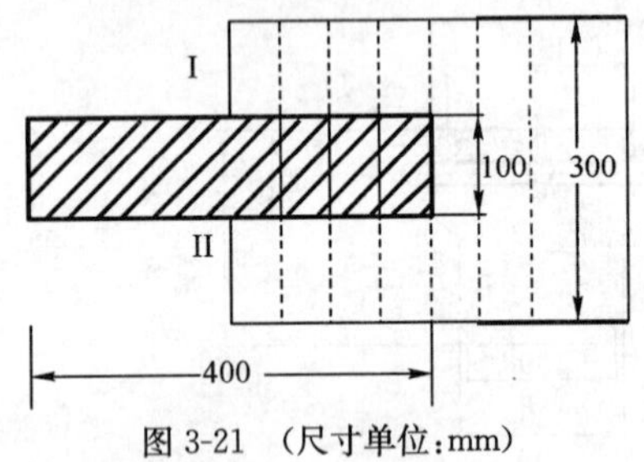

图3-21 (尺寸单位：mm)

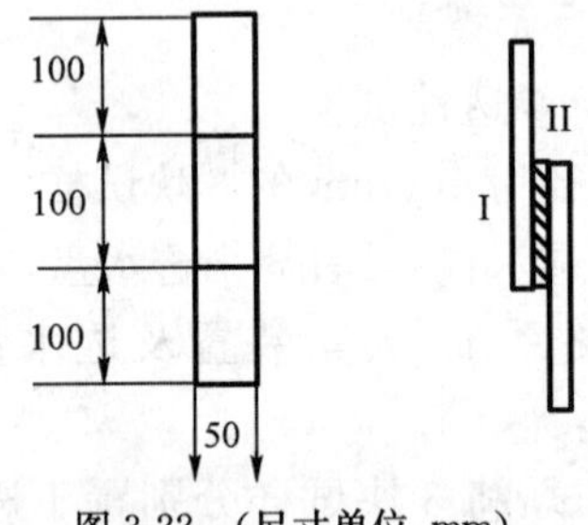

图3-22 (尺寸单位：mm)

第四节 隧道防排水施工支护面的要求

隧道防水中，夹层防水层施工质量的优劣是防水效果好坏的关键所在，而与防水层紧密结合的初喷支护面的状态又是影响工程质量和防水效果的重要因素。而目前对初喷支护面的平整度要求在设计施工中没有引起足够的重视，没有作为一个重要质量标准加入控制和验收。隧道开挖多为钻爆法施工，基面凹凸不平是难以避免的，但若凹凸差距超过一定范围，就会造成防水层与基面不密切，形成空隙，使防水层的部分区域受力过大，引起防水层破损。造成空隙的因素有：

(1)隧道开挖时基面凹凸不平，且凹度过深；

(2)防水材料的延伸与抗拉强度，尤其是延伸率与凹凸面不相匹配；

(3)在悬挂防水层中防水板没有足够的富余量。

目前，相当一部分工程中采用土工布与防水板复合的一次性敷设方法施工，虽然方便了敷设施工(应先敷设土工布，再敷挂防水板，分两次敷)，但却使防水效果受到一定的影响。原因是土工布与防水板为完全不同的两类材料，在性能上特别是延伸率和强度上差距相当大。不圆顺的棱角更容易将防水层顶破或撕裂，所以在进行隧道的防水施工时一定要对初支护面进行修整，敷设防水层一定要留有足够的富余量。

在具体的施工过程中，要将对初支护面的修整放到首位，作为重点来抓，一般的修整采用光面爆破法。光面爆破好以后，再经喷射混凝土找平，防水板与混凝土基本吻合，使防水板发挥很好的防水效果。

我国对公路隧道喷射混凝土基面平整度的要求为：边墙$D/L\leqslant1/6$，拱顶$D/L\leqslant1/8$(见图3-23)，并以此值来控制施工质量，超过此范围应予以修补喷顺。在设计文件及工程质量中，应根据围岩类别提出相应的 D/L 值，以便施工及监理单位控制质量。

根据日本试验表明：当 $D/L \leqslant 1/6$ 时，厚度为 0.8～1.5mm加 300g/m^2 缓冲材料的防水板与凹凸面是充分密贴的；当 $D/L \leqslant 1/3$ 时，密贴性非常差。在对 $D/L \leqslant 1/3$、1/6、1/10的 3 种情况进行对比试验后，提出 D/L 值应控制在1/6～1/10。

除需控制住支护面的平整度外，还必须重视在悬挂敷设防水层之前对初喷面的修整，一个小的锚钉头、岩面尖角都极易刺穿防水层，再加上二次模筑中防水层撕拉作用，更易将防水层撕裂，成为渗漏隐患。所以必须对初喷支护面进行修整，将外露的锚杆及钢筋断头进行切除后加弹性塑料帽盖住。

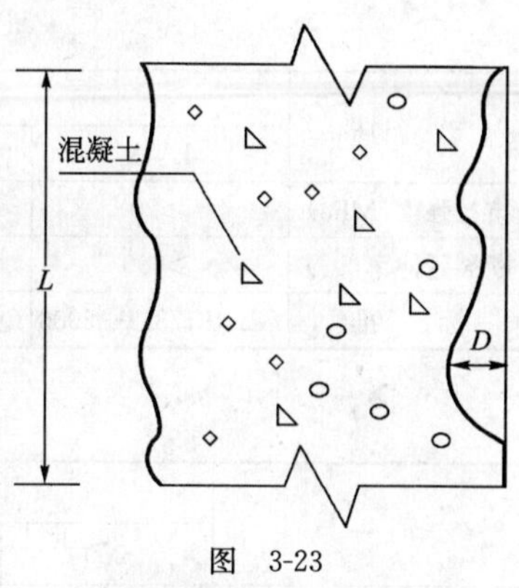

图 3-23

D-喷混凝土两相邻凸面间的深度；
L-两凸面间的距离

第五节 隧道夹层敷设工艺及防排水施工

所谓夹层防水，即是在隧道复合式衬砌时设在一次锚喷支护和二次模筑衬砌之间的全密封柔性防水层。

一、隧道夹层防水层施工中的一般做法

1. 喷涂防水膜

即在初喷支护后采用防水膜胶液喷涂，以形成防水层。目前采用的多是聚氨酯类高分子A、B两种浆液，可在现场配制混合，搅拌后，由专用气泵式喷涂机械喷涂在一次支护面上，在基面上形成一层整体性较好的防水密封层，达到无缝效果，最终形成高弹性无接缝坚韧的防水层。日本的鸿池组株式会社，推出的一种高分子防水喷涂膜胶液，据称能在基面上形成厚3mm、延伸率为475%、抗拉强度为1.08MPa、抗撕强度为0.64MPa的防水涂层，效果相当不错。

用喷涂法施作防水层可以克服悬挂防水层的一些缺点，施工简单，从根本上解决了凹凸不平的岩面对悬挂防水层的破坏。悬挂防水层施工二次模筑时，人为造成的防水层破坏及悬挂防水层敷设操作时搭接失误等因素易造成工程渗漏，同时该施工方法还存在一些难以解决的问题。

喷涂防水膜施工时，若表面潮湿，则喷层黏结差；在较粗糙的表面喷涂，易出现空泡现象，涂层厚薄难以控制。因此，该技术还有待于进一步探讨研究。

2. 防水板的施工

在一次支护与二次模筑之间悬挂敷设防水板，采用胶水搭接或热熔焊接而形成整体性的密封防水层，这种防水层表面光滑整体性强，密封效果好，它不仅能减少喷混凝土与二次模筑混凝土之间的约束应力，而且还可以有效防止二次衬砌混凝土产生的裂缝，更重要的是它可以达到防水目的。前面讲到隧道开挖后，造成基面的凹凸不平是难免的，这些棱角极易将防水板顶破，所以在施工过程中对防水板也要有具体的要求。

几种防水板的物性比较如表3-26所示，表3-27为土工布物性表。

几种防水板物性表（延伸率和强度） 表3-26

物 性	标 准						
	EVA	LTW	P型PVC	I型CPE	LLDPE	LDPE	HDPE
抗拉强度(MPa)	≥20	≥100	≥15.0	≥120	20	16	
断裂延伸率(%)	≥600	≥1 000	≥250	≥300	600	500	600
标 准	GB 18173.1—2006	Q/SLF 006—2007	GB 12952—2003	GB 12953—2003	GB 18173.1—2006		

土工布物性表（短纤针刺非织造土工布） 表3-27

项 目	规 格(g/m)					
	200	250	300	350	400	450
断裂伸长率(%)	25～100					
断裂强度(kN/m)	≥6.5	8.0	9.5	11.0	12.5	14.0

从表3-26中可以看出几种防水板的断裂延伸率都很大，最小的P型PVC防水板的断裂延伸率也有250%，最大的LTW防水板的断裂延伸率高达1 000%，而表3-27中短纤土工布的断裂延伸率只有25%～100%。两种材料（防水板与土工布）复合以后抗拉强度增大，而防水板的延伸性能受到土工布延伸强度及两种材料复合后抗拉强度增大的限制而减小，这两个物性的变化组成对防水层与初喷支护面的密贴程度都起到一个不利的作用。

防水层与初喷支护（凹面）是否密贴，取决于4点：

(1)初喷支护面凹面深度与相邻面凸面间的距离之比；

(2)二次模筑在浇灌水泥的过程中对防水层的顶力；

(3)铺挂防水层是否有较大的延伸能力；

(4)防水层铺挂中是否留有足够的富余量。

由此可见，模筑过程中主要使防水层密贴凹面，防水层的延伸越大越理想，但抗拉强度不宜过大，假设防水层抗拉强度大于模筑时所产生的顶力，凹面的密贴程度也会受到影响，从而笔者认为基面平整度 $D/L>1/6$ 时不宜采用复合防水板一次铺设，最好采取土工布与防水板分层铺挂。因土工布既可起到缓冲保护作用，又可起到排水作用，且可用射钉固定，因此施工时可在凹面先用射钉固定到位，铺挂防水板后，因防水板本身延伸力极好，又不受土工布牵制，模筑受力时能自由伸展，而达到与基面的充分密贴。所以选材时，若初期支护面不理想、平整度差，则应优先考虑采用300～400g/m^{2}土工布铺挂，后选用拉伸强度及延伸率均优的LTW防水板。

当初喷支护面 $D/L<1/6$ 时，可采用复合型防水板材，按照吊带法施工。复合型防水卷材制造时在土工布上设有吊带，间距80cm布置。在挂设复合型防水卷材时用电钻在喷混凝土墙面上钻直径1cm的10cm深孔，打入竹片，在竹片上钉钉子，将背带系于钉子上后将其全部打入竹片之中，钉子不许外露。幅宽2m，幅与幅之间的环向连接采用胶水黏结或双缝热焊黏结。防水板与喷混凝土之间若有空隙，开挖断面也有不平处，二次衬砌施作时拱顶防水板要下沉，且有可能被撕裂，所以防水板在挂设时一定要在拱顶预留大约50cm的富余量。

3.分层敷设施工法

所谓分层敷设，就是将土工布（300～400g/m^2）PE泡沫板与防水板分两次敷设在初期支护层和两次模筑衬砌之间。具体办法：先将300～400g/m^{2}土工布用射钉枪和专用衬垫直接固定在喷混凝土上，水泥钉长度不得小于800mm，固定点的间距可参照小锚钉悬挂办法；然后再将防水板用热焊和铺挂方法敷设防水层，见图3-24。

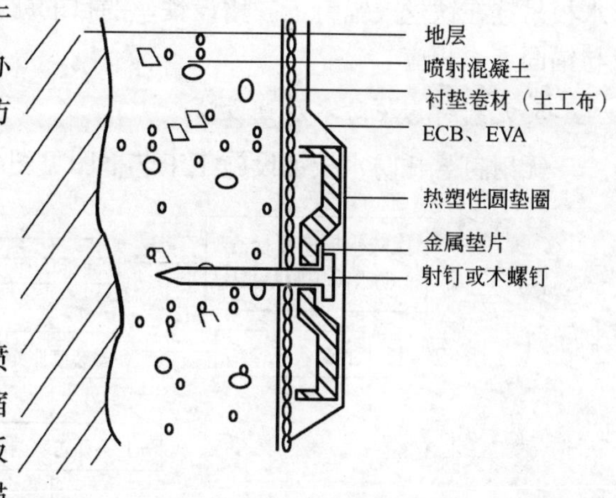

图3-24 分层敷设施工法

二、夹层防水层敷设工艺

1. 木楔吊挂法

将木楔或塑料膨胀锚钉固定在初期锚喷支护面的洞壁上，间距（拱顶拱腰部位适当缩小间距）1m×1m或0.8m×0.1m。将防水板用吊带直接扎紧并挂吊在木楔或塑料膨胀锚钉的钉子上，并将钉子钉没，以免刺破防水板。防水板吊挂一次的宽度最好为4～6m。环向宽度太窄易增加洞内现场搭接工序，不方便；宽度太宽，搬动时太笨重，敷设也不方便。因此防水板最好在洞外搭接成统一宽度后备用，一般以台车的长度加下次敷挂的搭接长度（0.5～1m）为准。

这种工艺的不足之处是木楔与防水板吊带在悬挂中经常不能完全相对应，导致悬挂效果不理想，有的地方防水板被拉得太紧而被撕破，在吊挂过程中，吊带过长，防水层下垂，环向长度减少，没有富余量，或连设计长度都不能保证。

2. 无锚钉悬挂法

取ϕ22的钢筋，按隧道环向紧贴洞壁架设，间距2～3m，钢筋两端头预埋在两边墙脚的混凝土中，钢筋顶部用锚钉、细铁丝固定，然后用粗铁丝沿隧道纵向将钢筋联系起来（间距1m左右），之后将防水板均匀地挂在铁丝或钢筋上。此方法在光爆效果理想时采用较好，但易造成人为的防水层与基面之间的空隙。

3. 临时支撑敷设法

以模板拱架为支撑点，采用竹竿、木板条等将防水板撑起，纵向也有采用竹片网格、长板条的，在二次衬砌混凝土自下而上浇筑的同时逐步拆除支撑物。此方法在使用整体式模板台车时不能确保悬挂质量（因工作面有限），且防水层的环向长度必须有足够的富余量。

4. 锚钉加铁丝悬挂法

即使用ϕ10膨胀锚钉作为固定点（其端部超出岩面不大于2cm），还可采用木楔（将木楔砸至岩面基本相平，并在木楔端头钉铁钉，铁钉端头裸露部分长度尽可能以能绑扎铁丝为准），扎好铁丝后即将钉子钉没。这些固定点在拱顶及拱腰几行采用较密间距，如0.6～0.8m，边墙中部以上部位锚固间距可增至1～1.2 m，边墙中部以下可放大至1.5～2m的间距，即在满足悬挂防水层的重量要求下尽量减少锚固钉的使用。所有锚固点要避免钉在洞壁凸出部位的顶上，而应尽可能钉在凹处，当隧道洞壁出现较大凹面时应在凹进的地方加设锚固钉，尽量使悬挂的防水层与岩面起伏相适应。沿着隧道纵向、环向拉粗铁丝如图3-25所示，将铁丝同锚固钉绑扎并拉紧。铁丝环向距1m，纵向铁丝拱顶部位间距可紧些，墙体部位适当放大间距。最后将防

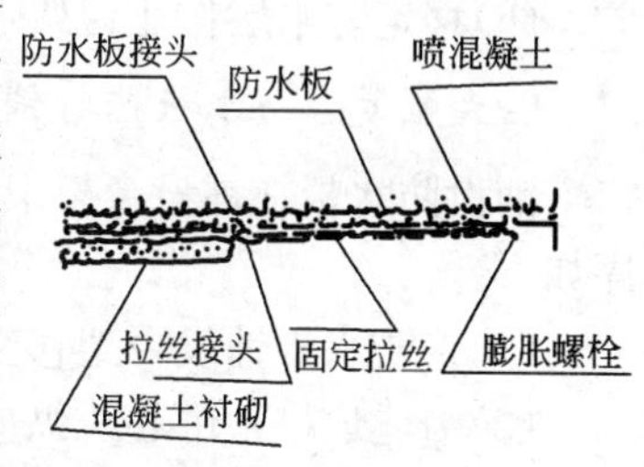

图 3-25

水板吊挂在铁丝或锚钉上。增设铁丝的目的就是为了解决防水板的均匀悬挂问题,避免吊带与锚固点不相应。

5. 无射钉悬托防水层铺设法

无射钉悬托防水板铺设施工工艺框图见图 3-26,具体施工方法如下。

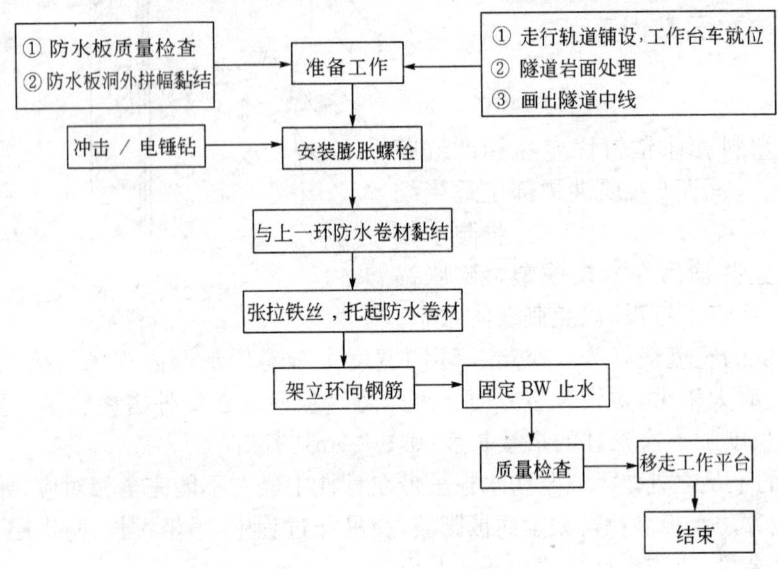

图 3-26 防水板铺设施工工艺框图

注:1. 防水板接缝采用冷黏法;2. 防水卷材铺设采用无射钉悬托法铺设工艺;3. 挂防水板前检查处理好岩面,锚杆头及其他尖锐物需切除,对凹凸不平部位修凿、喷补,喷层表面漏水时,应及时引排

(1)根据大模板初衬砌模筑施工混凝土长度,考虑 10%～15%富余量,对防水卷材进行预黏结。黏结前,防水板接缝处应擦拭干净,搭接长度为 10cm,黏缝宽不小于 5cm,黏结剂涂刷均匀、充足。粘好后,接缝不得有气泡、褶皱及空隙。

(2)检查处理好岩面。喷射混凝土表面不得有锚杆头或钢筋断头外露,以防刺破防水层;对凹凸不平部位应修凿喷补,使混凝土表面平顺;喷层表面漏水时,应及时引排。

(3)在模筑段前端岩石面上按环向间距 1.0m 固定膨胀螺栓,作为托起防水卷材铁丝的固定点,另一端与已模筑段预留出的铁丝接牢。

(4)用装载机(或卷扬机)把洞外黏结好的整幅防水卷材提升到防水板台架上,展开摊好后,与前一模预留防水卷材黏结。

(5)拉紧并固定铁丝,托起防水卷材。为保证防水层与岩面密贴,架立 4 道环向承托钢筋(ϕ22),托起顶紧防水卷材。

(6)移走防水层作业台架,模板台车就位,调试加固后灌注。

6. 大幅复合防水板锚钉铺设

铺设防水板在铺设台架上进行,其构造见图 3-27,铺设情况见图 3-28、图 3-29。其施工顺序如下:

(1)将防水板铺设台架移至作业地段就位;

(2)沿隧道拱顶中心线纵向铺设尚未充气的圆柱形气囊;

(3)在支撑架上纵向铺设悬承用 ϕ6 圆钢拉丝和 8 号铁丝;

(4)将一个循环长度卷成筒状的防水板置于支护架中央,放开防水板使之自由垂落在支撑架两侧；

(5)旋转丝杆将支撑架升起，使防水板尽量紧贴喷混凝土面；

(6)给气囊充气；

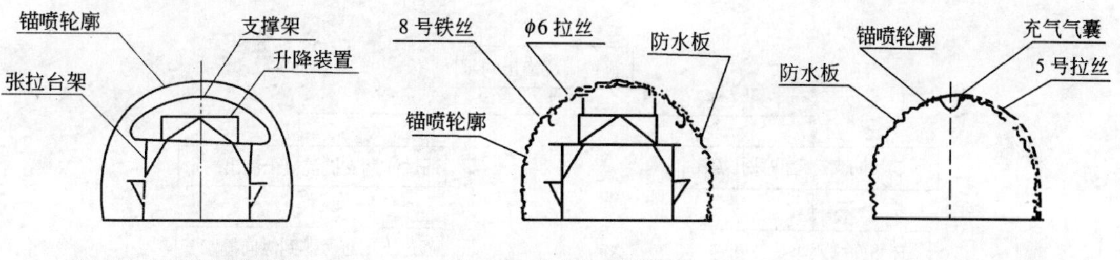

图 3-27　防水板铺设台架　　图 3-28　张挂防水板情况　　图 3-29　铺设好的防水板

(7)卸掉上一循环固定悬承拉丝的膨胀螺栓，将上一循环的拉丝露头与本循环的悬承拉丝逐根相连，张拉铁丝将防水板与壁面贴紧，之后将悬承拉丝的另一端固定在临时膨胀螺栓上；

(8)悬承顺序为先拱后墙，由上而下进行，考虑拱部受力较大且悬承拉丝有一定的弹性变性，拱顶及两侧拱脚各设置2道ϕ6圆钢悬承；

(9)相邻循环防水板之间的搭接缝，采用15cm宽的三合板置于锚喷与前一组防水板端头，作为黏结(焊接)平面，边黏(焊)边移动三合板，待黏结(焊接)完毕后撤出三合板；

(10)旋转丝杆下降支撑架，随衬砌集体放掉气囊空气，取出气囊，其施工工艺流程见图3-30。

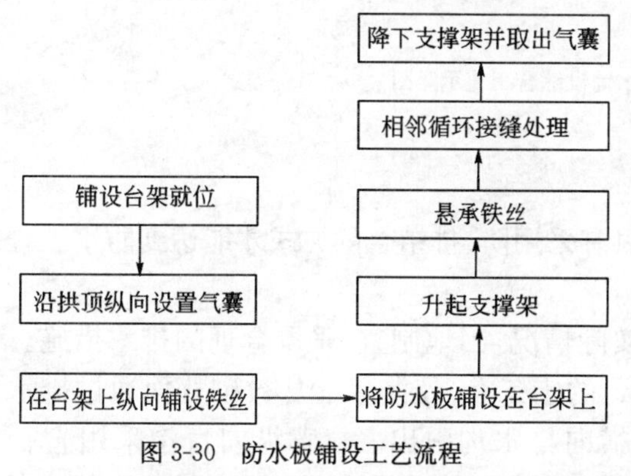

图 3-30　防水板铺设工艺流程

防水层铺设注意事项如下。

(1)无论采用哪种方法悬挂，由于浇筑混凝土时，在防水层表面会产生一个向下的摩擦力，经常会使拱腰部位的防水板被拉得太紧，此时可预先在整体模板台车拱腰位置的工作面处设一简易固定支撑架，托住防水层并抵紧岩面，以免在浇筑底部混凝土时将防水板向下移位过大撕裂防水板；防水板与岩面可能形成空隙；防水层(防水板)受拉力度不均，局部(拱腰处)拉力加大，将影响防水板使用寿命。

(2)在采用钢筋和铁丝悬挂防水层时都将产生一种人为的缺陷。

钢筋的架设由于钢筋本身的(ϕ22)体积和钢筋具有的硬度与支护面(尤其是凹面处)不可能密贴，在架设中不可避免地加大了隧道初期支护层面与防水层之间的空隙缝，尤其是在凹面处。

还有一种错误的做法是用射钉枪直接将防水板固定悬挂，或在采用锚钉悬挂过程中，碰到锚钉与防水板吊带不相对称时，直接在防水板上穿细铁丝吊挂。这种错误的方法，虽说简单方便，但人为增加了破损点，对防水板整体密封造成破坏，极易造成拉破甚至撕裂现象，即使经过修补处理，但也相对地增加了漏水的机会，应严禁此种方法悬挂防水层。

研究人员认为最好还是采用无锚钉悬托法或小锚钉悬挂的办法。问题是要解决木楔（或塑料锚钉)与吊挂线绳的对称(可与厂家协商)，间距可由原来的1m×1m改成0.6m×0.6m，或符合吊挂需要的间距。

发现防水板有破损之处，必须按厂家提供的方法（如胶水或焊接方法）进行修补。“补丁”大小要求离破洞边沿至少 8cm，“补丁”需剪成圆形。

图 3-31 为隧道排水防水铺设综合工艺示意图。

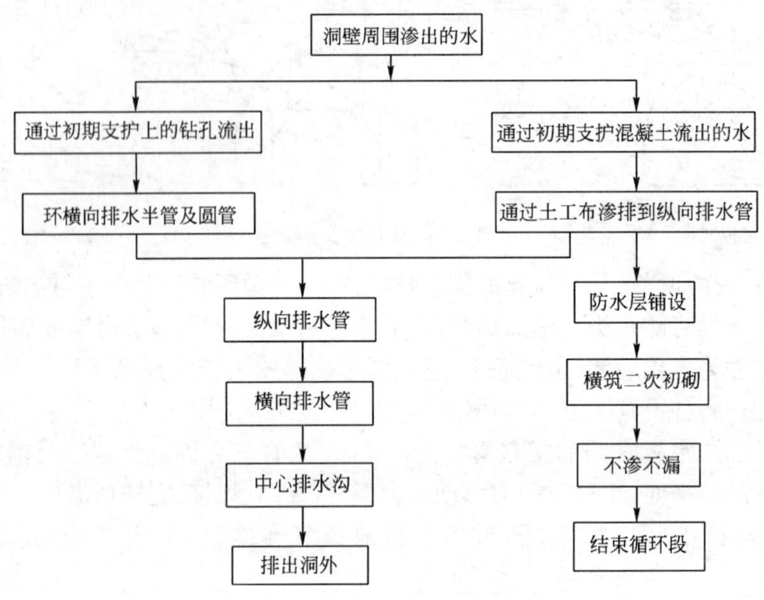

图 3-31　隧道排水防水铺设综合工艺示意图

三、隧道排水施工

隧道开挖后，对围岩面的裂隙水、渗漏水，只有采用防、排结合的方式才能达到防水工程的要求。在此，将重点介绍隧道中的排水施工。

隧道排水工程的施工，应根据设计要求及实际情况，因地制宜，采取合理的排水措施。一般在防水层与喷混凝土之间设置 300～400g/m^2 的土工布，使漏水能从衬砌背面通过排水层排至墙角，再由墙角处设纵向盲沟集水，通过横向排水沟引出。衬背纵向盲沟采用直径为 100mm 的软式弹簧透水管，盲沟设置在防水层外面，固定在喷混凝土面层。此时的土工布不仅可以作为衬背排层，而且还可以作为缓冲层，称之为衬砌背面排水。在各类围岩区段及富水段，在衬背土工布排水层与喷混凝土之间加设环向盲沟，环向盲沟采用直径 50mm 的软式透水管，环向间距一般为 1m。

具体施工措施有以下几种。

(1)对围岩面的大股水流，使用 U 形扣将直径为 50mm 的 PVC 透水管固定于喷混凝土，如图 3-32 所示接头处用接头帽连接，间距 1m。用 PVC 塑料管进行引接导流，用钻孔机具在出水口先行打孔，然后插入塑料管引流到边墙侧沟。如图 3-33、图 3-34 所示。

(2)如有软弱裂隙股水处，可用塑料网格、铁窗纱夹土工布作引水带，引排至边墙侧沟排水洞外。如图 3-35、图 3-36 所示。

(3)围岩有大面积严重渗水时，应先在渗水相对较弱部位用防水砂浆（如速凝剂）抹堵，使渗水面积集中，然后在渗水集中处开暗槽设置塑料管等措施进行引排。如图 3-37 所示。

(4)锚喷支护面的排水施工。隧道在锚喷支护施作后，由于各种原因，喷混凝土支护面仍不可避免出现渗漏及流水的情况。为此，在支护面上应重新设置纵向和环向的透水软管组成盲沟，将水引排至边墙侧沟排出洞外。盲沟设置的密度及分布形状可根据支护面渗漏水情况灵活运用。透水软管应牢固地固定在支护面上，以防止铺设防水层时脱落。如图 3-38 所示。

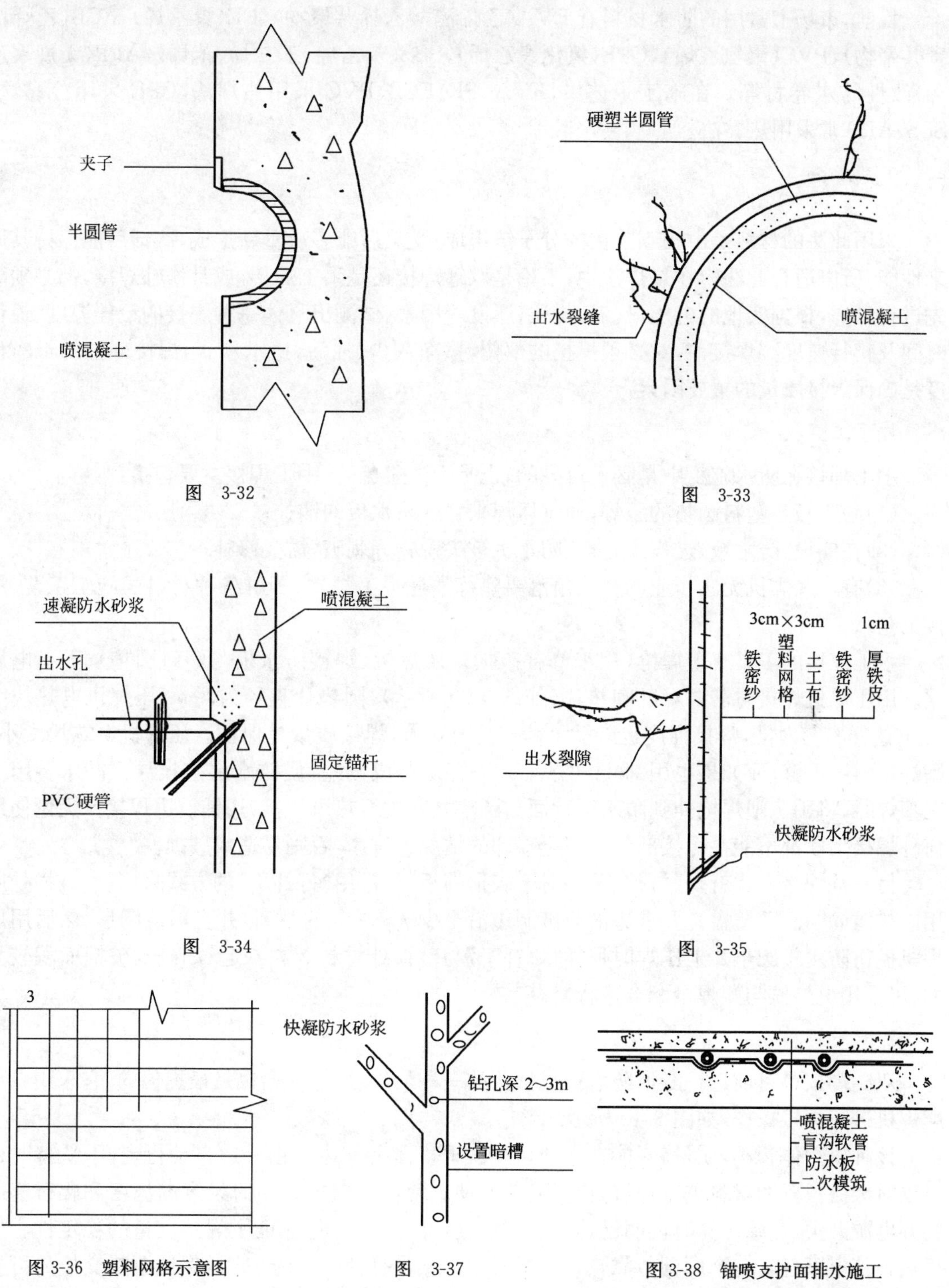

图 3-32

图 3-33

图 3-34

图 3-35

图 3-36 塑料网格示意图

图 3-37

图 3-38 锚喷支护面排水施工

第六节　柔性防水材料的施工工艺

目前，市场上常用的防水材料有EVA(乙烯醋酸乙烯共聚物)，PE(聚乙烯)，ECB(乙烯沥青共聚物)，PVC(聚氨乙烯)，CPE(氯化聚乙烯)，SBS(苯乙烯、丁二烯、苯烯)，APP(无规聚乙烯)改性防水卷材等。在施工工艺中，EVA、PE、ECB、PVC采用热焊法，CPE采用冷黏法，SBS、APP常采用热黏法。

一、热焊法

采用此法的材料是由相互连接的分子链组成，受热后能多次重新形成，冷却后能保持其原来性能，所以适合此法。在热焊法中，不论是双缝焊接还是手工焊接，或是修补焊接，都必须事先进行试焊，根据实地的电压、气温、材质、厚度等因素，试测出具体每种焊接的最佳温度、最佳时间及爬行速度。焊接前，对必须焊接的部位，擦净灰尘、油污，擦干水滴，焊接部位的干净程度是确保焊接质量的重要因素。

1. 手工焊接

手工焊接在防水施工中是必不可少的，也是无法避免的，手工焊接主要包括：

(1)防水板与塑料圆垫的压焊，通过压焊来完成防水板的铺挂；

(2)在铺设(防水板)过程中，难免防水板被尖锐物等刺破，需要修补；

(3)有一些焊机无法作业的旮旯角落要熟练掌握手工焊接，了解各种材料的施工工艺、焊接工艺。

手工焊接的工具有塑焊枪(用来修补破损)、压焊机(焊接防水板与塑料圆垫)、手工电烙铁。用压焊机焊接时需要对准圆垫片(如图3-39所示)，圆垫片直径为8cm，压焊机电热块为6cm，这样容易对准，焊接强度也能满足铺挂受力要求，焊接质量易保证。压焊机电热块太小，则焊接力度不够；而如果也用ϕ8cm的焊头，则容易造成偏差，使防水层破损导致漏水。用手工塑焊时，将手工塑焊枪伸到防水层背面与圆垫之间进行热风焊接，边铺设边焊接。无论使用何种焊接手段都不能在焊接部位未完全冷却的情况下拉撕，否则易造成破损。

另一种焊接方式就是“打补丁”。对于破损的板材，常用“打补丁”的方式来修补，破损处应用同材质的“补丁”覆盖。要求边沿与破洞边沿至少7～8cm的距离，并且剪成圆形，然后用压焊机模仿防水板圆垫片上压焊时那样将“补丁”与破损处材料焊在一起，如碰到破损面积较大的，可采用电烙铁与塑焊枪配合进行修补。

2. 双缝焊接

双缝焊接是目前进行隧道防水板材搭接的一种最先进的方法，也是最提倡的，它采用自动爬焊机进行焊接操作，如图3-40所示。

该种机型体积小，质量轻，能在平地、斜坡、垂直面上一边焊接一边自动行走，手扶持时还可以对天棚位置的材料进行焊接，操作简单方便。使用时根据试验时设定的温度和爬行速度打开电源开关，当绿灯亮时说明已达到设定温度，并保持恒温，保证了焊接质量的稳定性。焊机热合处上下各有一个可调节靠轮，使热合的有效加热长度增至50mm，保证了热交换的可靠性。将防水板送入焊机对正位置，用压轮压紧，打开开关，开始焊接，当焊完一条缝后松开压轮，关闭电源。两片材料接缝两条宽 12mm 的焊痕牢固地连接起来，中间留有 10cm 空隙，以检测用，如图 3-41 所示，其缝强度≥80％母材，其基本工作原理如图 3-42 所示。

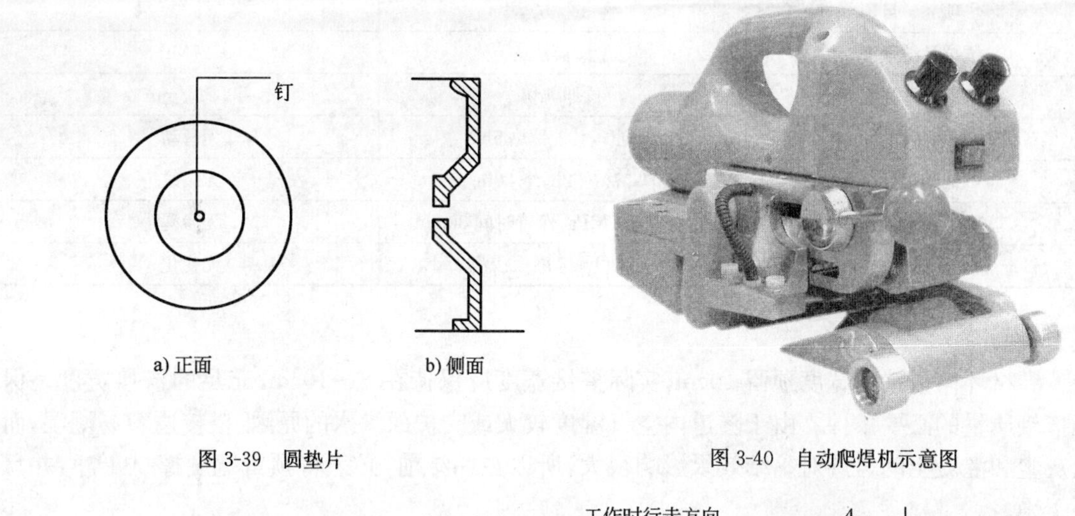

图 3-39 圆垫片

图 3-40 自动爬焊机示意图

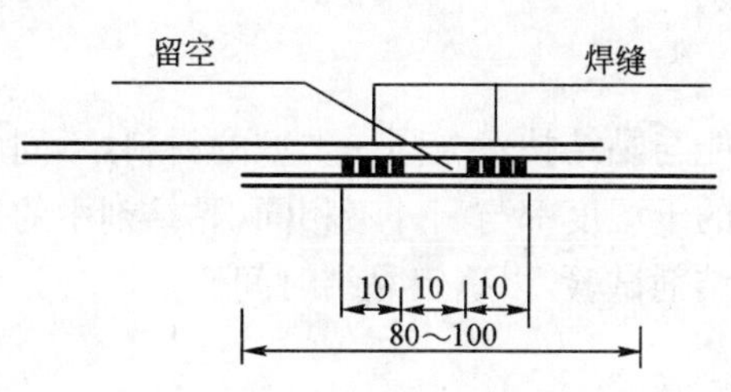

图 3-41 (尺寸单位：mm)

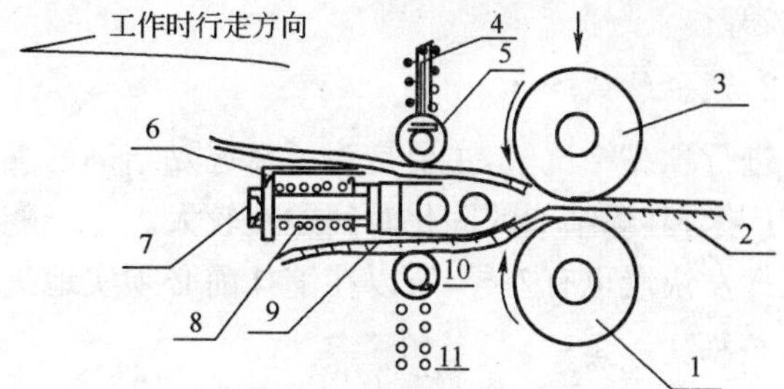

图 3-42 自动爬焊机基本上工作原理示意图

1-下耐温胶轮；2-已焊接好材料；3-上耐温胶轮；4-上靠轮调节螺钉及压簧；5-上靠轮；6-焊接热楔支架；7-上下需焊接材料；8-焊接热楔固定螺钉及压簧；9-焊接材料；10-下靠轮；11-下靠轮调节

二、冷黏法

在柔性防水层铺挂中常采用冷黏施工方法，实现卷材与配套黏结剂进行卷材与卷材的搭接。此法操作简单，不需要机械设备，是施工人员乐于接受的一种黏结方法。

冷黏法适用于橡胶类及 LTW 等高分子防水卷材。为实现防水层与基面良好的密贴性，此类材料均为无胎性(即不加筋)卷材，以保证材料的延伸能力。

冷黏结剂材料组成的质量比例为：有机助剂 50～60，合成橡胶 20～40，溶剂 100～150，填充料 20～30，纤维材料 0～1.5。

在冷黏结剂的配制中，正确选用溶剂是相当重要的，溶剂降低了黏结剂主体材料的黏度，增加了黏结润湿能力和分子活动能力，从而提高黏合力，且可提高黏结剂的流平性，避免黏结的厚度不匀。

冷黏结剂的性能指标见表 2-28。

黏结剂在涂刷过程中，要做到涂刷均匀，无堆积，无涂刷，黏结面与被黏结面双面涂刷。

刷子选用 3～4cm 宽刷子，毛长短适中。一般刷子要作修剪处理，毛太长，黏结剂难以涂刷均匀；毛太短，涂刷后要有适当凉置干燥时间，使黏结层黏结触摸基本不粘手时，再开始粘贴。接缝处不得有气泡、褶皱及空隙,更不许有漏粘。

冷黏结剂性能指标 表3-28

项　目	测 试 方 法	实 测 结 果
抗拉黏结强度	试模法	0.27MPa
抗剪黏结强度	拉伸剪切	3.7N/mm
耐热性	80℃,45°,受热5h	无滑动
低温柔性	20℃,冷冻2h,绕20m/m	无裂纹
不渗水性	动压力0.1MPa,保持时间30min	无渗漏
耐碱性	饱和$Ca(OH)_2$溶液浸泡15d	无变化

1.黏结宽度

卷材环向搭接边宽度预留10cm,实际搭接宽度应保持在8～10cm,充足的搭接宽度是保证搭接质量的必要条件。由于隧道内空气湿度较大或支护面渗水的原因,搭接边容易潮湿,而且灰尘和混凝土的斑迹对黏结效果影响很大,所以在黏结前,必须将预留宽度擦拭干净,并且要干燥。

2.预黏结试验

进行预黏结试验,主要是为了掌握黏结剂的黏结性能与黏结技术。同一类型的材料,不同生产厂家,其黏结剂的固化时间差别较大。由于隧道内的干湿度都与洞外不相同,黏结剂中的溶剂挥发快慢也有差异,所以在铺挂前必须实地进行黏结剂试验,以确定黏结时间。

3.黏结方法

(1)满贴法。铺贴防水材料时,卷材层与被粘贴面实施全面黏结施工法,其搭接宽度为80mm,长边搭接宽度80～100mm。

(2)空铺法。铺贴防水材料时,卷材与被粘贴面层仅在四周一定宽度内黏结,其余部分不加黏结剂的方法即为空铺法,其搭接宽度为100mm。

(3)点黏法。铺贴防水材料时,卷材与被黏结面层采用点黏结的施工法,每平方米黏结应不小于5个点,每点面积为10cm×10cm,其搭接宽度为100mm。

(4)条黏法。铺贴防水材料时,卷材与被黏结面层采用条形黏结的施工方法,每平方米黏结应不少于2条,每条宽度不小于15cm,其搭接宽度为100mm。

三、热黏法

热黏法适用于改性沥青类的防水卷材,此类材料在隧道防水时,主要用在洞外贴防水层。因为隧道明洞所处的环境与隧道内洞不同,不像内洞那样受复杂的水文地质因素的影响,明洞防水的施工环境也有所改善,防水层敷贴的基面完全可以符合要求,防水层敷贴条件也可满足迎水面敷贴,同时与明洞体结构黏结牢固,所以明防水是借鉴建筑层面防水的技术与经验。

一般需要的工具有:热熔喷火枪,输气管(10～20m长),液化气(2瓶以上),手握汽油喷火灯一盏(便于卷材缝的黏结,也可不用),油刀一把,压滚一只,剪刀、割刀各一把,刷子、刮板若干(涂刮,冷底子油用),弹粉袋一只(画线用)。

(1)用刷子或刮板在基层上涂满冷底子油,至充分干燥(干燥时间:夏天5h,冬天10h左右)。

(2)先按铺设方向画线、定位,试铺后收卷。

(3)将喷火枪、输气管与液化气瓶连接好，调节好火焰，对基层及卷材加热，注意掌握喷灯距离。

一般距离卷材0.5m左右为宜，待卷材底层的热熔胶熔化再缓慢滚铺卷材，边铺边压实。趁卷材热熔未冷时用油灰刀或自制铁抹子将卷材接缝边缘及时压封，发现漏喷、漏粘处，即用手握汽油喷枪补熔补压密实。

整体铺贴后，检查修补漏喷处、破损处及接缝处。

第七节　防水工程质量控制

要保证防水工程质量，杜绝渗漏通病，仅依靠某一个部门、某一道工序是绝对不可能实现的，而需要防水材料生产单位、承建单位、设计部门、施工单位、质量监督部门的密切配合。为此，防水工程技术界经过不断的实践与总结，提出了"系统管理、综合治理"的基本原则。此原则也适用于隧道防水工作中。

1. 防水设计部门

应尽量采用先进的勘探工具，详细地掌握地质情况，为防水设计提供可靠的理论依据。不断地规范设计程序，对防水设计尽可能详细，不但要注明所需材料的名称、性质、物理性能、规格、生产期限，还应对该材料的具体实施方法、注意事项及质量要求等予以说明。根据防水等级情况，向其他有关部门提出防水资金分配比例，及时与施工单位联系，根据实际情况不断地调整防水设计方案。防水设计人员应有相当成熟的设计经验，可大胆探索新的施工方法与工艺。

2. 防水材料生产单位

生产单位应具有一定的生产能力，产品经国家质管部门认证，应注重产品质量，不合格的产品应决不出厂，应严把原材料采购、生产配方、工艺流程及产品的抽验工作关；针对新型产品，可对施工单位相关人员进行培训，必要时可派一名技术人员亲临现场指导使用；听取施工单位的意见与建议，不断改进产品性能，使之既能方便施工，又能起到较好的防水效果。

3. 建设单位

建设单位直接决定着整个防水工程的质量，对建设单位的选择应慎重。目前，隧道工程建设大多选用国家重点大型企业集团，具有隧道建设经验者优先。

要保证防水工程质量，建设单位应做到：

(1)注重防水工程前期准备工作，建立健全有关隧道防水的各项制度，确保管理工作的顺利开展，可邀请有关防水方面的专家对防水的设计、施工进行评审，尽量优化防水设计方案。

(2)选择好施工单位。施工单位的优劣，直接关系到防水设计方案能否真正落实，能否真正达到防水效果。可采用招标的方式尽量选用有经验且有相当经济实力与施工技术的隧道施工单位。

(3)监理单位的选择。质量是工程的关键，因而在隧道施工过程中监理工程师首要的任务就是控制住质量。监理单位能否真正履行职责，对控制工程质量起着重要作用，应尽量选用具有一定的科研、设计水平及隧道监理工作经验的单位，并具有相应的检测设备。

(4)提供完善的防水工程管理程序。为规范防水工作程序，业主应为所有建设参与单位提供一套完善的防水管理工作程序。该程序应包括防水工程进度、质量、计量支付、合同管理及工程完工验收等各种管理工作程序，且应指明业主各管理机构及监理工程师的职责与分工，并详细说明；最好以《防水工程管理手册》的形式出现，作为合同文件的一部分，交由施工和监理单位统一执行。

(5)在施工现场设置业主现场主管工程师。业主主管工程师代表业主在工程现场履行各项程序，应与监理工程师统一认真地管理监督施工现场的各项工作，一旦发现问题，绝不放过，直到解决为止。

4.施工单位

不可否认，防水工程成败的关键在承包人，所以作为施工单位应以"重合同、守信誉、确保质量"为原则。施工单位还应组建一支专业防水工程施工队伍，施工人员尽量做到持证上岗。在施工前，要组织人员对图纸进行会审，通过会审，掌握施工图中的细部构造及有关要求，并编制详细的防水工程实际施工方案和操作说明。组建防水施工质量保证体系，设立防水施工专职质检员，制定详细可行的质量检查制度；设立防水材料质量检查小组，对每批进场的材料按国家标准取样试验，合格后方可使用，不合格决不进场。在材料试用过程中，如发现产品质量问题，应随时复试。严把防水材料施工工序质量检验关。防水材料施工过程中，专职质检员现场把关，及时纠正施工中的质量问题。可由施工人员自检、互检，合格后由专职质检员进行认真细致检查，合格后再请监理工程师及专业工程师做最后把关，完全合格后方可进行下一步工序。否则，应坚持"不彻底整改，决不放过"的原则，彻底返工直至检验合格。施工过程中，应注重职工质量意识、安全意识、企业荣誉意识教育，积极开展有利于防水工程质量的各项活动。

5.监理单位

监理单位控制着整个工程的质量，保证各项规章制度、施工能否有效及时地进行。因此，防水工程质量的保证也离不开监理单位的积极密切配合。监理单位要高度重视自身的建设，不断对监理人员进行培训，努力提高监理人员的素质。监理人员要作风正派、公正廉洁，在业务上不仅要有本专业的设计、施工经验及相关知识，还要懂得合同管理及法律知识。监理工程师要遵循"严格监理、热情服务、秉公办事"的监理原则。"严格监理"就是在施工过程中一定要执行合同，严格遵守设计图纸和施工规范，不合格的工程不验收、不支付、不交工，不合程序的事不办理。"热情服务"就是尽最大的努力协助承包商解决施工中的困难，做到热情服务于严格监理之中。防水工程的监理应从以下几方面开展工作。

(1)将控制防水工程质量作为防水工程监理的核心工作，建立三级质量控制体系，由总监理工程师领导高级驻地监理工程师，再由高级驻地监理工程师领导驻地专业监理工程师，再由驻地专业监理工程师领导现场监理员。现场监理员、防水专业监理工程师从防水技术角度对防水各工序的工程质量进行现场检查和检测数据。高级驻地监理工程师核查经防水专业监理工程师检验的各项工程现场抽验、检测记录，抽验各部位的防水工程质量，使防水工程质量得到全面监督和有效控制。

(2)建立防水材料检验记录及防水材料的检验记录单，做到有章可循，督促质检员严格履行防水工程自检制度。严格控制防水层铺设与二次模筑分别承包，尽量避免二次模筑时防水层的破裂，从分包制度上保证防水工程质量。

(3)加强防水工程现场控制力度，加强旁站，坚持做到"七不"，即材料、人力、机具、检测等，准备不充足，不准开工；未经检验和试验的材料不准使用；未经批准的变更设计及图纸不准施工;未经批准的防水施工工艺不准采用;前道工序未经检查验收,后道工序不准进行;不合格的工程和手续不全的项目不予计量签证;未经计量的工程项目一律不予支付。

(4)加强与承包人、业主之间的联系,每天与承包人的防水工地负责人联系。加强工作上的密切与协调,定期召开工地会议,研究和解决实施中出现的技术、质量、变更及纠纷问题。

第八节　隧道渗漏水的治理与控制

隧道渗漏水是隧道病害产生的主要原因。目前,全国正在运营的隧道近 5 000 座,其中有病害的隧道约占 65%,病害几乎都因渗漏水引起。

一、隧道渗漏水的分类

(1)按隧道渗漏水的渗漏形式,可分为点渗、面渗及缝渗 3 种。

(2)根据渗漏水程度及渗水量的大小,隧道渗漏水又可分为慢渗、快渗、急流及高压流等 4 种。

慢渗:即以一滴一滴的滴水形式渗水。水迹擦干后,不能马上发现渗水,经 3~5min 后,才发现有如眼泪大小水珠,再隔一段时间才聚成一小片。

快渗:即渗水形式比慢渗明显,以缓慢连续流水形式漏水,漏水擦干后,立即又出现湿迹,并很快聚成一片,或顺墙流下,或从地面浮出,渗水量为 30~60mm/min。

急流:漏水现象明显,可看到有水从缝隙孔洞急流而下。

高压流:漏水现象严重,水已形成水柱从漏水处喷出。

二、隧道渗漏水原因分析

现行隧道的防水主要是以隧道衬砌混凝土结构自身防水为主,刚柔结合综合防治。混凝土防水层因施工工艺、配比等产生各类裂缝,导致渗漏;柔性材料因材料性能、施工工艺等因素导致破损、撕裂,以致出现渗漏。现具体分析如下。

1.防水层的破损是造成渗漏水的一个因素

现行隧道防水结构大都采用全封闭式防水形式,目的是期望在迎水面形成一个隔水屏障,将水堵封在结构之外。但实际操作中往往导致防水层破损出现渗漏。主要表现在以下几方面。

(1)隧道结构自然变形过大或结构裂缝超限,使防水板的延伸性超出极限而破裂,这种情况多发生于变形缝上。

(2)一次衬砌与二次衬砌之间产生相互错动,形成剪力,将防水板挤破。

(3)防水板搭接,接头处理不当,或因基面处理不彻底(有凸出物、初期支护保护混凝土面凹凸不平、基面清理不干净等),或在绑扎钢筋时,没有采取有效保护措施,使防水板整体性有缺损,地下水从缺损部位渗入结构。

(4)防水板铺设时,没有留足够的富余量,而导致防水板与混凝土不密贴。在浇筑混凝土时,由于推力的作用,使防水板由搭接缝处撕裂。

(5)设计选材时,防水板本身的抗渗能力不足。

2.裂缝的存在是形成隧道渗漏水的主要原因

根据隧道裂缝的不同存在形式,裂缝可分为规范裂缝与非规范裂缝。规范裂缝是指施工和设计中的施工缝、变形缝等有形的裂缝。非规范裂缝则是指某种原因造成的对结构有害的受力裂缝或工艺裂缝。

(1)规范裂缝处理不当造成渗漏水

①变形缝处的中埋式止水带在浇筑混凝土前固定较好,但在浇筑混凝土的过程中,经常发生移位、破坏或污染,未能及时发现处理。

②变形缝不按设计规范施工设置,使嵌缝膏不能和黏结面很好密贴,或缝宽超过嵌缝膏的遇水弹性变形范围,而出现渗漏。

③施工缝中止水条设置不规范,或基面不平整,或固定方式不对,或止水条超前膨胀失效等引起渗漏。

④施工缝凿毛或清理不按规范操作也会导致渗漏水。

(2)非规范裂缝的存在导致出现渗漏的通道

隧道结构防水的主要防线是混凝土结构自防水结构,但因非规范裂缝的存在大大降低了混凝土结构的自防水能力。

非规范裂缝主要表现为以下两种形式。

①受力裂缝。受力裂缝是指隧道结构因受力变形产生的裂缝,主要表现为结构设计承载力不足,如忽略了地下水的影响或地下水影响考虑不足,而导致结构在地下水的作用下产生裂缝。

②工艺裂缝。工艺裂缝主要表现为因混凝土水灰比、外加剂等比例调试不当,结构施工违反施工规范,混凝土振捣不当、局部浇筑速度过快、浇筑间歇不合理等因素而引起的裂缝。

三、隧道渗漏水的治理措施与质量控制

由上面分析隧道渗漏水的原因可知,隧道渗漏水主要是因防水工程的防水环节的质量把握不严所致。严格按照从设计到施工的每一道工序要求执行,渗漏水现象即可避免。一旦出现渗漏水,可依以下方案进行治理:在进行裂缝渗漏水治理工作之前,首先对结构背后进行回填注浆,在注浆的基础上方可进行裂缝与变形缝及施工缝渗漏水的治理。实践证明,该方案治理渗漏水的效果非常明显,具体方法介绍如下。

1. 在二次衬砌混凝土背后回填注浆

注浆时对布孔位置、浆液配比、注浆压力及顺序要求严格,应遵守注浆设计要求。一般按如下要求进行。

注浆孔位布置:通常孔位布置于隧道拱顶,孔距满足每灌仓有 3 个注浆孔。渗漏水处加密 4～5 个,布孔应躲开施工缝为宜。

注浆浆液:一般使用普通水泥浆液和超细水泥浆液两种。

浆液配制比例:水灰比控制在 1∶1～1∶1.5,内掺水泥用量 12%的防水剂及具有微膨胀性、起和易作用的聚丙烯酰胺。

注浆压力:注浆压力控制在 0.3～0.4MPa。

注浆顺序:由低高程段向高高程段、由无水段向有水段依次压注,并采用隔孔注浆方式,使各孔浆液达到互补作用,提高注浆效果,避免浆液被渗漏水稀释。

2. 混凝土裂缝的修补

根据裂缝所处的位置及展开宽度,在确保提高二衬混凝土整体性和强度的前提下,对裂缝进行灌浆修补。修补时应注意以下几点。

(1)对裂缝进行分类处理

小于 0.2mm 的裂缝，用钢丝刷等将裂缝表面的灰尘、白灰、浮渣及松散等污物清除，再用酒精擦洗干净；大于 0.2mm 的裂缝，可将其凿成“V”形槽，槽宽与槽深应根据裂缝情况决定，并清理干净。待干燥后方可进行注浆处理。

(2)对裂缝进行注浆

①相对静止的裂缝。小于 0.2mm 时，可用甲基丙烯酸类浆液，或低黏度环氧树脂浆液灌注；大于 0.2mm 时，宜用环氧树脂浆液灌注，大于 1.0mm 时，可用微膨胀水泥浆液灌注。

②宽度变化的裂缝。设置两道防水层：一道防水层充填于裂缝的内部，二道防水层应采用具备止水和变形两种功能的韧性防水材料。

3.施工缝渗漏水处理

在进行注浆处理后，施工缝渗漏水可能被堵死。但个别施工缝可能仍有渗漏，可对渗漏的施工缝注化学浆液，如环氧树脂等，但应注意将施工缝处理干净，干燥后方可注浆。

4.变形缝渗漏水的治理

变形缝渗漏水一般使用弹性材料进行修补，如止水条、遇水膨胀橡胶等。具体操作方法可参考前述有关施工的内容，处理时应注意以下两点。

(1)严控凿槽的宽度，应符合选用材料的要求。

(2)严格按照止水条(带)施工工艺与顺序要求执行。

第九节　防水工程质量检查

加强防水工程质量检查，可确保整个防水工程的质量。若检查疏漏，必将影响隧道的正常运营与安全，尤其是一些隐蔽工作，应在施工过程中加强检查，按照各自的检测方法，分块逐项进行。并在检查中，尽量采取先进的检测仪器与检测方法，确保防水隐患及时、准确地得到整治。下面将介绍一些常用的防水测试与检查方法，以供探讨。

一、防水层铺设与测试

1.防水层的整体检查

整体铺挂平顺、舒展、无褶皱、松紧一致、外露锚固点有塑料片，覆盖搭接宽度不小于10mm，无脱焊点、无脱挂点、无褶皱、无隆起，挂线牢固密接，防水板与基面密贴，无明显空鼓，无破损或破损修补平整，密实焊接清晰，无纵向搭接缝，若有土工布，则要求外观无空洞、无开裂，与防水板密贴。

2.焊缝

在进行整体外观检查后，应对焊缝进行再次详细检查。焊缝外观平整、顺直、舒展，焊接宽度符合要求(一般为 5mm)，在焊接过程的抽检记录中，焊接 1 000m 左右，抽检 1～2 处焊缝。每天、每台焊机均应取试样，取样位置、操作者及时间都必须记录完整，焊缝强度不得低于母体的 7%(可送有关机构检测)。

3.焊点

外观焊接处经熔融压完后应均匀透明、中间无孔、无白色拉擦痕迹，也不应夹杂烧熄的塑料颗粒斑痕。

4.焊缝、焊点的焊接密封效果检测

(1)焊缝的检测——充气法检测

任取一段焊缝(长度3m左右),两头用压焊机压焊封住双缝中间部分,用5号注射器与压力表连接,用自行车打气筒充气至压力表指针读数达到0.1～0.15MPa时停止充气。若保持压力时间不少于1min,则说明焊接符合要求;若压力下降或无压力,达不到0.1～0.15MPa,证明未焊好,即需在试压段涂抹肥皂水,检查漏气处,在产生气泡处重新焊接。焊接检测也可用带色液体进行试压,效果更好更快捷,原理与充气法相同,只是用带色液体代替气体,液压表代替气压表。

(2)修补焊点密封效果检测——目测和负压法

修补焊点检测,目前还较难准确有效地进行,一般是借助放大镜用肉眼凭经验检查(手拉或用弹簧秤间接撕拉,不能用力太大,也不能在焊接点还未完全冷却的状态下用力)。

另一种是用负压法检查修补处焊点,用一个圆形(ϕ10～15cm)的真空罩,罩的底边是较厚的富有弹性的橡胶或泡沫,用罩罩住焊点,将罩内空气抽空,到时看其真空度,高为密封好,焊接合格,否则重新修补。但由于初喷支护不平整很难达到真空罩与被罩基面密封程度,抽气时空气从罩的底边与防水板面不平处缝隙进入罩内,极易产生错觉。

(3)修补处整体检查

补丁补的过小,离破损孔边不得小于设计数据一般在7cm左右。补丁若为圆角,则不应有正方形、长方形、三角形等的尖角。

二、止水条防水检查

(1)止水条外形尺寸是否与缝相适合,不应大于或小于缝的外形尺寸。

(2)止水条是否与缝紧密相贴、可靠;止水条有无凸起,成整个凸出衬砌面,有无破损与裂缝。

(3)止水材是否与设计要求材料相符。

(4)止水条(带)是否在沉降两侧的宽度相等。

(5)止水条若有连接使用,则连接处采用平行重叠的方法进行连接,连接的宽、强度应达到一定要求。

(6)止水条安装前是否被水浸泡,若是,则应拆掉重换止水条。

(7)止水条周围有无渗水现象。

三、防水混凝土质量检查及检验方法

1.防水混凝土(包括混凝土管片)在施工制作过程中的质量检验

具体可按下列要求进行检查。

(1)检查防水混凝土原材料的质量是否符合国家有关规范标准,如有变化,应及时调整混凝土的配合比。

(2)检查原材料的称量是否准确,每班检查原材料的称量不少于两次。

(3)外加剂应有出厂合格证、使用说明书,并现场检验其各项指标是否合格。

(4)在拌制地点和浇筑地点测定混凝土坍落度,每班不少于两次。

(5)防水混凝土的留置应符合下列规定。

①连续浇筑混凝土量为 500m² 以下时，应留两组抗渗试块，每组 3 块。每增加 250～500m² 应增留两组，如使用的原材料、配合比或施工方法有变化，均应另行留置试块。

②试块应在浇筑地点制作，其中一组应在标准条件下养护，另一组应与现场构件相同条件下养护，试块养护期为 28d。

③按时检查试块的强度与抗渗性是否满足设计要求。

(6)混凝土浇筑前，应检查模板尺寸、有无缝隙杂物，不合要求及时纠正。

(7)检查预埋件、钢筋保护层、配筋、穿墙管等细部构造是否符合设计要求。

(8)检查混凝土浇筑完后是否及时地进行养护。

2. 初期支护喷射混凝土防水层质量检查

喷射混凝土在施工制作中，除应满足上述要求外，还应符合以下要求。

(1)在喷射混凝土的过程中，要经常检查喷射混凝土表面是否有松动、开裂、下坠、滑移等现象。如发现应及时处理，并进行补喷。

(2)在混凝土达到一定强度后，可用锤击听声法判断是否有空洞、空鼓、脱壳。如有，则应及时处理以免渗漏水。

(3)喷射混凝土过程中，经常检查回弹率和混凝土实际配合比，若发现回弹过多，则应及时调整混凝土配合比、工作风压及喷射层厚度等。

(4)检查初喷混凝土表面粗糙度是否符合防水设计要求，表面还应无露筋、蜂窝等缺陷，预埋件位置应正确。

3. 二次支护混凝土防水层检查

二次支护混凝土防水层一般有两种形式：一是模筑混凝土防水层；二是预制管片防水层。二次支护混凝土防水层除应符合上述要求外，还应符合以下要求。

(1)模筑混凝土防水层的检查

①模筑混凝土厚度应符合防水设计要求，表面应平整、密实，无裂缝、空鼓、脱壳等现象。

②浇筑时是否破坏防水板或将防水板下拉过紧。若有，应及时修补或调整。

③浇筑时是否按防水设计要求的浇筑顺序严格执行。

④模筑混凝土结构中的施工缝、变形缝、止水片(带)、穿墙管件、支模铁件等的设置和构造均须符合设计要求和施工规范规定。

⑤混凝土表面应无渗漏水现象。

(2)预制管片防水层的检查

①管片厚度是否均匀，强度是否达标，有无裂缝，裂缝宽度与深度是否超出防水设计范围。

②对在防水设计范围内的裂缝，则应设有防水涂层，涂层应满足以下要求：

a. 在首尾密封钢丝刷与钢板的挤压摩擦下，涂层应仍能保持完好；

b. 当管片弧面裂缝的宽度达到 0.3mm 时，应仍能抗 0.6MPa 的水压，并长期不渗水；

c. 涂层应具有防断流功能，其体积电阻率与表面电阻率要高；

d. 涂层应具有良好的抗化学腐蚀、抗微生物侵蚀能力和足够的耐久性；

e. 涂层要有良好的施工季节适应性。

第四章　路桥防水工程

第一节　概　　述

路桥工程是道路和桥梁工程的总称，是一类既承受频繁交通动荷载反复作用，又无遮盖而裸露于大自然的构筑物。它不仅受到车辆复杂的力系作用，同时还受到各种自然因素的不利影响。

路桥建筑防水材料又称道桥建筑防水材料，简称路桥防水材料，是道路和桥梁工程结构建筑物的物质基础之一，是路桥建筑材料的重要组成部分。路桥防水材料质量的优劣，选材是否恰当，配制是否合理，施工方法是否正确，均将直接关系到路桥构筑物的整体质量。

一、路桥工程的类型和构成

(一)道路工程

道路是供各种车辆、行人等通行的工程设施，是公路、城市街道、农村道路、工矿企业专用道路等各种道路的统称，是人类生存发展的主动脉，是人类组织生产、安排生活所必需的车辆、行人交通往来的载体。

1. 道路及路面的分类与分级

道路按其在路网中的地位、交通功能及沿线建筑设施的服务功能，可分为快速路、主干路、次干路、支路等，详见表 4-1；道路按其横向布置，可分为单幅路、双幅路、三幅路、四幅路等，详见表 4-2。

城市道路按功能分类表　　表 4-1

分类名称	主要功能	布局要求
快速路	为城市中大量，长距离，快速交通服务	要求对向车行道之间设中间分车带，其进出口应采取全控制或部分控制，路两侧建筑物的进出口应加以控制
主干路	为连接城市各主要分区的干路，以交通功能为主	自行车交通量大时，宜采用机动车与非机动车分隔形式，如三幅路或四幅路，路两侧不应设置吸引大量车流、人流的公共建筑物的进出口
次干路	与主干路配合组成道路网，起集散交通的作用，兼有服务功能	自行车交通量大时，宜采用机动车与非机动车分隔形式，如三幅路或四幅路
支路	为次干路与街坊路的连接线，解决局部地区交通，以服务功能为主	可采用机动车与非机动车混合行驶方式，如单幅路

按道路横向布置分类表 表 4-2

道路类别	车辆行驶情况	适用范围
单幅路	机动车与非机动车混合行驶	交通量不大的次干路、支路等
双幅路	分流向机动车、非机动车混合行驶	机动车交通量较大、非机动车交通较少的主干路、次干路
三幅路	机动车与非机动车分道行驶	机动车与非机动车交通量均较大的主干路、次干路
四幅路	机动车与非机动车分流向、分道行驶	机动车交通量大、车速高，非机动车多的快速路、主干路

除快速路外，每类道路按照所在城市的规模设计交通量、地形等可分为 I、II、III 3 级。大城市应采用各类道路中的 I 级标准，中等城市应采用各类道路中的 II 级标准，小城市应采用Ⅲ级标准。各级道路的基本技术指标参见表 4-3。

各级道路基本技术指标表 表 4-3

<table>
<tr><td>道路类别</td><td rowspan="2">快速路</td><td colspan="3">主干道</td><td colspan="3">次干道</td><td colspan="3">支路</td></tr>
<tr><td>道路级别</td><td>I</td><td>II</td><td>III</td><td>I</td><td>II</td><td>III</td><td>I</td><td>II</td><td>III</td></tr>
<tr><td>计算行车速度(km/h)</td><td>80
60</td><td>50
60</td><td>40
50</td><td>30
40</td><td>40
50</td><td>30
40</td><td>20
30</td><td>30
40</td><td>20
30</td><td>20</td></tr>
<tr><td>道路红线宽(m)</td><td>50～80</td><td colspan="3">40～60</td><td colspan="3">30～50</td><td colspan="3">15～30</td></tr>
<tr><td>设计年限(年)</td><td>20</td><td colspan="3">20</td><td colspan="3">15</td><td colspan="3">15</td></tr>
</table>

道路工程的主体结构是由路基和路面组成的。路基是地表按道路的线形(位置)和断面(几何尺寸)的要求开挖或堆积而成的岩土结构物；路面是在路基顶面的行车部分采用各种混合料铺筑而成的层状结构物。路基和路面是相互联系的一个整体。

路面按其力学特性，可分为柔性路面、半刚性路面、刚性路面，各类型路面的力学特性见表 4-4；路面按其面层作用及采用的材料不同，可分为沥青路面、水泥混凝土路面、块料路面及粒料路面等 4 类，详见图 4-1。根据公路等级、设计年限与交通量，路面可分为 4 个等级：高级路面、次高级路面、中级路面、低级路面。路面等级与组成材料的选择参见表 4-5 和表 4-6，各级路面的技术特征参见表 4-7。

路面的力学特性 表 4-4

路面类型	特征	设计理论与方法
柔性路面	在柔性基层上铺筑沥青面层或用有一定塑性的细粒土稳定各种集料的中、低级路面结构，因具有较大的塑性变形能力，而称这类结构为柔性路面	采用双圆均布与水平垂直荷载作用下的多层弹性连续体系理论，以设计弯沉值为路面整体刚度的设计指标
半刚性路面	在半刚性基层上铺筑一定厚度沥青混合料面层的结构称为半刚性基层沥青路面	设计理论同上，对半刚性材料的基层、底基层进行层底拉应力验算
刚性路面	采用水泥混凝土做面层或基层的路面结构	根据弹性半空间假设，从薄板理论出发，采用矩形有限元法解算荷载临界位置的应力

路面等级及常用数据表 表 4-5

路面等级	面层类型举例	设计使用年限(年)	设计年限内累计标准轴次(万次/车道)	适用范围
高级路面	沥青混凝土、沥青玛蹄脂碎石	15	200～400	快速路,主干、次干道路
	水泥混凝土	20～30	＞500	
次高级路面	热拌沥青碎石、沥青贯入式	12	100～200	次干路、支路
中级路面	砌块路面、水(泥)结碎石、级配碎石	8	10～100	步行街、支路
低级路面	粒料改善土	5	≤10	乡村道路

各类路面各结构层次可选用的组成材料 表 4-6

结构层次	路面类型			
	沥青路面	水泥混凝土路面	块料路面	粒料路面
面层	沥青混凝土,沥青碎石,沥青贯入、沥青表面处置	素混凝土,配筋混凝土	整齐块石、半整齐块石、混凝土块	泥结碎石,级配碎(砾)石粒料改善土
基层	水泥或石灰稳定粒料(包括砂砾、砂砾土、碎石土等) 石灰-工业废渣或石灰-工业废渣稳定粒料 沥青稳定土,沥青贯入 级配碎(砾)石,填隙碎石	贫水泥混凝土、水泥或石灰稳定粒料,石灰-工业废渣或石灰-工业废渣稳定粒料 沥青碎石,沥青贯入 水结或泥结碎石,级配碎(砾)石	贫水泥混凝土、水泥或石灰稳定粒料、石灰-工业废渣或石灰-工业废渣稳定粒料 沥青碎石,沥青贯入 水结或泥灰结碎石,级配碎砾石	石灰或水泥稳定土 天然砂砾
垫层	石灰或水泥稳定土,砂、砂砾、碎石或废渣	石灰或水泥稳定土,砂、砂砾、碎石或废渣		

各级路面技术特征表 表 4-7

路面等级	技术特征			
	面层状况	强度与耐久性	材料	养护管理与费用
高级路面	平整、耐磨、无尘	强度高、耐久性好	沥青及水泥类	造价高,养护管理费用低
次高级路面	平整、无尘	强度高、耐久性一般	沥青类	造价较高,须定期维修
中级路面	平整度差、易生尘	不耐磨、耐久性差	水(泥)结级配碎石	造价低,须经常维修
低级路面	平整度差、易生尘	强度与耐久性均差	粒料加固等	造价低,维修工作量大

2. 路面结构及其组成

道路的横断面形式参见表 4-8，道路横断面各部分的名称参见表 4-9。

路基和路面是构成道路线形主体结构密不可分的两个主要组成部分。路基是路面的基础，结实而稳定的路基为路面结构长期承受车辆荷载提供了基本保证。层状结构路面的铺筑，一方面隔离了路基，使路基避免了直接承受车辆和环境因素的破坏作用，确保路基长期处于稳定状态；另一方面，经铺筑路面后，提高了平整度，改善了道路条件，从而保证了车辆能以一定的速度，安全、舒适而经济地在道路上全天候通行。路面是直接供车辆行驶的，它的好坏直接影响到行车速度、安全及运输的成本。因此，根据道路等级和任务，合理选择路面结构层次，精心设计和施工，使路面在设计使用年限内具备良好的使用性能，对提高运输效益具有十分重要的意义。

(1)路面的横断面形式

路面横断面是由行车道、硬路肩或土路肩组成的，根据道路等级，可选择不同的路面横断面形式。通常将路面横断面分为槽式和全铺式两种，如图 4-2 所示。

槽式横断面是在路基上按路面行车道及硬路肩设计宽度范围，开挖与路面同厚度的浅槽，在槽内铺筑路面，如图 4-2a)所示。

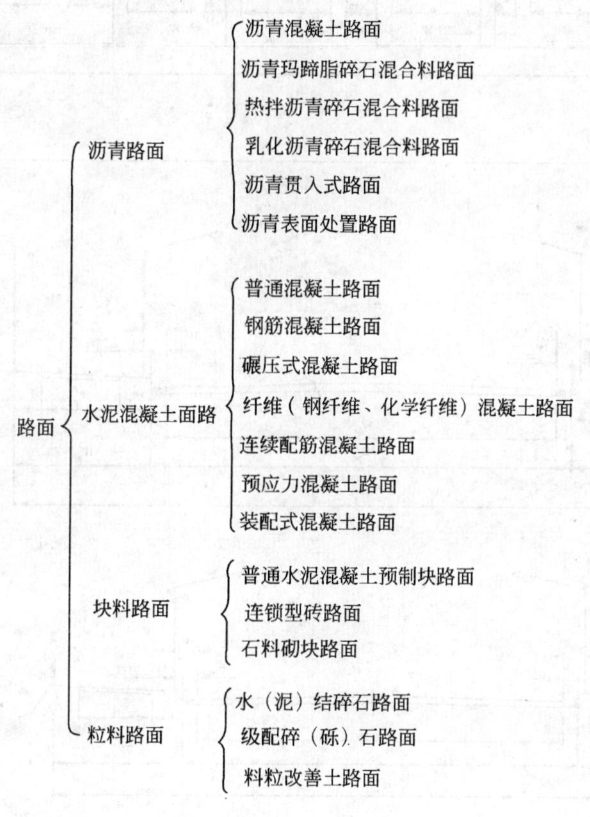

图 4-1　路面的分类

道路横断面形式 表 4-8

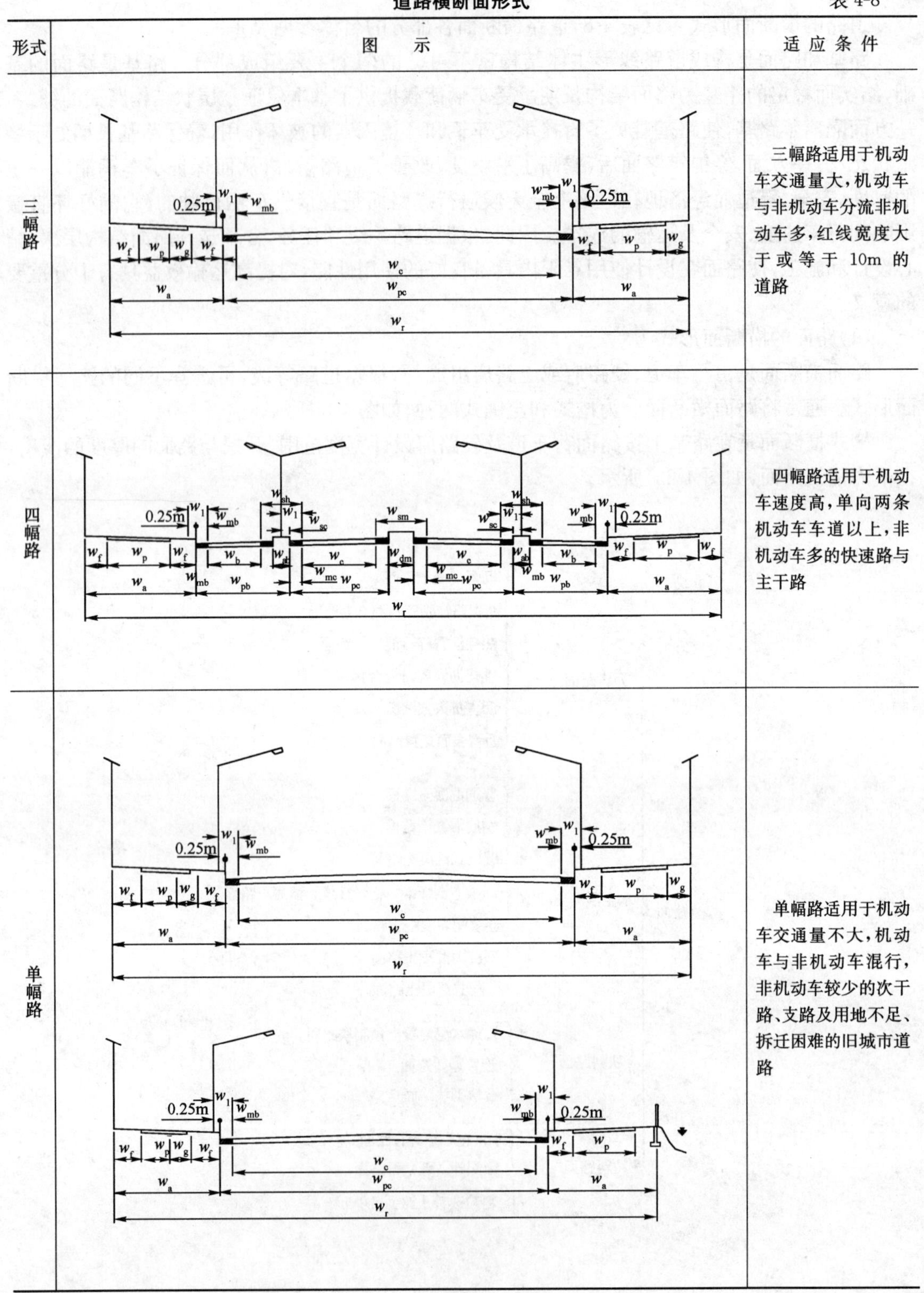

形式	图示	适应条件
三幅路		三幅路适用于机动车交通量大，机动车与非机动车分流非机动车多，红线宽度大于或等于 10m 的道路
四幅路		四幅路适用于机动车速度高，单向两条机动车车道以上，非机动车多的快速路与主干路
单幅路		单幅路适用于机动车交通量不大，机动车与非机动车混行，非机动车较少的次干路、支路及用地不足、拆迁困难的旧城市道路

续上表

形式	图　示	适 应 条 件
双幅路	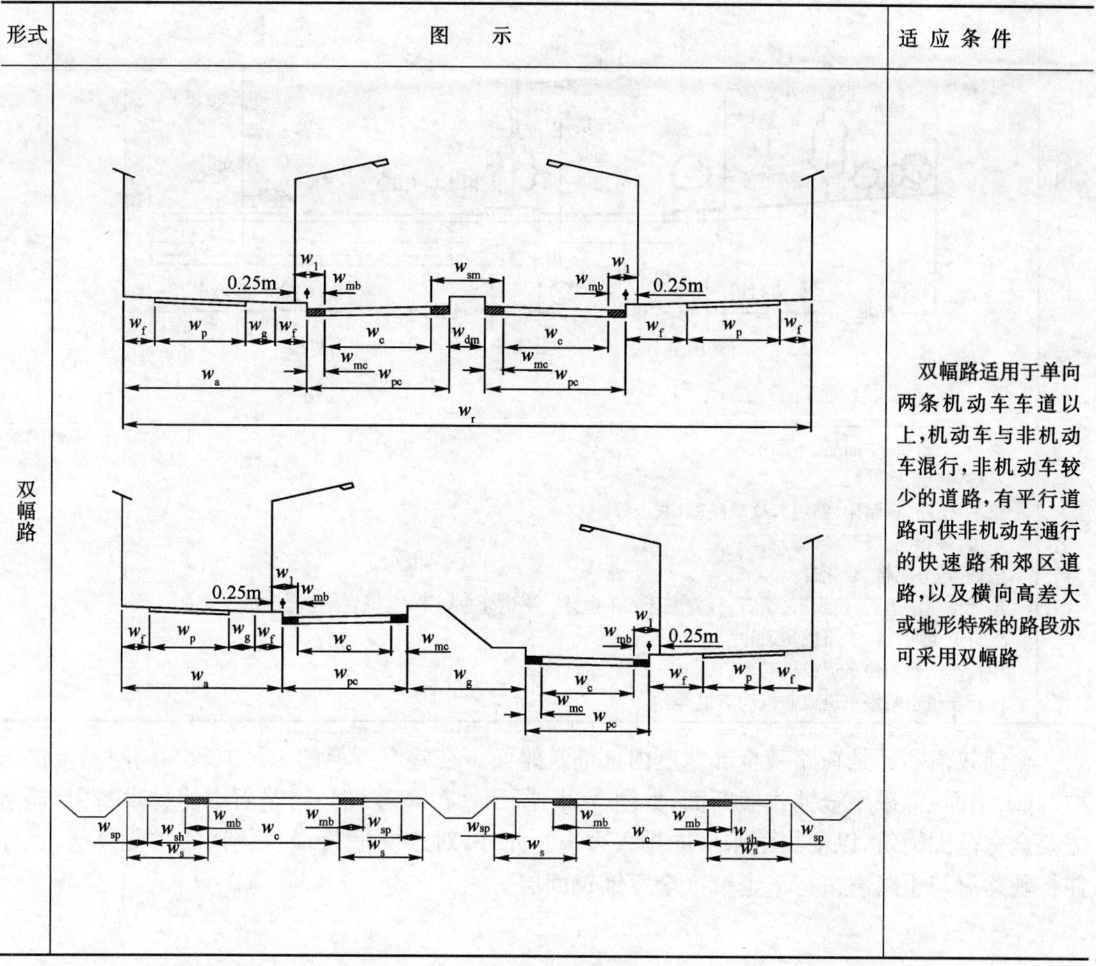	双幅路适用于单向两条机动车车道以上，机动车与非机动车混行，非机动车较少的道路，有平行道路可供非机动车通行的快速路和郊区道路，以及横向高差大或地形特殊的路段亦可采用双幅路

注：①w_r——红线宽度(m)；

w_c——机动车车行道宽度或机动车与非机动车混合行驶的车行道宽度(m)；

w_b——非机动车车行道宽度(m)；

w_{pc}——机动车道路面宽度或机动车与非机动车混合行驶的路面宽度(m)；

w_{pb}——非机动车道路面宽度(m)；

w_{mc}——机动车道路缘带宽度(m)；

w_{mb}——非机动车道路缘带宽度(m)；

w_l——侧向净宽(m)；

w_{dm}——中间分隔带宽度(m)；

w_{sm}——中间分车带宽度(m)；

w_{db}——两侧分隔带宽度(m)；

w_{sb}——两侧分车带宽度(m)；

w_a——路侧带宽度(m)；

w_p——人行道宽度(m)；

w_g——绿化带宽度(m)；

w_f——设施带宽度(m)；

w_s——路肩宽度(m)；

w_{sp}——保护性路肩宽度(m)。

②本表由《城市道路设计规范》(CJJ 37—90)编汇而成。

道路横断面各部分名称 表 4-9

图示	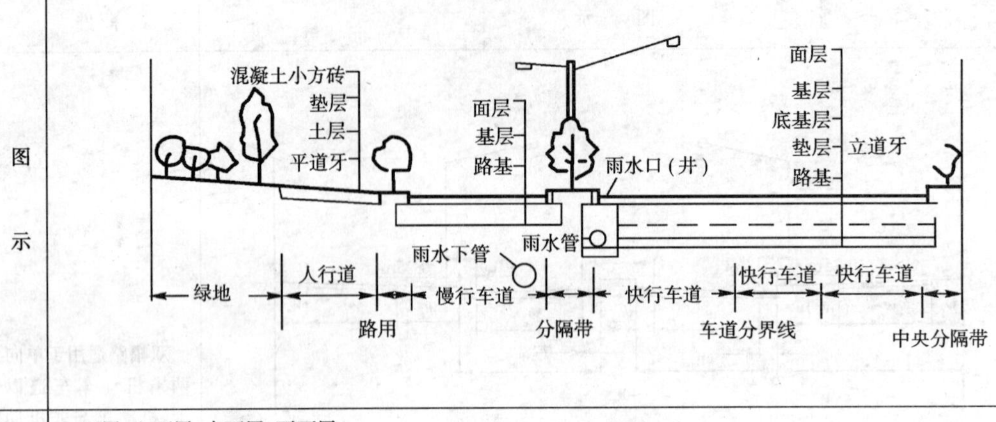
名称说明	面层:上面层、中面层、下面层 基层:基层、底基层 路基:土路基(路床、路堤)、处理路基(灰土等) 垫层:砂垫层、级配砂(砾)石等 隔离带:分隔带、绿化带 道牙也叫路边石、路缘石、缘石、分立道牙和平道牙。平道牙也叫平石,铺在路面与立道牙之间 人行道也叫人行步道或步道 快行车道也叫快车道或机动车道 慢行车道也叫慢车道或非机动车道等

全铺式横断面是在路基全部宽度内都铺筑路面。在盛产石料的山区或较窄的路基上铺筑中、低级路面,常采用全铺式横断面,如图 4-2b)所示。在高等级公路路面中的排水基层,通常需要全宽范围铺筑,以便将雨水横向排入边沟。此外,对于交通量增长较快的重要公路,也往往将硬路肩与土路肩按行车道标准全宽铺筑面层。

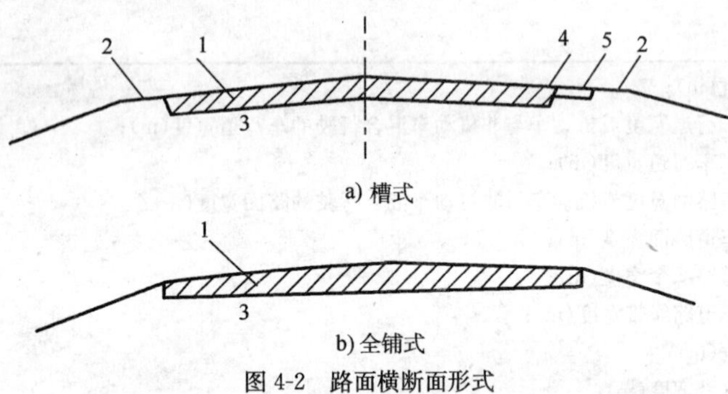

图 4-2 路面横断面形式

1-路面;2-土路肩;3-路基;4-路缘石(侧面);5-加固路肩

(2)路面结构的组成

作为路基路面结构整体的一个组成部分,路面结构常采用的是狭义的概念,即路面包括面层、基层、垫层 3 个结构层次及表面用的路拱。但路面结构的承载力和耐久性很大程度上依赖于土基、路面排水及路肩,因此广义上的路面结构应该包括结构层次、土基、路面排水、路肩等。路面结构层参见图 4-3。

①面层。面层是路面结构最上面的一个层次,它直接承受行车荷载的垂直力、水平力和振动冲击力的作用,并直接受到大气降水、温湿度变化等自然因素的影响。因此面层与其他层次相比,应具备足够的结构强度和抗变形能力,良好的温度稳定性、水稳定性,良好的平整度和表

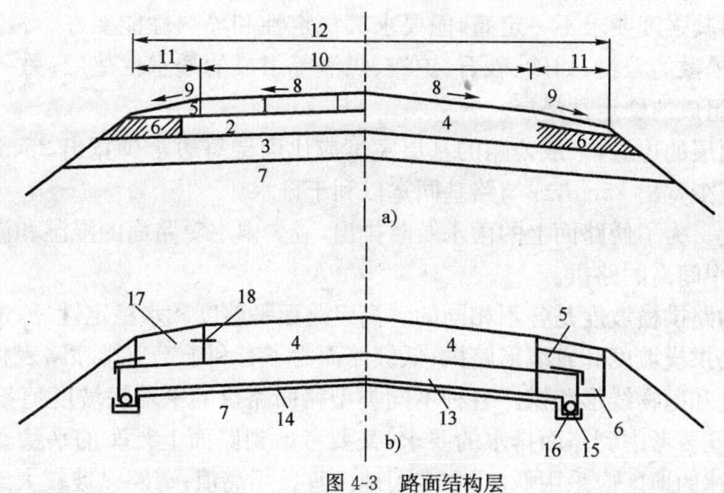

图 4-3 路面结构层

1-面层;2-基层;3-垫层;4-水泥混凝土面层板;5-路肩面层;6-路肩基层;7-路基;8-路拱横坡;9-路肩横坡;10-行车道宽度;11-路肩宽度;12-路基顶宽;13-透水基层;14-反滤层;15-纵向排水管;16-土工织物;17-水泥混凝土路肩;18-拉杆

面抗滑性,同时还应具备较好的耐磨性和抗渗水性。

铺筑面层所采用的建筑材料主要有水泥混凝土、沥青混凝土、沥青碎(砾)石混合料、碎(砾)石掺土或不掺土混合料、块石等。

面层是由一层或数层组成的,其顶面可以加铺磨耗层,其底面有时增设联结层。高速公路和一级公路的沥青面层一般分 2～3 层,沥青面层的总厚度为 10～20cm,各层则根据不同要求采用不同的级配组成。也有分上、下两层铺筑的复合式混凝土路面,此时的上、下两层则分别采用不同强度等级的水泥混凝土和不同的施工工艺。碾压混凝土路面上加铺薄层沥青混凝土组成的复合结构是一种新的路面面层,用作封闭表面空隙,防止水分浸入面层的封层和厚度不超过 3cm 的磨耗层,以及厚度不超过 1cm 的沥青表面处置层等,它一般不作为一个独立的层次,而仅看作面层的一部分。

②基层和底基层。基层是面层的下卧层,它主要起承重的作用,承受由面层传递的行车荷载垂直力,并将它扩散和分布到垫层和土基上。基层是路面结构中的主要承重层,因此,它应具有足够的强度和刚度,并具有良好的扩散应力。虽然基层位于面层之下,但仍然难以避免雨水从面层渗入,同时还会受到地下水的浸湿,因此基层应具有足够的水稳定性。为了保证面层具有优良的平整度,要求基层也应具有较好的平整度。修筑基层的主要材料有各种结合料(如石灰、水泥或沥青等)稳定土或碎(砾)石或各种工业废渣(如煤渣、粉煤灰、矿渣、石灰渣等)组成的混合料、贫水泥混凝土、各种碎(砾)石混合料、天然砂砾及片石、块石或圆石等。

高等级公路的基层通常较厚,一般分两层或三层铺筑,位于下层的称为底基层,对底基层所用材料的质量和强度的要求则相对较低,并应尽量使用当地材料修筑。

③垫层。在路基土质较差、水温状况不良时,宜在底基层之下设置垫层。

垫层位于基层和土基之间,直接与土基接触,其功能是改善土基的湿度和温度状况,保证面层和基层的强度、刚度及稳定性不受土基的影响。同时垫层还起着将基层传下的车辆荷载应力进一步加以扩散,从而减小土基顶面压应力和竖向变形的作用,并起到排水、隔水、防冻、防污作用。另外,它也能阻止路基土挤入基层。在地下水位较高的路基上,可能发生冻胀的路基上,土质不良或冻深较大的路基上,通常都应设置垫层。

用作垫层的材料其强度要求不一定高，但要求其稳定性和隔热性能要好。常用作垫层的材料有两类：一类为松散的粒料，如砂、砂石、炉渣、煤渣等组成的透水性垫层；另一类为石灰、水泥、炉渣稳定土等组成的稳定性垫层。

为了保护路面面层的边缘，一般公路的基层宽度应比面层每边至少宽出 25cm，垫层的宽度则应比基层每边至少宽出 25cm，或与路基同宽以利于排水。

④路拱及横坡度。为了使路面上的雨水及时排出，减少雨水对路面的浸湿和渗透，路面的表面应做成两边低、中间高的路拱。

不同类型路面的路拱横坡度是各不相同的。高级路面平整度和水稳定性好，透水性较小，故一般采用较小的路拱横坡度和直线形路拱；低级路面为了有利于迅速排除路表积水，通常采用较大的路拱横坡度和抛物线形路拱。各种不同类型路面路拱的平均横坡度值参见表 4-10。路拱横坡度的选择，既要考虑到路面排水的要求，又要考虑到路面上行车的平稳。一般而言，在干旱和有积雪、浮冰的地区应采用低值；在多雨地区宜采用高值；道路纵坡较大或路面较宽，或行车速度较高，或交通量和车辆载重较大，或经常有拖挂车行驶时，宜用低值，反之，则可采用高值。

各类路面的路拱平均横坡度 表 4-10

路 面 类 型	路拱平均横坡度(%)
沥青混凝土、水泥混凝土	1～2
厂拌沥青碎石、路拌沥青碎(砾)石、沥青贯入碎(砾)石、沥青表面处置、整齐石块	1.5～2.5
半整齐石块、不整齐石块	2～3
碎石、砾石等粒料路面	2.5～3.5
低级路面	3～4

路肩横坡度一般较路拱横坡度大 1%，高速公路和一级公路当其硬路肩采用与路面车行道相同结构时，路肩与路面车行道则可采用相同的横坡度。

⑤土基。土基是路床表面以下 80cm 深度、路面宽度范围内的上部路基。土基的湿度状态对路面结构的强度与稳定性有重大的影响，据此，根据路基土的平均稠度 (W_C)，土基被划分为干燥、中湿、潮湿、过湿等 4 种干湿状态。土基干湿状态的稠度建议值见表 4-11。

土基干湿状态的稠度建议值 表 4-11

干 湿 状 态	干 燥 状 态	中 湿 状 态	潮 湿 状 态	过 湿 状 态
土质砂	$W_C \geqslant 1.20$	$1.20 > W_C \geqslant 1.00$	$1.00 > W_C \geqslant 0.85$	$W_C < 0.85$
黏质土	$W_C \geqslant 1.10$	$1.10 > W_C \geqslant 0.95$	$0.95 > W_C \geqslant 0.80$	$W_C < 0.80$
粉质土	$W_C \geqslant 1.05$	$1.05 > W_C \geqslant 0.90$	$0.90 > W_C \geqslant 0.75$	$W_C < 0.75$

可以根据实测不利季节路床表面以下 80cm 深度内土的平均稠度或一般的特征（参见表 4-12）确定土基的干湿类型，对于新建道路则需要根据当地路基土、填土高度与水文状况等论证确定。土基的湿度状态随自然因素而发生变化，一般南方的雨季、北方的春融为最不利季节。还应该指出，道路的修建打破了原有的自然平衡，尤其是沥青层不仅改变了雨水的渗入、湿气的流通，而且还会因为传热系数的变化，影响到湿度的状态。潮湿路段的粒料路面加铺沥青层后，路面结构因湿度增加而导致强度的衰变就是一个例证。

⑥路面排水和防水。通过裂缝、接缝或空隙渗漏等重新进入路面结构内的水分，不仅会降低路基土和未稳定粒料的强度，而且还会促使沥青混合料发生剥落及半刚性基层的损伤。

土基干湿类型(摘自 JTJ 014—2006)　　表 4-12

路 基 状 态	平均稠度 W_C 与分界稠度 W_{C1}	一 般 特 征
干燥状态	$W_C \geqslant W_{C1}$	土基干燥稳定,路面强度和稳定不受地下水和地表积水影响,路基高度 $H_0 < H_1$
中湿状态	$W_{C1} \geqslant W_C > W_{C2}$	土基下部土层处于地下水或地表积水影响的过渡带内,路基高度 $H_2 < H_0 \leqslant H_1$
潮湿状态	$W_{C2} \geqslant W_C > W_{C3}$	土基上部土层处于地下水或地表积水、毛细水影响区内,路基高度 $H_3 < H_0 \leqslant H_2$
过湿状态	$W_C < W_{C3}$	路基极不稳定,冰冻区春融翻浆,非冰冻区软弹的土基经处理后方可铺筑路面,路基高度 $H_0 \leqslant H_3$

注:①H_0 为不利季节路床表面距地下水、地表积水水位的高度。地表积水是指不利季节积水 20d 以上。

②H_1、H_2、H_3 分别为干燥、中湿和潮湿状态的路基临界高度,见《公路沥青路面设计规范》(JTJ 014—2006)附录 F。

③W_{C1}、W_{C2}、W_{C3}分别为干燥和中湿、中湿和潮湿、潮湿和过湿状态的分界稠度。

④划分土基干湿类型以平均稠度 W_C 为主。缺少资料时,可参照表中的一般特征确定。

处理路面中水分的方法有以下几种。

a. 采取防止水分进入路面的措施,如拦截流向道路的地下水,设置路拱,设置防水层,填封路表面的各种缝隙,采用透水性小的密级配面层混合料等。

b. 路面结构自身具有抗水性,如混合料自身具有足够强度以抵抗荷载和水的共同作用。

c. 采取各种措施,迅速排除进入路面结构内的水分。如通过在路面结构内设置排水层,将进入路面结构内的自由水横向排送到设在路肩下的纵向排水管内,然后再排出路基;也可以把基层或垫层或垫层的一部分设计成排水层。

⑦路肩。路肩设在行车道两侧,供车辆临时停车时使用,并为路面结构提供侧向支承。

路肩结构可分为无铺面路肩、沥青路肩及水泥混凝土路肩 3 类。沥青路肩和水泥混凝土路肩的结构设面层和基层两个层次。

路肩应同行车道路面作为一个整体进行结构设计,其内容包括宽度和厚度的确定、组成材料的选择、路面和路肩交界处的填封处理、路肩排水等。水泥混凝土路肩还应包括拉杆和横缝设置等。

(3)常用路面结构的组合

①水泥混凝土路面。水泥混凝土路面由混凝土板、基层及垫层组成。基层应平整、坚实、抗变形能力强、整体性好、透水性小、耐冲刷,并具有足够的刚度和稳定性。基层材料可选用贫混凝土、沥青混合料、水泥稳定土、石灰稳定工业废渣、级配碎石及石灰土等。基层最小厚度一般为 15cm。基层顶面的当量回弹模量 E_t 不应低于表 4-13 的要求。

基层顶面当量回弹模量 E_t 表　　表 4-13

交 通 等 级	特重(>1 500n/d)	重(200～1 500n/d)	中等(5～200n/d)	轻(≤5n/d)
当量回弹模量 E_t(MPa)	120	100	80	80

注:n——标准轴载作用次数;d——每车道每日。

在水温状况不良的路段,宜设置垫层。垫层应具有一定的强度和较好的水稳性,在冰冻地区则应具有较好的抗冻性。垫层材料一般采用砂、砂砾、炉渣等颗粒状材料。垫层的最小厚度一般为 15cm。

水泥混凝土路面的常用结构组合情况参见表 4-14。

水泥混凝土路面的常用结构组合 表 4-14

交通等级	特重(>1 500n/d)	重(200～1 500n/d)	中等(5～200n/d)	轻(≤5n/d)
普通混凝土板初估厚度(cm)	>25	23～25	21～23	<20
碾压混凝土板初估厚度(cm)	>26	24～26	22～24	<22
钢纤维混凝土板初估厚度(cm)	18～20	16～18	—	—
基层厚度(cm)	18～20	15～18	15～18	15～18
垫层厚度(cm)	18～20	15～18	15	15

注:①基层一般采用水泥稳定碎石、二灰碎石或级配碎石等。

②垫层一般采用石灰土、水泥稳定土或天然砂砾、工业废渣等。

②沥青路面。沥青路面快速路和主干道的常用结构组合情况参见表 4-15,次干道和支路常用结构组合情况参见表 4-16。

快速路和主干道常用结构组合表 表 4-15

交通等级 / 结构层	A1	A2	A3
	N>1 200 万次	N=800 万～1 200 万次	N=400 万～800 万次
沥青面层厚(cm)	AC 16～18	AC 15	AC 13
基层(CCR 或 LFCR)厚(cm)	20～38	20～34	20～30
底基层(LFS,CS)厚(cm)	15～30	15～25	15～20

注:①N——累计标准轴次。

②CCR——水泥稳定级配碎石;LFCR——二灰碎石;LFS——二灰土;CS——水泥土。

次干道和支路常用结构组合表 表 4-16

交通等级 / 结构层	B1	B2	B3
	N=200 万～400 万次	N=100 万～200 万次	N<100 万次
沥青面层厚(cm)	AC 10～12	AC 9～10	AC 7～8
基层(LFCR)厚(cm)	18～20	18	18
底基层(LS,SG)厚(cm)	15～30	15～20	15

注:①N——累计标准轴次。

②LFCR——二灰碎石;LS——石灰土;SG—砂砾。

③砌块路面。砌块路面一般是由面 层、基层及底基层组成的。面层由砌块、接缝及垫层组成;基层一般可采用刚性基层(如水泥混凝土)、半刚性基层(如二灰碎石)或柔性基层(如天然砂砾或级配碎石);底基层则可采用石灰土或砂砾。面层砌块一般可采用普通型预制砖、连锁型路面砖、花岗岩砌块等。

(二)桥梁工程

桥梁是道路跨越江河、湖泊、池沼、峡谷及线路等各种障碍时不可缺少的构筑物,以连接中断的路线,维持道路的正常运行,保证下面排除流水或通过船只、车辆及行人。各种类型的桥梁和涵洞既是交通线中的重要组成部分,往往又是全线贯通的关键结点。

我国幅员辽阔,海湾、岛屿众多,大小山脉和江河湖泊纵横全国各地。随着国民经济的飞速发展,全国高速公路、高速铁路、城市交通网络的建设方兴未艾,作为道路交通网络的重要组成部分——桥梁工程得到了进一步的发展。

1. 桥梁的分类

桥梁的种类繁多,其分类方法亦有多种,参见图 4-4。

(1)按桥梁的承重结构体系分类

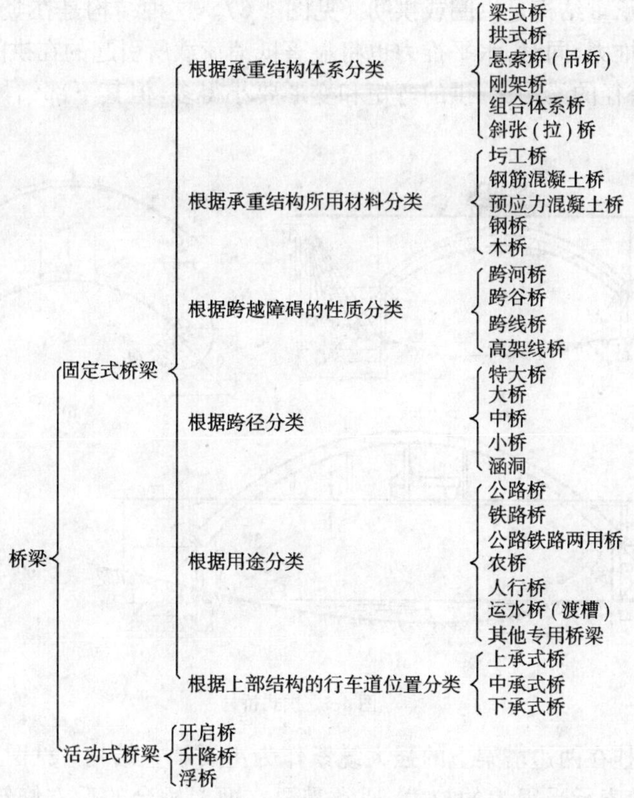

图 4-4　桥梁的分类

桥梁按其主要承重结构体系可以分为梁式桥、拱桥、悬索桥(吊桥)、刚架桥、斜张（拉)桥及组合体系桥。结构工程上的受力构件其基本受力方式为拉、压、弯 3 种,由基本构件所组成的各种结构物,在力学上也可归结为梁式、拱式及悬吊式 3 种基本体系,以及它们之间的各种组合。桥梁的种类虽多,但其基本体系只有梁式桥、拱桥、悬索桥 3 种。

梁式桥的结构是一种在竖向荷载作用下无水平反力的结构(参见图 4-5),由于外力的作用方向与承重结构的轴线接近垂直,故其与同样跨径的其他结构体系相比,梁内产生的弯矩是最大的。

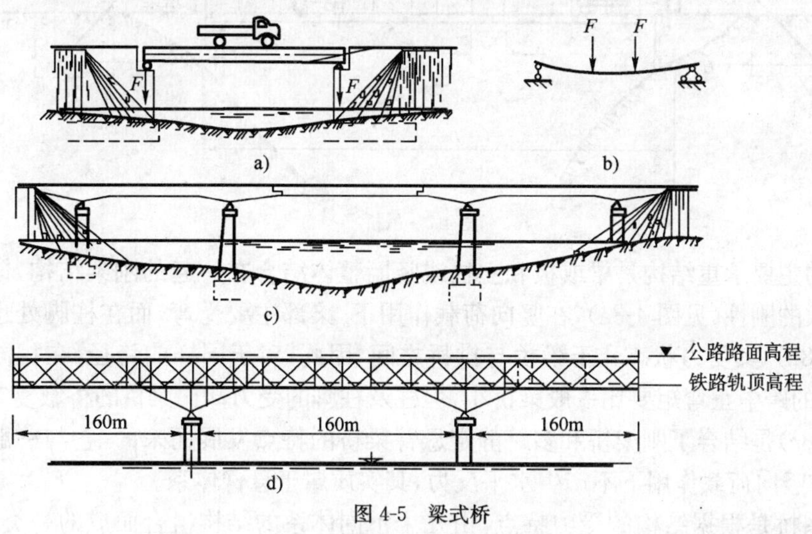

图 4-5　梁式桥

拱式桥的主要承重结构是拱圈或拱肋（见图 4-6）。这种结构是在竖向荷载作用下，桥墩或桥台将承受水平推力，同时，水平推力也将显著抵消荷载所引起的在拱圈或拱肋内的弯矩作用。因此，拱与同跨径的梁相比，拱的弯矩和变形要小得多，但其下部结构和地基都必须经受住很大的水平推力。

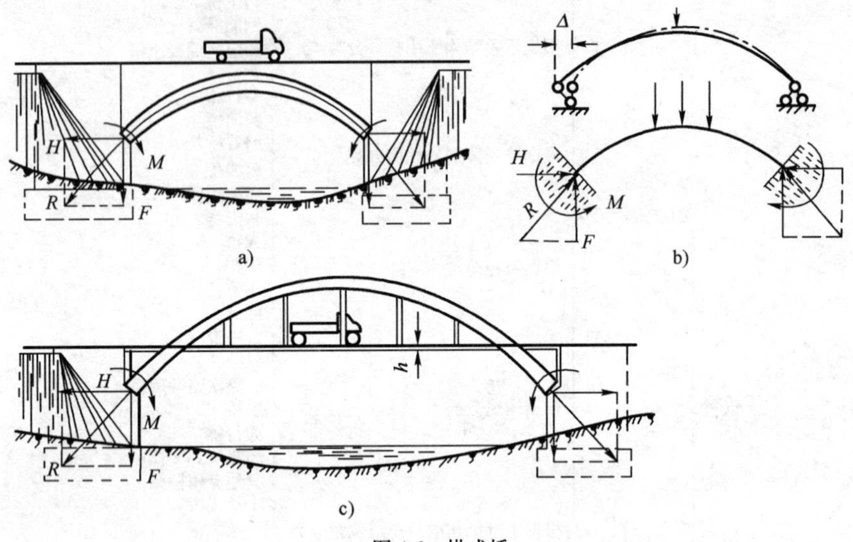

图 4-6　拱式桥

吊桥是采用悬挂在两边塔架上的强大缆索作为主要承重结构（见图 4-7），在竖向荷载作用下，通过吊杆使缆索承受很大的拉力，通常需要在两岸桥台的后方修筑非常巨大的锚碇结构。吊桥也是具有水平力（拉力）的结构。现代的吊桥广泛采用抗拉性能优异的钢缆，因此结构自重较轻，能以较小的建筑高度跨越其他任何桥型结构都无法比拟的特大跨度。但相对于其他体系而言，吊桥的自重较轻，结构的刚度则较差，在车辆动荷载和风荷载的作用下，桥有较大的变形和振动。

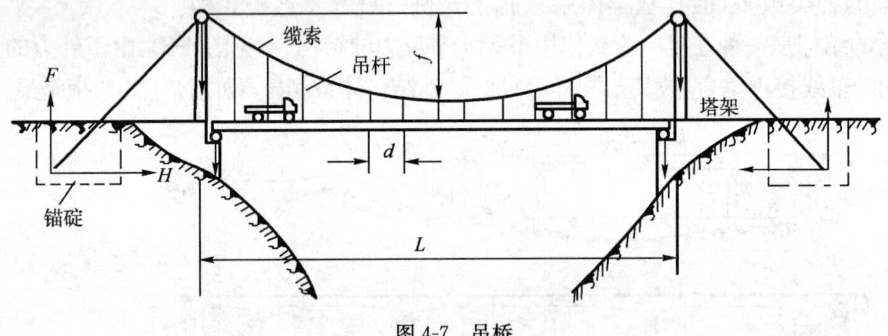

图 4-7　吊桥

刚架桥的主要承重结构是梁或板和立柱或竖墙整体结合在一起的刚架结构，梁和柱的连接处具有很大的刚性（见图 4-8a），在竖向荷载作用下，梁部主要受弯，而在柱脚处也具有水平反力（见图 4-8b），其受力状态介于梁桥与拱桥之间，因此，对于同样的跨径，在相同荷载的作用下，刚架桥的跨中正弯矩要比一般梁桥小，但柱及柱脚的受力却比梁桥的桥墩复杂。T 形刚架桥（见图 4-8c）是结合了刚架桥和多跨静定悬臂梁桥的特点发展而来的，它与一般的刚架桥有所不同，在竖向荷载作用下不产生水平反力，其实质属于悬臂体系。

组合体系桥是根据结构的受力特点，由几个不同体系的结构组合而成的一类桥梁（见图

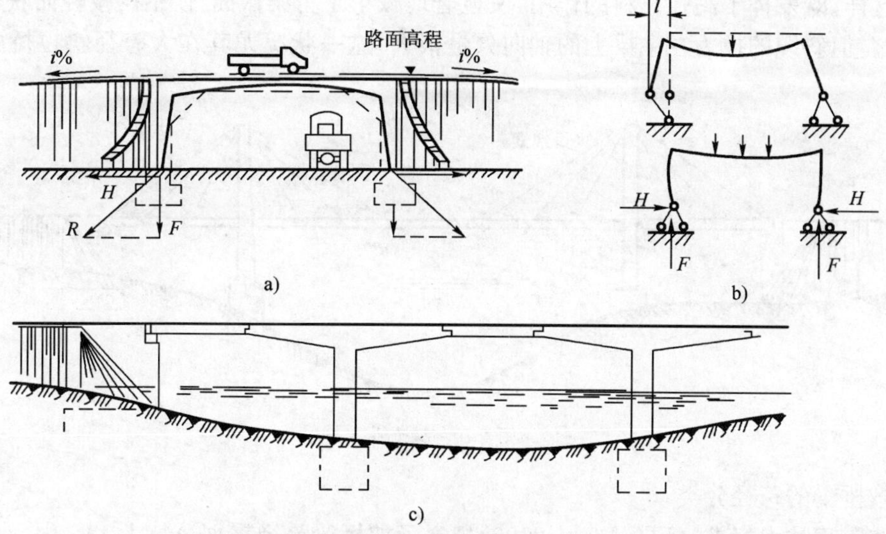

图 4-8　刚架桥

4-9a)。此类型的桥是一类梁和拱的组合体系,其中梁和拱都是主要的承重结构,两者相互配合共同受力。由于吊杆将梁向上(与荷载作用的挠度方向相反)吊住,这样就显著地减小了梁中的弯矩,同时由于拱和梁连接在一起,拱的水平推力就传给了梁来承受,这样,梁除了受弯以外还受拉。这种组合体系桥跨越能力比一般简支梁桥大,而对桥墩却没有推力作用,因此建造这类桥对地基的要求就与一般简支梁桥一样。图 4-9b)为拱置于梁的下方,通过立柱对梁起着辅助支承作用的组合体系桥。组合体系桥的种类很多,但其实质上不外乎都是利用梁、拱、吊三者的不同组合,以上吊下承而形成的新结构。

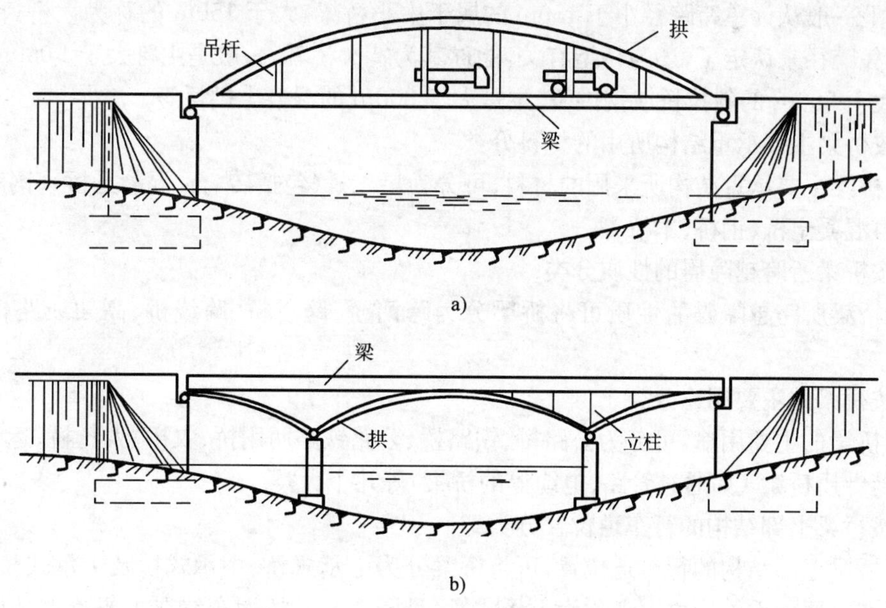

图 4-9　组合体系桥

斜张(拉)桥其实也是一种组合体系桥,此类桥是由主梁与斜缆相结合而成的组合体系,参见图 4-10。悬挂在塔柱上的被张紧的斜缆将主梁吊住,使主梁像多点弹性支承的连续梁一样工作，这样，既发挥了高强材料的作用，又显著地减小了主梁截面，使结构减轻而获得很大的跨越能力。但斜缆的拉力在主梁上的轴向分量很大，这一状况尤其在大跨径斜拉桥中将变得非常突出。

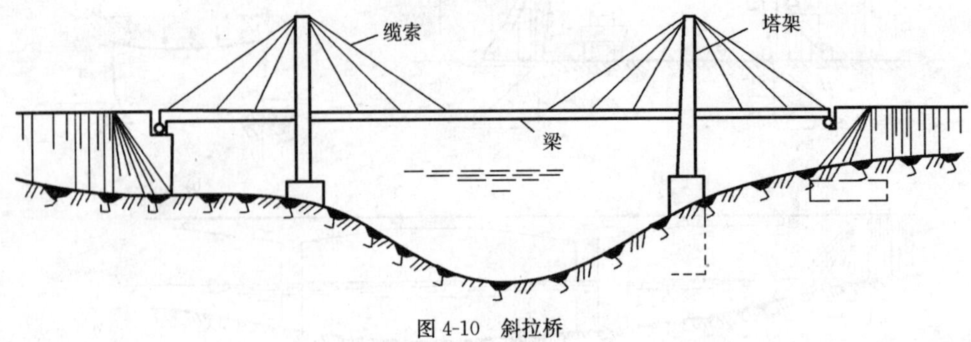

图 4-10 斜拉桥

(2)按桥梁的跨径分类

《公路工程技术标准》(JTG B01—2003)规定了按桥梁跨径来划分特大、大、中、小桥、涵洞的标准。详见表 4-17。

桥梁涵洞按跨径分类(单位:m) 表 4-17

桥 涵 分 类	多孔跨径总长 L	单孔跨径 L_0
特大桥	$L \geqslant 500$	$L_0 \geqslant 100$
大桥	$100 \leqslant L < 500$	$10 \leqslant L_0 < 100$
中桥	$30 < L < 100$	$20 \leqslant L_0 < 40$
小桥	$8 \leqslant L \leqslant 30$	$5 \leqslant L_0 < 20$
涵洞	$L < 8$	$L_0 < 5$

注:圆管涵及箱涵不论管径或孔径大小、孔数多少,均称为涵洞。

国际上一般认为单跨跨径小于 150m 的属于中小桥梁，大于 150m 的称为大桥；特大桥就不仅仅单凭跨径来认定了，还与桥型有关，能称其为特大桥者，一般是主跨大于 1 000m 的悬索桥、主跨大于 500m 的斜拉桥或钢拱桥、主跨大于 300m 的混凝土拱桥等。

(3)按桥梁主要承重结构所用的材料分类

按照桥梁主要承重结构所采用的材料，可分为圬工桥(包括砖、石、混凝土桥)、钢筋混凝土桥、预应力混凝土桥、钢桥、木桥等。

(4)按桥梁所跨越障碍的性质分类

按照桥梁所跨越障碍的性质可将桥梁分为跨河桥、跨谷桥、跨线桥、高架线路桥等几大类别。

(5)按桥梁的主要用途分类

按照桥梁的主要用途，可分为公路桥、铁路桥、公路铁路两用桥、农桥、人行桥、运水桥（渡槽)及其他专用桥梁（如通过管路、电缆等的桥梁)等几个大类。

(6)按桥梁上部结构的行车道位置分类

按照桥梁上部结构的行车道位置，可将桥梁分为上承式桥、中承式桥及下承式桥等 3 类。桥面布置在主要承重结构之上者称为上承式桥(见图 4-5c)，桥面布置在主要承重结构下缘的称为下承式桥（见图 4-10)，桥面布置介于上、下缘之间的称之为中承式桥（见图 4-6c)。

上承式桥构造较简单，施工方便，而且其主梁或拱肋等的间距可按需要调整，以求得经济合理的布置。一般而言，上承式桥梁的承重结构宽度可做得小些，因而可节约墩台圬工数量。

此外，在上承式桥上行车时，视野开阔，感觉舒适。公路桥梁一般尽可能采用上承式桥。上承式桥的不足之处是桥梁的建筑高度较大。在建筑高度受到严格限制或在修建上承式桥必须提高路面标高而显著增大桥头路堤土方量时，就宜采用下承式桥或中承式桥。对于城市中的桥梁，有时受周围建筑物等的限制，在不容许过分抬高桥面标高时，亦宜修建下承式桥。

2. 桥梁的结构及其组成

(1)桥梁的基本组成部分

桥梁的基本组成部分是由"五大部件"和"五小部件"构成的。"五大部件"是指桥梁承受汽车或其他运输车辆荷载的桥跨上部结构与下部结构，即桥跨结构、支座系统、桥墩、桥台及墩台基础。它们必须通过承受荷载的计算与分析，是桥梁结构安全性的保证。

桥梁的"五大部件"参见图 4-11。桥跨结构或称桥孔结构，属上部结构，它是路线遇到江河、山谷或其他路线等障碍中断时，跨越这类障碍的结构物；支座系统支承上部结构并传递荷载于桥梁墩台上，并保证上部结构在荷载、温度变化或其他因素作用下的位移功能；桥墩是在河中或岸上支承两侧桥跨上部结构的建筑物；桥台设在桥的两端，桥台一端与路堤相接，并防止路堤滑塌，另一端则支承桥跨上部结构的端部，为了保护桥台和路堤填土，桥台两侧常做一些防护工程；墩台基础是保证桥梁墩台安全并将荷载传至地基的结构，基础工程在整个桥梁工程施工过程中是比较困难的部分，而且常常是在水中施工，所遇到的问题也很复杂。这"五大部件"中，桥跨结构和支座系统是桥跨的上部结构，桥墩、桥台、墩台基础是桥跨的下部结构。

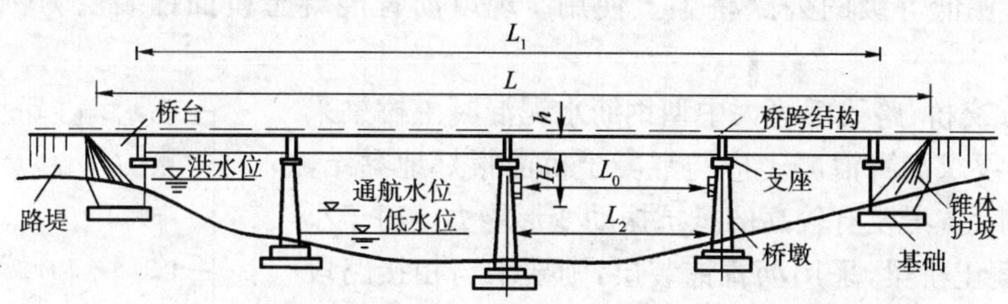

图 4-11　桥梁的"五大部件"

"五小部件"是指直接与桥梁服务功能有关的部件，即桥面铺装、排水防水系统、栏杆、伸缩缝、灯光照明。"五小部件"过去总称为桥面构造。

桥面构造既能为车辆、行人提供一个平整、舒适的行走界面，也能对桥梁的主要结构起保护作用。与桥梁的主体结构相比较，桥面构造工程量较小，但所包含的项目却十分繁杂，其选择、布置的是否合理，不但直接影响桥梁的使用功能，而且还对桥梁的布局和美观有很大的影响。桥面的一般构造参见图 4-12。

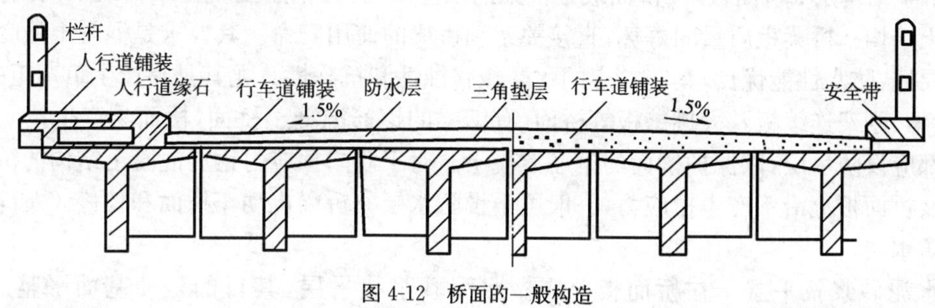

图 4-12　桥面的一般构造

桥面铺装又称行车道铺装，铺装的平整、耐磨性、不翘曲、不渗水是保证行车舒适的关键所在，尤其是在钢箱梁上铺设沥青路面时，其技术要求十分严格。

防排水系统应能迅速将桥面积水排除，并使渗水的可能性降至最小。城市桥梁的排水系统应保证桥下无滴水及在结构上无漏水现象。

桥跨上部结构之间或桥跨上部结构与桥台端墙之间所设置的缝隙是保证结构在各种因素作用下的变位。为使行车平稳，桥面上要设置伸缩缝构造。尤其是大桥或城市桥的伸缩缝，不但要结构牢固、外观光洁，而且需要经常扫除掉入伸缩缝中的泥土、杂物，以保证其功能。栏杆或防撞栏杆既是保证安全的构造设施，又是有利于观赏的最佳装饰件。在现代城市中，大型桥梁通常是一个城市的标志性建筑，大多装置了灯火照明系统，从而构成城市夜景的重要组成部分。

(2)桥面铺装层的结构

桥面铺装层又称行车道铺装层或桥面保护层。桥面铺装层是车轮直接作用的部分，其作用是防止车轮或履带直接磨耗桥面，保护主梁免受雨水侵蚀，分散车辆轮重的集中荷载。对桥面铺装层性能的基本要求是行车舒适、防滑、不透水，以及与桥面板一起作用时刚度好、抗车辙。

桥面铺装层的形式有多种，可采用水泥混凝土，也可采用沥青混凝土、沥青表面处置，还可以采用泥结碎石等材料，其中水泥混凝土和沥青混凝土桥面铺装层可以满足各项要求，故较为常用。水泥混凝土铺装层的耐磨性能较好，适合重载交通，但其养生期较长，修补也较麻烦；沥青混凝土桥面铺装层维修养护较方便，但其易老化和变形；沥青表面处置和泥结碎石则因其耐久性较差，故仅在低等级的公路桥梁上使用。现以沥青混凝土桥面铺装层为例，介绍桥面铺装。

高架桥、立交桥、跨线桥等大中型钢筋水泥混凝土桥梁采用沥青铺装层，要求沥青混凝土应与混凝土桥面很好地黏结，并具有防止渗水、抗滑及有较高的抵抗振动变形能力。对于小型钢筋水泥混凝土桥梁，采用沥青铺装层，则要求与相接路段的车行道路面面层结构一致即可。钢桥如采用沥青面层，除了上述要求外，还应具有承受较大变形、疲劳耐久性及抵抗永久性流动变形的能力，应采用高聚物改性混合料、摊铺沥青混合料等新型材料以适应更高的要求。

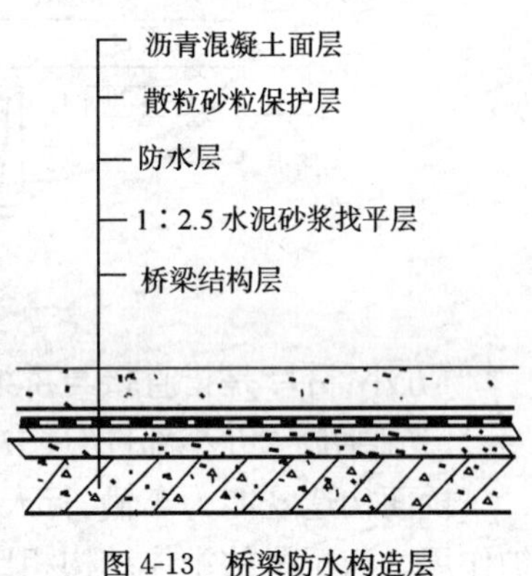

图 4-13　桥梁防水构造层

①钢筋水泥混凝土桥面铺装层的构造。桥面铺装层的构造层次是由桥梁板、找平层、防水层、保护层、铺装层等组成，见图 4-13。

a. 桥梁结构层（桥面板）　桥面板是桥梁的承重结构，为钢筋混凝土结构或双向预应力钢筋混凝土结构。桥梁板质量的好坏，直接关系到桥梁的使用寿命。其要求是混凝土强度要高，密实度要好，防水性能优良，具有一定的耐酸碱腐蚀性和抗冻性。尤其是易产生负弯矩的悬臂梁、连续梁、刚架连续板及大挑壁板等桥面，有钢梁的钢筋混凝土桥面，桥面易产生拉应力，故全桥面都应设防水层，以保护桥面的钢筋混凝土。对于双向预应力钢筋混凝土结构的桥面，主梁上沿及桥面板上沿不产生拉应力，一般可不设防水层。桥梁机动车桥面和检修（人行）步道应设置防水层。

b. 水泥砂浆找平层　在桥面板上应做水泥砂浆找平层，其目的是使基面平整。用直尺检查，基面与直尺之间的最大空隙不得超过 5mm，$50m^2$ 内不得少于一个检查点，对于基面上 2mm 以上的尖锐凸出物和 5mm 以上的空洞应作平整处理。基面阴阳角等处应做成圆弧或钝角状，以便于铺贴卷材或进行涂料施工。基面应干燥，无积水，不得有尘土、浮灰、杂质及油污等杂物，更不应出现基面松散、浮浆、掉皮、空鼓或严重开裂的现象。铺设卷材防水层时，其基面上还应涂刷一道冷底子油，以消除灰尘，增加卷材与基面的黏结力。

c. 防水层　桥梁的防水层可采用防水卷材，也可以采用防水涂料或其他防水材料。防水层视桥型、环境不同而不同，有的桥梁可以不设置桥面防水层。

d. 保护层　保护层设在防水层上面，其目的是防止桥面在铺装钢筋混凝土时，绑扎混凝土铺装钢筋扎破防水层，以及防止桥面在铺装沥青混凝土时，碾压沥青混凝土铺装层而硌破防水层，从而影响防水层的防水效果。

保护层所采用的材料是随着桥面铺装材料的不同而异。铺装钢筋混凝土桥面时，保护层应采用 42.5 级以上的硅酸盐水泥砂浆，其厚度为 8mm，为使保护层与防水层二者黏结牢固，须在防水层上撒布均匀的小豆石；铺装沥青混凝土桥面时，保护层应采用细粒沥青混凝土或沥青砂浆，其厚度为 10～15mm。砂粒的撒布应均匀，与防水层的黏结要牢固。保护层应在防水层施工完成后 24h 内完成。

e. 铺装层　铺装层位于桥梁桥面的最上层，直接承受着车辆行驶的碾压力、摩擦力及冲击力。铺装层由水泥混凝土或沥青混凝土制成。

桥面铺装水泥混凝土时，要加一定量的钢筋，以提高桥面的强度和刚度，厚度一般控制在 7～10cm，所设置的分格缝内应嵌填嵌缝密封材料。桥面铺装沥青混凝土时，沥青混凝土的骨料和粉料级配要合理，除了要求有一定的强度外，还应具有柔性和自愈能力（对产生的裂缝有自愈能力）。沥青混凝土的厚度一般应控制在 3～7cm，其表面还要进行稀浆封层，以提高路面的防水性和磨耗性。也可将铺装的沥青混凝土用中粒沥青混凝土作磨耗层，以提高沥青混凝土路面的使用效果，延长其使用寿命。

②公路钢桥沥青混凝土铺装层的构造。钢桥面的铺装层应满足防水性好、稳定性好、抗裂性好、耐久性好及层间黏结性好的使用性能要求。应根据不同地区道路等级及铺装的功能要求，选择适当的钢桥面铺装结构形式，一般可参照如图 4-14 所示铺装形式。

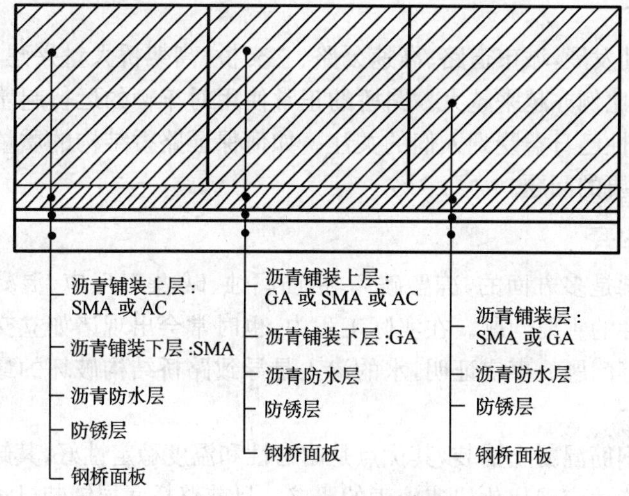

图 4-14　钢桥面沥青铺装

a. 防锈层　必须对钢桥桥面采取防锈措施。

b. 防水层　钢桥面所设置的防水层，可采用反应性树脂防水层或沥青防水层。

c. 铺装层　钢桥面采用沥青铺装层，其厚度宜为 40～80mm，并宜分两层铺筑（即沥青铺装上层和沥青铺装下层），当铺装层厚度低于 60mm 时，则应一层铺筑。沥青铺装层必须采用沥青混凝土混合料铺筑。混合料的类型应选用沥青玛蹄脂碎石（SMA）、浇筑式沥青混凝土（GA）或者密级配沥青混凝土（AC）混合料。沥青铺装层混合料的选择应充分考虑到钢桥面板的受力特点、沥青铺装层的功能及气候环境因素。沥青铺装下层混合料应具有较好的变形能力，能适应钢桥面板的各种变形，同时还应满足耐久、抗车辙、防水等性能要求；沥青铺装上层混合料应具有较好的热稳定性、抗车辙能力强，同时还应满足耐久、抗裂、抗水损害、抗滑等性能要求。采用单层沥青铺筑时，沥青混合料应满足耐久、抗裂、抗车辙、防水、抗水损害、抗滑等多种性能要求。选择适当的沥青铺装层结构组合可参见表 4-18。

钢桥面沥青铺装层适应的混合料类型　　表 4-18

结构层次		沥青混合料类型	最大公称集料粒径（mm）
双层式结构	上层	SMA-10　GA-13 SMA-13　AC-13	9.5 13.2
	下层	SMA-13　GA-13 SMA-16　GA-16	13.2 16.0
单层式结构		SMA-13　GA-13	13.2

沥青铺装层胶结料应采用能满足铺装层混合料性能要求的材料，其中 SMA、AC 混合料应采用改性沥青，GA 混合料应采用硬质沥青。改性沥青应由橡胶、树脂、热塑性弹性体等高分子材料或其他的改性剂填料掺入沥青中配制而成。硬质沥青应由特立尼达湖沥青和石油沥青按一定比例混合而成。应用于沥青混合料的矿料必须完全符合规范要求，SMA 混合料应采用纤维作稳定剂，纤维的添加量宜为混合料中矿料用量的 0.3%～0.5%。

二、路桥防水技术概述

随着我国市政建设的蓬勃发展，城市道路、高速公路、立交桥、高架桥大量兴建，其道路等级不断提高，桥梁构筑物所占比例亦越来越大。路桥的正常使用对车辆的运行起着非常关键的作用，故道路和桥梁的耐久性已日益受到人们的关注。如何保证路桥结构的质量并使其达到使用年限，已是当前十分重要的问题。

（一）路桥防水的意义和内容

影响路桥结构质量的因素是多方面的，冻融破坏、钢筋腐蚀、碱-集料反应、混凝土碳化等已被视为影响路桥结构耐久性的主要问题。在实际工程中，也时常会出现诸如立交桥桥面渗水、铺装层剥落、桥面块破碎等问题。事实证明，水的渗入是导致路桥结构破坏的最直接和最主要的原因之一。

过去路桥面层大多采用钢筋混凝土铺装，其优点是耐磨性和温度稳定性好，其缺点是面层开裂严重，施工养护期长，不能适应现代化快速施工的要求。目前路桥面层铺装已逐步改为沥青混凝土铺装，其特点是自重轻、施工期短、维护方便、造价经济且能适应荷载冲击后的变形。国内 20 世纪 90 年代初建造的路桥，其面层铺装上基本不设防水层，主要依靠排水管和路面纵横坡排水，有些桥面虽做有防水层，但质量达不到要求，故在投入使用后不久，路桥的铺装层就会出现严重的破损、开裂、坑槽、壅包等早期破坏现象，严重影响到路桥的使用寿命，损坏了行车的舒适性和安全性。

公路界的专家们对水是路基路面破坏的主要原因之一是有深刻认识的，通过调查研究，并在工程实践中体会到了路桥防水的重要性。对于沥青路面，由于水的渗入和滞留，在温度和荷载的综合作用下，不但可以导致面层的松散、剥落及坑槽的破坏，而且渗入路面内部的水还会造成基层的软化、强度的降低，进而诱发面层更加严重的破坏。在冬季，渗入路面内部的水还会造成路基冻胀；春季，则可导致翻浆破坏，直接危害面层的质量。同样，在水泥混凝土路面上，也存在着类似的问题。对于高等级的沥青路面和桥面沥青混凝土铺装，由于沥青面层层内和层间抗剪强度（黏结力）不足，还常会造成面层的推移、壅包、“两层皮”等病害。造成高等级沥青路面和混凝土桥面铺装层破坏的主要原因均是层间抗剪强度（黏结力）不足或因水渗入结构层中所致。在长期的公路工程修筑实践中，人们还发现，目前公路部门常使用的乳化沥青、改性乳化沥青、热沥青、热改性沥青等层间结合料，并不能很好地解决层间黏结问题和防水问题。随着调查和研究的深入进行，人们发现路桥设置防水层，可保证和提高路桥的耐久性，是保证结构层质量的关键技术措施之一。

路桥防水层的作用主要是保护混凝土及钢筋，防止水特别是冬季融雪的盐水和沿海的潮湿盐雾腐蚀及影响钢筋、混凝土的强度和寿命。路桥防水层的重要意义正是在于通过从根本上切断水的来源，从而有效地保证路桥免遭破坏，延长其使用寿命，提高路桥的耐久性。在路面结构和桥面铺装中设置防水层已成为当前交通公路界人士的共识。

路桥防水的内容包括路桥的排水和路桥的防水两个主要方面，但随着路桥施工技术的飞速发展，路桥防水已不单单只是由防水层来起作用，而已发展成为路桥防水体系的功能。它既提高了路桥的外观质量，又增加了路桥的使用寿命。路桥防水体系包括路桥的排水系统、路桥的防水层、路桥的伸缩缝设置、路桥面层的铺装等。

(二)路桥的排水系统

路桥防水采用防排结合的方法，首先是排水。

1.路面排水

路面设置排水设施的目的，是迅速将路面范围之内的水排出路基，以保证行车的安全和路基路面免受水的侵害。路面排水可分为路表排水和结构排水。

路表排水是指水沿着路拱横坡、路肩横坡、边坡及路线纵坡所合成的坡度慢流至路基边坡，然后进入路基边沟，最后排出路基。这一点在一般路面排水设计中都已考虑到了，高速公路和一级公路的路面排水，一般则由路面（路肩）排水和中央分隔带排水组成，必要时可采用路面结构排水。

路面结构排水设计包括两层含义：一是通过路面防水设计，减少路面的渗水率；二是通过路面排水设计，将渗入路面结构中的水迅速排出。以沥青路面为例，在沥青面层结构的组合设计中，应将其中一层按不透水层的要求来考虑，或专门设置一层隔水层来防水。此外，还应在减轻沥青路面裂缝方面提高设计要求和加强技术措施。

路面结构排水从理论上讲，流入或渗入路面结构中的水沿着基层表面向低处流，以沥青路面为例，其底层通常为空隙率较大的粗粒式沥青碎石或粗粒式沥青混凝土，实际进入面层结构中的水是沿着基层表面在这些空隙中流动并向外排出的。在通车若干年之后，界面处的面层空隙将发生什么变化呢？有关专家对某段沥青路面通车3年后的现场进行钻孔取得的芯样进行观察分析，可看出：沥青面层在行车荷载的长期作用下，已发生明显的密实化，几乎看不到空隙（沥青面层结构为4cm中粒式沥青混凝土上面层＋10cm粗粒式沥青混凝土底面层），但底面上的空隙基本没有变化，所不同的是有些芯样底面附近的空隙中充满了粉煤灰（该沥青路面的基层为20cm二灰碎石，其比例为石灰：粉煤灰：碎石＝5：15：80），而有些却很少。由此可见，在确保基层表面不被冲刷，界面上保持干净的前提下，在行车荷载长期作用后，渗入面层的水仍然具有沿界面向外排出的可能。因此，在路面结构排水设计时，专家们提出了可采取的技术措施：

(1)在干净的基层表面上应设置一层薄层沥青，一方面可将基层封闭起来，避免直接受到水的冲刷，另一方面亦可形成一个光滑的界面，以利于水的排泄；

(2)在硬路基的结构设计中，应充分考虑到沿基层表面排出的水，能够迅速地向路基外排出，为此可以采用设置碎石垫层、盲沟等方法，以达到上述目的；

(3)当路面设有中央分隔带时，同样也应考虑到沿界面水的排出问题，而弯道处的中央分隔带必须设置纵向排水沟，既可排路表水，又可排下渗水；

(4)地处软土地基或高填土路基的路面，由于路基的沉降作用，随着时间的推移，路面横坡度逐渐变小，严重时会出现平坡甚至倒坡现象，因此，这类路面横坡度的设计取值在规范值的基础上增加0.5%～1%的预拱度，以抵消路面横坡度的损失，使渗入面层结构中的水能够沿着基层较大的横坡向外顺利排出。

2.桥面排水

一个完整的桥面排水系统，是由桥面纵坡、横坡与一定数量的泄水管构成的，这样才能保证迅速排除桥面雨水，防止积滞。

(1)桥面纵横坡

桥梁车行道桥面排水是按照不同类型的桥面铺装设置1.5%～3%横向坡，形成边侧排水。如有人行道，则应设置向行车道侧倾斜的1%横向坡；如桥梁较长，桥面排水应由设置的纵向坡来完成。设置桥面纵横坡可迅速排除雨水，防止或减少雨水渗透，从而避免行车道受雨水侵蚀，延长桥梁使用寿命。

桥面纵横坡的设置要有利于排水。同时，平原地区的桥梁可在满足桥下通航净空要求的前提下，降低墩台标高，以缩短引桥，减少引道土方量。桥面的纵坡一般都做成双向纵坡，纵坡不宜超过4%，在市镇混合交通处则不宜超过3%。

桥面横坡的设置方式有3种，即墩台顶部设置横坡，设置三角垫层，行车道板做成倾斜面。

①墩桥顶部设置横坡。板桥（矩形板或空心板）或就地浇筑的肋板式桥梁，为节省铺装材料并减小恒载重力，可将横坡直接设在墩台顶部，从而使桥梁上部构造形成双向倾斜，此时的铺装层在整个桥宽方向是等厚的，参见图4-15a)。

②设置三角垫层。在装配式肋板式桥梁中，为使主梁构造简单，便于架设与拼装，通常横坡不再设在墩台顶部，而是直接设在行车道板上。做法是先铺设一层厚度变化的混凝土三角形垫层，形成双向倾斜，然后再铺设等厚的混凝土铺装层，参见图4-15b)。

③行车道板做成倾斜面。在比较宽的桥梁或城市桥梁中，如设置三角垫层势将使混凝土用量或恒载重力增加太大，为此，可将行车道板做成倾斜面而形成横坡，参见图4-15c)。但其缺点是主梁构造复杂，制造也较麻烦。

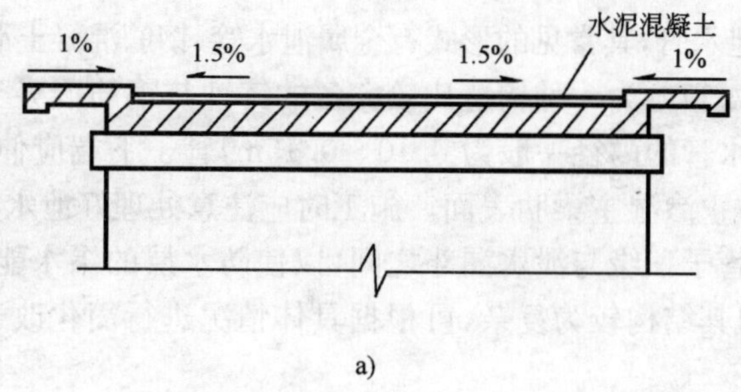

a)

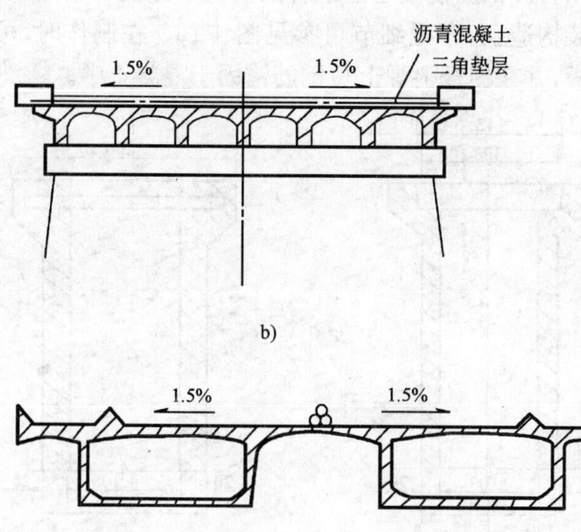

b)

c)

图 4-15　桥面横坡的设置方式

(2)泄水管

是否设置泄水管及泄水管的设置密度取决于桥梁的长度和桥面的纵坡，桥越长、纵坡越缓，所需设置的泄水管越多。

当桥面纵坡大于 2%而桥长小于 50m 时，雨水一般能较快地从桥头引道排出，不至于出现积滞，可不设置泄水管，但需在引道两侧设置流水槽，以免雨水冲刷引道路基。

当桥面纵坡大于 2%且桥长大于 50m 时，桥面就需要设置泄水管以防止雨水积滞，一般每隔 12～15m 设置一个泄水管。泄水管的过水面积通常为每平方米桥面上不小于 2～3cm²。泄水管可沿行车道两侧左右对称排列，也可以交错排列。泄水管离缘石的距离为 0.20～0.50m。

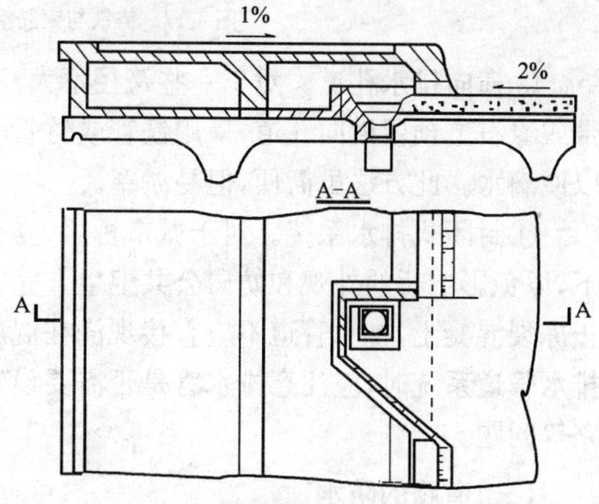

图 4-16　泄水管设在人行道下

泄水管也可以布置在人行道下面，参见图 4-16，雨水从侧面的进水孔流入泄水孔，在泄水孔的三个周边设置相应的聚水槽，起到聚水、导流及拦截作用。为防止杂物堵塞泄水通道，进水口处应设置栅门。

混凝土梁式桥上的泄水管，其常见的形式有金属泄水管、钢筋混凝土泄水管等几种。

①金属泄水管。图 4-17a)为一种构造比较完备的铸铁与钢筋混凝土泄水管，适用于具有防水层的铺装结构。泄水管的内径一般为 0.10～0.15m，管子下端应伸出行车道板底面以下至少 0.15～0.20m，以防止渗湿主梁肋表面。施工时应注意处理好泄水管与防水层的接合处，防水层的边缘要紧夹在管子顶缘与泄水漏斗之间，以使防水层的渗水能流入管内。这种铸铁泄水管使用效果较好，但其结构较为复杂，可根据具体情况进行简化改进，如采用钢管和钢板的焊接构造等。

②钢筋混凝土泄水管。钢筋混凝土泄水管的构造参见图 4-17b)，其适用于不设防水层而采用防水混凝土的铺装构造上，布置细节可参见图 4-16。在制作时，可将金属栅板直接作为钢筋混凝土管的端模板，并在栅板上焊上短钢筋锚固于混凝土中。

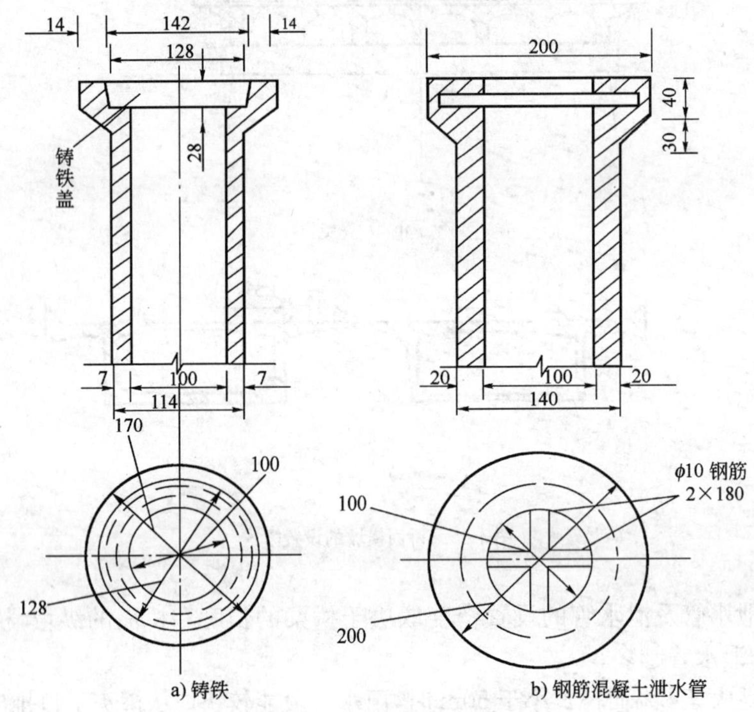

图 4-17　铸铁与钢筋混凝土泄水管（尺寸单位：mm）

③横向排水孔道。对于一些跨径不大，不设人行道的小桥，可以直接在行车道两侧的安全带或缘石上预留横向孔道，采用铁管或竹管等将水排出桥面。管口要伸出构件 0.02～0.03m，以便滴水。此方法虽简便，但易淤塞。

④封闭式排水系统。对于城市桥梁、立交桥及高速公路上的桥梁，泄水管不宜直接挂在板下，以免影响桥的外观和妨碍公共卫生。完整的排水系统可将排水管道直接引向地面。为防止冻裂混凝土，排水管道不应直接现浇在混凝土内，可使用套管。根据不同的实际情况，采用排水管道系统时，应注意排水管是否需要设置伸缩缝、下落的出水口的能量消除、备用排水线路等问题。

(三)道路的防水

从道路使用情况来看，随着使用期的增长，面层逐渐出现开裂、雨水渗入的情况，在车辆的反复碾压下出现松散现象，最终导致路面破坏。因此，关注和提高道路路面的防水、排水能力是极为重要的。

在我国南方的多雨地区及江淮大部分地区，因雨水造成沥青路面出现唧浆、龟裂、破碎及坑洞等早期破坏的现象较为普遍，通常情况下，沥青路面早期破坏与水对它的影响是分不开的。

路面浸水直接造成沥青路面早期破坏称为路面浸水破坏；沥青路面因其他原因造成的缺陷，在遇水后则进一步加重了缺陷的严重程度，进而导致路面的破坏，称其为路面遇水破坏。沥青路面破坏的形式主要有唧浆、路面龟裂、路面凹凸等。路面唧浆现象是指渗入路面中的雨水在行车荷载的作用下，顺着沥青路面的空隙或裂缝被挤出路面，并同时将基层甚至路基中的细料和泥粉以浆的形式带出的一种路面浸水破坏的初期症状；路面龟裂、破碎及坑洞现象是指随着路面唧浆的发展，面层下面的基层和路基被掏出空穴，导致面层下陷而产生裂缝，当裂缝进一步发展连成片和面层下陷量增加时，出现的路面破碎或坑洞状况的一种路面浸水破坏的典型现象；路面凹陷现象是指沥青路面由于其他原因产生局部不均匀沉陷，导致路面开裂，严重时还会形成低洼积水坑，由此而产生路面大量进水和积水、排水不畅，并很快出现翻浆现象，从而发展成路面破碎、出现坑洞等破坏的一种路面遇水破坏的典型现象。

当雨水进入沥青面层或基层的空隙和裂缝中时，如果排出不畅，就会使这些空隙和裂缝中充满自由水，在行车荷载作用下，自由水就会变成有压水，向四周冲击，将基层表面和空隙中的细料冲下来并随水带走；而行车荷载一瞬间就会消失，这又使有压水变成自由水，其冲击作用即刻就消失了，水流马上慢下来，细料在冲出一段距离后则停下来并在此沉淀，占据了此处空隙或裂缝中的空间，这就是水对基层冲刷的全过程。如果基层的空隙或裂缝一直延伸到路基，则该冲刷作用也将会对路基产生同样的影响，而行车荷载在车行道上的作用是反复的，这又使得这种冲刷过程在周而复始地进行着，细料在不断地被带出而形成沉淀，渐渐地将行车荷载作用下的面层和基层空隙及裂缝空间占满，从而使有压水的影响范围不断扩大，最终将细料沿空隙和裂缝处带出面层表面。唧浆是如此产生的，产生唧浆的因素主要有基层的类型和施工质量、交通量、面层的渗水率和排水功能、路面遇水破坏等。

为了防止沥青路面因水而引发的早期破坏，除了要求路基、路面必须具备足够的稳定性和强度外，还要求路面必须具有较好的防水、排水功能。因此路面防水设计已成为路面设计的重要内容。

近年来，有关专家提出的道路路面防水的基本思路是：在沥青面层中加入土工织物以增强其抗渗水能力；通过改善集料的级配使路面基层具有透水能力，通过水力计算确定排水基层的厚度；合理配置基层结构，建立完善的渗入水排出通道，从而解决防渗水的问题。

提高路面的防水能力，主要是指提高阻止雨、雪水渗入的能力，其方法是在粗粒式沥青混凝土上设二油一布形式的土工布防水层；增大基层的透水能力，主要是调整水泥稳定碎石基层混合料的级配组合，使其不但能满足作为受力基层的力学性能，而且还具有足够的透水能力；增强基层的排水能力，当在水渗入面层之后，即能迅速排出，为达到此能力，这就要求基层有足够的孔隙率以供排水之需；建立渗水排出通道，在水泥稳定碎石下加设级配碎石层，这样就可将由水泥稳定碎石基层渗入的水及时排出路面。

道路防水层一般可采用土工布防水层、透水性的水泥稳定碎石基层、碎石沥青砂胶混凝土(SMA)路面等技术。

1. 土工布防水层

通常乳化沥青防水层能有效地提高路面的防渗能力，但随着时间的推移，路面会出现网裂等现象，随之，乳化沥青防水层即丧失其防水作用。在粗粒式沥青混凝土层和细粒式沥青混凝土层之间加设土工布防水层，则能有效地提高面层的抗裂能力。

土工布防水层自下而上是由下乳化沥青层、土工织物层、上乳化沥青、石屑层组成。下乳化沥青层的作用是填充粗粒式沥青混凝土的表面空隙，保证土工织物与粗粒式沥青混凝土黏结牢固。由于粗粒式沥青混凝土表面已有沥青且相当平整，所以这一层用快裂型乳化沥青比较适宜，也有利于随即铺设土工织物。土工织物宜采用结构较稀的纤维织物，以保证上、下两层乳化沥青形成一体并具有加筋作用。为使防水层的防水性、整体性及与随后要铺设的细粒式沥青混凝土的良好结合，在下乳化沥青层和土工织物铺设完后，应随即用慢裂型乳化沥青涂布，20～40min 后再撒布中砂或石屑。这样就能使上、下乳化沥青层有效地结合，并使砂粒嵌入土工织物孔内。

2. 透水性的水泥稳定碎石基层

水泥稳定碎石的级配应在组成级配试验时充分考虑到排水性的要求，其总的原则是在级配符合基层施工规范要求的同时作以下调整：减少 4.75mm 以下的细料（应＜10％），集料应选用洁净、坚硬且耐久的碎石，其压碎值应不大于 30％，最大粒径 20cm 或 25cm 且保证不超过层厚的 2/3，使级配的基层渗透系数＞300m/d。为了确保其可靠性，还应做常水头或变水头试验。

3. 碎石沥青砂胶混凝土(SMA)

我国于 20 世纪 90 年代初首次在首都机场高速公路上铺筑 SMA 路面，随后在一些省的高速公路和一般公路上分别铺筑 SMA 路面，并应用于桥面工程。开始有的采用纯沥青，有的采用改性沥青，通车后有的路面出现泛油现象，随后全部采用改性沥青。2000 年，交通运输部正式立项并在国内推广应用 SMA。

(四)桥梁的防水

桥梁易受雨水的侵蚀，雨水对桥梁的腐蚀作用表现为雨水渗透引发混凝土内碱环境的破坏，钙质的流失，势将造成混凝土溶蚀，钢筋生锈，强度降低，最终导致桥梁使用寿命的降低。尤其在北方地区，冬季气温在 0℃以下时，冻融对混凝土表面的破坏作用尤甚，融雪时，则能加剧钢筋的腐蚀速度。

以前有些桥梁在面层铺装上是基本不设置防水层的，主要是依靠纵横坡和泄水管来排水，有些桥面虽然也做有防水层，但其质量达不到要求，这些势将导致桥梁面层出现渗水、铺装层脱落、碱-集料反应、钢筋锈蚀而引起混凝土胀裂等严重的损坏问题。为了保护桥梁构筑物免遭渗水侵蚀，提高桥梁的耐久性能，延长其使用寿命，在路桥的设计和施工时，必须高度重视路桥的防水问题。

在国外，美国等一些国家已明确规定城市和公路桥梁必须设置防水层，并从结构类型、面层材料、防水技术、施工方法、设计年限、使用性能、维修费用等方面作出了十分详细的规定和要求。

我国自 20 世纪 80 年代起开始重视桥梁遭受雨水侵蚀的问题，并就桥梁结构防水技术开展了许多专题研究。通过研究分析认为，桥梁防水存在的主要问题：一是桥梁设计问题，主要表现在铺装设计不合理、受力薄弱环节处未做防水处理（承受负弯矩支点）及桥梁结构防水设计不合理造成的问题；二是防水材料问题，主要是缺少桥梁专用的防水材料；三是在施工环节上，防水施工质量尚未形成统一的操作规程和验收标准，缺少专业的桥梁工程防水施工队伍。

国内在新建或改造的桥梁工程中，其防水工程的做法是在桥梁的钢筋混凝土结构与沥青混凝土铺装层之间加设防水层，见图 4-18，其防水效果也逐步得到了广泛的认可。高等级公路上的桥梁桥面防水也逐渐成为一项必须采取的措施。

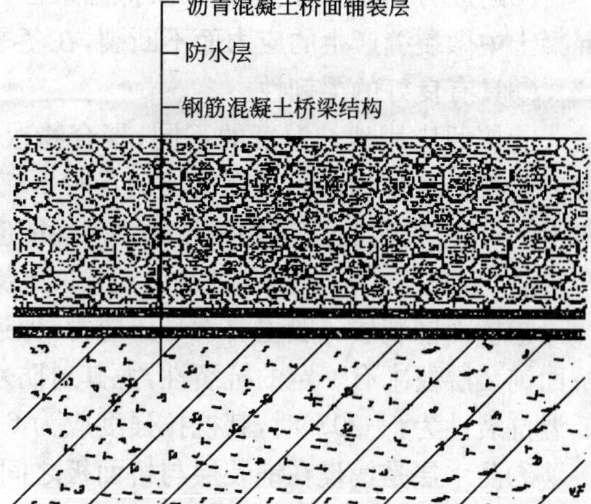

图 4-18　钢筋混凝土桥梁防水层的一般做法

1. 桥面防水的特点

桥梁防水与建筑防水相似，是一个系统工程，涉及材料、设计、施工及维护管理，其中材料是基础，设计施工是保证。目前我国公路桥梁及城市立交桥的桥面普遍采用沥青混凝土铺装层，在这种条件下，做好防水层设计，合理选择防水材料，正确制定施工工艺是尤为重要的，各方面技术要求都必须满足和适应桥梁施工的特殊功能要求与环境条件。

(1)因为桥梁面层普遍采用沥青混凝土或改性沥青混凝土做行车路面层，所以防水层所采用的材料必须能够承受热沥青混凝土摊铺碾压施工过程中的施工损伤，以及夏季高温下防水层的传载性能。要求其材料在 150℃时不流淌，并具有抗硌破指标。

(2)防水层必须具有在高温下碾压不透水性。

(3)防水材料必须同时具有与水泥混凝土和沥青混凝土的较强亲和性，以保证沥青混凝土摊铺时桥面结构的稳定，防止防水层产生挪动。

(4)桥面防水材料必须具有较好的低温柔性，具有低温抗裂指标，在冬季条件下能有效遏制桥面裂缝。

(5)桥梁正式投入使用后，如产生渗漏，其治理难度是很大的，因此桥面防水层的施工质量必须保证一次合格，而且必须保证桥面施工全过程中防水层不受损害，施工管理必须满足这种要求。

2. 防水材料的选择

目前国内的钢筋混凝土桥梁设置防水层，所采用的防水材料以柔性防水材料为主，其主要大类品种有路桥专用防水卷材、路桥专用防水涂料、路桥专用防水密封材料等。

(1)防水材料的选择要点

由于桥面防水层的特殊功能要求，桥面防水材料必须具有较高的抗拉强度、耐高温和高热、高温抗硌破、高温抗剪、低温抗裂等一系列特殊性能，而且能有效地遏制桥面裂缝的产生。

防水材料选用的要点如下。

①材料不能溶于水，不受冻融循环的影响，耐抗冻盐，不渗水。

②材料与混凝土的黏结性强，与沥青混凝土亲和力强，不会出现起泡、分层及滑动等现象。

③材料的耐高温、耐刺穿、耐硌破、抗碾压性能好，在摊铺沥青时，能够承受摊铺滚压沥青施工现场的交通压力。

④耐疲劳，有良好的延伸率及低温柔性，可依从混凝土表面的残缺而不发生裂坏，可适应混凝土中微裂缝产生的应力而不断裂，在冬季环境条件下，能有效遏制桥面的裂缝。

⑤具有良好的柔韧性。

⑥按照应用地域温度的不同，聚合物改性沥青防水卷材耐温性能应在－20～130℃，以保证低温条件下不脆裂，滚压高温沥青时不流淌、不壅包；防水涂料以路桥用水性沥青基防水涂料为例，在完成施工后，其涂膜层的耐温性能应在－20～160℃之间，在施工工艺中与玻璃丝布复合增强，冷施工黏结力强，保证在低温条件下涂膜不脆裂，滚压高温沥青不流淌、不壅包。

⑦桥面铺装层一般主要承受压应力，但连续桥梁等具有负弯矩的桥梁结构，对防水材料及桥面铺装层要求有一定的抗裂性，尤其对防水材料的低温柔性显得更为重要。对防水材料的低温抗裂性为：－20℃时，其抗拉强度应为6～8MPa，延伸率20％～30％以上。

⑧防水层是铺设在铺装层与桥面板之间的(参见图4-18)，要求其承受车辆行驶时所产生的垂直压力和水平方向的剪切力，因此它必须具备足够的抗剪强度，尤其是在夏季高温状态下更为重要。当温度为60℃时，抗剪强度应达2.5MPa。

⑨刚性防水涂料应具有良好的渗透结晶性能，当混凝土出现微裂缝后，可以通过渗透结晶形成凝胶体及微粒堵塞裂缝；柔性防水涂料形成的涂膜应具有与卷材相似的性能。

⑩柔性铺装防水材料主要是指防水卷材和防水涂料。一般来说，选择防水材料应根据所采用的铺装材料来定。路桥的面层铺装除了水泥混凝土外，大部分是普通黏结料拌制的沥青混凝土，或上述两种材料的结合形式。当摊铺沥青路面时，宜选用聚合物改性沥青防水卷材(如聚酯胎塑性体APP改性沥青防水卷材)或聚合物改性沥青防水涂料(如氯丁胶改性沥青防水涂料)。选用时除了该类防水材料的物理性能指标应达到桥梁防水工程要求外，还应考虑到这类防水材料中的主体材料(基料)应与面层材料的主体材料是同系化合物，应充分利用沥青之间的相容性，增加两者之间的黏结力，避免防水层脱皮。在选用水泥混凝土面层时，可以灵活选择防水卷材或防水涂料(如聚酯胎弹性体SBS改性沥青防水卷材等)。

(2)选用防水材料的注意点

桥面防水材料一般采用防水卷材或防水涂料，但二者在使用上各有优缺点，因此，必须按照工程的具体情况来作出合理的选择。

①一般情况下，桥面专用防水卷材应属首选，APP改性沥青防水卷材的耐高温性、抗渗性、耐老化性、抗硌破、高温抗剪、低温抗裂等均优于防水涂料。但使用卷材防水时，应采取一定的措施，以防止桥面沥青混凝土发生滑动。

a.卷材施工时，基层表面的含水率应≤9％，否则防水层易起鼓而造成滑动；

b.保证基面混凝土具有一定的粗糙度，增大卷材与基面之间的摩擦力，以抵抗防水卷材出现滑动；

c.实行“防排结合”，在桥面铺装层上设置排水孔，使沥青混凝土中的积水及时排出，以有利于防止桥面沥青混凝土滑动。

②与防水卷材相比，防水涂料能在潮湿的基面上施工，但涂膜的抗拉强度和延伸率均较低，对桥梁变形的适应性较差，如刚性涂膜则更差；防水涂料与沥青的亲和性也不如卷材，尤其是在重载条件下很难确保防水层的整体性；桥面混凝土铺装层一旦产生裂缝，涂膜防水层也会随之开裂，不能起到防水的效果。因此，重载桥梁应尽量避免使用涂膜防水层。

3.桥面防水设计要点

在国内，有关设计、生产、施工单位在路桥防水技术方面通过实践已总结出一定的成功经验，特别是 1993 年颁布的《城市桥梁设计准则》(CJJ 11—93)对桥面是否设置防水层作出详细的规定。交通运输部在《交公路发[1999]117 号文件》中，强调了桥梁防水的重要性，并要求桥梁工程必须做好防水设计，对应做防水的部位标示说明清楚。铁道部于 1998 年亦设计出了《铁路混凝土桥防水层》通用图。

《城市桥梁设计准则》(CJJ 11—93)规定，城市桥梁钢筋混凝土桥面是否另设防水层，视桥梁结构的形式而定：桥面若产生负弯矩(悬臂梁、连续梁、钢架、连续板和大挑臂板等)，或桥面顶面产生拉应力，则全桥面(包括车行道和人行道部分)均须设置柔性防水层；若上部构造为双向预应力混凝土结构，在设计荷载下，主梁上缘及桥面板上缘(纵、横向)不产生拉应力，则可只设铺装，不另设防水层；具有钢筋混凝土桥面的钢梁、全桥面应设置柔性防水层，柔性防水层可用饱浸沥青料的卷材，以 3～4 层沥青料逐层粘贴构成。

(1)钢筋混凝土桥面板防水顶层，可采用水泥混凝土或沥青混凝土桥面铺装层。桥面板与铺装层之间应设置有效的防水和防溶解盐的不透水层，以避免发生水侵害锈蚀钢筋。

(2)桥面防水设计应符合“多道设防、防排结合、以排为主”的原则，保证在正常情况下桥面不会大面积积水，因此，加强桥面排水是非常重要的。在设计中，适当增加坡度，增设盲沟、花管与垂直顺水管，使其排水通道畅通无阻，基本做到雨过无水，是防止桥面渗漏的重要条件。

(3)目前国内桥面铺装层采用沥青混凝土已经较为普遍，其基本构造参见图 3-18。当桥梁为承受振动荷载结构时，桥面防水层应采用柔性防水层。柔性防水材料的大类品种有防水卷材、柔性防水涂料等多种，但不论选用哪类桥面防水材料，均应具备坚固、耐久、弹韧性强的特点，并能适应高温(80℃)、严寒(－40℃)及 130℃以上的施工温度条件。沥青混凝土桥面还应满足 130℃热碾压和防穿刺等施工要求。

(4)防水设计内容必须完整全面，防水设计图应包括材料的要求、设防层数、纵横坡的大小、顺水设施等要求，并要绘制出详细的节点图。

(5)桥面防水层的厚度由铺装材料而定。一般水泥混凝土铺装时，其厚度应在 1.5mm 以上；沥青混凝土铺装时，其厚度应在 2mm 以上。如桥梁纵向坡大于 1.8%，则其防水层的厚度可适当地减薄。

(6)桥面防水工程要求必须与功能要求相匹配，不同承载能力的桥梁在防水等级上应有区别，对通行重载车辆的大坡度桥梁，则其防水功能要求更应特殊对待。

(7)注意桥面防水设计的层次组成，“多道设防”的设计原则在防水层次的组成上应体现为：

①混凝土预制构件的嵌缝处理应明确做法，如采用砂浆填缝、密封胶嵌缝或细石混凝土加筋处理等；

②变形缝处理应有详细做法的图纸；

③防水基面处理必须平整坚固，其表面不宜光滑，不得起砂、空鼓及有浮浆等各种杂物；

④基层处理剂必须与防水材料相配套，以保证防水层与基面的黏结强度；

⑤防水层应包括材料选择和细部、中央隔离带、斜缘石和平石下等处的防水做法，对于桥梁工程的伸缩缝、隔离带、防撞墙等部位也必须做防水层，保证桥面防水层的连续性，切忌防水层中断，伸缩缝处必须在桥面混凝土结构中放置橡胶止水带并用密封材料嵌实，以形成多道设防；

⑥节点做法应包括排水口、盲沟、排水管等做法。

(8)桥梁防水层如采用卷材，应符合如下要求。

①应选用能够抗生物腐蚀的橡胶、塑料及沥青等类别的卷材。对于使用冷涂作业的卷材，还应按照规定选用相应的黏结剂，确保其黏结强度。

②桥梁卷材防水层的最佳选择应为双层 3mm 卷材，其防水层总厚度为 6mm，也可以选择单层 4mm 卷材。

③所用卷材一面为页岩片的覆面，底面覆 PE 膜，以保证施工时卷材表面不易遭到破坏。如采用双层做法，底层卷材应采用双面 PE 膜，面层卷材的底面应覆 PE 膜，上面为页岩片覆面，以便于上(面层)、下(底层)层卷材黏结牢固。面层卷材上面页岩片覆面可保护防水层在摊铺沥青混凝土时不被破坏。

④卷材防水层如铺贴在整体浇筑施工的桥梁混凝土结构基面上，为防止防水层产生空鼓，桥梁基面要求做到清洁、平整，每 $2m^2$ 范围内凹凸面平整度不得超过±5mm，若不能达到此要求，则不得采用卷材。此外，卷材在阴阳角处粘贴时，均应做成圆弧。对于沥青类卷材，其圆弧半径应大于 15cm，防水卷材推荐采用热熔法施工。

⑤桥梁机动车桥面与检修(人行)步道应设置防水层。预制安装主梁的纵向缝、横向缝顶处设置加强防水层时，缝宽两侧 5～10cm 范围内不粘贴，以确保结构变形时防水层有足够的变形量。钢筋混凝土预制梁安装以后，桥面板之间或主梁间出现错台，应在此处用水泥砂浆抹成缓坡处理。

⑥加强对桥面防水的细部构造处理，合理选用防水卷材，严格按照操作要求进行施工。主桥面产生渗漏并不多见，但若细部构造不合格或施工工艺粗糙而形成的薄弱环节，则常是桥面出现渗漏的主要原因，因此必须充分重视并正确处理各种细部构造，如桥头搭板、伸缩缝、隔离带、斜缘石和平石下、防撞墩边缘等部位必须满铺防水卷材，不可间断，栏杆底座也须用卷材包上，以保证防水层的连续性，切忌使防水层中断。伸缩缝处必须在桥面混凝土结构中放置橡胶止水带，并用密封材料嵌实，其做法参见图 4-19。排水口的做法参见图 4-20。

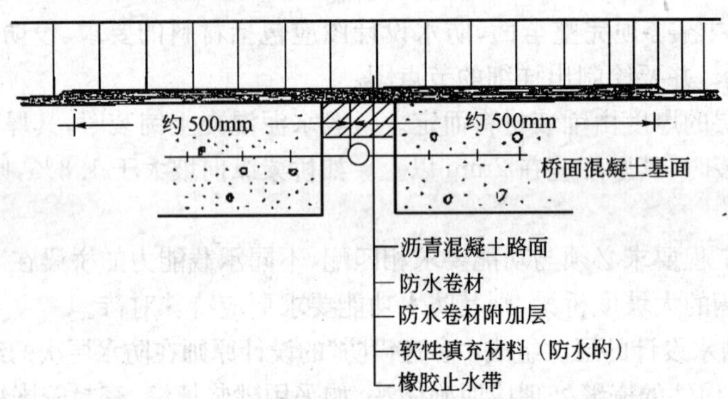

图 4-19　桥面伸缩缝防水做法示意图

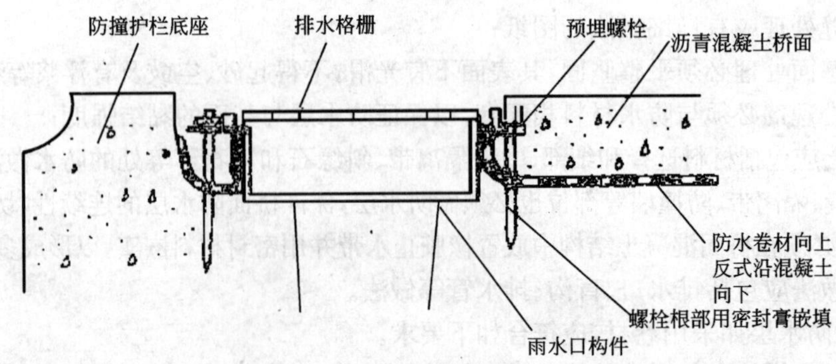

图 4-20　桥面排水口防水做法示意图

(9)桥梁防水层如采用涂料,则应符合如下要求。

①应选用易在潮湿基面作业的湿固化型涂料,如乳化沥青、阳离子氯丁胶乳化沥青等亲水性涂料。

②应选用延伸性好的防水涂料。

③所选用的涂料层与层间应分别与桥面板和顶层可靠黏结。为了增强防水的效果,涂料应与玻璃丝布、土工布等纤维材料复合使用,涂料防水层的基面必须平整、清洁、干燥、无浮浆。

④防水涂料间的玻璃丝布宜用中碱平纹玻璃纤维布,断裂强度为经向≥450N,纬向≥250N,密度为经向12根/cm,纬向10~11根/cm,厚度为0.12~0.13mm。

⑤桥面机动车道防水层应设置在混凝土找平层顶,检修(人行)步道防水层应设置在混凝土找平层下(也可设置在找平层顶),在防护栏杆(道牙)、地袱侧顶用107水泥砂浆加聚氨酯密封胶封严。

(10)为防止绑扎混凝土铺装钢筋扎破或碾压沥青混凝土铺装硌破防水层,应在防水层顶设置保护层,并应在防水层施工后24h内完成。混凝土桥面铺装与沥青混凝土桥面铺装的防水保护层,做法如下。

①水泥混凝土桥面铺装时,其保护层应抹42.5级以上硅酸盐水泥砂浆,厚度为0.8mm。同时为了使保护层与防水层间黏结,须在防水层顶撒均匀小豆石。

②沥青混凝土桥面铺装时,保护层采用沥青石屑,厚度为0.5~1.0cm。

4.桥面防水施工

桥面防水施工的内容主要包括基层清理、卷材铺贴或涂料施工等部分。桥面防水基本上沿袭建筑防水的施工技术,但桥梁工程与建筑工程在受力及结构上均有很大的不同。桥面防水施工的操作要点如下。

(1)钢筋混凝土桥面板质量的好坏,将直接关系到桥梁的防水功能,故必须加强和提高混凝土的自防水能力,提高混凝土的密实性,减少混凝土的孔隙率。此外,混凝土强度要高、耐酸碱腐蚀、抗冻性好,要避免外加剂引起的混凝土干缩变形。

(2)在整体浇筑的桥梁混凝土结构基层上面,应采用水泥砂浆找平,其要求如下。

①桥梁的结构桥面板之间、主梁之间如出现错台现象,应在错台处用水泥砂浆抹成缓坡。基面应平整,每$2m^2$范围内凹凸面平整度不得超过±5mm。阴阳角均应做成圆弧,沥青防水卷材的圆弧半径应大于150mm。水泥砂浆抹平后,应进行二次压光,充分养护,以保证找平层的施工质量。

②找平层表面应平整、坚固、清洁、无浮浆。基层应保持干燥,对于水乳型聚合物沥青防水涂料,基层要求无积水即可,对防水卷材或溶剂型聚合物沥青防水涂料,则要求基层含水率小于9%。

③在基层上涂刷底层聚合物沥青防水涂料时,涂刷要均匀,不能过厚,不能有漏涂现象,以表面均匀不流淌、不堆积为宜。底层防水涂料黏度要小,渗透力要强,以增加防水层同基层的黏结力。

④设置桥面伸缩缝是为了避免由于收缩和温度变化,以及车辆荷载作用下引起纵向位移,而导致桥面破裂。应对伸缩缝先进行密封材料施工,在缝中先嵌背衬材料,再嵌填密封材料。

(3)桥面防水层如采用防水卷材,其施工要求如下。

①所采用的卷材必须符合相关的技术标准,以适应铺装面层的实际条件。

②检查基层,可用空压机吹净尘土,并要求基层不能有外露的钢筋、铅丝等。

③涂刷基层处理剂应均匀,不能露底,也不能堆积。

④铺贴卷材时,需全幅内均匀往返加热卷材,使卷材表面的沥青熔融,卷材必须与基面黏结牢固,黏结面积不能低于 99.5%。

⑤严禁在雨天、雪天及气温 5℃以下和 5 级风以上施工,雨雪后需待基面晾干后方可施工。

⑥卷材防水层施工完毕,经验收合格后,必须严格保护,严禁车辆通行,不得堆放材料、构件及杂物,不得停放各种施工机械,并设护栏标志,由专人看管。

(4)桥面防水层如采用涂膜防水,其施工要求如下。

①双组分防水涂料的 A 组分与 B 组分其配比应正确,搅拌均匀。

②纵横交错分层均匀涂刷,但不得漏涂,也不能堆积。

③基层必须保持湿润,但不能有明水。

④涂层在未固化前,严禁行人和车辆穿行,不得堆放器材杂物。

⑤当气温低于 5℃、雨雪天气及 5 级风以上均不得施工。

⑥成品保护与卷材防水层成品保护大致相同。

(5)加强现场施工管理,提高施工水平。桥面防水在桥梁施工中与上、下工序配合十分紧密,各方面均应协调配合,各负其责,以确保工程质量。

第二节　路桥防水材料的品种及性能

做好路桥防水处理是保证路桥工程免遭破坏,延长其使用寿命的必要措施,要做好路桥防水处理,重要的一条是要选用符合路桥要求的防水材料。国内路桥防水层通常采用在混凝土表面铺设柔性防水层或在混凝土中掺加刚性防水剂。目前的主要做法是铺设柔性防水层,柔性防水层主要使用改性沥青防水卷材、改性沥青防水涂料及高分子防水涂料。至于路桥的接缝密封防水,一般采用密封胶、橡胶止水带等防水密封材料。本章主要介绍路桥防水工程中的卷材防水,本节中则主要介绍卷材的相关内容。

目前在国内路桥防水工程中常用的防水卷材是耐高温的 APP 改性沥青防水卷材,也有采用 SBS 改性沥青防水卷材和 SBS 改性沥青自黏型防水卷材的。我国路桥使用卷材作防水层,始于 20 世纪 80 年代,首先在机场跑道和桥梁上开始使用,首都机场跑道采用的是 APP 改性沥青聚酯胎防水卷材,其后在北京的立交桥上也开始采用卷材防水。作为路桥防水材料,首先应当满足交通的要求,再者应保证防水效果。混凝土路桥的通常做法是:水泥混凝土+防水层+沥青混凝土。沥青混凝土通常分两次铺装,下层是普通沥青混凝土,其运到施工现场的温度在 140～160℃;上层通常采用改性沥青混凝土,其温度要高出 20℃以上。使用卷材时,水泥混凝土基层处理有使用冷底子油的,也有直接热熔卷材铺贴的。桥面防水层上铺设沥青混凝土时,可采用桥面专用高耐热聚酯胎页岩石屑覆面的 APP 改性沥青防水卷材,其物理性能不仅要符合防水的要求,而且还要具有适应桥面工程的诸多应用特性。SBS 改性沥青防水卷材较适用于桥梁受重复冲击荷载变形的要求,也可用于桥面防水,国外有不少国家采用 SBS 改性沥青防水卷材作桥梁防水材料。SBS 改性沥青自黏聚酯胎橡胶沥青防水卷材在路桥防水工程中也有使用,在使用前,其基层应采用溶剂型底涂处理后,方可铺贴自黏卷材。

一、防水卷材和聚合物改性沥青防水卷材

(一)概念

1. 防水卷材

以原纸、纤维毡、纤维布、金属箔、塑料膜或纺织物等材料中的一种或数种复合为胎基,浸涂石油沥青、煤沥青、高聚物改性沥青制成的,或以合成高分子材料为基料加入助剂、填充剂,经过多种工艺加工而成的长条片状成卷供应并起防水作用的产品称为防水卷材。

防水卷材在我国建筑和路桥工程应用中处于主导地位,在建筑和路桥工程的实践中起着重要的作用,广泛应用于建筑物地上、地下及其他特殊构筑物防水、路桥工程防水,是一种面广量大的防水材料。各种防水卷材目前的规格品种已由 20 世纪 50 年代单一的沥青油毡发展到具有不同物理性能的几十种高、中档新型防水卷材。

防水卷材的施工方法可分为两大类,一类为热施工法,另一类为冷施工法。前者包括传统的热玛蹄脂法、热熔法、热风焊接法,后者包括冷黏结法、自黏法、机械固定法等。这些方法都有各自的适用范围。

2. 高聚物改性沥青防水卷材

高聚物改性沥青防水卷材简称改性沥青防水卷材,俗称改性沥青油毡。高聚物改性沥青防水卷材是防水卷材系列中的一个主要的大类品种,其在建筑防水工程、路桥防水工程中的用途十分广泛。

高聚物改性沥青防水卷材是以玻璃纤维毡(以下简称玻纤毡)、聚酯毡、黄麻布、聚乙烯膜、聚酯无纺布、金属箔或两种材料复合为胎基,以掺量不少于 10%的合成高分子聚合物改性沥青、氧化沥青为浸涂材料,以粉状、片状、粒状矿质材料,合成高分子薄膜、金属膜为覆面材料制成的可卷曲的片状类防水材料。

高聚物改性沥青防水卷材是采用改性后的沥青来作卷材浸涂材料的。普通石油沥青材料在低温条件下容易变硬发脆,出现裂缝,感温性强,长期受太阳光照的紫外线作用下,夏季高温软化,以致热解流淌,反复的热胀冷缩可引起沥青内应力发生变化。在氧和臭氧等的综合作用下,沥青中的化学组分不断转变的结果,先是油质挥发,沥青脂胶的含量减少,塑性下降,脆性增加,黏结力减低,产生龟裂而“老化”。由于这些原因,传统的石油沥青防水卷材制品难以满足防水工程耐用年限的需要。我国从 20 世纪 70 年代中期开始研究开发了高分子聚合物改性沥青。在沥青中添加一定量的高聚物改性剂,使沥青自身固有的低温易脆裂、高温易流淌的劣性得以改善。改性后的沥青不但具有良好的高低温性能,而且还具有良好的弹塑性(抗拉强度较高,伸长率较大)、憎水性及黏结性等。高聚物改性沥青防水卷材与沥青防水卷材相比较,改性沥青防水卷材的抗拉强度、耐热度及低温柔性均有一定的提高,并有较好的不透水性和抗腐蚀性。

高聚物改性沥青防水卷材是新型防水材料中使用比例较高的一类产品,现已成为防水卷材的主导产品之一,属中、高档防水材料,其中以聚酯毡为胎体的卷材性能最优,具有高抗拉强度 、高延伸率、低疲劳强度等特点。

高聚物改性沥青防水卷材的特点主要是利用高聚物的优良特性,改善了石油沥青的热淌冷脆,从而提高了沥青防水卷材的技术性能。

(二)产品分类

1. 防水卷材的分类

常用的防水卷材按照其材料的组成不同,一般可分为沥青防水卷材、高聚物改性沥青防水卷材及合成高分子防水卷材三大系列,此外还有柔性聚合物水泥卷材、金属卷材等大类。见图 4-21。

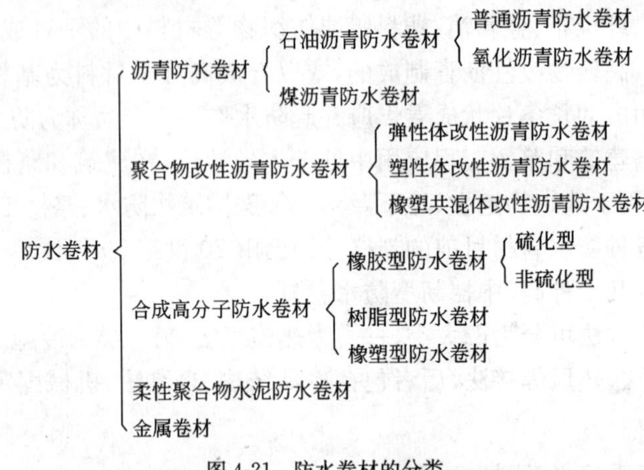

图 4-21　防水卷材的分类

2. 高聚物改性沥青防水卷材的分类

高分子聚合物改性沥青防水卷材一般可分弹性体聚合物改性沥青防水卷材、塑性体聚合物改性沥青防水卷材、橡塑共混体聚合物改性沥青防水卷材三大类。各类可再按聚合物改性体作进一步的分类,如弹性体聚合物改性沥青防水卷材可进一步分为 SBS 改性沥青防水卷材、SBR 改性沥青防水卷材、再生胶改性沥青防水卷材等。此外,还可以根据卷材有无胎体材料,分为有胎防水卷材、无胎防水卷材两大类。具体见图 4-22。

二、路桥用改性沥青防水卷材

路桥用改性沥青防水卷材是指适用于以水泥混凝土为基层的道路和桥梁表面,并在其上面铺加沥青混凝土层的高聚物改性沥青聚酯胎防水卷材。

(一)路桥用改性沥青防水卷材的分类

路桥用改性沥青防水卷材按其施工方法的不同,可分为自黏 (Z)施工防水卷材、热熔 (R)或热熔胶 (J) 施工防水卷材两大类。自黏施工防水卷是指整体具有自黏性的,以 SBS 为主,加入其他聚合物的橡胶改性沥青防水卷材;热熔或热熔胶施工防水卷材可根据其改性材料的不同,分为苯乙烯丁二烯苯乙烯(SBS)热塑性弹性体、无规聚丙烯或无规聚烯烃类(APP)塑性体改性沥青防水卷材。APP 改性沥青防水卷材按沥青铺装层的形式不同,分为 I 型、II 型两种。

自黏施工防水卷材、SBS 改性沥青防水卷材、APP 改性沥青防水卷材(I 型)主要用于摊铺式沥青混凝土的铺装;APP 改性沥青防水卷材(II 型)主要用于浇筑式沥青混凝土混合料的铺装。

路桥用改性沥青防水卷材的分类见图 4-23。

(二)路桥用改性沥青防水卷材的性能

路桥用改性沥青防水卷材的产品标准有 JC/T 974—2005 建材行业标准和 JT/T 536—2004交通行业标准。

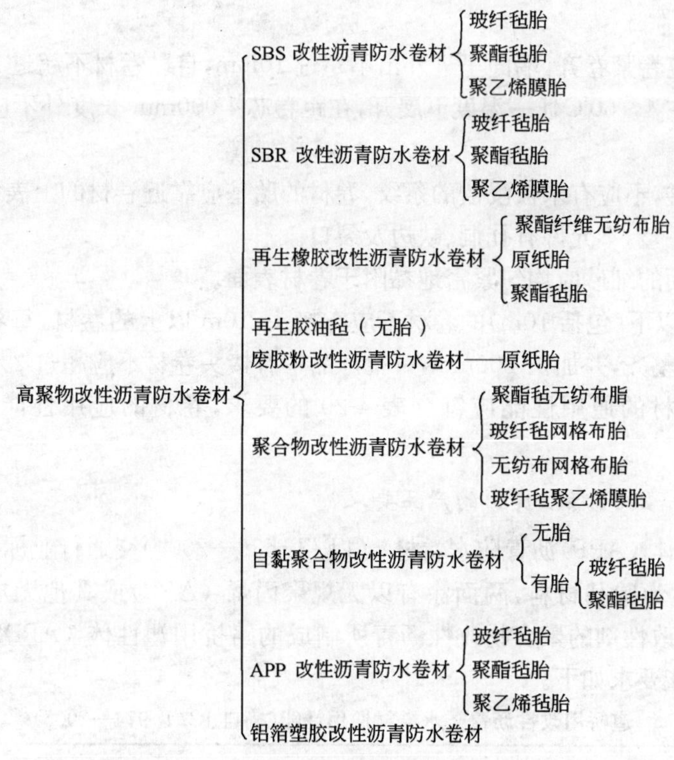

图 4-22　高聚物改性沥青防水卷材的分类

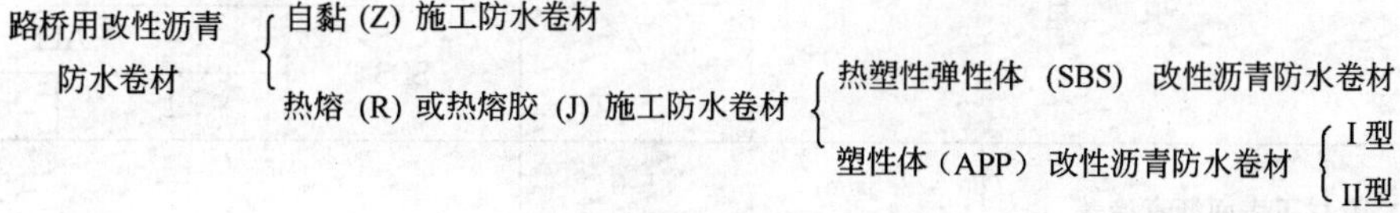

图 4-23　路桥用改性沥青防水卷材的分类

1. JC/T 974—2005 标准提出的产品要求

《道桥用改性沥青防水卷材》(JC/T 974—2005) 建材行业标准对路桥工程所使用的聚合物改性沥青防水卷材提出的技术要求如下。

(1)卷材的组成材料。胎体材料为聚酯胎；浸涂材料为 SBS、APP 等聚合物改性沥青；上表面材料为细砂 (S)；下表面材料：热熔施工防水卷材为聚乙烯膜 (PE)、细砂 (S)，热熔胶施工防水卷材为细砂 (S)。

(2)规格。卷材的长度规格分别为 7.5m、10m、15m、20m，卷材的宽度规格为 1m；自黏施工防水卷材的厚度规格为 2.5mm；热熔施工防水卷材的厚度规格分别为 3.5mm、4.5mm；热熔胶施工防水卷材的厚度规格分别为 2.5mm、3.5mm。

(3)尺寸偏差。面积负偏差不超过 1%；厚度平均值不小于明示值，不超过(明示值+0.5)mm，最小单值不小于(明示值−0.2)mm。

(4)卷重。卷材的单位面积质量应符合表 4-19 的规定，卷重为单位面积质量乘以面积。

道桥用改性沥青防水卷材的单位面积质量　　表 4-19

厚度(mm)	2.5	3.5	4.5
单位面积质量(kg/m²)，≥	2.8	3.8	4.8

(5)外观。

①成卷卷材应卷紧卷齐，端面里进外出不超过 10mm，自黏卷材不超过 20mm。

②成卷卷材在 4～60℃任一温度下展开，在距卷芯 1 000mm 长度外不应有 10mm 以上的裂纹或黏结。

③胎基应浸透，不应有未被浸渍的条纹，卷材的胎基应靠近卷材的上表面。

④卷材表面平整，不允许有孔洞、缺边及裂口。

⑤卷材上表面的细砂应均匀紧密地黏附于卷材表面。

⑥长度 10m 以下(包括 10m)的卷材不应有接头，10m 以上的卷材，每卷卷材接头不多于一处，接头应剪切整齐，并加长 300mm，一批产品中有接头卷材不应超过 2%。

(6)性能。卷材的通用性能应符合表 4-20 的要求，卷材的应用性能应符合表 4-21 的要求。

2. JT/T 536—2004 标准提出的产品要求

《路桥用塑性体（APP)沥青防水卷材》(JT/T 536—2004)交通行业标准对路桥工程所使用的，并以聚酯毡为胎基材料，两面涂有以无规聚丙烯（APP)或其他无规聚烯烃类聚合物(APAO、APO)作改性剂的聚合物改性沥青所制成的路桥用塑性体（APP）改性沥青防水卷材提出的技术性能要求如下。

道桥用改性沥青防水卷材通用性能(摘自 JC/T 974—2005)　　表 4-20

<table>
<tr><th rowspan="4">序号</th><th rowspan="4" colspan="2">项　目</th><th colspan="4">指　标</th></tr>
<tr><th rowspan="3">Z</th><th colspan="3">R、J</th></tr>
<tr><th rowspan="2">SBS</th><th colspan="2">APP</th></tr>
<tr><th>I</th><th>II</th></tr>
<tr><td rowspan="3">1</td><td rowspan="3">卷材下表面沥青涂盖层厚度①(mm)，≥</td><td>2.5mm</td><td>1.0</td><td colspan="3">—</td></tr>
<tr><td>3.5mm</td><td>—</td><td colspan="3">1.5</td></tr>
<tr><td>4.5mm</td><td>—</td><td colspan="3">2.0</td></tr>
<tr><td rowspan="3">2</td><td rowspan="3">可溶物含量(g/m²)，≥</td><td>2.5mm</td><td>1 700</td><td colspan="3">1 700</td></tr>
<tr><td>3.5mm</td><td>—</td><td colspan="3">2 400</td></tr>
<tr><td>4.5mm</td><td>—</td><td colspan="3">3 100</td></tr>
<tr><td rowspan="2">3</td><td rowspan="2" colspan="2">耐热度②(℃)</td><td>110</td><td>115</td><td>130</td><td>160</td></tr>
<tr><td colspan="4">无滑动、流淌、滴落</td></tr>
<tr><td rowspan="2">4</td><td rowspan="2" colspan="2">低温柔度③(℃)</td><td>−25</td><td>−25</td><td>−15</td><td>−10</td></tr>
<tr><td colspan="4">无裂纹</td></tr>
<tr><td>5</td><td colspan="2">拉力(N/50mm)，≥</td><td>600</td><td colspan="3">800</td></tr>
<tr><td>6</td><td colspan="2">最大拉力时延伸率(%)，≥</td><td colspan="4">40</td></tr>
<tr><td rowspan="4">7</td><td rowspan="4">盐处理</td><td>拉力保持率(%)，≥</td><td colspan="4">90</td></tr>
<tr><td rowspan="2">低温柔度(℃)</td><td>−25</td><td>−25</td><td>−15</td><td>−10</td></tr>
<tr><td colspan="4">无裂纹</td></tr>
<tr><td>质量增加(%)，≤</td><td colspan="4">1.0</td></tr>
</table>

续上表

序号	项目		指标			
			Z	R、J		
				SBS	APP	
					I	II
8	热老化	拉力保持率(%),≥	90			
		延伸率保持率(%),≥	90			
		低温柔度(℃)	−20	−20	−10	−5
			无裂纹			
		尺寸变化率(%),≤	0.5			
		质量损失(%),≤	1.0			
9	渗油性(张),≤		1			
10	自黏沥青剥离强度(N/mm),≥		1.0	—		

注:①不包括热熔胶施工卷材。

②供需双方可以商定更高的温度。

③供需双方可以商定更低的温度。

道桥用改性沥青防水卷材应用性能(摘自 JC/T 974—2005)　　表 4-21

项　目	指　标	项　目	指　标
50℃抗剪强度(MPa),≥	0.12	热碾压后抗渗性	压力 0.1MPa,保持时间 30min,不透水
50℃黏结强度(MPa),≥	0.050	接缝变形能力	循环 10 000 次无破坏

(1)卷材的组成材料。胎体材料为聚酯胎;浸涂材料为 APP 聚合物改性沥青;上表面为砂面(代号 M)、矿物粒(片)面(代号 S)。

(2)规格。卷材的幅宽为 1 000mm,卷材的厚度为 3mm、4mm、5mm,卷材的面积为 10m^2、7.5m^2。

(3)类型。产品按其物理力学性能分为 I 型和 II 型,I 型适用于热拌沥青混凝土路桥面,II 型适用于沥青玛蹄脂(SMA)混凝土路桥面。

(4)卷重、面积及厚度要求。路桥用塑性体(APP)沥青防水卷材卷重、面积及厚度应符合表 4-22 的要求。

路桥用塑性体(APP)沥青防水卷材卷重、面积及厚度(摘自 JT/T 536—2004)　　表 4-22

规格(公称厚度,mm)		3		4				5	
上表面材料		S	M	S	M	S	M	S	M
面积(m^2/卷)	公称面积,≥	10		10		7.5		7.5	
	偏差	±0.10		±0.10		±0.10		±0.10	
最低卷重(kg/卷)		35.0	40.0	45.0	50.0	33.0	37.0	44	48
厚度(mm)	平均值,≥	3.0	3.2	4.0	4.2	4.0	4.2	5.2	5.2
	最小单值	2.7	2.9	3.7	3.9	3.7	3.9	4.9	4.9

(5)外观。

①成卷卷材应卷紧卷齐,端面里进外出不得超过 10mm;

②成卷卷材在 4～60℃任意温度下展开,在距卷芯 1 000mm 长度外不应有 10mm 以上的裂纹或黏结;

③胎基应浸透,不应有未被浸渍的条纹;

④卷材表面应平整,不允许有孔洞、缺边及裂口,矿物粒(片)料粒度应均匀一致,并紧密地黏附于卷材表面;

⑤胎基要求在卷材上表面下 1/3～1/2 的位置,以保证底面有一定厚度的沥青;

⑥每卷卷材的接头处不应超过一个,较短的一段长度不应少于 1 000mm,接头应剪切整齐,并加长 150mm。

(6)物理力学性能。卷材的物理力学性能应符合表 4-23 的规定。

(三)路桥用改性沥青防水卷材的品种

1. SBS 改性沥青防水卷材

SBS 改性沥青防水卷材是以热塑性弹性体为改性剂,将石油沥青改性后作浸渍涂盖材料,以聚酯毡为胎体材料,以细砂、聚乙烯膜 (PE)等作防黏隔离层,经过选材、配料、共熔、浸渍、辊压、复合成型、卷曲、检验、分卷、包装等工序加工而制成的一种柔性中、高档的、可卷曲的片状防水材料,属弹性体沥青防水卷材中有代表性的一个品种。

制品的特点是综合性能强,具有良好的耐高低温及耐老化性能,施工简便。

本品加入 10%～15%的 SBS 热塑性弹性体 (苯乙烯-丁二烯-苯乙烯嵌段共聚物),使之兼有橡胶和塑料的双重特性,在常温下具有橡胶状弹性,在高温下又像塑料那样具有熔融流动特性,是塑料、沥青等脆性材料的增韧剂。经过 SBS 改性后的沥青作防水卷材的浸渍涂盖层,从而提高了卷材的弹性和耐疲劳性,延长了卷材的使用寿命,增强了卷材的综合性能。本品抗拉强度高,延伸率大,自重轻,耐老化,既可以用热熔施工,又可用冷黏结施工。

SBS 改性沥青防水卷材除适用于一般工业与民用建筑工程防水外,尤其适用于高层建筑的屋面和地下工程的防水、防潮及路桥工程、停车场、游泳池、隧道、蓄水池等建筑工程的防水。

路桥用塑性体(APP)沥青防水卷材物理力学性能(摘自 JT/T 536—2004)　　表 4-23

型　号		I	II
可溶物含量(g/m²),≥	3mm	2 100	
	4mm	2 900	
	5mm	3 700	
不透水性		压力≥0.4MPa,保持时间≥30min,不透水	
耐热度(℃)		130±2	150±2
		受热 2h 涂盖层垂直悬挂无滑动、流淌、滴落	
拉力(N/50mm),≥	纵向	600	800
	横向	550	750
最大拉力时延伸率(%),≥	纵向	25	35
	横向	30	40

续上表

型号		I	II
低温柔度(℃)		−10	−20
		3s,弯曲 180°无裂纹	
撕裂力(N),≥	纵向	300	400
	横向	250	350
人工气候加速老化	外观	无滑动、流淌、滴落	
	纵向拉力保持率(%)	≥80	
	低温柔度(℃)	3	−10
		无裂纹	
抗硌破(130℃,2h)		500g 重锤,300mm 高度冲击后无硌破	
渗水系数(mL/min)(压力 4.9kPa,作用时间 16h)		≤1	
高温抗剪(N/mm)(60℃,黏合面正应力 0.1MPa,压速 10mm/min)	沥青混凝土面	2	2.5
	混凝土面	2	2.5
低温抗裂(MPa)(−20℃),≥		6	8
低温延伸率(%)(−20℃),≥		20	30
耐腐蚀性	耐碱(20℃)	$Ca(OH)_2$ 中浸泡 15d,无异常	
	耐盐水(20℃)	3%盐水中浸泡 15d,无异常	

2. APP 改性沥青防水卷材

APP 改性沥青防水卷材属塑性体改性沥青防水卷材。本品以聚酯毡(PY)为胎体,浸涂 APP(无规聚丙烯)改性沥青,上表面撒布砂、矿物粒(片)料,经一定生产工艺加工制成的一种中、高档改性沥青可卷曲的片状防水材料。

该产品的特点是分子结构稳定,老化期长,具有良好的耐热性,抗拉强度高,伸长率大,施工简便,无污染。

加入量为 30%~35%的 APP 是生产聚丙烯的副产品,它在改性沥青中呈网状结构,与石油沥青有良好的互溶性,将沥青包在网中。APP 分子结构为饱和态,故具有非常好的稳定性,当受高温、阳光照射后,分子结构不会重新排列,一般情况下,其老化期在 20 年以上。该产品温度适应范围广,特别是耐紫外线能力比其他改性沥青要强,非常适宜在有强烈阳光照射的炎热地区使用。APP 改性沥青复合在具有良好物理性能的聚酯毡上,可使制成的防水卷材具有良好的抗拉强度和延伸率,具有良好的憎水性和黏结性,制品既可以冷黏结施工,又可以热熔施工。

3. SBS 改性沥青自黏型防水卷材

有胎基材料的冷自黏高分子聚合物改性沥青防水卷材,是以聚酯毡为胎基材料,两面或上表面涂改性沥青浸涂材料 (SBS 改性沥青),下表面涂冷自黏橡胶改性沥青,并覆涂硅隔离膜或皱纹隔离纸,上表面覆细砂、矿物粒 (片)料、塑料膜、金属箔等材料制成的一种有胎冷自黏改性沥青卷材。

此类卷材具有 SBS 改性沥青卷材或相关产品的特点,尤其是胎基材料带来的机械强度和耐撕裂性,同时可以在常温下自行黏结。该卷材尤其适用于严禁用明火和用溶剂的危险环境,可以安全施工,还可以防止施工时对环境产生污染。

第三节　路桥防水层的材料设计与施工

在城市交通和高速公路的建设中,各种类型的钢筋混凝土结构路桥已普遍应用。由于路桥面渗水对混凝土及钢结构桥梁的耐久性影响巨大,特别是在北方地区,化冰盐水对具有负弯矩结构及预应力钢丝束的腐蚀已不容忽视。随着对碱-骨料反应认识的逐步深化,在路桥结构中设置防水层的必要性已逐步取得一致的认识,即在整体路桥结构中,防水层已是不可缺少的重要组成部分。

路桥防水层的类型有卷材防水层、涂膜防水层、水泥砂浆防水层、防水混凝土等多种。卷材防水层是在混凝土结构表面或垫层上铺贴防水卷材而形成的一类防水层。同建筑防水一样,路桥防水工程也是一个系统工程,涉及材料、设计、施工、维护管理多个方面,其中材料是基础,设计是前提,施工是关键,管理是保证。目前我国路桥工程普遍采用沥青混凝土铺装层,在这种条件下,做好防水层的设计工作,合理选择防水材料,正确制定施工工艺是十分重要的。各方面的技术要求都必须满足和适应路桥工程的特殊功能要求与环境条件。

一、路桥防水理论基础

路桥防水工程的设计与施工是两个极其重要的环节,任何一个出了问题,都会造成返工,延误工期、浪费人力和物力,甚至前功尽弃。因此进行路桥防水设计应遵循相关的理论。

水破坏对路桥的影响主要是腐蚀路桥结构的钢筋和混凝土,使路面面层和桥梁结构层之间形成滑动面,从而造成面层结构的滑动,减少面层的使用寿命,危及行车安全。桥梁防水构造除了承受行车荷载和刹车荷载带来的剪切外,还要承受特殊的脉冲动态水压及路桥结构混凝土产生裂缝对防水层造成的"零"延伸问题。

(一)脉冲动态水压

路面铺装用的沥青混凝土在配比设计上并未达到沥青完全填充骨料空隙间的程度,压实之后的路面沥青混凝土铺装层内仍然存在着孔洞和空隙,汽车在有水的、带孔隙的路面上行驶会引起"唧筒"效应。空隙中的水在行车车轮的滚动碾压下产生瞬间巨大的脉冲动态水压。行车频率越高,"唧筒"产生的频率也越高;行车速度越大,"唧筒"产生的脉冲动态水压也越大。"唧筒"效应引起巨大的压力水侵蚀混凝土路面,而且压力水对混凝土的渗透作用远大于静态水。

(二)"零"延伸问题

防水卷材一旦与刚性基层紧密地黏结在一起,卷材也就失去了自由延伸的能力。与刚性基层紧密黏结的卷材抵抗"零"延伸断裂的有效因素是卷材的厚度及塑性变形能力。

"零"延伸对所有建筑的柔性防水层都有可能造成破坏,为了防止"零"延伸破坏,典型的例子就是屋面柔性防水层在水泥砂浆找平层的分格缝上采取设置附加层,并且附加层只能单边粘贴,也就是增加卷材的厚度及塑性变形区域。

对于路桥防水构造而言,"零"延伸造成的破坏是双重的,除了路桥结构本身造成的"零"

延伸破坏外，路面沥青混凝土面层结构也会造成其下面的防水构造的"零"延伸破坏。

二、路桥防水卷材的选择

由于路桥防水层所需要的特殊功能要求，所选用的防水材料不仅要具有较高的抗拉强度、耐高温高热、高温抗硌破、高温抗剪、低温抗裂等特殊性能，而且还应起到有效遏制路桥面裂缝产生的作用。

(一)选材的原则

在设置路桥防水层时，其防水层不仅要起到防水的效果，而且还应担当路面构造和基层的连接层作用。路桥要不断遭受行车动载作用，桥梁结构经常处于高频率往复变形状态，因此要求防水层具有足够的抗变形能力及较高的强度，故路桥防水层需具备以下条件，并将其作为选材的原则。

(1)有较强的抗渗能力，可抵抗脉冲动态水压，不渗水和不溶于水，不受冻融循环的影响，耐抗冻盐。

(2)防水层和基层具有良好的黏结能力，对混凝土的黏结性能要高，不会起泡或分层，可依从混凝土表面的残缺而不会出现裂坏，在防水层和路面结构层之间不能形成滑动面。

(3)防水层具有良好的塑性变形能力和足够的厚度，足以抵制"零"延伸。

(4)防水层具有足够的抗拉强度，用以阻止或减缓反射裂缝进入路面面层结构。

(5)防水层应具备良好的耐高温和耐低温能力，适应当地的气候环境，应保证防水层在最严酷的环境中保持正常的工作状态，当选用热沥青混凝土作路桥面层时，防水层更要具有不被铺筑沥青混凝土破坏的能力，即在铺设沥青混凝土时，能耐高温、耐穿孔及耐滑动，能够承受摊铺滚压沥青现场的交通压力。

(6)防水材料应具有良好的柔韧性。

大量工程实践表明，路桥工程所采用的防水材料应具有特别高标准的性能要求。一般的建筑防水材料是不能应用于路桥防水工程的，如防水层没有足够的抗拉强度以阻止或减缓反射裂缝进入路面，则将导致路面出现网状的裂缝；防水层如不能和基层紧密结合，可造成月牙形推挤裂纹，甚至导致路面断裂。

(二)路桥用防水卷材的选择

工程中若使用高档卷材，则可选用三元乙丙橡胶防水卷材。该材料具有延伸大、抗拉强度高、抗剪切性能好、使用寿命长等特点，但其价格较昂贵，胶粘剂的选用亦比较讲究，且基础要求比较严格，即钢筋水泥表面要求二次压光，对基础含水率也有一定的要求。

若工程中选用中档卷材铺沥青路面，则可选用聚酯毡塑性体 (APP)改性沥青防水卷材；若铺设水泥混凝土路面，也可采用聚酯毡弹性体 (SBS)改性沥青防水卷材。

(三)卷材的耐高温性

应用于沥青混凝土路桥的塑性体改性沥青防水卷材，其指标要求不同于其他塑性体改性沥青防水卷材，其中耐高温性是极其重要的一项性能要求，其直接影响到路桥的防水质量。

卷材的耐高温指标主要是从以下两个方面予以考虑的。

(1) 路桥用防水卷材在防水层施工完毕后，其上要铺设热沥青砂或温度稍高的 SBS 改性沥青，这就要求卷材的耐热性能应能适应沥青混凝土的摊铺要求，即卷材的耐热温度要达到 130～160℃，否则将不能抵抗住在铺设热沥青混凝土时载重车辆、压路机的碾压，不具备抗车辙能力，会产生卷材同基础分离、变形、向外翻开等问题。

(2)在我国华南、华北的大部分地区，太阳光对沥青路面的辐射温度大约为74～79℃（每年6月中旬实测），而桥面的温度除了太阳光的热辐射外，还应加上地表空气向桥体下面蒸发的约5～7℃的热气流温度，这就使桥面沥青表面温度可达81～83℃。经测量，在表层沥青下30mm处的温度约为73℃，40mm处的温度约为69℃。据有关资料统计，在表层以下100mm范围内，每降低10mm，温度就下降4℃左右。因此，路桥工程的设计人员应在考虑卷材的耐高温指标后，方可设计其卷材上表面应铺设沥青层的厚度。如在上述外界温度条件下，可选用耐热温度为140℃的卷材，这样，在沥青表面下40mm处的温度为69℃时，卷材就有1倍以上可变温度的范围；如采用耐150℃以上高温的防水卷材，其保险系数则更大。

三、路桥防水层的设计

路桥防水设计应遵循“多道设防，防排结合”的原则，卷材防水层宜首选高耐热塑性体(APP)改性沥青防水卷材作主要防水层。同时，对伸缩缝、隔离带、防撞墩等部位也必须满贴防水卷材，以保证路桥防水层的连续性，切忌防水层中断。伸缩缝处必须在桥面混凝土结构中放置橡胶止水带并用密封材料嵌实，以形成多道设防。同时，桥面排水必须通畅，防止局部产生积水，避免防水层长期处于干湿、冻融交替的不利环境，造成防水层破坏，以引发渗漏。

(一)路桥卷材防水层的基本构造

路桥防水层的最佳选择应采用双层3mm厚的防水卷材，其总厚度应为6mm，也可选择单层4mm厚的防水卷材，但也有使用单层3mm厚防水卷材的。

桥面防水卷材应选用卷材一面为页岩片的覆面，底面覆PE膜；以保证施工时卷材表面不易遭受破坏。如采用双层做法，下层卷材应采用双面PE膜；上层卷材底面为PE膜，上面为页岩片覆面，以便于上下两层卷材间的黏结牢固。卷材上面岩片覆面可保护防水层在摊铺沥青混凝土时不被破坏。

目前国内桥面铺装层采用沥青混凝土已成为最佳选择，其基本构造参见图4-24。

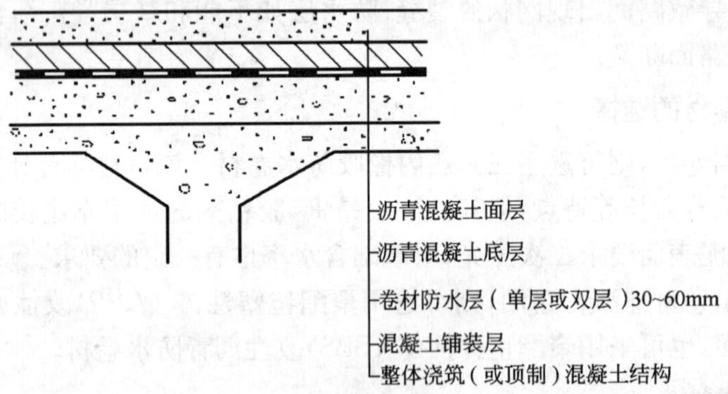

图4-24　沥青混凝土桥面防水层构造示意图

为了防止水泥混凝土路面的水害产生，比较好的办法就是在水泥混凝土路面尚未发生大面积网裂前进行“白加黑”(在水泥路面上铺装沥青)路面修复。为了消散和吸收水泥板块受力面产生的裂缝处集中的应力应变，防止反射裂缝的产生，同时阻止水的渗入，可在板缝处加盖一层聚酯胎改性沥青防水卷材层，然后在防水层上面铺盖沥青混凝土层。“白加黑”路面防水层的构造参见图4-25。

(二)路桥卷材防水层的细部构造处理

如能够合理地选用防水卷材,严格地按照操作规程进行施工,那么主桥面产生渗漏是并不多见的。而若细部构造设计不精确或施工工艺粗糙而形成的薄弱环节,则常常是路桥面产生渗漏水的原因所在,因此必须充分重视,并正确处理好各种细部构造,如桥头搭板、隔离带、隔离墩、缘石底部均必须满铺防水卷材,不可间断,栏杆底座也须用卷材包上。在路桥直道中,伸缩缝的设置较为频繁,在施工中,此处搭接卷材时,应在卷材起始部位沿幅宽方向钉入 3～5 个水泥钢钉,以增加卷材抵抗变形的能力。

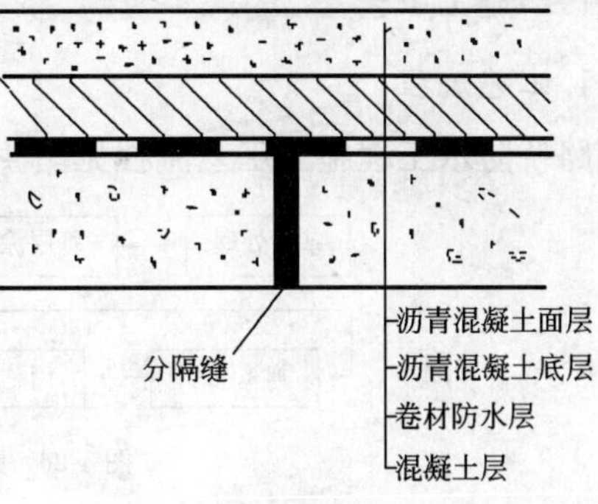

图 4-25 “白加黑”路面防水层构造示意图

(三)弯道排水和弯道沥青层

路桥弯道防水的关键是进行排水,应根据其弯道的大小、路面宽度、辐射坡度及当地最大降水量等设计排水孔。

路桥弯道不论是铺设沥青还是铺设改性沥青,不应同于直道。直道一般铺设 40mm 厚的沥青层就可以满足车载要求,弯道则不同,在 130°～90°全弯道内需铺设厚度为 55～95mm 的沥青层方可满足要求。

四、路桥卷材防水层的施工

(一)施工准备

1. 材料准备

路桥专用防水卷材应符合相关的标准,并能满足设计要求,且应由监理单位对检测报告认定后方可使用。其外观质量应符合表 4-24 的要求。储运卷材时应注意立式码放,高度不应超过两层,应避免雨淋、日晒、受潮,并注意通风。

防水卷材的外观质量 表 4-24

序号	项　目	判 断 标 准	序号	项　目	判 断 标 准
1	断裂、皱折、孔洞、剥离	不允许	3	胎体未浸透、露胎	不允许
2	边缘不整齐、砂砾不均匀	不明显	4	涂盖不均匀	不允许

密封材料及铺贴卷材用的基层处理剂 (冷底子油)等配套材料应有出厂说明书、产品合格证及质量说明书,并应在有效使用期内使用;所选用的材料必须对基层混凝土有亲和力,且与防水卷材材性相容。一般来讲,基层处理剂 (冷底子油)应由供应防水卷材的厂家配套供应。汽油等辅助材料则可由防水施工单位自备。

2. 施工机具准备

路桥防水施工常用设备有:高压吹风机、刻纹机、磨盘机等;常用工具有:热熔专用喷枪和喷灯、拌料桶、电动搅拌器、压辊、皮尺、弹线绳、滚刷、鬃刷、胶皮刮板、切刀、剪刀、小钢尺、小平铲及消防器材等。

3. 技术准备

防水施工方案一经审批完毕,施工单位必须具备防水专业资质,操作工人应持证上岗。

施工单位进行施工图纸审核，编制防水施工方案，经审批后，应向相关人员进行书面的施工技术交底。

(二)施工工艺

1.工艺流程

路桥防水工程施工工艺流程见图 4-26。

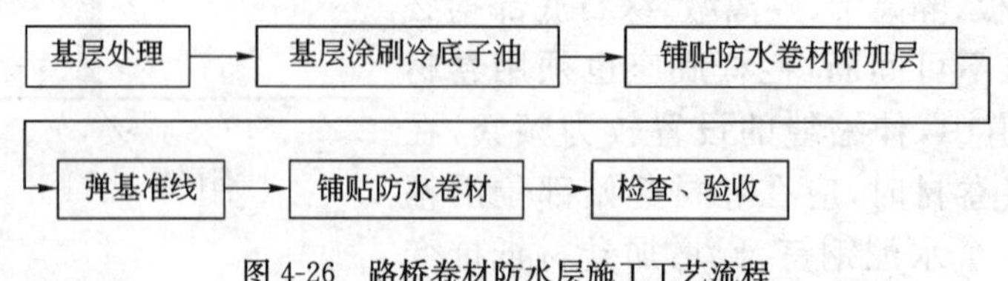

图 4-26　路桥卷材防水层施工工艺流程

2.基层处理

路桥卷材防水层是在混凝土结构表面或垫层上铺贴防水卷材而形成防水层的。卷材防水层则是用混凝土垫层或水泥砂浆找平层作为基层的。

防水层的垫层由细石混凝土浇筑而成，其主要作用在于覆盖梁体的顶面，接顺桥梁的纵、横坡度，为防水层提供一个平整、粗糙的找平层，提高防水层的刚度，以防止防水层在施工和使用期间断裂、破损现象的发生。

基层表面质量是影响到上部各构造层次耐久性的重要因素，其直接表现为影响防水系统与混凝土结构的黏结强度，因此，在进行防水层施工之前，必须通过各种试验方法鉴定结构基层的状况并进行处理。

(1)基层的平整度。混凝土基层（找平层、面层)应平整，允许基面坡度平缓变化，采用 2m 直尺检查基面，直尺与基面之间的最大空隙不应超过 5mm，且每米不多于 1 处。不得有明显的凹凸、尖硬接茬、裂缝、麻面等现象出现，不允许有外露的钢筋、铅丝等。

承接卷材的钢筋混凝土基层局部小范围内的凹陷或凸起，容易造成防水卷材的铺贴不实，而平缓的不平整则不影响卷材的密实铺贴（可能影响沥青混凝土路面的平整度)。钢筋混凝土基层局部凹凸界定与处理应遵循的原则为：局部凸起，其高度大于 5mm，面积小于 1.5m^2 的视为局部凸起，必须剁除并打磨平整；局部凹陷，其深度大于 5mm，面积小于 0.75m^2 的视为局部凹陷，应采用细粒沥青混凝土或环氧树脂砂浆修复。在原基层上留置的各种预埋件应进行必要的处理，如割除涂刷防锈漆。

(2)混凝土表面的质量。基面混凝土强度应达到设计强度，表面不得有松散的浮浆、起砂、掉皮、空鼓及严重的开裂现象。基面在涂刷冷底子油之前应确保其混凝土表面坚实平整且粗糙度适宜。

卷材防水层与坚实的水泥混凝土基层应具有很高的黏结强度，不依靠水泥混凝土的表面粗糙度即能满足路面面层对抗剪强度的要求，如基层表面的强度不足、浮浆、起砂则是引起黏结强度不足的主要原因。

混凝土表面出现浮浆现象，是在混凝土浇筑过程中产生的质量问题，如水灰比过大、混凝土坍落度过大、施工过程中未对混凝土表面进行压实压光处理等均是造成表面浮浆的原因所在。对于混凝土表面出现的浮浆，可采用表面机械打磨清理的处理方法。应特别注意的是，浮浆的深度及表面浅层内的混凝土质量。混凝土表面产生浮浆后往往会发现表层混凝土存在强度不足的状况。

混凝土表面起砂现象多为混凝土养护不当所致，当在现场搓擦观察或进行黏结剥离试验，如能搓擦起砂或剥离面带砂均可视为混凝土表面严重起砂。混凝土浇筑后遇雨或养护洒水过早均能造成表面起砂。混凝土表面起砂处理则非常麻烦，需要根据具体情况经多方研究后才可确定。

经现场黏结剥离试验，如剥离面发生在混凝土面内，即剥离面大量黏结混凝土材料，则可视为混凝土表面强度不足。在正常的混凝土配比情况下，混凝土表面的强度不足多为养护问题，可采取混凝土表面加固处理的方法。

(3)混凝土基层的含水率。混凝土基层必须干净、干燥，其含水率应控制在 9%以下才能施工。基层干燥程度的简易检测方法是在基层表面平铺 $1m^2$ 卷材，自重静置 3～4h 后，掀起检查，基层被卷材所覆盖的部位与卷材的被覆盖面处均未见水印，即可视为符合要求，可进行铺设卷材防水层的施工。如果遇到下雨，则基层必须经太阳曝晒，待混凝土完全干燥后，方可进行防水施工，以保证卷材粘贴牢固。

(4)基层的清洁。基层混凝土表面必须进行认真的清扫，杂物、渣灰、尘土、油渍必须清除干净，在铺贴防水层前，应用手提高压吹风机吹扫基面，将混凝土基面彻底处理干净。

(5)基层细部结构要求。

①基面阴阳角处均应抹角做成圆弧或钝角状，当应用高聚物改性沥青防水卷材时，其圆弧半径应大于 150mm。阴阳角做成弧形钝角，可避免卷材铺贴不实、折断而造成的渗漏。

②基层的坡度应符合设计要求。

③桥面两侧的防撞墙应抹成八字或圆弧角，泻水口周围直径 500mm 范围内的坡度不应小于 5%，且坡向长度不小于 100mm，泻水口槽内基层应抹圆角并压光，PVC 泄水管口下皮的标高应在泻水口槽内最低处。应避免桥面泄水管口处雨水溢至桥面板结构层内。

④基面所有管件、地漏或排水口等都必须与防水基层安装牢固，不得有任何松动，并应采用密封材料做好处理。

⑤钢筋混凝土预制件安装后，桥面板间或主梁间如出现错台，则应在错台处用水泥砂浆抹成缓坡处理。

⑥桥梁机动车桥面与检修（人行）步道应设置防水层。

⑦在预制安装主梁的纵向缝、横向缝顶处设置加强防水层时，其缝宽两侧各在 5～10cm 范围内不粘贴，以确保结构发生变形时，防水层有足够的变形量。

⑧接缝处理。在进行卷材防水层施工之前，还应对桥梁基层活动量较大的接缝先进行密封处理，当其密封材料施工结束后，在顶部应设置加强防水层，在缝宽的两侧各 50～100mm 范围内空铺一条油毡，再粘贴聚合物改性沥青防水卷材，以确保结构发生变形时，防水层有足够的变形量。

⑨对于基层表面过于光滑之处，应视具体情况做刻纹处理，以增加粗糙度。

(6)基层验收。通过试验，对基层进行检测，可任选一处(约 $1m^2$)已经过处理的基层，涂刷冷底子油并充分干燥（其干燥时间可视大气温度而定)后，按要求铺贴防水卷材，在充分冷却后进行撕裂试验，如卷材撕裂开不露出基层，则可视为基层处理合格。

基层在经过现场技术负责人及其监理方验收合格后，方可进行卷材防水层的施工。

3.涂刷基层处理剂

涂刷基层处理剂（冷底子油)应在已确认基层表面已处理完毕并经职能部门验收合格后方可进行。

冷底子油使用前应倒入专用的拌料桶内搅拌均匀后方可使用，冷底子油可采用滚刷铺涂。涂刷（涂刮）冷底子油是为了粘贴卷材，一般情况下要涂刷（涂刮）两遍，第一遍可采用固含量为35%～40%的冷底子油涂刷，这样可使80%以上的冷底子油渗入到水泥中，表面留存的则很少，从而保证冷底子油渗入水泥混凝土中7mm，待第一遍冷底子油完全干涸，并经彻底清扫后，可用固含量在55%～60%的冷底子油进行第二遍涂刮，涂刮时一定要用刮板，不能用刷子，这一点尤为重要。

在基层上涂刮冷底子油，其冷底子油的涂刷参考用量为0.320 4kg/m²，涂刷时必须保证涂刷均匀，不留空白。且冷底子油不仅要分布均匀，而且要不露底、不堆积，应保证其黏结牢固。铺涂完毕后，必须给予足够的渗透干燥时间，冷底子油的干燥标准则以手触摸不粘手，且具有一定的硬度，涂刷冷底子油后的基层禁止人或车辆行走。

4.铺贴卷材附加层

在冷底子油实干后，首先应按照设计的要求，在需做附加层的部位做好附加层防水，再进行卷材防水层的铺贴。

在桥面阴阳角、水平面与立面交界处、泄水孔和雨水管等异形部位处所做的附加层防水，可采用卷材防水，也可以采用涂膜防水。卷材附加层可采用两面覆PE膜的卷材，采用满粘铺贴法，全粘于基层上，要求附加层宽度和材质符合设计要求，并粘实贴平；如采用涂膜附加层，可先采用防水涂料涂刷，再用胎体材料增强，在做好附加层之后，方可做卷材防水层。

5.弹基准线

在冷底子油实干并做好附加层后，可按照防水卷材的具体规格尺寸、卷材的铺贴方向和顺序，在桥面基层上用明显的色粉线弹出防水卷材的铺贴基准线，以保证铺贴卷材的顺直，尤其在桥面的曲线部位，应按照曲线的半径放线，以直代曲，确保铺贴接茬的宽度。

6.铺贴卷材

(1)卷材的铺贴方向可横向，也可纵向。当基层面坡度小于或等于3%时，可平行于拱方向铺贴；当坡度大于3%时，其铺贴方向应视施工现场情况确定。

(2)卷材铺贴的层数，应根据设计要求和当地气候条件来确定，一般为2～4层，在采用优质材料精心施工的条件下，可采用2层。

(3)铺贴防水卷材所使用的沥青胶，其沥青的软化点应比垫层可能的最高温度高出20～25℃，且不低于40℃；加热温度和使用温度不低于150℃。粘贴卷材的沥青胶其厚度一般为1.5～2.5mm，不得超过3mm。

(4)铺贴卷材的搭接要求如下：卷材搭接宽度长边应不小于10cm，短边应不小于15cm，上下两层和相邻两幅卷材的接缝应相互错开，上下两层卷材不得相互垂直，相邻卷材短边搭接应错开1.5m以上，并将搭接边缘用喷灯烘烤一遍，再用胶皮刮板挤压出熔化的沥青胶黏剂，并用辊子滚压平整，形成一道封密条。两幅卷材应黏结牢固，以保证防水层的密实性。

(5)卷材铺贴顺序应自边缘最低处开始，且应根据基层坡度，顺水搭接。

(6)路缘石和防撞护栏一侧的防水卷材，应向上卷起并与其黏结牢固，泄水口槽内及泄水口周围0.5m范围内应采用APP改性沥青密封材料涂封，涂料层贴入下水管内50mm，然后热熔满贴APP卷材至下水管内50mm。

(7)粘贴卷材应展平压实，卷材与基层及各层卷材之间必须黏结紧密，并将多铺的沥青胶结材料挤出，搭接缝必须封缝严密，防止出现水路。当粘贴完最后一层卷材后，表面应再涂刷一层厚为 1～1.5mm 的热沥青胶结材料，卷材的收头应用水泥钉固定。

(8)铺贴防水卷材可分别选用热熔施工工艺和冷贴施工工艺。热熔施工速度快，适用于工期紧的路桥防水工程，相对比较容易达到质量要求；如果采用冷作业施工，则必须使用与规定相适应的黏结剂，确保其黏结强度，以满足质量要求。

(9)铺贴卷材若为分块作业，接茬预留长度，纵向 ≥30cm，横向≥20cm，以便与下次施工卷材进行搭接。

(10)卷材热熔施工工艺如下。

①施工工艺流程。卷材热熔施工工艺流程参见表 4-25，双层防水卷材的铺贴示意图见图 4-27。

卷材热熔施工工艺流程 表 4-25

序号	工　　程	使 用 材 料	工艺方法及用量
1	清扫基面		
2	涂刷基层处理剂	应用与卷材配套的底油	涂刷均匀，不得漏刷、堆积
3	设计要求铺贴附加层部位	符合标准的 APP 路桥专用防水卷材	热熔工艺方法
4	底层卷材铺贴	高耐热沥青卷材(双面膜)	热熔工艺方法，$1.2m^2/m^2$
5	表层卷材铺贴	高耐热沥青卷材(一面膜，一面岩片)	热熔工艺方法，$1.2m^2/m^2$
6	热熔封边		

②展开卷材，首先排好第一卷防水卷材，然后弹好基线，按准确尺寸裁剪后，再收卷到初始位置。

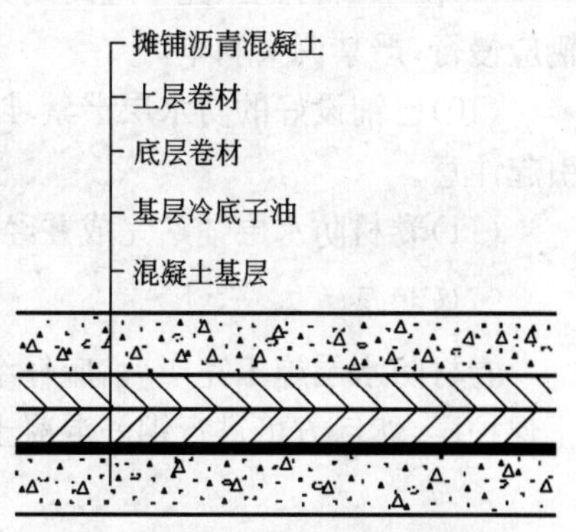

图 4-27 双层防水卷材铺贴示意图

③将卷材按铺贴的方向摆正，点燃喷灯或喷枪，用喷灯或喷枪加热基层和卷材，喷头距离卷材 200mm 左右，加热要均匀，待卷材表面熔化后(以表面熔化至呈光亮无黑点为准，不得过分加热导致烧穿卷材)，立即向前滚铺，铺贴顺序应自边缘最低处开始，从排水下游向上游方向铺设，用火焰边熔化卷材，边向前滚铺卷材，使卷材牢固黏结在基面上。滚铺时不得卷入异物，依次重复进行铺贴，每卷卷材在端头搭接处应交错排列铺贴，同时必须保证搭接部位的黏结质量；滚铺时还应排除卷材下面的空气，使之平展，不得皱折，并应压实黏结牢固，黏结面积不得低于 99.5%。卷材铺贴完后，随即进行热熔封边，在将边缝及卷材接茬处用喷灯加热后，趁热用小抹子将边缝封牢。

④用热熔机具或喷灯烘烤卷材底层近熔化状态进行黏结，卷材与基层的粘贴必须紧密牢固，卷材热熔烘烤后，用钢压滚进行反复碾压。

7. 季节性施工

(1)雨期施工。在基层冷底子油施工前，必须保证基层干燥，其含水量应小于 9%。经过雨淋后的基层必须晾干，经现场含水量检测合格后方可进行下一步施工。卷材严禁在雨天、雪天环境下施工，雨雪后须晾干基层方可施工，5 级风以上不得进行施工。

(2)冬季施工。冬季进行防水卷材施工，应搭设暖棚，保证各工序施工时的温度大于 5℃。采用热熔法工艺施工时，温度不应低于－10℃。

8.施工注意事项

(1)为防止黏结不牢、空鼓等现象的发生,施工时应严格执行操作工艺,确保基层干燥,卷材在黏结过程中要注意烘烤均匀,不漏烤且不要过烤,以防止卷材的胎体破坏。冷底子油应注意铺涂均匀,不留空白。

(2)为防止出现防水卷材搭接长度不够,卷材在铺设作业前,应精确计算用料,并严格按照弹线铺贴,边角部位的加强层应严格按规定的要求施工,以保证卷材的搭接长度。

(3)施工时,应将防水卷材内衬伸进泄水口内规定的长度,以防止在泄水口周围接茬不良导致漏水。

(4)进入现场的施工人员均须穿戴工作服、安全帽及其他必备的安全防护用具,在防水层的施工中,操作人员均应穿着软底鞋,严禁穿带有钉子的鞋进入现场,以免损坏卷材防水层,严禁闲杂人员进入施工作业区。

(5)如发现卷材防水层有空鼓或破洞时,应及时割开损坏部分进行修复,然后方可进行粗粒式沥青混凝土的施工。

(6)施工时用的材料和辅助材料,多属易燃物品,在存放材料的仓库和施工现场必须严禁烟火,同时要配备消防器材,材料存放场地应保持干燥、阴凉、通风且远离火源。

(7)有毒、易燃物品应盛入密封容器内,并入库存放,严禁露天堆放。

(8)施工下脚料、废料、余料要及时清理回收,基层处理和清扫要及时,应采取防尘措施。

(9)防水卷材施工完毕应封闭交通,严格限制载重车辆行车,在进行铺装层施工时,运料车辆应慢行,严禁调头刹车。

(10)已铺设好的防水层严禁堆放构件、机械及其他杂物,应设专看管,并设置护栏标志以引起注意。

(11)卷材防水层铺贴完成并经检验合格后,应及时进行下道工序的施工。

9.保护层施工

卷材防水层施工完毕后,应仔细检查并修补,质量验收合格后,做40mm厚C20细石混凝土保护层,然后方可进行钢筋混凝土路桥面的浇筑施工,并振捣密实,湿养护至少14d。

第四节　白改黑改造工程的防水

所谓白改黑,即把白色的水泥混凝土路面改造成为黑色的沥青混凝土路面。

水是引起道路病害的重要因素之一。不同的道路结构,水以不同的作用原理分别对道路的各个层次带来不同形式的损害。本节所述的白改黑是白改黑工程中的一种形式,这种特定的结构形式决定了特定的水害机理,因而必须采用特殊的防治方法。这是本节内容作为一个独立部分进行介绍的原因。

一、白改黑方式

水泥路面在以往的数十年中,曾为交通的畅通作出了较大的贡献。但是水泥路面有许多缺点:维修工作量大、费用高;养护时间长,影响交通;行车噪声大,污染环境;白天反光强,影响安全等。因此随着技术的进步,目前新建的高等级道路基本为沥青路面,同时现有的水泥路面也将逐步改建为沥青路面。然而已有的水泥路面为数巨大，国内仅高等级的水泥路面里程已超过10万km。国外也一样，美国白色路面的比例更高。所以用何种方式白改黑最经济、效果更好，国内外均在探讨。截至目前，主要方式可分两类，一是保留水泥板块作基层，其上加铺沥青混合料；二是把水泥板块破碎掉，另加黏结料作基层，或在板块碎石之上再筑半刚性基层，然后加铺沥青混合料。第一类方式，即以水泥板块作基层的路面结构方式，是一种特殊的基层结构，这种刚性的板块基层，决定了路面设计时必须着重注意的防水内涵。本节讨论的防水内容仅针对这种方式的白改黑(以下的白改黑专指以板块为基层的路面)。第二类方式在粉碎的板块中加黏结料作基层，则类似于柔性基层，在板块碎石上加铺半刚性基层则应纳入半刚性基层，其防水设计应另当别论。

二、反射裂缝是白改黑路面的主要病害

路面水害的发生往往与路面所用材料的性质和路面施工缺陷相关连，路面水害的加剧往往与路面其他病害相伴生。白改黑路面的面层是沥青混合料，其病害的发生具有沥青路面的共性。但它的基层是刚性板块，在这里主要研究的是刚性板块给路面带来的病害——反射裂缝。实践证明，白改黑路面容易产生反射裂缝，而且往往成为这种路面的主要病害。

板块的热运动，使板块接缝上的沥青面层承受水平拉应力。

板块在车辆荷载作用下，将产生微量的上下窜动，使板块接缝上沥青面层承受竖向剪应力。

沥青面层在水平拉应力和竖向剪应力的反复作用下，将产生开裂。该裂缝是因板块接缝引起的，所以称反射裂缝。

路面一旦产生反射裂缝，整体性将遭到破坏，更为严重的是，将成为水的通道，路表水可以由此向下渗，基层下面的水可以由此向上挤，从而加速路面和底基层结构的损坏。

三、水对于白改黑路面损害的主要作用过程

水是路面的一个重要危害因素。

车辆荷载的反复作用，将在水泥板块与板块基础之间形成逐步的微小脱空，这些微小的脱空为基础浸润水的积聚提供了空间。倘若面层产生了裂缝，则地表水就可以通过裂缝和板块接缝与该空间连通，则水害加剧。车辆荷载将促使板块起到泵吸泵压作用，即在板块受压时，把板下积聚水挤出，压力消除时，由于板块的整体作用使聚水空间恢复而起到泵吸作用把地表水吸入。其反复循环的结果有二：

(1)掏走了板块下的泥沙，加大了板块下的脱空，使板块形似悬臂梁，行车时加大了纵向两边的上下窜动，促使裂缝扩大，严重时板块断裂而造成路面新的裂缝。

(2)在泵压泵吸水流的作用下，路面沥青混合料中的沥青膜逐渐从矿粒表面剥离，引起路表松散、脱粒；面层变软失去强度，加速了裂缝的扩大，并很快演变成坑槽，导致路面失去应有的使用性能。

四、白改黑路面的防水

白改黑路面的防水除必须采纳路面工程防水共性的措施外，从以上分析中还可以看出：作为基层的刚性板块是面层产生反射裂缝的根源；而反射裂缝与板块接缝组成水流的通道，是白改黑路面损伤的一个重要原因。

因此,针对白改黑路面结构特点,防止路面水害的主要途径应该是:①阻止反射裂缝的产生;②可靠地堵塞板块接缝。

工程实践中,为此采取了多种措施,如通过加厚沥青面层、在板块上加铺消散应力的沥青混合料、添加玻璃纤维格栅等手段延缓反射裂缝的产生;通过清理板块接缝并添置嵌缝料,在接缝上铺贴防水卷材的办法阻止水的流通等都收到了一定的应用效果。但纵观各种方法,往往有所欠缺,或不够可靠或不够全面或不够经济,浙江兰亭工程技术研究院通过对各地白改黑路面的观察研究,经总结分析提出的防水方案,在这里简介如下,供读者参考。

1. 基本方法

(1)填充板块接缝。

(2)封贴板块接缝。

2. 方案要点

(1)合理选材。

(2)规范施工。

3. 填充料的要求和作用

(1)与水泥混凝土有优良的黏附性,确保填充料与接缝立面的牢固接合。

(2)高温下有良好的流动性,确保满缝填充。

(3)有良好的低温延伸性,适应低温时板块的收缩。

本方案采用添加特种助剂、能与水泥混凝土有优良黏附性的 SBS 改性沥青,可完全满足上述要求。

4. 封贴卷材的要求和作用

(1)卷材应由强度较高的骨架材料和弹性优良的涂复层组成。

(2)卷材应能与水泥板块牢固黏合并与沥青混合料有良好的相容性。

(3)水泥板块随温度变化的伸缩,通过可变形的弹性涂复层和具有较高强度难以拉伸的骨架材料消散对沥青面层的水平拉应力。

(4)水泥板块在车辆荷载下引起纵向两边的微量上下窜动,通过卷材的高弹性缓冲,逐步或基本消除对沥青面层的垂直剪切应力。

本方案采用高弹性 SBS 改性沥青卷材,卷材的 2%定伸拉力应大于 800N/50mm。

5. 接缝填充料的施工

(1)接缝的清理铣削要求:铣削深度不小于 20mm,宽度不大于 10mm,缝壁均为铣削面,无污泥杂质的黏附。

(2)施工时环境温度不宜低于 10℃,改性沥青的黏度不宜大于 1Pa·s。

6. 接缝封贴卷材的施工

(1)板块表面必须冲刷干净。

(2)铺贴时表面必须干燥。

(3)铺贴宽度不宜小于 50cm。

(4)热熔铺贴,无空铺现象。

7. 有关问题的说明

(1)在白改黑路面工程中,水害的发生和加剧与反射裂缝的产生和扩大紧密相连,兰亭防水方案体现了标本兼治的原则，把防裂和防水合在一起，具有全面、经济、可靠的特点。

(2)该方案的应用始于2003年，首条应用路段宽18m，长6km，运行已4年，至今无一处反射裂缝和其他病害现象。

(3)应重点说明的是，在白改黑工程中，板块的弯沉检测和处理是保证工程质量的重要环节。

第五节　路桥防水层的质量控制及验收

路桥防水工程完工之后，整理施工过程中的有关文件资料和记录（如防水卷材出厂合格证、质量检验报告、防水卷材试验报告及相关质量证明文件、隐蔽工程检查记录、工序质量评定表等），会同建设、监理单位共同按质量标准进行验收，必要部位要进行抽样检验，验收合格后将验收文件和记录存档。

(1)原材料质量应符合设计要求，经检验各项指标合格；冷底子油涂刷均匀，不得有漏涂处。

(2)防水层之间及防水层与桥面铺装层之间应粘贴紧密，结合牢固，油层厚度及搭接长度符合设计规定。

按照每1 000m^2一组作为一个质量评定单元，采用现场抽查热熔铺贴后卷材与水泥混凝土的剥离强度来验证卷材的黏结性能及热熔黏结质量，用现场简易剥离试验设备检测卷材的铺贴质量，检测依据可参考试验室数据及剥离面的分布，90°剥离强度(20℃，50mm/min)≥50N/50mm。现场剥离试验参见图4-28。

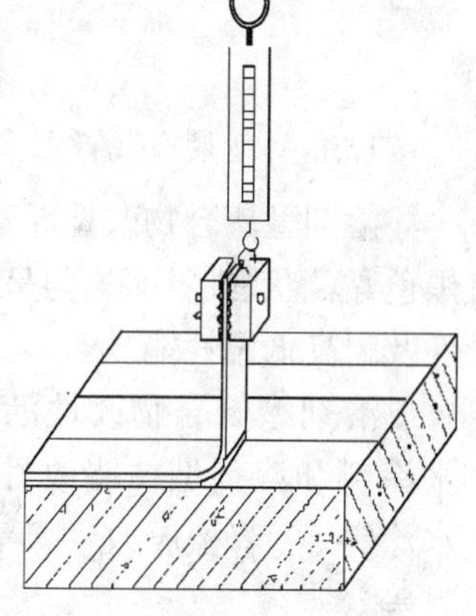

图4-28　现场剥离试验示意图

通过检查卷材搭接处有无缝隙来控制搭接质量，缝隙检查时用螺丝刀检查接口，发现不严之处应及时修补，不得留下任何隐患。

防水层应具有良好的不透水性；能承受各种静载和动载作用而不损坏；有足够的弹塑性和韧性等变形能力；具有温度稳定性，温度高时不致融流，温度低时不致脆裂；具有耐腐蚀、抗老化的性能。

(3)防水层施工完成后，其表面必须平整并符合防水要求，无明显积水现象，无滑移、翘边、起泡、皱折、空鼓、脱皮、裂缝、油包等缺陷状况。

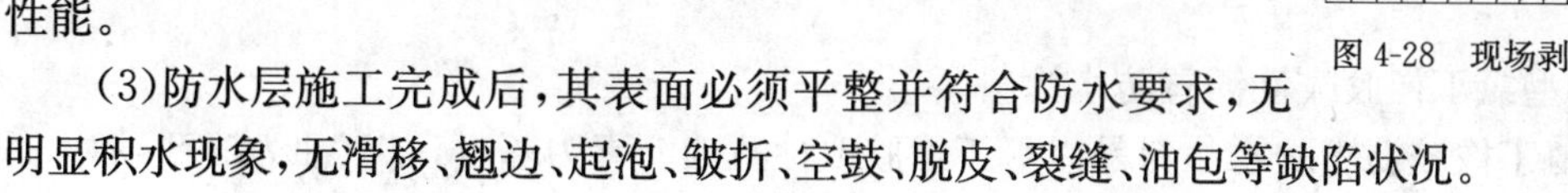

第六节　路桥用聚合物改性沥青防水涂料

聚合物改性沥青防水涂料是一类以沥青为基料，采用合成高分子聚合物对其进行改性，配制而成的溶剂型或水乳型的，适用于建筑、道路、桥梁等防水工程的涂膜型防水材料。

聚合物改性沥青防水涂料的主要成膜物质是沥青和橡胶（如天然橡胶、合成橡胶、再生橡胶等）及树脂，是以橡胶和树脂对沥青进行改性而得到不同性能的涂料制品。如采用氯丁橡胶、丁基橡胶对沥青进行改性，则能得到可改善沥青气密性、耐化学腐蚀性、耐燃、耐光、耐气候性等性能的制品；如采用 SBS 橡胶对沥青进行改性，则能得到可改善沥青弹塑性能、延伸性能、耐老化性能、耐高低温性能的制品。

聚合物改性沥青防水涂料按其成分可分为溶剂型高分子聚合物改性沥青防水涂料和水乳型高分子聚合物改性沥青防水涂料两大类型；如按其改性剂可分为氯丁橡胶改性沥青防水涂料、丁苯橡胶改性沥青防水涂料、天然橡胶改性沥青防水涂料等。高聚物改性沥青防水涂料的分类参见图 4-29。

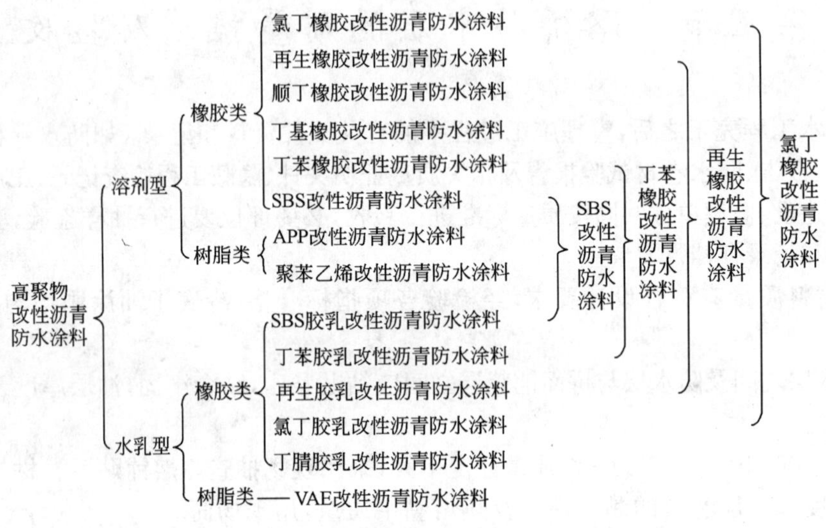

图 4-29　高聚物改性沥青防水涂料的分类

1. 溶剂型聚合物改性沥青防水涂料

溶剂型聚合物改性沥青防水涂料是以橡胶树脂改性沥青为基料，经溶剂溶解配制而成的黑色黏稠状、细腻而均匀呈胶状液体的一种防水涂料。产品具有良好的黏结性、抗裂性、柔韧性及耐高低温性能。

溶剂型聚合物改性沥青防水涂料根据其改性剂的类别可分为溶剂型橡胶改性沥青防水涂料和溶剂型树脂改性沥青防水涂料两类。其具体品种主要有氯丁橡胶改性沥青防水涂料、丁苯橡胶改性沥青防水涂料、丁基橡胶改性沥青防水涂料、APP 改性沥青防水涂料等。

(1)溶剂型氯丁橡胶改性沥青防水涂料

溶剂型氯丁橡胶沥青防水涂料是以氯丁橡胶改性石油沥青为基料，以汽油为溶剂，加入高分子填料、无机填料、防老化剂、助剂等制成的防水涂料。溶剂型氯丁橡胶沥青防水涂料又名氯丁橡胶沥青防水涂料，是在我国新型防水材料中出现较早的一个品种，20 世纪 60 年代就开始在工程上大面积使用。氯丁橡胶是一种性能较好、产量较大的合成橡胶，氯丁橡胶沥青防水涂料是氯丁橡胶和石油沥青溶化于甲基或二甲苯中而形成的一种混合胶体溶液，其主要成膜物质是氯丁橡胶和石油沥青。

本品延伸性好，耐候性、耐腐蚀性优良，能在复杂基层形成无接缝完整的防水层，且适应基层的变形能力强。本品需反复多次涂刷才能形成较厚的涂膜，形成涂膜的速度较快且致密完整，能在较低温度下进行冷施工。本品施工时应注意通风良好，施工人员应配备防护措施，溶剂易挥发，有毒，生产、储运应远离火源，并有切实的防爆措施。

(2)溶剂型再生橡胶改性沥青防水涂料

溶剂型再生橡胶沥青防水涂料又名再生橡胶沥青防水涂料、JG-1 橡胶沥青防水涂料，是以再生橡胶为改性剂，以汽油为溶剂，添加各种填料而制成的防水涂料。

本品的特点如下。

①能在各种复杂基面形成无接缝的涂膜防水层，具有一定的柔韧性和耐久性，但本品应进行数次涂刷，才能形成较厚的涂膜。

②本品以汽油为溶剂，故涂料干燥固化迅速，但在生产、储存、运输、使用过程中有燃爆危险，应严禁烟火，并配备消防设备。

③本品可在常温和低温下进行冷施工，施工时应保持通风良好，及时扩散挥发掉汽油分子，故对环境有一定污染。

④本品生产所用原材料来源广泛，生产成本较低。

⑤本品的延伸等性能比溶剂型氯丁橡胶沥青防水涂料略低。

2.水乳型聚合物改性沥青防水涂料

水乳型 SBS 改性沥青防水涂料是综合性能最佳的一种防水涂料，其改性剂 SBS 系三元嵌段共聚物，是一种很受推崇的热塑性弹性体，在常温下呈强韧的高弹性，在高温下呈接近线性聚合物的流体状态，用 SBS 与沥青制成的改性沥青，具有韧性好、弹性强、耐疲劳、抗老化、防水性能优异等特点，在高温下不流畅，低温下不脆裂。经过乳化后制成的水乳型防水涂料更具有环保、可冷施工等特点。

水乳型 SBS 改性沥青防水涂料具有以下优点：

①能在各种复杂表面形成无接缝防水膜，具有优异的耐高低温性能。

②无毒，常温下冷施工，不污染，操作方便。

③与水泥混凝土桥梁结构层、沥青混凝土面层均具有极佳的黏结性和相容性。

④可在稍湿基层表面施工。

水乳型 SBS 改性沥青防水涂料也存在以下缺点：

①一次涂刷成膜较薄，要经多次涂刷才能达到要求的厚度。

②产品易受工厂生产条件、涂料成膜及储存条件的变动而产生波动。

③气温低于 5℃不宜施工。

④制备技术要求较高，不宜掌握。

由于路桥专用防水材料尚未有国家标准与行业标准，其相关的物理性能指标也尚无明确的统一要求。国内对水乳型聚合物改性沥青防水涂料研制生产较为成功的浙江兰亭高科，在参考了国内外同类产品标准资料的基础上，结合路桥工程应用的实际要求制定了相关企业标准，其对水乳型聚合物改性沥青物性指标的规定如表 4-26 所示。

水乳型聚合物改性沥青物性指标　　表 4-26

序号	项　目		技术指标	
			Ⅰ型	Ⅱ型
1	固体含量(%)，≥		50	60
2	干燥时间(h)	表干时间	2	
		实干时间，≤	24	
3	耐热性		加热 5h，温度达(90±5)℃，无起泡，无流淌	

续上表

序号	项目		技术指标	
			I型	II型
4	断裂伸长率(%),≥	无处理	400	600
		加热处理	320	480
		碱处理	240	360
		紫外线处理	320	480
5	低温柔度(℃)		−10	−20
			ϕ10mm棒,无裂纹	
6	不透水性(MPa)		压力0.2MPa,保持时间30min	压力0.3MPa,保持时间30min
			不透水	
7	黏结强度(MPa),≥		0.2	0.3

水乳型聚合物改性沥青防水涂料在使用中应注意以下细节问题。

①路桥防水层顶,可采用水泥混凝土或沥青混凝土路桥铺装层。

②防水层设计厚度:采用水泥混凝土铺装层时,防水层厚度为1.5mm;采用沥青混凝土铺装层时,厚度为2mm。当桥梁纵向坡度>1.8%时,防水层厚度可以适当减薄。

③防水层施工后,为防止混凝土铺装层钢筋扎破或碾压沥青混凝土铺装层时破损,应在防水层施工后24h内设置保护层。

④路桥防水涂料在施工中,应在现场对防水涂料进行抽检,以保证产品质量符合要求。

第七节 路桥用聚氨酯防水涂料

聚氨酯防水材料,由异氰酸酯基(—NCO)的聚氨酯预聚体和含有(—OH)羟基或(—NH_2)氨基的固化剂及其他助剂的混合物按一定比例所形成的一种反应型涂膜防水材料。聚氨酯类防水涂料在路桥防水应用中,要求基层干燥,含水率不得超过9%,并要求基层平整、密实、清洁,不允许有凹凸不平松动和起砂掉灰等缺陷存在。

聚氨酯防水涂料具有如下优点。

(1)固化前为液态,易于在任何复杂基层表面施工,防水工程质量易于保证。

(2)有化学反应成膜,基本不含溶剂,体积收缩小,易做成较厚涂膜,涂膜的防水层无接缝,整体性强。

(3)冷施工作业,操作安全。

(4)涂膜具有较好的弹性、延伸性、抗拉强度及撕裂强度。

(5)对基层裂缝在一定范围内有较强的适应性。

当然,聚氨酯防水涂料在路桥防水应用中也存在诸多缺点。

(1)原材料昂贵,导致售价不菲。

(2)施工中对基层有严格要求,要求基层干燥、平整、密实、清洁等。

(3)有一定的可燃性和毒性。

(4)反应型防水材料，在施工现场需准备称量，搅拌均匀，才能确保质量。

(5)聚氨酯防水涂料与沥青混凝土基本不黏结，使其在沥青混凝土类铺装层中性能不佳。

路桥用双组伤聚氨酯防水涂料物理力学性能指标如表 4-27 所示。

路桥用双组伤聚氨酯防水涂料物理力学性能指标 表 4-27

项　目	技术要求	项　目	技术要求
抗拉强度(MPa)，≥	2.45	不透水性	压力 0.3MPa，保持时间 30min，不透水
断裂伸长率(%)，≥	450	表干时间(h)，≤	8
撕裂强度(N/mm)	14	实干时间(h)，≤	24
低温弯折度(℃)	−35		

聚氨酯防水涂料在路桥防水施工中需遵循以下工作流程。

(1)涂刷底层涂料。其目的主要是阻隔基层潮气，防止涂膜起鼓脱落，加固基层，提高涂膜与基层黏结强度，以防止涂层出现针眼、气孔等缺陷。底层涂料用量为 0.15～0.2kg/m²，涂后需干燥 24h 以上，才能进行下一道工序施工。

(2)涂刮第一道涂料。涂刮时要求均匀用力，使涂层均匀一致，涂刮厚度一般约为 1.5mm，用量约 1.5kg/m²。

(3)涂刮第二道涂料。待第一道涂料固化后 24h，再涂刮第二道，厚度约为 1mm，用量约 1kg/m²，涂刮方向应与第一道垂直。

(4)胎体增强材料铺贴。当防水层需铺贴玻纤无纺布等胎体增强材料时，应在涂刮第二道涂料前进行粘贴。

(5)稀撒石渣。为了增强防水层与水泥砂浆保护层或其他贴面材料的水泥砂浆层之间的黏结力，在第二道涂料固化前，在其一表面稀撒石渣一层。

(6)保护层施工。待涂膜固化后，便可进行刚性保护层施工或其他保护层施工。

第八节　聚合物水泥防水涂料

聚合物水泥防水涂料，又称 JS 复合防水涂料，是建筑防水涂料中近年来发展起来的一大类别，属有机-无机复合型防水材料。由聚丙烯酸酯乳液、乙烯醋酸乙烯共聚乳液等聚合物乳液与添加剂组成的有机液料，与水泥、石英砂及各种添加剂、无机填料组成的无机粉料通过合理配方，复合制成的一种双组伤水性建筑防水涂料。

聚合物水泥防水涂料用于桥梁防水源于其配制并涂刷于结构表面后，随着水分蒸发逐渐形成具有一定强度和弹性的防水液膜，并可承受一定振动和变形。其性能指标应符合行业标准《聚合物水泥防水涂料》(JC/T 894—2001)，且其耐热变形应达到 150℃要求，低温柔性应提高至−15℃无裂纹。表 4-28 是聚合物水泥防水涂料的物理力学性能。

聚合物水泥防水涂料(摘自 JC/T 894—2001)　　表 4-28

项　目		技术指标
固体含量(%)		65
干燥时间(h)	表干时间	4
	实干时间	8
抗拉强度(MPa),≥		1.2
断裂伸长率(%),≥		200
低温柔性(−10℃)		φ10mm 棒,无裂纹
不透水性		压力 0.3MPa,保持时间 30min,不透水

聚合物水泥防水涂料作为一种新型环保型防水涂料,由于其环保性、优良的技术性能、经济性良好等原因,发展迅速,显示出其较强的优势。

第九节　桥面铺装工程中的防水黏结料

目前,在一些大型水泥混凝土桥面铺装过程中,大家对防水黏结材料的选择较为重视,也进行了很多相关的科研工作并取得一些研究成果,但对桥面板的处置方式并没有足够重视。事实上,桥面板的处置方式对整个铺装结构的使用性能有着重要的影响。

一、桥面铺装防水黏结层的研究

防水黏结层是保证桥面铺装与混凝土桥面板有效黏结的主要因素,可以有效减少表面水的下渗,保证混凝土桥面板的使用寿命。防水黏结层的使用质量是防止桥面铺装早期病害和提高桥面结构耐久性的关键。

在我国高等级公路建设发展初期,有关桥面防水问题还没有引起人们的足够重视,近些年来,由于桥面防水功能及铺装层早期破坏问题突出,促使人们不可不进一步提高这方面的认识。但是到目前为止,由于缺少有关行业技术规范,各地具体做法不尽相同,有的干脆把屋顶防水技术直接拿来使用。因为桥面与屋顶在受力方面的根本不同,自然收不到应有的效果,甚至无为地加大了工程投资。也有的单方面强调下封层的防水性而忽视沥青混凝土铺装层本身在防水方面的作用,无异于放弃了更具积极意义的桥面防水技术环节。

(一)桥面防水工程目前存在的问题

在桥面防水层和沥青铺装层早期破坏实例特别是在大量的复修工程中可以发现,造成桥面防水性破坏的原因基本上可以分为如下两类。

1.沥青混凝土铺装层滑动剥离造成防水功能破坏

(1)作为下设防水层的材料与上下结构层间的黏结力过低,造成沥青铺装层在桥面弯拉应力、温度应力、车轮荷载等多重应力作用下的滑动和剥离。这些防水材料通常表现为软化点过低或软化点过高。因为构成沥青黏结强度的是黏结材料与被粘物体间的黏附性和黏结材料自身的内聚力(强度)两个必要条件。软化点过低的防水层材料在高温条件下内聚力(强度)下降,即使有好的黏附性,也会失去黏结力。如果把未经改良的道路沥青用作桥面防水层,遇高温即形成富油滑动层,成为沥青铺装层滑动条件。另有一些防水层材料软化点过高,通常为化学反应型，其强度在形成后有不可逆性。这类材料虽然高温稳定性很好，但是强度形成以后的材料表面光滑而且缺少剩余化学键力，与沥青混合材料的黏附性很差，因此这个界面间黏结力也很低，容易产生滑动剥离现象。

(2)桥面沥青铺装层下的局部空鼓也是造成铺装层剥离和滑动的原因。这类问题基本上是出于采用防水卷材与多布涂油进行桥面防水处理的原因。因为实际上桥面水泥混凝土铺装层的表面相对平整度是不能够满足防水型材与其100%结合的，施工中难免产生"夹气"现象，这些"夹气"空间遇热膨胀，并在车辆轮压作用下漂移运动，即使原本黏结良好的地方也会在"气室"运动中被撕开。所以在许多桥面铺装层的复修工程中都可以看到，采用这类屋顶防水型材与工艺建立的防水层基本都处于剥离状态。

(3)桥面铺装层滑动剥离的另一种原因就是防水功能层上下在施工中的清理保洁不彻底。水泥混凝土铺装层表面的浮浆和防水层上面的泥土尘埃都是破坏黏结力、造成沥青铺装层滑动剥离的重要隐患，因此对这些工作环节要引起足够的重视。

2.在桥面沥青铺装层内部和底部的动水冲刷造成防水功能破坏

水泥混凝土桥面沥青铺装层的作用，首先在于对桥面的防护，然后是改善行车舒适性、建立中修再造条件等。关于防护作用，则在于荷载应力消解与排水性。但是由于目前国内碎石加工业缺少统一标准，沥青混凝土拌和设备难以建立良好的适配条件，加上沥青混合料倒运及宽幅摊铺设备自身造成的离析问题，导致原本应该密实的沥青铺装面层材料匀质性差，往往剩余孔隙率偏大。这样的弹性结构层板体，在车轮荷载的往复作用下遇水即随板体应变形成空隙间强力的"泵吸"。这种动水冲刷不仅会严重破坏沥青混凝土面层材料及结构层间的结合力，而且还会使下设防水层处于十分恶劣的条件下，用不了太长时间，即使较好的防水层也会遭到破坏。因为这种破坏力往往是出人意料的。在一些沥青铺装层桥面上，可以发现这样一些"壅包"，即包块里面堆积了大量的灰黑色砂泥(沥青和砂浆)。其实这些砂泥为"夹馅"的壅包下动水冲刷的产物在剥离后的面层下随水流堆积在车轮单向推压而形成的皱褶处所形成。通过解剖这些包块，或许可以间接地感知动水冲刷的力量。

所以桥面防水工程，不仅要重视下设防水层，沥青铺装层也应该成为桥面防水工程不可忽视的组成部分。沥青铺装层作为防水功能层所表现出的工程特性为：

(1)密实不透水，应力吸收作用强；

(2)结构层间受力连续性好，无空鼓现象，抗剪强度高；

(3)便于大规模机械化作业。

建议当桥面沥青铺装层达不到应有防水密实度的情况下，为了不致造成结构层内动水冲刷破坏，应该设立表面防水功能层或中置防水功能层。这种设置已经被实践证明是最具积极意义的桥面防水措施。

碎石封层和稀浆封层用于铺装层的表面，其实也就是把较厚结构层难以实现的密实防水功能分离出来，通过优质薄层材料技术建立防水功能层于结构层表面。而碎石封层和稀浆封层不仅可以防水，而且还可以同时建立起具有良好纹理深度的抗滑性和耐磨性表面。其中碎石封层还拥有很好的抗紫外线老化作用。

如果需要追求桥梁铺装与路面铺装表面的一致性，可以把表面防水功能层移至沥青混凝土铺装层和下面层之间，作为中置防水功能层，如京秦高速公路洋河大桥和陡河大桥就采用了这样的设置方法，收到了很好的效果。

选择合适的防水层形式不仅能起到良好的防水效果，保证桥梁主体结构的安全，而且还能延长桥面铺装的使用寿命和降低造价。优良的桥面防水层应具有如下特性：

(1)与桥面混凝土具有良好的黏结性，不起皮，不脱落；

(2)与沥青混凝土桥面铺装能黏结成一个整体；

(3)不透水、抗刺破，有一定的抗拉强度和延性，适应变形；

(4)对桥面混凝土表面质量无特殊要求，施工方便易行。

(二)桥面防水层施工控制要点

(1)清除桥面混凝土的浮浆。所谓浮浆是指收面时形成的薄皮或施工时遗落的砂浆，以及空鼓不实的地方，但不能将水泥混凝土本身表层砂浆全部清除或铣刨。

(2)彻底清洁桥面，不能有浮尘杂物。对于卷材，还不能有空洞或隆起，否则不能紧密贴合。

(3)严格控制喷洒量或施工工艺，使其达到相应的质量标准。

(4)严把进场材料关。相同品种的防水材料，等级、产地不同质量差别很大，应严格按照合同要求控制好进场材料的质量，保证防水效果。

(三)桥面铺装早期破损与防水层的关系

桥面铺装早期破损与防水层材料选择不当及施工质量有关。过厚的防水层和黏结性差的防水层，在重载交通的反复作用下使沥青混凝土铺装层产生推移、松散，导致桥面铺装破损。防止桥面铺装早期破损的关键：一是解决沥青混凝土铺装层透水问题；二是防止由于防水层施工在沥青混凝土桥面铺装层和水泥混凝土桥面之间形成薄弱夹层或无黏结层。因此，在重载交通下，建议不要采用卷材和黏结性差的防水材料。

二、界面处置及防水黏结层施工

混凝土桥面板的界面处置工作，主要包括清除混凝土板上的灰尘、浮浆、软弱部位，形成粗糙和可靠的抗滑界面，提高水泥混凝土桥面板与沥青铺装层之间的抗剪切能力和黏结能力，保证铺装体系与混凝土面板共同受力变形，不产生相对位移。

1.前期界面处理

前期通过力学分析、界面处置微观分析及不同黏结层材料在喷砂和精铣刨两种界面上的抗剪强度和黏结性能试验得出以下结论。

(1)根据力学计算结果，并参照沥青路面设计规范的要求，桥面防水层的剪切强度按0.4MPa控制，黏结强度按0.2 MPa控制。

(2)无尘自动喷砂机、精铣刨均可以对桥面板进行有效的处理，满足桥面铺装的要求，但从处理后的物理状态分析，精铣刨后桥面板产生的小棱角能够提供一种剪力键的作用，有助于提高桥面铺装的抗剪强度。

(3)从研究结果分析可知，防水黏结层与界面处置共同形成桥面铺装抗剪和黏结的基础条件，铺装成功与否取决于两者的共同作用。不重视界面处置方式，过分倚重于某些材料的特性，不仅直接给桥面铺装的质量埋下隐患，而且会使施工繁杂，造价大幅提高。

2.界面处理的作用

优良的界面处理可以保证桥面铺装层与水泥混凝土面板之间的有效黏结、抗剪、应力吸收及防水功能，界面处理包括桥面板的处理和防水黏结层的选择。

界面的功能是保证铺装层与桥面板的有效黏结，提供桥面铺装层抗剪切滑移的能力，防止铺装层因水损害导致剥落、脱层等病害的产生，同时兼顾保护混凝土中的钢筋少受水侵蚀的需要。从铺装层结构功能出发并结合黏结层在桥面铺装中的受力机理分析，界面处理方案需要达到以下功能要求。

(1)保证桥面铺装层有足够的抗剪切能力和拉拔能力，保证铺装层在行车荷载振动、制动作用下及自然气候作用下不脱层。

(2)有足够的韧性，受桥面板反复弯曲变形而不开裂、不脱层。

(3)能充分封闭桥面板，隔绝空气和水渗入桥面结构内。

(4)像杭州湾大桥位于海洋之中，海洋上风大浪高，海风中富含氯离子，积累的盐分对桥面铺装有一定的侵蚀作用，因此在桥面铺装界面处理中还要求防水黏结层有良好的抗腐蚀能力。

界面处置的首要指标是确保与桥面铺装的结合力，提供足够的抗剪能力。反映指标其一是抗剪强度，与桥面板处理后的粗糙程度及黏结层材料的黏结强度有关。

3.《公路沥青路面设计规范》(JTG D50—2006)对防水层受力的规定

部颁新版《公路沥青路面设计规范》(JTG D50—2006)条文说明中指出，对于水泥混凝土桥面防水层，不论何种桥型，防水层与混凝土桥面板之间的法向应力均小于 0.2MPa，剪应力均小于 0.36MPa。其建议防水层 25℃剪切强度为 0.4MPa，对于桥面防水层的设计施工具有重要的意义。

目前，我国普遍存在水泥混凝土桥梁桥面铺装时对桥面板的处理重视不够，很多情况下采用人工处理的方式，然后在其上施工防水黏结层，铺筑沥青混合料。这样做，直接给桥面铺装的质量埋下了隐患。混凝土板上的灰尘、油污等会影响防水黏结层与桥面板之间的黏结，混凝土板上的浮浆、软弱部位成为一个软弱的夹层，也会影响到界面黏结和抗剪性能，这些因素导致了桥面铺装在使用的初期即出现如脱层、推移等病害。桥面板处理方式有无尘自动喷砂机、精铣刨。无尘自动喷砂机可以在清除桥面板的同时，将一些杂物吸走，桥面板基本不需要二次清扫，但喷砂过程会破坏水泥混凝土板上层石子的棱角性，黏结层与混凝土板之间的抗剪切性能主要以黏结层的黏结为主，精铣刨不会破坏桥面板表面石子的棱角性，铣刨后混凝土板上的小棱角可以与沥青混合料层起到良好的嵌挤及与黏结层黏结的作用，特别是在高温情况下，嵌挤作用是保证层间抗剪的主要因素。

无尘自动喷砂机、精铣刨均可以对桥面板进行有效的处理，满足桥面铺装的要求，但从桥面抗剪角度分析，精铣刨后桥面板产生的小棱角能够提供一种剪力键的作用，有助于提高桥面铺装的抗剪强度。

第五章 地下防水工程

第一节 概 述

卷材防水层用防水卷材和与其配套的胶结材料胶合而成一种多层或单层防水层。

地下工程卷材防水是用沥青胶将几层油毡粘贴在结构基层表面上而成。这种防水层的主要优点是:防水性能较好;具有一定的韧性和延伸性,能适应结构的振动和微小变形,不至于产生破坏,导致渗水现象;能抗酸、碱、盐溶液的侵蚀。但卷材防水层耐久性差,吸水率大,机械强度低,施工工序多,发生渗漏时难以修补。

用卷材作地下工程的防水层,因长年处在地下水的浸泡中,所以不得采用极易腐烂变质的纸胎类沥青防水油毡,而宜采用合成高分子的防水卷材和高聚物改性沥青防水卷材作防水层。

一、地下工程卷材防水适用范围

(1)卷材防水层适合于承受的压力不超过 0.5MPa,当有其他荷载作用超过上述数值时,应采取结构措施。

(2)卷材防水层只有在经常保持不小于 0.01MPa 的侧压力下,才能较好发挥防水性能。一般采取保护墙分段断开,起附加荷载作用。

(3)沥青油毡耐酸、碱、盐的侵蚀,但不耐油脂及溶解沥青溶剂的侵蚀,所以油脂和溶剂不得接触油毡。

二、地下工程卷材防水施工条件

(1)为了保证正常施工,施工期间必须采取有效措施,将基坑内地下水位降低到垫层以下不小于 500mm 处,直至防水工程全部完成。

(2)卷材防水层应铺贴到整体混凝土结构或整体水泥砂浆找平层的基面上。整体混凝土或水泥砂浆找平层基层应牢固、表面整洁、洁净干燥,不得有空鼓、松动、起皮、起砂现象,用 2m 直尺检查,基层与直尺间的最大空隙不应超过 5mm,且每 1m 长度内不得多于 1 处,空隙处只允许平缓变化。

(3)基层阴阳角均应做成圆弧。对于高聚物改性沥青防水卷材,圆弧半径应大于 50mm;对于合成高分子防水卷材,圆弧半径应大于 20mm。

(4)卷材防水层铺贴前,所有穿过防水层的管道、预埋件等均应施工完毕,并做了防水处理。防水层铺贴后,严禁在防水层上打眼开洞,以免引起渗漏水。

(5)卷材防水层严禁在雨天、雪天及五级风以上时施工,其施工环境温度为:当用高聚物改性沥青卷材时,用冷黏法不低于 5℃,热熔法不低于-10℃;当用合成高分子防水卷材时,用冷黏法不低于 5℃,热风焊接法不低于-10℃。

三、地下工程卷材防水施工做法

地下工程的柔性防水，主要是采用卷材作全外包防水层。防水等级为Ⅰ级时，合成高分子防水卷材厚度不应小于2mm，高聚物改性沥青防水卷材(聚酯胎)厚度不应小于5mm；防水等级为Ⅱ、Ⅲ级时，合成高分子防水卷材厚度不应小于1.5mm，高聚物改性沥青防水卷材(聚酯胎)厚度不应小于4mm。

1.外防外贴法

将卷材直接粘贴在立墙的结构混凝土外侧，并与混凝土底板下面的卷材防水层相连接，以形成整体封闭的防水层。

为便于施工，也可在垫层混凝土边缘，先用水泥砂浆砌筑高度为结构混凝土底板厚度加上300mm的永久性保护墙和200～300mm高的用石灰砂浆砌筑的临时性保护墙，永久性保护墙应用水泥砂浆抹找平层，临时性保护墙应用石灰砂浆抹找平层，卷材从垫层直接粘贴到临时保护墙顶部，待结构混凝土墙体浇筑完毕，拆除临时性保护墙，清理卷材接头后，继续将卷材粘贴在立墙结构上。

2.外墙内贴法

将卷材直接粘贴在永久性保护墙(也称模板墙)上，并与垫层混凝土上的防水层相连接，形成整体的卷材防水层。在防水层上做保护层后，再浇筑结构混凝土。此法多在施工条件受到限制时采用。

四、地下工程卷材防水技术要求

1.一般规定

(1)卷材防水层适用于受侵蚀性介质作用或受振动作用的地下工程。

(2)卷材防水层应铺设在混凝土结构主体的迎水面上。

(3)卷材防水层用于建筑物地下室应铺设在结构主体底板垫层至墙体顶端的基面上，在外围形成封闭的防水层。

2.设计要求

(1)卷材防水层为一或二层。高聚物改性沥青防水卷材厚度不应小于3mm，单层使用时，厚度不应小于4mm，双层使用时，总厚度不应小于6mm；合成高分子防水卷材单层使用时，厚度不应小于1.5mm，双层使用时，总厚度不应小于2.4mm。

(2)阴阳角处应做成圆弧或45°(135°)折角，其尺寸视卷材品质确定。在转角处、阴阳角处等特殊部位，应增贴1～2层相同的卷材，宽度不宜小于500mm。

3.施工要求

(1)卷材防水层的基面应平整牢固、清洁干燥。

(2)铺贴卷材严禁在雨天、雪天施工，五级风及其以上时不得施工，冷黏法施工气温不宜低于－10℃。

(3)铺贴卷材前，应在基面上涂刷基层处理剂，当基面较潮湿时，应涂刷湿固化型胶黏剂或潮湿界面隔离剂。

(4)铺贴高聚物改性沥青卷材应采用热熔法施工，铺贴合成高分子卷材应采用冷黏法施工。

(5)卷材防水层经检验合格后，应及时做保护层，保护层应符合以下规定。

①顶板卷材防水层上的细石混凝土保护层厚度不应小于70mm，防水层为单层卷材时，在防水层与保护层之间应设置隔离层。

②底板卷材防水层上的细石混凝土保护层厚度不应小于50mm。

③侧墙卷材防水层宜采用软保护或铺抹20mm厚的1∶3水泥砂浆。

第二节　材料规格及质量要求

地下工程常用的防水卷材有高聚物改性沥青防水卷材、合成高分子防水卷材(片材)、钠基膨润土防水毯(防水板)、金属防水卷材等。这些防水卷材一般具有良好的防水性、耐水性、延伸性、弹塑性及抗裂性等，根据材质的不同各种性能指标亦各不相同，并按品质的不同分为高、中、低三档。

卷材类防水材料是我国今后需大力发展和大量推广应用的防水材料。

(1)防水卷材用于地下工程时，高聚物改性沥青防水卷材或合成高分子防水卷材应符合下列规定。

①卷材外观质量、品种规格应符合现行国家标准或行业标准。

②卷材及其胶黏剂应具有良好的耐水性、耐久性、耐穿刺性、耐腐蚀性及耐菌性。

③高聚物改性沥青的主要物理性能应符合表5-1的规定，合成高分子防水卷材的主要物理性能应符合表5-2的规定。

高聚物改性沥青防水卷材的物理性能(摘自GB 50108—2001)　　表5-1

项目		性能要求		
		聚酯毡胎体	玻纤毡胎体	聚乙烯膜胎体
抗拉性能	拉力(N/50min)，≥	800(纵横向)	500(纵向)	140(纵向)
			300(横向)	120(横向)
	最大拉力时延伸率(%)，≥	40(纵横向)		250(纵横向)
低温柔性		≤−15℃		
		3mm厚、r=15mm，4mm厚、r=25mm，3s，弯180°，无裂纹		
不透水性		压力0.3MPa，保持时间30min，不透水		

合成高分子防水卷材的主要物理性能(摘自GB 50108—2001)　　表5-2

项目	性能要求				
	硫化橡胶类		非硫化橡胶类	合成树脂类	纤维胎增强类
	JL_1	JL_2	JF_3	JS_1	
抗拉强度(MPa)，≥	8	7	5	8	8
断裂伸长率(%)，≥	450	400	200	200	10
低温弯折度(℃)	−45	−40	−20	−20	−20
不透水性	压力0.3MPa，保持时间30min，不透水				

(2)粘贴各类卷材必须采用与卷材材性相容的胶黏剂，胶黏剂的质量应符合下列要求。

①高聚物改性沥青卷材间的黏结剥离强度不应小于8N/10mm。

②合成高分子卷材胶黏剂的黏结剥离强度不应小于15N/10mm，浸水168h后的黏结剥离强度保持率不应小于70%。

(3)地下工程卷材防水层不得采用纸胎油毡。因纸胎油毡的胎芯采用原纸，其中草浆含量大于60%，故紧度大，疏松度不够，吸水率大，吸油率小，以至于延伸率小、强度低、耐久性差，遇水容易膨胀、腐烂。

(4)地下工程卷材外表不应有孔眼、断裂、皱叠、边缘撕裂；表面防黏层应均匀散布及油质均匀、无未浸透的油层和杂质，受水后不起泡、不翘边，冬季不脆断。

(5)沥青胶配制。沥青胶现场配制时，为了保证沥青胶的质量，常以软化点来控制沥青胶的耐热度，通常软化点要比耐热度高10～15℃(多蜡沥青胶软化点要比耐热度高20～40℃)。

地下防水工程受气温变化影响较小，对耐热度要求不高，在夏季施工时可采用10号沥青，春秋季施工时可采用30或60号沥青。沥青胶的软化点比基层和周围介质的可能最高温度高出20～25℃，但不低于40℃，以50～70℃为宜。如用于受高温影响的地下结构防水，其耐热度不应低于结构表面受热温度。

第三节　地下工程防水材料施工

一、地下工程防水设计

1.防水的重要性

(1)长久性。地下建筑均为长久性建筑，防水材料耐用年限较长，防水质量要求较高。

(2)补漏困难。地下防水层埋入地下，隐蔽很深，一旦漏水，很难把土层挖开或把建筑物抬起来，只有在室内补漏。背水面补漏困难大、造价高，有时效果不理想，东补西漏，补不胜补，有的地下室不得不放弃使用，造成空间浪费。

(3)渗漏危害大，承重墙被漏水浸湿，钢筋锈蚀，混凝土酥散，建筑物寿命严重缩短。

2.防水方案的确定

防水方案应根据工程的水文地质状况、结构构造形式、施工方法、地形条件、防水标准和使用要求、技术经济指标、材料来源等情况综合考虑确定。一般工程应以防为主，防排结合，因地制宜，综合治理。

3.防水等级

地下工程防水共分4级，其中I级不允许渗水，用于粮库、金库、档案库、弹药库等；II级不允许漏水，用于空调机房、发电机房、燃料库等；III级有少量漏水点，用于电缆隧道等；IV级有漏水点，但不得有线流和漏泥沙，用于涵洞等。

4.设防要求

I级防水：多道设防，其中必有一道结构自防水，并根据需要可设附加防水层或其他防水措施。

II级防水：二道或多道设防，其中必有一道结构自防水，并根据需要可设附加防水层。

III级防水：一道或二道设防，其中必有一道结构自防水，并根据需要可采用其他防水措施。

IV级防水：一道设防，可采用结构自防水或其他防水措施。

5. 选材要求

Ⅰ、Ⅱ级防水均采用合格的优质高档防水材料，Ⅲ级防水采用中、高档合格的优质防水材料，Ⅳ级防水采用中档合格防水材料。

6. 设计要点

(1)当设计最高地下水位高于地下室地面时，地下室的外墙受到地下水位的侧压力，而底板则受到上浮力，此时地下室的底板和外墙均应做防水处理，并形成封闭式；而防水层的高度应比室外地面高出 300mm。

(2)地下防水层以混凝土结构自防水为基础，而附加防水层可以选择刚性或柔性材料设防，并以迎水面设防为好，当无法进行迎水面设防或修补时，则可在背水面设防或修补，但标准应按迎水面要求提高一级设计。

(3)受振动、冲击或基层刚度较弱、变形较大的地下建筑，宜在迎水面采用柔性材料，而处于腐蚀介质的地下工程，则应在迎水面采用耐腐蚀的柔性防水材料。

(4)结构防水混凝土在底板与立墙交接处，均应做成倒八角，倒角边长不应小于 200mm。

(5)防水混凝土虽然不透水，但透湿量还是很大的，对防水防潮要求较高的工程，即使地下水位不高，也应在混凝土结构的迎水面上做附加防水层。

(6)在地下工程中，附加防水层的质量取决于防水材料、使用环境和施工方法等多种因素。目前，应用效果较好的有在潮湿基面上施工的新型防水材料和聚氨酯防水涂料，适用于在干燥基面上施工的 SBS 改性沥青卷材、聚合物卷材及热熔工法。

二、施工要求

(1)防水卷材应采用抗菌型的高分子或高聚物改性沥青(非纸胎)类材料，并采用与其相适应配套的胶黏剂，由单项设计确定。

(2)防水卷材应铺贴在整体混凝土或整体水泥砂浆找平层的基础上。

(3)防水卷材应铺贴在主体结构的外表面，只有在施工条件受限制时，卷材才可先铺贴在永久性保护墙的表面上，后做主体结构。

(4)高分子防水卷材的层数为一层，可采用冷贴法或平铺法铺设；沥青类防水卷材的层数按表 5-3 确定，具体做法由单项设计选定。

沥青类防水卷材层数选用表 表 5-3

最大计算水头(m)	防水卷材所受压力(MPa)	卷材层数	说明
0	0	1～2	防无压水
≤3	0.01～0.05	3	限有压水
3～6	0.05～0.10	4	
6～12	0.10～0.20	5	
＞12	0.20～0.50	6	

注：①最大计算水头指设计最高水位高于地下室底板下皮的高度。

②卷材防水层只能承受垂直均匀分布压力，卷材受压力＞0.01MPa 时才能有防水能力，受压力＞0.5MPa 时应采取结构防水措施以加强抗压能力。

(5)防水卷材铺贴在转角处和特殊部位，应增贴 1～2 层附加层。沥青油毡的附加层应采用玻璃布油毡，高分子卷材应采用与卷材相同的材料。

(6)防水卷材防水层经检查合格后，应做保护层。保护层宜采用20mm厚聚苯乙烯板材或高发泡聚氯乙烯板材外贴，或采用膨润土防水板外贴。临时性保护墙应采用石灰砂浆砌筑，内表面用石灰砂浆做找平层，并刷水泥浆。

三、施工准备

(1)地下工程防水卷材施工必须在结构验收合格后进行。

(2)为便于施工并保证施工质量，施工期间地下水位应降低到垫层以下不少于300mm处。

(3)卷材防水层铺贴前，所有穿过防水层的管道、预埋件均应施工完毕，并做防水处理；防水层铺贴后，严禁在防水层上打眼开洞，以免引起水的渗漏。

(4)铺贴卷材的温度应不低于5℃，最好在10～25℃时进行。冬季施工时应采取保温措施，雨天施工时应采取防雨措施。

四、基层要求

(1)基层必须牢固，无松动现象。

(2)基层表面应平整，其平整度为：用2m长直尺检查，基层与直尺间的最大空隙不应超过5mm。

(3)基层表面应清洁干净，基层表面的阴阳角处均应做成圆弧形或钝角。对于沥青类卷材，圆弧半径应大于150mm。

五、卷材防水层施工方法

(1)地下工程卷材防水层的防水方法有两种，即外防水法和内防水法。外防水法又分为外防外贴法和外防内贴法两种施工方法，一般情况下，多采用外防外贴法。

(2)外贴法与内贴法相比较，其优点是防水层不受结构沉陷的影响；施工结束后即可进行试验且易修补；在浇筑混凝土时，不致碰坏保护墙和防水层，能及时发现混凝土的缺陷并进行补救。但其施工期较长，土方量较大且易产生塌方现象，不能利用保护墙做模板，转角接茬处质量较差。

(3)地下工程的卷材防水层应选用高聚物改性沥青类或合成高分子类防水卷材。

(4)卷材防水层在地下工程施工中要有一定的施工条件要求。

(5)基坑周围的地面水应加以排除或控制，使其不流入基坑，同时要准备好排水措施，以防基坑中雨水积聚。用冷黏法施工的卷材防水层，施工完毕后还需留下排水装置，继续排水7d以上，以保证胶黏剂的充分固化，避免因过早撤掉排水装置而导致地下水上升到防水层，水压顶开卷材搭接部位的胶黏剂和密封膏，造成渗漏或鼓泡现象。

(6)铺贴卷材严禁在雨天、雪天施工。

第四节　工程质量控制手段及措施

根据预测，2005年我国城镇住宅的建设规模约7.54亿m^2，并在未来10年间(2005～2015年)，随着城镇人口迅速增长、人口结构及家庭户数的变化等因素，全国城镇住宅需求量仍呈上升趋势。其间每年住宅兴建规模约8～9亿m^2，而至2015年时预测可达9.68亿m^2。

此外，每年还有大量新建的工业与公共建筑、市政交通与基础设施等项目。这种持续高涨的建设规模，给中国建设防水业带来千载难逢的机遇。但高速经济的发展，往往会遇到不少建筑工程的质量问题，甚至出现一些豆腐渣工程。

值得注意的是，近年来不少地区住宅工程的防水质量投诉增多，渗漏水比例呈反弹趋势。而在地下工程中，尤其是技术要求较高的市政隧道、地铁等防水工程中，衬砌裂缝与渗漏水的问题尤为突出。究其原因主要是不适当降低设计标准、不按科学规律办事、偷工减料、野蛮施工、责任心不强及监管不力等。为了扼制这种现象，除了加强法制教育、加大惩治在防水工程中确实存在的腐败问题以外，还应从审核设计图纸、编制施工方案与项目管理等方面，研究保证防水质量的相关措施，从而使当前日益突出的防水质量问题有一个明显的改观。

“按图施工、按规范办事”是建设工程必须遵循的原则。根据惯例，凡图纸上已经明确的，就应按图施工；如图纸有不明确或遗漏的，则应遵守有关规范要求。由于设计图纸具有法律性，因此在防水工程施工前，审核设计图纸是必不可少的。

审核设计图纸，主要依据有关国家规范、规程、行业标准、地方标准及各地区防水方面的标准图集等，同时还要收集市场上防水材料质量情况及过去工程典型实例。另外，还要了解现场作业环境、防水工程预计施工时间、施工时的气候条件(如冬季或雨季施工的影响)等。参照以往实践经验，审核设计图纸主要应注意以下几点。

(1)防水等级、设计要求及防水层选用的材料，与《屋面工程技术规范》(GB 50345—2004)、《地下工程防水技术规范》(GB 50108—2001)的要求是否相符？能否满足建筑物的使用功能(含结构承重、防水、保温、隔热、节能及环保等)及防水层的年限要求？

(2)防水工程的设计构造层次(含结构层、找平层、隔汽层、保温层、防水层、隔热层、保护层等)是否合理？相互之间有何不利影响？在施工中能否保证质量？

(3)屋面结构层设计，是否考虑了屋面大修时的施工荷载及屋面积灰、积雪、保温(隔热)材料在下雨(或渗漏)后的超载因素？

(4)在地下水位较高的南方地区，地下工程的主体结构是否进行了抗浮力验算？设计图纸中提出的一些技术措施(如倒滤层)，在施工时能否圆满实现？

(5)在防水工程设计中，对于防潮、防结露、防腐蚀等方面，有无周密技术措施和相应的设防要求？

(6)屋面、地下室、外墙等部位，是否根据结构荷载、温度变形、地基沉降及振动等因素合理设置变形缝(含温度伸缩缝与沉降缝)？其防水构造与选用材料是否可靠？施工时有何困难？

(7)屋面坡度及厕浴间地面找坡是否符合规范要求？分水、排水是否合理？施工时有何困难？天沟尺寸、落水管内径及其距离等，能否经受当地暴雨的考验？

(8)选用的防水材料能否满足当地气候条件及施工环境的要求？与防水方面的行业标准、地方标准等有无矛盾？当采用两种不同防水材料做复合防水时，其相容性能否满足要求？

(9)当屋面采用封闭式保温层时(或南方地区气候潮湿、其他地区施工时处于雨季)，在设计上是否考虑排汽屋面措施？对施工工艺是否提出相应要求？

(10)屋面檐口、天沟、水落口、女儿墙、压顶及各种转角泛水等细部构造处，是否有附加防水层？收头密封措施是否可靠、严密？

(11)屋顶水箱、垂直出入口、避雷针及地下工程各种预埋件、穿墙管道等部位，在设计构造上是否有针对性防渗漏措施？

(12)采用的新技术、新材料是否经过相当规模的工程实践和时间的考验(一般不少于2年)?对某些鉴定不久或争议较多的新型材料更应慎重使用。

防水施工单位,对上述诸点中应着重研究防水构造层次(即构造组合)、选材与细部构造。如设计图纸中对防水设计有不足或不合理的情况,应通过总包方主动向设计人员提出建议,并同时办理好设计变更洽商记录,必要时防水施工单位可进行"二次"深化设计。

所有防水工程在施工前必须编制施工方案。方案中应写出防水工程的部位、特点,并根据设计图纸和国家有关规范、规程对防水方面的要求,选择合适的防水材料和施工工艺。

1.编制依据

(1)国家标准《屋面工程技术规范》、《屋面工程质量验收规范》、《地下工程防水技术规范》、《地下防水工程质量验收规范》,以及有关防水方面的行业标准、地方标准、各地区的防水工程标准图集等。

(2)防水工程设计图纸、设计变更洽商记录,所用防水材料的技术经济指标和特点。

(3)屋面与地下工程防水等级、防水层合理使用年限、建筑物的重要程度、特殊部位的处理要求等。

(4)了解屋面结构层的构造,屋面结构的刚度情况,能否导致屋面防水层产生变形或开裂。

(5)了解地下工程结构层的构造,底板与墙体结构的刚度情况,能否导致结构层混凝土产生开裂,或引发防水层产生开裂或渗漏。

(6)现场的作业环境(特别是地下水位情况)和防水工程预计施工的时间、气温等,如冬季、雨季施工的影响等。

(7)已进场的防水材料质量情况,出厂合格证和技术性能指标,检验部门的认证材料,进场防水材料抽样复验的测试报告。

(8)各种防水混凝土的配合比、外加剂的最佳掺量及有关性能的试验报告;多组分防水涂料的配合比和试验报告。

(9)有关该种类型的防水工程设计、防水工程施工方案及施工技术的参考性文献资料,如《建筑工程质量通病防治手册》、《防水工程禁忌手册》等。

2.编制内容

(1)工程概况

简单介绍单位工程的情况,包括工程名称、地理位置、建筑面积、结构形式、防水工程施工部位及防水工程的特殊要求等。如为修理渗漏工程,应说明渗漏的部位及渗漏的严重情况等。

(2)施工准备

主要为材料准备和技术准备。按照设计图纸要求,合理选用合适的各种防水材料、辅助材料、胶黏剂及燃料等。原材料进场后必须进行抽检,对抽检不合格的原材料不准使用。对于防水工程的基层(找平层),应在防水施工前进行检查验收。

(3)质量工作目标

①防水工程施工的质量保证体系。

②防水工程施工的具体质量目标。

③防水工程各道工序施工的质量预控标准。

④防水工程质量的检验方法与验收评定。

⑤有关防水工程的施工记录和归档资料内容与要求。

(4)施工组织与管理

①明确该项地下(屋面)防水工程的施工组织者(项目经理)和技术负责人、质检、安全员。

②负责具体施工操作的班组及其上岗证(由当地行政主管部门颁发)。

③地下(屋面)防水工程分工序、分层次检查的规定和要求。

④防水工程施工技术交底的要求。

⑤现场平面布置图,如防水材料堆放、运输道路等。

⑥地下(屋面)工程施工的分工序、分层次的施工进度计划。

(5)防水材料及其使用

①所用防水材料的名称、类型、品种。

②防水材料的特性和各项技术经济指标、施工注意事项。

③防水材料的质量要求、抽样复试要求、施工用的配合比设计。

④所用防水材料运输、储存的有关规定。

⑤所用防水材料的使用注意事项。

(6)施工工艺与操作要点

①防水层的施工程序和针对性的技术措施。

②基层处理和具体要求。

③防水工程各种节点处理做法要求,必要时可绘图说明。

④确定防水层的施工工艺和做法,如满黏法、条黏法、点黏法、空铺法、热熔法、冷黏法等。

⑤所选定施工工艺的特点和具体的操作方法。

⑥施工技术要求,如热熔法铺贴卷材时,应根据工程实际情况、卷材厚度选择相应的操作方法与劳动组织、卷材铺贴方向、搭接缝宽度及封缝处理等。

⑦防水层施工的环境条件和气候要求。

⑧防水层施工中与相关工序之间的交叉衔接要求。

⑨有关成品保护的规定。

(7)安全注意事项

①操作时的人身安全、劳动保护和防护设施。

②防火要求、现场点火制度、消防设备的设置、火患隔离措施及消防道路等。

③其他有关防水施工操作安全的规定。

3.项目管理

(1)正确处理质量与进度的关系

没有质量就没有数量,当工程进度与质量发生矛盾时,应首先服从工程质量的要求。每一个防水专业施工单位不仅要重视施工方案的编制,还应把执行施工方案视为保证质量、诚信服务的生命线。就防水工程而言,主要解决好矛盾集中的施工程序、上下工序间歇时间及成品保护的问题。

(2)选择质优、价格合理的防水材料

目前国内建筑材料市场上,防水材料产品种类繁多,伪劣产品也不少。施工单位应根据设计图纸要求选材,并应符合国家规范、行业标准及《建设部推广应用和限制禁止使用技术》中的有关规定,尽量采用经过部级(或省、市级)鉴定的信得过的产品。同时,应对市场上同类产品的质量与价格进行比较,符合质量要求时才允许采购进场。对于进入施工现场的防水材料,必须索取生产厂家的合格证,还应按照规定抽样复验,如发现产品不合格,坚决剔除不用,不留隐患。

(3)全面贯彻施工方案有关质量要求

要加强施工操作人员的责任感，尤其对容易发生渗漏的部位和薄弱环节，更应精心操作，一丝不苟。防水工程完工后，按照质量验收规范，经过下雨考验或闭水试验合格后，方可交工。

(4)加强成品保护

防水工程质量还和完工后的成品保护密切相关。为此必须采取针对性措施，防止将已完工的防水层破坏，从而成为渗漏的隐患。例如，防水层完成后，严禁穿钉子鞋踩踏或双轮手推车铁架和钢脚手架等物的磕碰；又如，厕浴间防水层完成后，要防止凿眼打洞。如发生上述情况，应立即修复。同时对已竣工的防水工程，应定期执行回访制度和保修制度；在竣工验收时，还应向建设单位交代正确使用和维护管理的有关要求，并应纳入有关竣工验收资料中去，防止因不合理使用和不正常维护而出现渗漏现象。

(5)做好防水工程的回访工作

按照防水工程和使用材料的档次，制订出竣工后的回访和保修时间。一般情况下，在竣工后第一个雨季，应对防水工程进行回访，发现渗漏要及时修理。同时也应对使用单位提出要求，防止人为的破坏而造成防水层渗漏。因为工程一旦发生渗漏，修理难度较大，尤其对于高层建筑的屋面和外墙面，修理难度更大。希望通过多方面努力，确保防水工程质量，杜绝工程发生渗漏而造成不必要的经济损失。

第五节 工程施工质量验收

一、地下防水工程

地下防水工程指对工业与民用建筑地下工程、防护工程、隧道和地下铁道等建(构)筑物，进行防水设计、防水施工及维护管理等各项技术工作的工程实体。

防水等级根据地下工程的重要性和使用中对防水的要求，确定结构允许渗漏水量的等级标准。

(1)地下工程的防水等级分为 4 级，各级标准应符合表 3-2 的规定。

(2)地下工程的防水设防要求，应按表 5-4 和表 5-5 选用。

明挖法地下工程防水设防(摘自 GB 50208—2002)　　表 5-4

工程部位			主体						施工缝					后浇带				变形缝、诱导缝					
防水措施			防水混凝土	防水砂浆	防水卷材	防水涂料	塑料防水板	金属板	遇水膨胀止水条	中埋式止水带	外贴式止水带	外抹防水砂浆	外涂防水涂料	膨胀混凝土	遇水膨胀止水条	外贴式止水带	防水嵌缝材料	中埋式止水带	外贴式止水带	可卸式止水带	防水嵌缝材料	外贴防水卷材	外涂防水涂料	遇水膨胀止水条
防水等级	Ⅰ级	应选	应选一至二种						应选二种					应选	应选二种			应选	应选二种					
	Ⅱ级	应选	应选一种						应选一至二种					应选	应选一至二种			应选	应选一至二种					
	Ⅲ级	应选	宜选一种						宜选一至二种					应选	宜选一至二种			应选	宜选一至二种					
	Ⅳ级	应选	—						宜选一种					应选	宜选一种			应选	宜选一种					

暗挖法地下工程防水设防(摘自 GB 50208—2002)　　表 5-5

工程部位		主体				内衬砌施工缝					内衬砌变形缝、诱导缝				
防水措施		复合式衬砌	离壁式衬砌、衬套	贴壁式衬砌	喷射混凝土	外贴式止水带	遇水膨胀止水条	防水嵌缝材料	中埋式止水带	外涂防水涂料	中埋式止水带	外贴式止水带	可卸式止水带	防水嵌缝材料	遇水膨胀止水条
防水等级	Ⅰ级	应选一种			—	应选二种					应选	应选二种			
	Ⅱ级	应选一种			—	应选一至二种					应选	应选一至二种			
	Ⅲ级	—	应选一种			宜选一至二种					应选	宜选一种			
	Ⅳ级	—	应选一种			宜选一种					应选	宜选一种			

(3)地下防水工程施工前,施工单位应进行图纸会审,掌握工程主体及细部构造的防水技术要求,并编制防水工程施工方案。

(4)地下防水工程的施工,应建立各道工序的自检、交接检及由专职人员检查的“三检”制度,并有完整的检查记录。未经建设(监理)单位对上道工序的检查确认,不得进行下道工序的施工。

(5)地下防水工程必须由相应资质的专业防水队伍进行施工,主要施工人员应持有建设行政主管部门或指定单位颁发的执业资格证书。

(6)地下防水工程所使用的防水材料,应有产品的合格证书和性能检验报告,材料品种、规格、性能等应符合现行国家产品标准和设计要求。

(7)地下防水工程施工期间,明挖法的基坑及暗挖法的竖井、洞口,必须保持地下水位稳定在基底 0.5m 以下,必要时应采取降水措施。

(8)地下防水工程的防水层,应严禁在雨天、雪天、五级风及其以上时施工,其施工环境气温条件宜符合表 5-6 的规定。

防水层施工环境气温条件(摘自 GB 50208—2002)　　表 5-6

防水层材料	施工环境气温
高聚物改性沥青防水卷材	冷黏法不低于 5℃,热熔法不低于－10℃
合成高分子防水卷材	冷黏法不低于 5℃,热风焊接法不低于－10℃
有机防水涂料	溶剂型－5～35℃,水溶性 5～35℃
无机防水涂料	5～35℃
防水混凝土、水泥砂浆	5～35℃

(9)地下防水工程是一个子分部工程,其分项工程的划分应符合表 5-7 的要求。

地下防水工程的分项工程(摘自 GB 50208—2002)　　表 5-7

子分部工程	分项工程
地下防水工程	地下建筑防水工程:防水混凝土,水泥砂浆防水层,卷材防水层,涂料防水层,塑料板防水层,金属板防水层,细部构造
	特殊施工法防水工程:锚喷支护,地下连续墙,复合式衬砌,盾构法隧道
	排水工程:渗排水,盲沟排水,隧道、坑道排水
	注浆工程:预注浆、后注浆,衬砌裂缝注浆

(10)地下防水工程应按工程设计的防水等级标准进行验收。地下防水工程渗漏水调查与量测方法应按以下方法执行。

①渗漏水调查

a. 地下防水工程质量验收时，施工单位必须提供地下工程“背水内表面的结构工程展开图”。

b. 房屋建筑地下室只调查围护结构内墙和底板。

c. 全埋设于地下的结构(地下商场、地铁车站、军事地下库等)，除调查围护结构内墙和底板外，背水的顶板(拱顶)系重点调查目标。

d. 对于钢筋混凝土衬砌的隧道及钢筋混凝土管片衬砌的隧道，渗漏水调查的重点为其上半环。

e. 施工单位必须在“背水内表面的结构工程展开图”上详细标示：在工程自检时发现的裂缝，并标明位置、宽度、长度及渗漏水现象；经修补、堵漏的渗漏水部位；防水等级标准容许的渗漏水现象位置。

f. 地下防水工程验收时，经检查、核对标示好的“背水内表面的结构工程展开图”必须纳入竣工验收资料。

②房屋建筑地下室渗漏水现象检测

a. 地下工程防水等级对“湿渍面积”与“总防水面积”(包括顶板、墙面、地面)的比例作了规定。按防水等级2级设防的房屋建筑地下室，单个湿渍的最大面积不大于0.1m^2，任意100m^2防水面积上的湿渍不超过1处。

b. 湿渍现象　湿渍主要是由混凝土密实度差异造成毛细现象或由混凝土容许裂缝(宽度小于0.2mm)产生，在混凝土表面肉眼可见的“明显色泽变化的潮湿斑”，一般在人工通风条件下可消失，即蒸发量大于渗入量的状态。

湿渍的检测方法：检查人员用干手触摸湿斑，无水分浸润感觉；用吸墨纸或报纸贴附，纸不变颜色。检查时，要用粉笔勾画出湿渍范围，然后用钢尺测量其高度和宽度，计算面积，并标示在展开图上。

c. 渗水现象　渗水是由于混凝土密实度差异或混凝土有害裂缝(宽度大于0.2mm)而产生的地下水连续渗入混凝土结构，在背水的混凝土墙壁表面肉眼可观察到明显的流挂水膜范围，在加强人工通风的条件下也不会消失，即渗入量大于蒸发量的状态。

渗水的检测方法：检查人员用干手触摸可感觉到水分浸润，手上会沾有水分；用吸墨纸或报纸贴附，纸会浸润变颜色。检查时，要用粉笔勾画出渗水范围，然后用钢尺测量其高度和宽度，计算面积，并标示在展开图上。

d. 对房屋建筑地下室检测出来的“渗水点”，一般情况下应准予修补堵漏，然后重新验收。

e. 对防水混凝土结构的细部构造渗漏水检测，尚应按本条内容执行。若发现严重渗水，则必须分析、查明原因，应准予修补堵漏，然后重新验收。

③钢筋混凝土隧道衬砌内表面渗漏水现象检测

a. 隧道防水工程，若要求对湿渍和渗水作检测时，应按房屋建筑地下室渗漏水现象检测方法操作。

b. 隧道上半部的明显滴漏和连续渗流，可直接用有刻度的容器收集量测，计算单位时间的渗漏量。还可用带有密封缘口的规定尺寸方框，安装在要求测量的隧道内表面，将渗漏水导入量测容器内。同时，将每个渗漏点位置、单位时间渗漏水量，标示在“隧道渗漏水平面展开图”上。

c. 若检测器具或登高有困难时，允许通过目测计取每分钟或数分钟内的滴落数目，然后计算出该点的渗漏量。由经验知每分钟滴落速度为 3～4 滴的漏水点，24h 的渗水量就是 1L；如果滴落速度每分钟大于 300 滴，则形成连续细流。

d. 为使不同施工方法、不同长度和断面尺寸隧道的渗漏水状况能够相互加以比较，必须确定一个具有代表性的标准单位，国际上通用的是 $L/(m^2 \cdot d)$，即渗漏水量的定义为隧道的内表面，每平方米在一昼夜(24h)时间内的渗漏水立升值。

e. 隧道内表面积的计算应按下列方法求得。

竣工的区间隧道验收(未实施机电设备安装)，通过计算求出横断面的内径周长，再乘以隧道长度，得出内表面积数值。对于用盾构法施工的隧道，不计取管片嵌缝槽、螺栓孔盒子凹进部位等实际面积。

即将投入运营的城市隧道系统验收(完成了机电设备安装)，通过计算求出横断面的内径周长，再乘以隧道长度，得出内表面积数值。不计取凹槽、道床、排水沟等实际面积。

④隧道总渗漏水量的量测

隧道总渗漏水量可采用以下 4 种方法量测，然后通过计算换算成规定单位 $L/(m^2 \cdot d)$。

a. 集水井积水量测量在设定时间内的水位上升数值，通过计算得出渗漏水量。

b. 隧道最低处积水量测量在设定时间内的水位上升数值，通过计算得出渗漏水量。

c. 在有流动水的隧道内设量水堰，靠量水堰上开设的 V 形槽口量测水流量，然后计算得出渗漏水量。

d. 通过专用排水泵的运转计算隧道专用排水泵的工作时间，计算排水量，换算成渗漏水量。

二、防水混凝土

(1)本部分内容适用于防水等级为 I～IV 级的地下整体式混凝土结构，不适用环境温度高于 80℃或处于耐侵蚀系数小于 0.8 的侵蚀性介质中使用的地下工程。

(2)防水混凝土所用的材料应符合下列规定。

①水泥品种应按设计要求选用，其强度等级不应低于 32.5 级，不得使用过期或受潮结块水泥。

②碎石或卵石的粒径宜为 5～40mm，含泥量不得大于 1.0%，泥块含量不得大于 0.5%。

③砂宜用中砂，含泥量不得大于 3.0%，泥块含量不得大于 1.0%。

④拌制混凝土所用的水，应采用不含有害物质的洁净水。

⑤外加剂的技术性能，应符合国家或行业标准一等品及以上的质量要求。

⑥粉煤灰的级别不应低于二级，掺量不宜大于 20%；硅粉掺量不应大于 3%，其他掺和料的掺量应通过试验确定。

(3)防水混凝土的配合比应符合下列规定。

①试配要求的抗渗水压值应比设计值提高 0.2MPa。

②水泥用量不得少于 $300kg/m^3$；掺有活性掺和料时，水泥用量不得少于 $280kg/m^3$。

③砂率宜为 35%～45%，灰砂比宜为 1：2～1：2.5。

④水灰比不得大于 0.55。

⑤普通防水混凝土坍落度不宜大于 50mm，泵送时入泵坍落度宜为 100～140mm。

(4)混凝土拌制和浇筑过程控制应符合下列规定。

①拌制混凝土所用材料的品种、规格及用量，每工作班检查不应少于两次。每盘混凝土各

组成材料计量结果的允许偏差应符合表 5-8 的规定。

混凝土组成材料计量结果的允许偏差(单位:%)(摘自 GB 50208—2002)　　表 5-8

混凝土组成材料	每盘计量	累计计量
水泥、掺和料	±2	±1
粗、细骨料	±3	±2
水、外加剂	±2	±1

②混凝土在浇筑地点的坍落度,每工作班至少检查两次。混凝土的坍落度试验应符合现行《普通混凝土拌和物性能试验方法》(GB/T 50080—2002)的有关规定。混凝土实测的坍落度与要求坍落度之间的偏差应符合表 5-9 的规定。

混凝土坍落度允许偏差(单位:mm)(摘自 GB 50208—2002)　　表 5-9

要求坍落度	允许偏差	要求坍落度	允许偏差
≤40	±10	≥100	±20
50~90	±15		

(5)防水混凝土抗渗性能,应采用标准条件下养护混凝土抗渗试件的试验结果评定。试件应在浇筑地点制作。

连续浇筑混凝土每 500m³ 应留置一组抗渗试件(一组为 6 个抗渗试件),且每项工程不得少于两组。采用预拌混凝土的抗渗试件,留置组数应视结构的规模和要求而定。

(6)防水混凝土的施工质量检验数量,应按混凝土外露面积每 100m² 抽查 1 处,每处 10m²,且不得少于 3 处;细部构造应按全数检查。

(7)防水混凝土的原材料、配合比及坍落度必须符合设计要求。

检验方法:检查出厂合格证、质量检验报告、计量措施及现场抽样试验报告。

(8)防水混凝土的抗压强度和抗渗压力必须符合设计要求。

检验方法:检查混凝土抗压、抗渗试验报告。

(9)防水混凝土的变形缝、施工缝、后浇带、穿墙管道、埋设件等设置和构造,均须符合设计要求,严禁有渗漏。

检验方法:观察检查和检查隐蔽工程验收记录。

(10)防水混凝土结构表面应坚实、平整,不得有露筋、蜂窝等缺陷;埋设件位置应正确。

检验方法:观察和尺量检查。

(11)防水混凝土结构表面的裂缝宽度不应大于 0.2mm,并不得贯通。

检验方法:用刻度放大镜检查。

(12)防水混凝土结构厚度不应小于 250mm,其允许偏差为+15mm、-10mm;迎水面钢筋保护层厚度不应小于 50mm,其允许偏差为±10mm。

检验方法:尺量检查和检查隐蔽工程验收记录。

三、水泥砂浆防水层

(1)本部分内容适用于混凝土或砌体结构的基层上采用多层抹面的水泥砂浆防水层,不适用环境有侵蚀性、持续振动或温度高于 80℃的地下工程。

(2)普通水泥砂浆防水层的配合比应按表5-10选用，掺外加剂、掺和料、聚合物、水泥砂浆的配合比应符合所掺材料的规定。

普通水泥砂浆防水层的配合比(摘自GB 50208—2002)　　表5-10

名　称	配合比(质量比)		水 灰 比	适 用 范 围
	水泥	砂		
水泥浆	1	—	0.55～0.60	水泥砂浆防水层的第一层
水泥浆	1	—	0.37～0.40	水泥砂浆防水层的第三、五层
水泥砂浆	1	1.5～2.0	0.40～0.50	水泥砂浆防水层的第二、四层

(3)水泥砂浆防水层所用的材料应符合下列规定。

①水泥品种应按设计要求选用，其强度等级不应低于32.5级，不得使用过期或受潮结块水泥。

②砂宜采用中砂，粒径3mm以下，含泥量不得大于1%，硫化物和硫酸盐含量不得大于1%。

③水应采用不含有害物质的洁净水。

④聚合物乳液的外观质量，无颗粒、异物及凝固物。

⑤外加剂的技术性能应符合国家或行业标准一等品及以上的质量要求。

(4)水泥砂浆防水层的基层质量应符合下列要求。

①水泥砂浆铺抹前，基层的混凝土和砌筑砂浆强度应不低于设计值的80%。

②基层表面应坚实、平整、粗糙、洁净，并充分湿润，无积水。

③基层表面的孔洞、缝隙应用与防水层相同的砂浆填塞抹平。

(5)水泥砂浆防水层施工应符合下列要求。

①分层铺抹或喷涂，铺抹时应压实、抹平、表面压光。

②防水层各层应紧密贴合，每层宜连续施工，必须留施工缝时应采用阶梯坡形茬，但离开阴阳角处不得小于200mm。

③防水层的阴阳角处应做成圆弧形。

④水泥砂浆终凝后应及时进行养护，养护温度不宜低于5℃并保持湿润，养护时间不得少于14d。

(6)水泥砂浆防水层的施工质量检验数量，应按施工面积每100m^{2}抽查1处，每处10m^2，且不得少于3处。

(7)水泥砂浆防水层的原材料及配合比必须符合设计要求。

检验方法：检查出厂合格证、质量检验报告、计量措施及现场抽样试验报告。

(8)水泥砂浆防水层各层之间必须结合牢固，无空鼓现象。

检验方法：观察和用小锤轻击检查。

(9)水泥砂浆防水层表面应密实、平整，不得有裂纹、起砂、麻面等缺陷；阴阳角处应做成圆弧形。

检验方法：观察检查。

(10)水泥砂浆防水层施工缝留茬位置应正确，接茬应按层次顺序操作，层层搭接紧密。

检验方法：观察检查和检查隐蔽工程验收记录。

(11)水泥砂浆防水层的平均厚度应符合设计要求，最小厚度不得小于设计值的85%。

检验方法：观察和尺量检查。

四、卷材防水层

(1)本部分内容适用于受侵蚀性介质或受振动作用的地下工程主体迎水面铺贴的卷材防水层。

(2)卷材防水层应采用高聚物改性沥青防水卷材和合成高分子防水卷材。所选用的基层处理剂、胶黏剂、密封材料等配套材料,均应与铺贴的卷材材性相容。

(3)铺贴防水卷材前,应将找平层清扫干净,在基面上涂刷基层处理剂;当基面较潮湿时,应涂刷湿固化型胶黏剂或潮湿界面隔离剂。

(4)防水卷材厚度选用应符合表 5-11 的规定。

防水卷材厚度(摘自 GB 50208—2002) 表 5-11

<table>
<tr><th>防水等级</th><th>设防道数</th><th>合成高分子卷材</th><th>高聚物改性沥青卷材</th></tr>
<tr><td>Ⅰ级</td><td>三道或三道以上设防</td><td rowspan="2">单层:不应小于 1.5mm
双层:每层不应小于 1.2mm</td><td rowspan="2">单层:不应小于 4mm
双层:每层不应小于 3mm</td></tr>
<tr><td>Ⅱ级</td><td>二道设防</td></tr>
<tr><td rowspan="2">Ⅲ级</td><td>一道设防</td><td>不应小于 1.5mm</td><td>不应小于 4mm</td></tr>
<tr><td>复合设防</td><td>不应小于 1.2mm</td><td>不应小于 3mm</td></tr>
</table>

(5)两幅卷材短边和长边的搭接宽度均不应小于 100mm。采用多层卷材时,上下两层和相邻两幅卷材的接缝应错开 1/3 幅宽,且两层卷材不得相互垂直铺贴。

(6)冷黏法铺贴卷材应符合下列规定。

①胶黏剂涂刷应均匀,不露底,不堆积。

②铺贴卷材时应控制胶黏剂涂刷与卷材铺贴的间隔时间,排除卷材下面的空气,并辊压黏结牢固,不得有空鼓。

③铺贴卷材应平整、顺直,搭接尺寸正确,不得有扭曲、皱折。

④接缝口应用密封材料封严,其宽度不应小于 10mm。

(7)热熔法铺贴卷材应符合下列规定。

①火焰加热器加热卷材应均匀,不得过分加热或烧穿卷材;厚度小于 3mm 的高聚物改性沥青防水卷材,严禁采用热熔法施工。

②卷材表面热熔后应立即滚铺卷材,排除卷材下面的空气,并辊压黏结牢固,不得有空鼓、皱折。

③滚铺卷材时接缝部位必须溢出沥青热熔胶,并应随即刮封接口使接缝黏结严密。

④铺贴后的卷材应平整、顺直,搭接尺寸正确,不得有扭曲。

(8)卷材防水层完工并经验收合格后应及时做保护层,保护层应符合下列规定。

①顶板的细石混凝土保护层与防水层之间宜设置隔离层。

②底板的细石混凝土保护层厚度应大于 50mm。

③侧墙宜采用聚苯乙烯泡沫塑料保护层,或砌砖保护墙(边砌边填实)和铺抹 30mm 厚水泥砂浆。

(9)卷材防水层的施工质量检验数量,应按铺贴面积每 $100m^2$ 抽查 1 处,每处 $10m^2$,且不得少于 3 处。

(10)卷材防水层所用卷材及主要配套材料必须符合设计要求。

检验方法:检查出厂合格证、质量检验报告及现场抽样试验报告。

(11)卷材防水层及其转角处、变形缝、穿墙管道等细部做法均须符合设计要求。

检验方法:观察检查和检查隐蔽工程验收记录。

(12)卷材防水层的基层应牢固,基面应洁净、平整,不得有空鼓、松动、起砂及脱皮现象;基层阴阳角处应做成圆弧形。

检验方法:观察检查和检查隐蔽工程验收记录。

(13)卷材防水层的搭接缝应黏结(焊接)牢固,密封严密,不得有皱折、翘边及鼓包等缺陷。

检验方法:观察检查。

(14)侧墙卷材防水层的保护层与防水层应黏结牢固,结合紧密,厚度均匀一致。

检验方法:观察检查。

(15)卷材搭接宽度的允许偏差为−10mm。

检验方法:观察和尺量检查。

五、涂料防水层

(1)本部分内容适用于受侵蚀性介质或受振动作用的地下工程主体迎水面或背水面涂刷的涂料防水层。

(2)涂料防水层应采用反应型、水乳型、聚合物水泥防水涂料或水泥基、水泥基渗透结晶型防水涂料。

(3)防水涂料厚度选用应符合表5-12的规定。

防水涂料厚度(单位:mm)(摘自GB 50208—2002) 表5-12

防水等级	设防道数	有机涂料			无机涂料	
		反应型	水乳型	聚合物水泥	水泥基	水泥基渗透结晶型
Ⅰ级	三道或三道以上设防	1.2~2.0	1.2~1.5	1.5~2.0	1.5~2.0	≥0.8
Ⅱ级	二道设防	1.2~2.0	1.2~1.5	1.5~2.0	1.5~2.0	≥0.8
Ⅲ级	一道设防	—	—	≥2.0	≥2.0	—
	复合设防	—	—	≥1.5	≥1.5	—

(4)涂料防水层的施工应符合下列规定。

①涂料涂刷前应先在基面上涂一层与涂料相容的基层处理剂。

②涂膜应多遍完成,涂刷应待前遍涂层干燥成膜后进行。

③每遍涂刷时应交替改变涂层的涂刷方向,同层涂膜的先后搭茬宽度宜为30~50mm。

④涂料防水层的施工缝(甩茬)应注意保护,搭接缝宽度应大于100mm,接涂前应将其甩茬表面处理干净。

⑤涂刷程序应先做转角处、穿墙管道、变形缝等部位的涂料加强层,后进行大面积涂刷。

⑥涂料防水层中铺贴的胎体增强材料,同层相邻的搭接宽度应大于100mm,上下层接缝应错开1/3幅宽。

(5)防水涂料的保护层应符合《地下防水工程质量验收规范》(GB 50208—2002)第4.3.8条的规定。

(6)涂料防水层的施工质量检验数量,应按涂层面积每100m^2抽查1处,每处10m^2,且不得少于3处。

(7)涂料防水层所用材料及配合比必须符合设计要求。

检验方法:检查出厂合格证、质量检验报告、计量措施及现场抽样试验报告。

(8)涂料防水层及其转角处、变形缝、穿墙管道等细部做法均须符合设计要求。

检验方法:观察检查和检查隐蔽工程验收记录。

(9)涂料防水层的基层应牢固,基面应洁净、平整,不得有空鼓、松动、起砂及脱皮现象;基层阴阳角处应做成圆弧形。

检验方法:观察检查和检查隐蔽工程验收记录。

(10)涂料防水层应与基层黏结牢固,表面平整、涂刷均匀,不得有流淌、皱折、鼓包、露胎体及翘边等缺陷。

检验方法:观察检查。

(11)涂料防水层的平均厚度应符合设计要求,最小厚度不得小于设计厚度的80%。

检验方法:针测法或割取20mm×20mm实样用卡尺测量。

(12)侧墙涂料防水层的保护层与防水层黏结牢固,结合紧密,厚度均匀一致。

检验方法:观察检查。

六、塑料板防水层

(1)本部分内容适用于铺设在初期支护与二次衬砌间的塑料防水板(简称“塑料板”)防水层。

(2)塑料板防水层的铺设应符合下列规定。

①塑料板的缓冲衬垫应用暗钉圈固定在基层上,塑料板边铺边将其与暗钉圈焊接牢固。

②两幅塑料板的搭接宽度应为100mm,下部塑料板应压住上部塑料板。

③搭接缝宜采用双条焊缝焊接,单条焊缝的有效焊接宽度不应小于10mm。

④复合式衬砌的塑料板铺设与内衬混凝土的施工距离不应小于5m。

(3)塑料板防水层的施工质量检验数量,应按铺设面积每$100m^2$抽查1处,每处$10m^2$,且不少于3处。焊缝的检验应按焊缝数量抽查5%,每条焊缝为1处,且不少于3处。

(4)防水层所用塑料板及配套材料必须符合设计要求。

检验方法:检查出厂合格证、质量检验报告及现场抽样试验报告。

(5)塑料板的搭接缝必须采用热风焊接,不得有渗漏。

检验方法:双焊缝间空腔内充气检查。

(6)塑料板防水层的基面应坚实、平整、圆顺,无漏水现象;阴阳角处应做成圆弧形。

检验方法:观察和尺量检查。

(7)塑料板的铺设应平顺并与基层固定牢固,不得有下垂、绷紧及破损现象。

检验方法:观察检查。

(8)塑料板搭接宽度的允许偏差为-10mm。

检验方法:尺量检查。

七、金属板防水层

(1)本部分内容适用于抗渗性能要求较高的地下工程中以金属板材焊接而成的防水层。

(2)金属板防水层所采用的金属材料和保护材料应符合设计要求。金属材料和焊条(剂)的规格、外观质量及主要物理性能,应符合国家现行标准的规定。

(3)金属板的拼接及金属板与建筑结构的锚固件连接应采用焊接,金属板的拼接焊缝应进行外观检查和无损检验。

(4)当金属板表面有锈蚀、麻点或划痕等缺陷时,其深度不得大于该板材厚度的负偏差值。

(5)金属板防水层的施工质量检验数量,应按铺设面积每 $10m^2$ 抽查 1 处,每处 $1m^2$,且不得少于 3 处。焊缝检验应按不同长度的焊缝各抽查 5%,但均不得少于 1 条。长度小于 500mm 的焊缝,每条检查 1 处;长度为 500～2 000mm 的焊缝,每条检查 2 处;长度大于 2 000mm的焊缝,每条检查 3 处。

(6)金属防水层所采用的金属板材和焊条(剂)必须符合设计要求。

检验方法:检查出厂合格证、质量检验报告及现场抽样试验报告。

(7)焊工必须经考试合格并取得相应的执业资格证书。

检验方法:检查焊工执业资格证书和考核日期。

(8)金属板表面不得有明显凹面和损伤。

检验方法:观察检查。

(9)焊缝不得有裂纹、未熔合、夹渣、焊瘤、咬边、烧穿、弧坑、针状气孔等缺陷。

检验方法:观察检查和无损检验。

(10)焊缝的焊波应均匀,焊渣和飞溅物应清除干净;保护涂层不得有漏涂、脱皮及反锈现象。

检验方法:观察检查。

八、细部构造

(1)本部分内容适用于防水混凝土结构的变形缝、施工缝、后浇带、穿墙管道、埋设件等细部构造。

(2)防水混凝土结构的变形缝、施工缝、后浇带等细部构造,应采用止水带、遇水膨胀橡胶腻子止水条等高分子防水材料和接缝密封材料。

(3)变形缝的防水施工应符合下列规定。

①止水带宽度和材质的物理性能均应符合设计要求,且无裂缝和气泡;接头应采用热接,不得叠接,接缝平整、牢固,不得有裂口和脱胶现象。

②中埋式止水带中心线应和变形缝中心线重合,止水带不得穿孔或用铁钉固定。

③变形缝设置中埋式止水带时,混凝土浇筑前应校正止水带位置,表面清理干净,止水带损坏处应修补;顶、底板止水带的下侧混凝土应振捣密实,边墙止水带内外侧混凝土应均匀,保持止水带位置正确、平直,无卷曲现象。

④变形缝处增设的卷材或涂料防水层,应按设计要求施工。

(4)施工缝的防水施工应符合下列规定。

①水平施工缝浇筑混凝土前,应将其表面浮浆和杂物清除,铺水泥砂浆或涂刷混凝土界面处理剂并及时浇筑混凝土。

②垂直施工缝浇筑混凝土前,应将其表面清理干净,涂刷混凝土界面处理剂并及时浇筑混凝土。

③施工缝采用遇水膨胀橡胶腻子止水条时,应将止水条牢固地安装在缝表面预留槽内。

④施工缝采用中埋式止水带时,应确保止水带位置准确、固定牢靠。

(5)后浇带的防水施工应符合下列规定。

①后浇带应在其两侧混凝土龄期达到42d后再施工。

②后浇带的接缝处理应符合《地下防水工程质量验收规范》(GB 50208—2002)第4.7.4条的规定。

③后浇带应采用补偿收缩混凝土,其强度等级不得低于两侧混凝土。

④后浇带混凝土养护时间不得少于28d。

(6)穿墙管道的防水施工应符合下列规定。

①穿墙管止水环与主管或翼环与套管应连续满焊,并做好防腐处理。

②穿墙管处防水层施工前,应将套管内表面清理干净。

③套管内的管道安装完毕后,应在两管间嵌入内衬填料,端部用密封材料填缝。柔性穿墙时,穿墙内侧应用法兰压紧。

④穿墙管外侧防水层应铺设严密,不留接茬;增铺附加层时,应按设计要求施工。

(7)埋设件的防水施工应符合下列规定。

①埋设件端部或预留孔(槽)底部的混凝土厚度不得小于250mm;当厚度小于250mm时,必须局部加厚或采取其他防水措施。

②预留地坑、孔洞、沟槽内的防水层,应与孔(槽)外的结构防水层保持连续。

③固定模板用的螺栓必须穿过混凝土结构时,螺栓或套管应满焊止水环或翼环;采用工具式螺栓或螺栓加堵头做法,拆模后应采取加强防水措施将留下的凹槽封堵密实。

(8)密封材料的防水施工应符合下列规定。

①检查黏结基层的干燥程度及接缝的尺寸,接缝内部的杂物应清除干净。

②热灌法施工应自下而上进行并尽量减少接头,接头应采用斜茬;密封材料熬制及浇灌温度,应按有关材料要求严格控制。

③冷嵌法施工应分次将密封材料嵌填在缝内,压嵌密实并与缝壁黏结牢固,防止裹入空气。接头应采用斜茬。

④接缝处的密封材料底部应嵌填背衬材料,外露密封材料上应设置保护层,其宽度不得小于100mm。

(9)防水混凝土结构细部构造的施工质量检验应按全数检查。

(10)细部构造所用止水带、遇水膨胀橡胶腻子止水条及接缝密封材料必须符合设计要求。

检验方法:检查出厂合格证、质量检验报告及进场抽样试验报告。

(11)变形缝、施工缝、后浇带、穿墙管道、埋设件等细部构造做法,均须符合设计要求,严禁有渗漏。

检验方法:观察检查和检查隐蔽工程验收记录。

(12)中埋式止水带中心线应与变形缝中心线重合,止水带应固定牢靠、平直,不得有扭曲现象。

检验方法:观察检查和检查隐蔽工程验收记录。

(13)穿墙管止水环与主管或翼环与套管应连续满焊,并做防腐处理。

检验方法:观察检查和检查隐蔽工程验收记录。

(14)接缝处混凝土表面应密实、洁净、干燥;密封材料应嵌填严密、黏结牢固,不得有开裂、鼓泡及下塌现象。

检验方法:观察检查。

第六节　地下工程防水材料的质量指标（摘自 GB 50208—2002）

A.0.1　防水卷材和胶黏剂的质量应符合以下规定。

1　高聚物改性沥青防水卷材的主要物理性能应符合表 A.0.1-1 的要求。

高聚物改性沥青防水卷材主要物理性能　　表 A.0.1-1

项目		性能要求		
		聚酯毡胎体卷材	玻纤毡胎体卷材	聚乙烯膜胎体卷材
拉伸性能	拉力(N/50mm)，≥	800(纵横向)	500(纵向) 300(横向)	140(纵向) 120(横向)
	最大拉力时延伸率(%)，≥	40(纵横向)	—	250(纵横向)
低温柔性		≤−15℃ 3mm 厚、r=15mm，4mm 厚、r=25mm，3s，弯 180°，无裂纹		
不透水性		压力 0.3MPa，保持时间 30min，不透水		

2　合成高分子防水卷材的主要物理性能应符合表 A.0.1-2 的要求。

合成高分子防水卷材主要物理性能　　表 A.0.1-2

项目	性能要求				
	硫化橡胶类		非硫化橡胶类	合成树脂类	纤维胎增强类
	JL_1	JL_2	JF_3	JS_1	
抗拉强度(MPa)，≥	8	7	5	8	8
断裂伸长率(%)，≥	450	400	200	200	10
低温弯折度(℃)	−45	−40	−20	−20	−20
不透水性	压力 0.3MPa，保持时间 30min，不透水				

3　胶黏剂的质量应符合表 A.0.1-3 的要求。

胶黏剂质量要求　　表 A.0.1-3

项目	高聚物改性沥青卷材	合成高分子卷材
黏结剥离强度(N/10mm)，≥	8	15
浸水 168h 后黏结剥离强度保持率(%)，≥	—	70

A.0.2　防水涂料和胎体增强材料的质量应符合以下规定。

1　有机防水涂料的物理性能应符合表 A.0.2-1 的要求。

有机防水涂料物理性能 表 A.0.2-1

涂料种类	可操作时间(min),≥	潮湿基面黏结强度(MPa),≥	抗渗性(MPa),≥			浸水168h后断裂伸长率(%),≥	浸水168h后抗拉强度(MPa),≥	耐水性(%),≥	表干(h),≤	实干(h),≤
			涂膜(30min)	砂浆迎水面	砂浆背水面					
反应型	20	0.3	0.3	0.6	0.2	300	1.65	80	8	24
水乳型	50	0.2	0.3	0.6	0.2	350	0.5	80	4	12
聚合物水泥	30	0.6	0.3	0.8	0.6	80	1.5	80	4	12

注:耐水性是指在浸水168h后材料的黏结强度及砂浆抗渗性的保持率。

2 无机防水涂料的物理性能应符合表 A.0.2-2 的要求。

无机防水涂料物理性能 表 A.0.2-2

涂料种类	抗折强度(MPa)	黏结强度(MPa)	抗渗性(MPa)	冻融循环
水泥基防水涂料	>4	>1.0	>0.8	>D50
水泥基渗透结晶型防水涂料	≥3	≥1.0	>0.8	>D50

3 胎体增强材料的质量应符合表 A.0.2-3 的要求。

胎体增强材料质量要求 表 A.0.2-3

项目		聚酯无纺布	化纤无纺布	玻纤网布
外观		均匀无团状,平整无褶皱		
拉力(N),≥(宽50mm)	纵向	150	45	90
	横向	100	35	50
延伸率(%),≥	纵向	10	20	3
	横向	20	25	3

A.0.3 塑料板的主要物理性能应符合表 A.0.3 的要求。

塑料板主要物理性能 表 A.0.3

项目	性能要求			
	EVA	ECB	PVC	PE
抗拉强度(MPa),≥	15	10	10	10
断裂延伸率(%),≥	500	450	200	400
24h不透水性(MPa),≥	0.2	0.2	0.2	0.2
低温弯折度(℃),≤	−35	−35	−20	−35
热处理尺寸变化率(%),≤	2.0	2.5	2.0	2.0

注:EVA——乙烯醋酸乙烯共聚物;ECB——乙烯共聚物沥青;PVC——聚氯乙烯;PE——聚乙烯。

A.0.4 高分子材料止水带质量应符合以下规定。

1 止水带的尺寸公差应符合表 A.0.4-1 的要求。

止 水 带 尺 寸　　表 A.0.4-1

<table>
<tr><th colspan="2">止水带公称尺寸(mm)</th><th>极限偏差(%)</th></tr>
<tr><td rowspan="3">厚度 B</td><td>4～6</td><td>+1,0</td></tr>
<tr><td>7～10</td><td>+1.3,0</td></tr>
<tr><td>11～20</td><td>+2,0</td></tr>
<tr><td colspan="2">宽度 L</td><td>±3</td></tr>
</table>

2　止水带表面不允许有开裂、缺胶、海绵状等影响使用的缺陷，中心孔偏心不允许超过管状断面厚度的1/3；止水带表面允许有深度不大于2mm、面积不大于16mm^{2}的凹痕、气泡、杂质、明疤等缺陷不超过4处。

3　止水带的物理性能应符合表A.0.4-2的要求。

止水带物理性能　　表 A.0.4-2

<table>
<tr><th rowspan="2">序　号</th><th rowspan="2" colspan="3">项　　目</th><th colspan="3">性 能 要 求</th></tr>
<tr><th>B型</th><th>S型</th><th>J型</th></tr>
<tr><td>1</td><td colspan="3">硬度(邵尔A,度)</td><td>60±5</td><td>60±5</td><td>60±5</td></tr>
<tr><td>2</td><td colspan="3">抗拉强度(MPa),≥</td><td>15</td><td>12</td><td>10</td></tr>
<tr><td>3</td><td colspan="3">扯断伸长率(%),≥</td><td>380</td><td>380</td><td>300</td></tr>
<tr><td rowspan="2">4</td><td rowspan="2" colspan="2">压缩永久变形率(%),≤</td><td>70℃×24h</td><td>35</td><td>35</td><td>35</td></tr>
<tr><td>23℃×168h</td><td>20</td><td>20</td><td>20</td></tr>
<tr><td>5</td><td colspan="3">撕裂强度(kN/m),≥</td><td>30</td><td>25</td><td>25</td></tr>
<tr><td>6</td><td colspan="3">脆性温度(℃),≤</td><td>−45</td><td>−40</td><td>−40</td></tr>
<tr><td rowspan="6">7</td><td rowspan="6">热空气老化</td><td rowspan="3">70℃×168h</td><td>硬度变化(邵尔A,度),≤</td><td>+8</td><td>+8</td><td>—</td></tr>
<tr><td>抗拉强度(MPa),≥</td><td>12</td><td>10</td><td>—</td></tr>
<tr><td>扯断伸长率(%),≥</td><td>300</td><td>300</td><td>—</td></tr>
<tr><td rowspan="3">100℃×168h</td><td>硬度变化(邵尔A,度),≤</td><td>—</td><td>—</td><td>+8</td></tr>
<tr><td>抗拉强度(MPa),≥</td><td>—</td><td>—</td><td>9</td></tr>
<tr><td>扯断伸长率(%),≥</td><td>—</td><td>—</td><td>250</td></tr>
<tr><td>8</td><td colspan="3">臭氧老化(50.5MPa,20%,48h)</td><td>2级</td><td>2级</td><td>0级</td></tr>
<tr><td>9</td><td colspan="3">橡胶与金属黏合</td><td colspan="3">断面在弹性体内</td></tr>
</table>

注：①B型适用于变形缝用止水带，S型适用于施工缝用止水带，J型适用于有特殊耐老化要求的接缝用止水带。
②橡胶与金属黏合项仅适用于具有钢边的止水带。

A.0.5　遇水膨胀橡胶腻子止水条的质量应符合以下规定。

1　遇水膨胀橡胶腻子止水条的物理性能应符合表A.0.5的要求。

遇水膨胀橡胶腻子止水条物理性能　　表 A.0.5

<table>
<tr><th rowspan="2">项　　目</th><th colspan="3">性 能 要 求</th></tr>
<tr><th>PN-150</th><th>PN-220</th><th>PN-300</th></tr>
<tr><td>体积膨胀倍率(%),≥</td><td>150</td><td>220</td><td>300</td></tr>
<tr><td>高温流淌性(80℃×5h)</td><td>无流淌</td><td>无流淌</td><td>无流淌</td></tr>
<tr><td>低温试验(−20℃×2h)</td><td>无脆裂</td><td>无脆裂</td><td>无脆裂</td></tr>
</table>

注：体积膨胀倍率$=\frac{\text{膨胀后的体积}}{\text{膨胀前的体积}}\times 100\%$。

2　选用的遇水膨胀橡胶腻子止水条应具有缓胀性能，其7d的膨胀率应不大于最终膨胀率的60%。若不符合，则应采取表面涂缓膨胀剂措施。

A.0.6　接缝密封材料的质量应符合以下规定。

1　改性石油沥青密封材料的物理性能应符合表A.0.6-1的要求。

改性石油沥青密封材料物理性能　　表A.0.6-1

项目		性能要求	
		Ⅰ类	Ⅱ类
耐热度	温度(℃)	70	80
	下垂值(mm)，≤	4.0	
低温柔度	温度(℃)	−20	−10
	黏结状态	无裂纹和剥离现象	
拉伸黏结性(%)，≥		125	
浸水后拉伸黏结性(%)，≥		125	
挥发性(%)，≤		2.8	
施工厚度(mm)，≥		22.0	20.0

注：改性石油沥青密封材料按耐热度和低温柔度分为Ⅰ类和Ⅱ类。

2　合成高分子密封材料的物理性能应符合表A.0.6-2的要求。

合成高分子密封材料物理性能　　表A.0.6-2

项目		性能要求	
		弹性体密封材料	塑性体密封材料
拉伸黏结性	抗拉强度(MPa)，≥	0.2	0.02
	延伸率(%)，≥	200	250
柔度(℃)		−30，无裂纹	−20，无裂纹
拉伸-压缩循环性能	拉伸-压缩率(%)，≥	±20	±10
	黏结和内聚破坏面积(%)，≤	25	

A.0.7　管片接缝密封垫材料的质量应符合以下规定。

1　弹性橡胶密封垫材料的物理性能应符合表A.0.7-1的要求。

弹性橡胶密封垫材料物理性能　　表A.0.7-1

项目	性能要求	
	氯丁橡胶	三元乙丙胶
硬度(邵尔A，度)	45±5～60±5	55±5～70±5
伸长率(%)，≥	350	330
抗拉强度(MPa)，≥	10.5	9.5

续上表

项目		性能要求	
		氯丁橡胶	三元乙丙胶
热空气老化（70℃×96h）	硬度变化值（邵尔A,度）,≤	+8	+6
	抗拉强度变化率（%）,≥	−20	−15
	扯断伸长率变化率（%）,≥	−30	−30
压缩永久变形率（%）,≤（70℃×24h）		35	28
防霉等级		达到与优于2级	达到与优于2级

注：以上指标均为成品切片测试的数据，若只能以胶料制成试样测试，则其力学性能数据应达到《地下防水工程质量验收规范》(GB 50208—2002)规定的120%。

2　遇水膨胀密封垫胶料的物理性能应符合表A.0.7-2的要求。

遇水膨胀橡胶密封垫胶料物理性能　　表A.0.7-2

项目		性能要求			
		PZ-150	PZ-250	PZ-400	PZ-600
硬度（邵尔A,度）		42±7	42±7	45±7	48±7
抗拉强度（MPa）,≥		3.5	3.5	3	3
扯断伸长率（%）,≥		450	450	350	350
体积膨胀倍率（%）,≥		150	250	400	600
反复浸水试验	抗拉强度（MPa）,≥	3	3	2	2
	扯断伸长率（%）,≥	350	350	250	250
	体积膨胀率（%）,≥	150	250	300	500
低温弯折（−20℃×2h）		无裂纹	无裂纹	无裂纹	无裂纹
防霉等级		达到与优于2级			

注：①成品切片测试应达到《地下防水工程质量验收规范》(GB 50208—2002)规定的80%。
②接头部位的抗拉强度指标不得低于《地下防水工程质量验收规范》(GB 50208—2002)规定的50%。

A.0.8　排水用土工复合材料的主要物理性能应符合表A.0.8的要求。

排水层材料主要物理性能　　表A.0.8

项目		性能要求	
		聚丙烯无纺布	聚酯无纺布
单位面积质量（g/m^2）,≥		280	280
抗拉强度（N/50mm）,≥	纵向	900	700
	横向	950	840
伸长率（%）,≥	纵向	110	100
	横向	120	105
顶破强度（kN）,≥		1.11	0.95
渗透系数（cm/s）,≥		5.5×10^{-2}	4.2×10^{-2}

第六章 屋面防水工程

第一节 概　　述

一、屋面结构

屋顶是房屋最上层起覆盖作用的围护和承重结构，其最主要的功能之一是“遮风雨”。屋面根据排水坡度不同，可分为平屋面和坡屋面。一般平屋面的坡度在10％以下，最常用的坡度为2％～3％；坡屋面的坡度则在10％以上。我国建筑传统上采用坡屋面，有双面坡、四面坡等。这种屋面坡度较大，伸缩自如、排水迅速、防水效果也比较好。自20世纪60年代以来，为减轻屋面自重、降低工程造价、提高屋面预制装配程度，普遍改为钢筋混凝土平屋面，多采用预制圆孔屋面板和现浇钢筋混凝土屋面板等。平屋面造价较低、施工方便、构造简单、外观简洁，适用于各种形状和大小的建筑平面，当前这类屋面应用最为广泛。

建筑屋面，特别对于我国北方广大地区，主要是解决保温与防水的问题，因此屋面的典型构造层次是：

(1)结构基层。多为预制圆孔板或现浇钢筋混凝土屋面板。

(2)隔汽层。为防止湿气进入保温层而设置，多为一层冷底子油或一层油毡。

(3)保温层。有现浇和预制装配两种，常用的保温材料有水泥珍珠岩、焦碴、加气混凝土块、聚苯乙烯泡沫塑料板等。

(4)水泥砂浆找平层。

(5)防水层。可以是卷材、涂膜等柔性防水层，也可以是细石混凝土加柔性嵌缝组成的刚性防水层。

(6)保护层。对于柔性屋面，为防止防水层过早老化，通常在防水层上增加一层保护层，多采用绿豆砂、水泥方砖、缸砖、浅色涂膜或现浇细石混凝土等。

二、屋面防水

随着近年来我国建筑技术的发展，大跨度、轻型及高层建筑日益增多，使屋面结构出现较大变化，而停车场、运动场、花园等屋面结构的出现，又使屋面功能大大增加，但是早在20世纪80年代，房屋渗漏问题已成为我国工程建设中非常突出的问题。1991年，在建设部组织的对各地区100个城市1988～1990年竣工房屋调查中，发现屋面存在不同程度渗漏的占抽查总数的35％。我国每年仅用于屋面修缮的石油沥青卷材达2.4亿m^2，石油沥青胶结材达27万t，修缮费用超过12亿元。房屋渗漏直接影响到房屋的使用功能与用户安全，也给国家造成巨大的经济损失。在房屋渗漏治理过程中，由于措施不当，效果不好，以致出现年年漏、年年修，年年修、年年漏的现象。为解决好屋面渗漏水问题，研究人员对屋面渗漏水产生的原因和治理维修方法等方面开展研究工作，以提高屋面渗漏水治理技术水平，改善居住和工作环境。

我国的房屋建筑曾一度出现屋面渗漏率居高不下的情况，严重影响了房屋的使用功能。已建房屋屋面发生渗漏水问题，直接影响到人们的生活、工作和学习，通过对屋面渗漏水治理技术的研究，得出以下结论：

要从根本上解决已建房屋屋面渗漏水问题，就要从防水工程的设计、施工、材料及管理维护等方面着手，进行系统管理，综合防治。以提高防水工程质量、杜绝渗漏为目标，从施工入手，严把材料质量关，提高设计水平和加强管理，有针对性地采取具体措施进行综合防治。

1. 大力推广应用新型防水材料是基础

在屋面渗漏水治理工作中，应首先选用技术较先进、性能较优异的高聚物改性沥青卷材及涂料、合成高分子卷材及涂料、弹塑性密封材料及新型刚性防水材料。在当前防水材料市场鱼龙混杂的情况下，必须严把材料质量关，对进入施工现场的防水材料，不仅要符合国家或行业标准，有出厂合格证和材料准用证，还必须进行现场抽样复检，复检不合格的材料坚决不用，严防假冒伪劣产品应用到渗漏水治理工程中。

2. 重视屋面防水设计是前提

设计时应根据建筑物性质、工程特点、重要程度及使用功能进行防水设防。由于目前防水材料品种繁杂、性能各异，适用范围不同且价格相差悬殊，因此要本着“因地制宜、按需选材、防排结合、刚柔并济、整体密封”的原则进行屋面防水设计和选材。要根据当地的最高和最低气温、日温差、屋面坡度、防水层形式(外露或非外露)及结构大小等具体情况，选用适宜的防水材料，确定相应的施工方案。

3. 精心施工是关键

渗漏水治理工程施工是一项技术性强、标准要求高的防水材料再加工过程，因此必须由经过专业技术培训，熟悉施工规范和防水材料性能特点及适用范围的训练有素的专业防水施工队伍进行施工。在施工过程中必须严格遵守国家标准规范，认真贯彻执行工艺标准，一丝不苟、精心操作，这样才能确保工程质量。

4. 加强管理维护

防水工程竣工验收后在长期的使用过程中常常由于材料的逐渐老化、各种变形的反复影响、风雨冰冻的作用、雨水的冲刷、使用时人为的损坏及垃圾尘土堆积堵塞排水通道等因素的作用使防水层遭到损坏，并导致渗漏，因此加强管理维护是提高防水工程质量的一个重要措施。定期进行屋面的保养维护，如采取在每年雨季来临前和入冬前对防水层进行全面清扫，检查发现有损坏之处及时修复等，对降低屋面渗漏率、减少返修、节省开支、延长防水层使用年限具有十分重要的意义。

附：屋面渗漏水治理前的准备工作

无论怎样治理及治理范围大小如何，都要对屋面情况了解清楚，在此基础之上再进行必要的治理方案设计，然后通过精心施工达到预期的目的。这一对屋面进行调研并确定治理方案的过程，就是屋面渗漏水治理前的准备。这一过程有以下几个方面的内容。

1.调查原屋面状况

(1)了解所修屋面系统的构造特征及原防水层材料的特点。

(2)观察屋顶基层状况，如有无开裂、屋面板错位等情况。

(3)了解旧防水层的损坏程度，使用探测仪器确定渗漏点，根据检测结果，进行量化评估，并以此作为下一步进行渗漏治理的依据。

(4)对细部构造进行认真调研，对天窗、烟囱、泛水、阴阳角、落水口、女儿墙等部位进行仔细检查，记录其渗漏状况。

2.对渗漏情况进行综合分析

在现场调查的基础上，对所涉及的问题进行认真分析，确定维修范围及具体治理措施。这一步骤包括：

(1)渗漏水的治理方式。根据检测结果来确定是局部修补还是全面翻修，修补范围的大小，以及采取哪种施工方法。

(2)对防水层耐久性的要求如何，考虑治理维修用防水材料的性能指标能否满足要求。

(3)若基层出现裂缝、错动，应采取哪样的增强方式。

(4)对施工环境的考虑，主要是施工材料的运输、储放等。由于许多防水材料及与之配套的胶黏剂、溶剂等属于易燃物，要特别注意消防措施。

(5)渗漏水治理的费用。一般情况下，由于原屋面防水层与治理维修所用材料及其性能和施工方法的不同，加上工程量的增加(如原屋面的铲除、渣土的外运等)，使得治理渗漏的费用高于新建工程的费用。因此，要将治理修复工程的费用与保证年限、耐久性及使用功能等几个方面进行综合评估，以确定费用开支。

3.确定治理维修方案

通过上述调研分析后，制订屋面渗漏水治理的详细方案，包括施工计划和维修治理方案。治理维修要根据建筑物的等级，选用与原防水层材性相适应的材料和施工工艺，需注意以下几点。

(1)要施工方便、保证质量。

(2)要采取工艺技术简单、便于操作的施工方法，尽量减少设备和机具。

(3)选用的修补治理材料要与原防水层材料相容，不但要使二者黏合牢固，而且不能发生腐蚀。

(4)在屋面基层较为复杂的条件下，要尽量采用随意性强的材料(如涂料、无定型密封材料等)。

(5)要注意屋面坡度的选择和防水层收头的处理。

第二节　种植屋面中的防水

一、种植屋面的兴起与防水技术的革新

“为了适应我国正在兴起的种植屋面工程，确保种植屋面防水工程设计与施工质量，必须

在技术上总结、改进我国现有种植屋面经验和做法，同时参考欧洲和日本等国外成熟的种植屋面技术，确保种植屋面防水工程设计与施工质量。”这是建设部在2005年3月30日特批增加编制国家规范——《种植屋面防水工程技术规程》的目的，要求本规程必须注重先进性、导向性及可行性。

种植屋面的防水层不但要满足一般屋面防水层的要求，还应具有耐腐蚀、耐霉烂、耐穿刺的要求，因为种植屋面常处于潮湿环境，当温度适当时，微生物、细菌生长会使防水层霉烂，植物生长时，根系会穿刺防水层，所以防水层应是耐穿刺能力强，并有足够厚度的材料，如PVC卷材、PE卷材等，并采取焊接搭接使接缝完善可靠，如采用合成高分子橡胶类卷材，应有保证接缝可靠性的措施。为了保证防水层的耐久性，柔性防水层上还应设置一道细石凝土保护层。种植屋面应具有足够的排水坡度，在四周挡墙下设置泄水孔，当雨水过多时，将水迅速排除，以免植物烂根。在泄水孔内部还应做好滤水装置，避免种植介质被水冲走。

虽然很多设计师已经意识到了种植屋面防水技术是种植屋面系统的关节所在，但是国内现存的种植屋面的做法非常有限且不成熟，种植屋面漏水的现象严重，在大力发展种植屋面的今天，如何设计出可靠的种植屋面系统，如何正确选用种植屋面系统材料，是否可以继续沿用原来的常规做法，已经成为摆在设计师面前的棘手问题。

直接吸收欧洲尤其是德国的种植屋面先进经验，学习和应用国外的种植屋面系统技术，无疑是目前解决如上棘手问题的最佳途径。

绿色屋面系统用的防水卷材国际上没有产品标准，欧洲仅有一个试验方法标准，目前还是一个草案，即《柔性防水板 防水用的沥青、塑料和橡胶层 底部防渗水性的测定》(prEN 13948:2000)。而该方法应建立恒温试验室，选定试验植物与培植植物的土壤，试验观察时间2年或4年，试验费用巨大，无疑给我国制定产品标准带来了极大的难度。行业标准的制定是为生产企业与使用单位服务的，产品标准是产品变为商品进入市场的通行证，是衡量产品质量的技术依据。在全国制定统一的产品标准与试验方法，有利于提高标准的科学性与可比性，克服企业标准的局限性与地域性，使产品能在更大范围内的推广使用，保证种植屋面质量。

(1)行业标准根据约定俗成的原则，便于与技术规程相链接。“绿色屋面系统”改为“种植屋面”，英文译名仍为“Green Roof Systems”；“抗生根”改为“耐根穿刺性能”；“防水卷材”改为“防水材料”，即通过调研与试验，在可能的条件下将适用的水涂料纳入本标准。因此，标准名称现拟定为《种植屋面用耐根穿刺性防水材料》。

(2)列入本标准的防水材料分为防水卷材与防水涂料。防水卷材分为改性沥青类、橡胶类、塑料类、金属类。至于哪些产品能归入上述类别、纳入本标准，需根据调研(考察工程实例)与试验验证后再予以考虑。应用性能中增加“耐酸性”，耐根穿刺性能试验方法修改采用欧洲标准。

(3)本标准要求分为“一般要求”与“应用性能”。凡是已有国家标准与行业标准的耐根穿刺防水材料应符合上述标准，凡没有上述标准的产品应符合企业标准与相关产品国外标准的要求。

在2005年7月5日通过的《种植屋面防水工程技术规程》编制大纲中，已经明确提出了耐穿刺防水材料在种植屋面中的应用，这是在参考了国外先进种植屋面技术的基础上提出的。防水和根阻的完美结合将预示着我国种植屋面技术革新的开始。

二、防水材料选用

在分析各层次与防水层的影响关系后，我们应从种植屋面的特性出发，在掌握各种防水材料性能的基层上，设计合理的防水体系。要做到确保屋面不渗漏水，必须将影响防水的各种因素综合起来考虑，才能达到良好的效果。

由于防水与景观不属同一专业，相互间存在配合和统一性的问题，特别在防水层的收头、施工的交义作业等问题上，矛盾较为突出。

有的景观设计很复杂，防水处理显得很困难。在这种情况下，防水层的设计尽可能“以不变应万变”的方案来实现防水层的完整性。表6-1、表6-2为一工程实例，其主要指导思想是，在已完成防水层上，设计一道刚性层，以达到保护防水层和使防水层起到整体防水的效果，刚性层上的景观造型设计与施工完全与防水层分开，方便了防水施工，同时也给景观设计与施工创造了方便。

构造说明示意　　表6-1

示 意 图	构 造 说 明
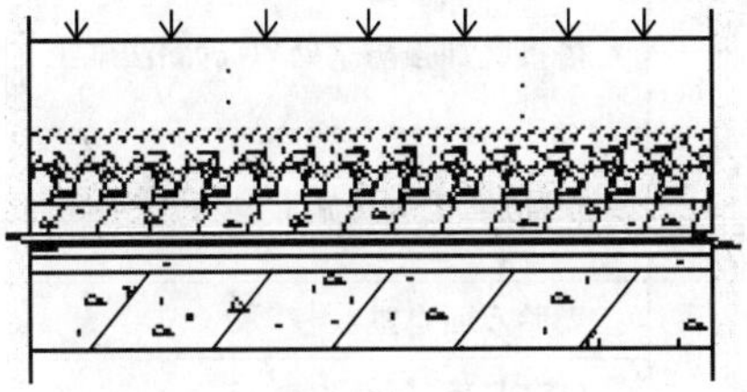 屋面一	①植被 ②种植土 ③滤水层 ④排(蓄)水层 ⑤保护层 ⑥防水层 ⑦找平层 ⑧结构层
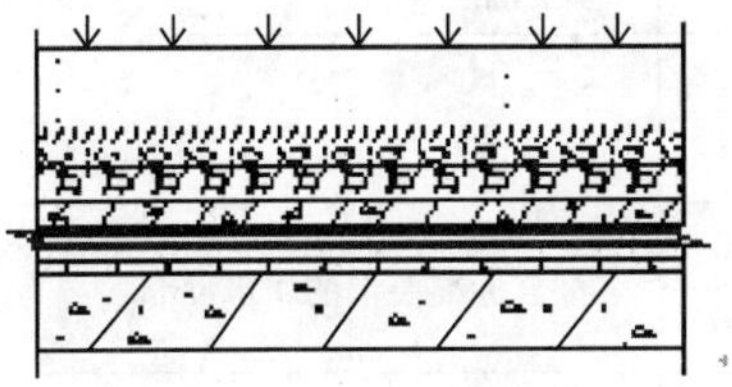 屋面二	①植被 ②种植土 ③滤水层 ④排(蓄)水层 ⑤保护层 ⑥防水层2 ⑦防水层1 ⑧找平层 ⑨结构层
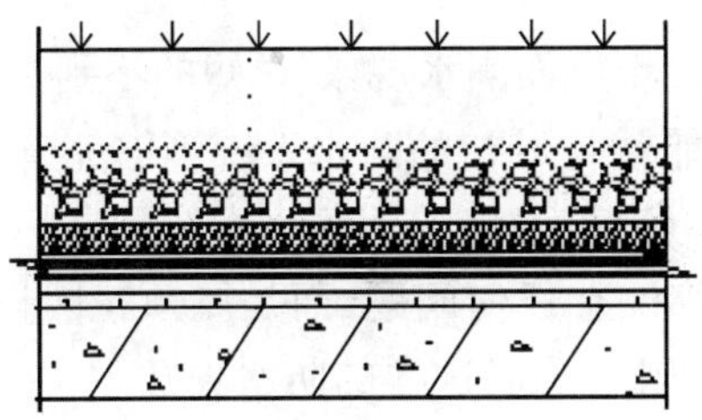 屋面三	①植被 ②种植土 ③滤水层 ④排(蓄)水层 ⑤保温层 ⑥防水层2 ⑦防水层1 ⑧找平层 ⑨结构层

续上表

示 意 图	构 造 说 明
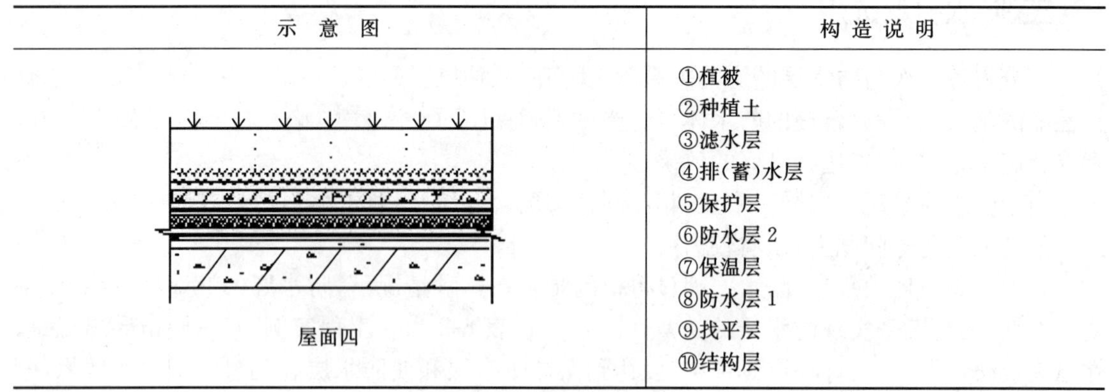 屋面四	①植被 ②种植土 ③滤水层 ④排(蓄)水层 ⑤保护层 ⑥防水层 2 ⑦保温层 ⑧防水层 1 ⑨找平层 ⑩结构层

种植屋面可选防水材料品类表 表 6-2

序 号	材 料 名 称	厚度(mm)	说 明
1	树脂类高分子防水卷材	≥1.2	搭接缝热焊接,空铺法施工
2		≥1.5	
3	橡胶类高分子防水卷材	≥1.2	搭接缝加强防水处理,满黏法施工
4		≥1.5	
5	高聚物改性沥青防水卷材	≥3.0	聚酯胎、满黏法施工
6		≥4.0	
7	自黏型改性沥青卷材	≥2.0	无胎双面自黏
8			HDPE 面、复合铝箔面
9			铝箔面,纯铝箔厚≥50μm
10			聚酯胎双面自黏
11		≥3.0	聚酯胎
12	合成高分子防水涂料	≥1.2	
13		≥1.5	
14	聚合物水泥防水涂料	≥1.5	符合标准要求的耐水性能
15		≥2.0	
16	铝合金防水板	≥0.5	需证明其耐腐性能

三、种植屋面系统

目前国内的屋顶绿化项目,一般 2～3 年就会出现屋面漏水现象,最短的不到 1 年。

很显然,不到 1 年就出现渗漏现象的,很大可能就是最初的防水系统不够完善,防水材料选择不当,或者是防水施工过程中防护措施做得不够好,最终导致防水系统的破坏。当然,也有这样的可能性,即最初的防水系统及施工过程都没有任何问题,而是屋顶花园投入使用以后,其他因素造成了防水系统的破坏。那么是什么因素造成这样的防水失败呢? 是不是和屋顶花园使用 2～3 年以后防水系统破坏是同一个原因呢?

对于屋顶防水系统而言,种植屋面上面的覆土是对防水材料的保护,土壤有效保护了防水材料不受自然条件中的风吹日晒。早在一千多年前,古巴比伦就在屋面上覆盖土壤来达到防水的目的，当然他们不会在屋面土壤中种植任何植物。对于现代的种植屋面来讲是什么造成了种植屋面防水系统在短时间内遭到破坏呢？植物根系对防水系统的破坏，欧洲在70年前就有专门的研究，并且很多国家在20世纪都成立了专门的种植屋面研究机构。

种植屋面必须应用植物根阻拦材料，而且事实证明就是在仅有防水层或压制层的屋面上也用得到。由于空气的流动作用导致一些植物的种子飘落屋面上，在一定的条件下，植物也能顽强的生长。其后果导致其根系穿透防水层，甚至结构层，从而使整个屋面系统失去作用。

1.屋面结构基层——坡度要求

为了顺利排除屋面上的雨水，屋面在保证2%的坡度的同时，对于种植斜屋面来讲，屋面坡度大于15°(27%)就必须进行防滑处理。

2.屋面结构的承载能力

种植屋面结构同时要承受活荷载和静荷载，静荷载由所有的构造层共同组成，如屋面防水层、保温层、保护层、砾石及排水层、过滤层、植被种植层，要考虑这些构造层所用材料饱和水状态下的密度。另外，还要考虑植物本身产生的逐渐增加的荷载和灌溉产生的附加荷载。

3.蒸汽阻拦层(隔汽层)

当采用正置式保温种植屋面时，应避免屋面的结构顶板结露、防止水蒸气进入保温材料，导致保温破坏，因此需在保温层下设置隔汽层，且其隔汽性能必须满足水蒸气穿透性等效的空气层厚度大于1 500m。

4.绝热层(保温层)

绝热层的设计必须满足所在地区的情况，符合所在地区的建筑节能标准，按照所在地区的建筑节能标准中的相关规定进行设计。

绝热层材料的吸水性能直接影响它的保温隔热性能，吸水率越高，它的保温隔热性能就越差，绝热层应选用吸水率小于3.0%的材料。

种植屋面系统中，绝热层要承受其上各构造层(根阻防水层、防水保护层、排水层、过滤层、种植土、植物等)的静荷载及可能增加的各种活荷载(植物的增重、种植土中不断变化的水量、交通荷载等)，就需要绝热层要有足够的承载能力，否则会造成绝热材料的破坏。

5.种植屋面防水层及根阻防水材料的应用

考虑到种植屋面的防水性能要求高，以及考虑了种植屋面的耐久年限，强调应做二道防水，保证防水性能。

用于种植屋面的防水卷材不仅要满足不同屋面规定材料指标，同时还要具有根阻性能，根阻性能试验技术涉及面广(试验植物的选择、试验的条件等)、试验设备复杂且试验周期较长，虽然国内到目前为止还没有相应的标准和检测机构，但有关部门正在抓紧进行相关工作。在欧洲，根阻性能要满足欧洲规范 prEN 13948:2000 中的规定，并已于1984年德国园林研究协会(FLL)开创性地进行了根阻试验，要求用于种植屋面的上层防水材料的根阻性能必须通过权威机构(FBB)的严格认证。

在此推荐使用如下根阻防水材料，其根阻性能已经通过了国际园林景观权威机构 FLL(景观设计与园林建筑研究会)长达4年的试验验证。

(1)含有复合铜胎基的SBS改性沥青根阻防水卷材

含有复合铜胎基的SBS改性沥青根阻防水材料，是一种理想的种植屋面用根阻防水卷材。该产品的根阻性能是通过在 SBS 改性沥青涂层中加入的生物阻根剂，以及经过铜蒸气处理过的聚酯复合胎基来实现的。植物根一接触到涂层中的生物阻根剂就会发生角质化，不会继续生长，即使是植物根接触到了胎基，也会因为复合铜胎基中铜离子的作用，使植物根转向寻找其他方式继续生长，而不会继续破坏防水层。通过如上双重保护使这种产品可以在种植屋面系统中发挥强大的根阻性能。

同时这种含有复合铜胎基的 SBS 改性沥青根阻防水材料是在防水材料的基础上发展而来的，它具有良好的防水性能、很强的抗变形能力、理想的耐久性能，体现了防水、根阻的完美结合。

(2)以 TPO(欧洲称为 FPO)为原料的高分子根阻防水材料

以 TPO(FPO)为原料的高分子防水卷材是一种理想的种植屋面用根阻防水卷材。这种材料非常适宜用作种植屋面防水材料。

①这种材料通过本身坚硬的机械性能而具有极强的抗植物穿透性能。

②材料上下表面的 TPO(FPO)涂层不但具有理想的耐高温和耐低温性能，而且具有极强的抗老化和抗腐蚀能力，可以有效抵抗植物和营养土对材料的腐蚀作用。

③因为材料本身不含有任何软化剂、增塑剂及其他添加剂，不会对动植物造成任何伤害，环保性能通过了 ISO 14000 的严格认证。

④这种材料采用了抗撕拉能力极强的玻纤复合胎基，具有极强的抗变形能力，可以抵抗屋面结构在温度变化和不均匀沉降等作用下的变形。

值得一提的是，通过试验显示这种材料可以抵抗竹子根的穿透作用，而且它在满足防水性能的同时还具有良好根阻性能，无需在种植屋面系统中单独设置植物根阻拦层，体现了防水、根阻的完美结合。

6.排水层

在种植屋面系统中，雨水要经过防水层的上方横向流到屋面的排水设备中去。排水层应该保证雨水能有效地排出，保证植物和种植土不被腐烂掉或冲运掉。

最大流程长度是说明排水层性能的重要指标，选用排水层材料时必须考虑此项指标。在考虑排水层排水性能的同时，要根据当地水质情况，考虑排水层抗生物性与碳酸盐含量。

当屋面坡度＞3%，同时种植土层厚度较薄(小于 150mm)时，可不考虑人为设置排水层。

7.排水口的处理

种植屋面上的排水口是不允许遮盖的，要保障排水口的周围没有植物、容易辨认，避免因植物的生长而阻塞和影响排水，宜将排水口置于一个直径为 60～100cm 的砾石面内。

8.过滤层

过滤层的作用是防止渗入水将细土和基质成分从植被支撑层冲走，形成泥浆，并进入排水层，从而防止泥浆对排水层的渗水性产生不利的影响。因此，在蓄排水层上必须设置过滤层。过滤层的总孔隙率直接影响水的渗透速度，过滤层的总孔隙度不宜小于 65%。

9.种植土及植被

种植屋面用种植土是有别于普通种植土的，需要考虑如下几个重要技术指标：颗粒粒径＜0.063mm的含量，种植土的干密度，种植土的最大湿密度，种植土的含水率，种植土中水的渗透性，种植土的 pH 值，种植土的有机物含量等。国外的经验显示，种植屋面用种植土无需“过肥”，避免屋面承受不必要的植物生长增重。

屋顶绿化的植被要满足以下几个要求。

(1)抗旱。因为特定的绿化地点,植株必须要抗旱,这样可以相对减少浇水的次数,以适应屋顶的特定环境。

(2)抗风。植株要相对比较低矮,屋顶由于处于高处,如果植株过高或植株不够坚硬,风大时植株易倒伏,影响绿化效果,因此要选择相对低矮的植株。

(3)植株要有较鲜艳的色泽或者是开花时要有较好的团状效果,使得屋顶绿化有较好的观赏性。

整体来说,要从根本上解决种植屋面的漏水问题,有如下两大关键。

1.植物根阻拦

(1)防止植物根穿透防水层而造成防水功能失效。在没有植物根阻拦措施的情况下,屋面所种植物的根系会扎入防水材料,造成防水层破坏,从而导致渗漏。

(2)防止植物根穿透结构层而造成更为严重的结构破坏。在没有植物根阻拦措施的情况下,屋面所种植物的根系会扎入屋面凸出物(如电梯井、通风孔等)的结构层、女儿墙而造成结构破坏。这种破坏不仅会比第一种情况增加更多的维修费用,而且对于这种破坏如不及时补救,将会危及整个建筑物的使用安全。

(3)避免由于植物根穿透造成防水层破坏甚至结构破坏而带来的连带损失。在屋面结构层上进行园林建设,由于排水、蓄水、过滤等功能的需要,屋面种植结构层远比普通自然种植的结构层复杂,而防水层一般处于最下面一层。如果忽略了植物根阻拦层的设置,植物根穿透防水层,将会导致结构层大面积渗漏,以致必须进行及时维修,情况严重时须更换防水材料,这意味着:必须将上面已经精心培养成熟的植物层及土层全部铲除,排水层及过滤层等也要全部铲除,然后才可能更换已经千疮百孔的防水层,增加不必要的直接维修费用。同时,维修过程中所需材料、机具的搬运及运输将影响建筑物的正常运作,建筑物所有者为保持清洁和形象而导致的间接损失不可估量。

2.植物根阻拦材料及其与整个种植屋面系统的配合

选用适当的植物根阻拦材料,以及植物根阻拦层与整个种植屋面系统的配合是关键中的关键。

不是所有可以根阻的材料都适宜用在种植屋面系统中。

虽然大家认识到了种植屋面系统中植物根阻拦层的重要性和必要性,但是选择什么样的根阻材料和如何选择和应用到种植屋面系统中去,是需要进行认真研究和探讨的。

在参考了国外多年来种植屋面成熟技术后,我们应该认识到:不是材料本身有根阻功能就可以用在种植屋面系统中,而是一定要能与系统相匹配。这就是国内原有的一些种植屋面常规做法亟待改善的原因。

第三节　屋面防水工程施工

一、屋面防水工程施工

屋面工程根据建筑物的性质、重要程度、使用功能要求及防水层合理使用年限等,将屋面防水分为4个等级。

屋面工程施工前，施工单位应进行图纸会审，并应编制屋面工程施工方案或技术措施。

屋面工程施工时，应建立各道工序的三检制度，并有完整的检查记录。

屋面工程的防水层应由经资质审查合格的防水专业队伍进行施工。

屋面工程所采用的材料、保温隔热材料应有产品合格证书和性能检测报告，材料的品种、规格、性能等应符合现行国家产品标准和设计要求。

屋面防水工程各分项工程的施工质量检验批量应符合下列规定。

(1)卷材防水屋面、涂膜防水屋面、刚性防水屋面、瓦屋面及隔热屋面工程，应按屋面面积每 $100m^2$ 抽查一处，每处 $10m^2$，且不得少于3处。

(2)接缝密封防水，每50m应抽查一处，每处5m，且不得少于3处。

(3)细部构造根据分项工程的内容，应全部进行检查。

二、卷材防水屋面施工

屋面防水工程是房屋建筑的一项重要工程，工程质量的好坏关系到建筑物的使用寿命，还会直接影响人民生产活动和生活的正常进行。据统计，导致屋面渗漏的原因有几方面：材料占20%～22%，设计占18%～26%，施工占45%～48%，管理维护占6%～15%。目前屋面防水出现了许多新型材料，但是卷材防水仍然占据着重要的位置，因此本文将重点介绍屋面卷材防水的施工。

(一)屋面卷材防水施工前的准备工作

1.施工前的技术准备工作

屋面工程施工前，施工单位应组织技术管理人员会审屋面工程图纸，掌握施工图中的细部构造及有关技术要求，并根据工程的实际情况编制屋面工程的施工方案或技术措施，从而避免施工后留下缺陷，造成返工。同时工程依据施工组织有计划地展开施工，可防止工作遗漏、错乱、颠倒，影响工程质量。有了施工组织，下一步施工负责人应向班组进行技术交底。内容包括：施工的部位、施工顺序、施工工艺、构造层次、节点设防方法、增强部位及做法、工程质量标准、保证质量的技术措施、成品的保护措施和安全注意事项。

2.对施工人员及施工程序的要求

屋面工程的防水必须由防水专业队伍或防水工施工，严禁没有资质等级证书的单位和非防水专业队伍或非防水工进行屋面工程的防水施工，建设单位或监理公司应认真检查施工人员的上岗证。施工中，施工单位应按施工工序、层次进行质量的自检、自查、自纠，并且做好施工记录；监理单位应做好每步工序的验收工作，验收合格后方可进行下道工序、层次的作业。

3.对防水材料的质量要求

屋面工程所采用的防水材料应有材料质量证明文件，并经指定质量检测部门认证，确保其质量符合《屋面工程技术规范》(GB 50345—2004)或国家有关标准的要求。防水材料进入施工现场后应附有出厂检验报告单及出厂合格证，并注明生产日期、批号、规格、名称。取样复检时，施工单位应严格按照见证取样送样制度，在建设单位代表或监理单位人员见证下，由施工人员在现场抽样，送到试验室进行试验。防水材料经复检合格，提交复检试验报告合格单后，方可在防水工程中应用。严禁在工程中使用不合格的防水材料，不合格材料一经发现应即刻全部撤离施工现场。

卷材防水施工工艺流程见图6-1。

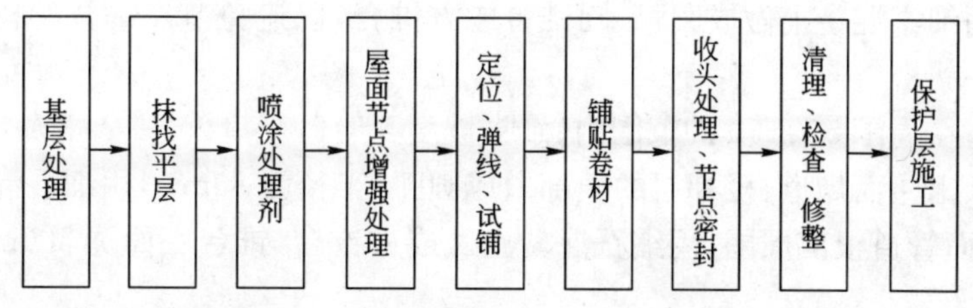

图 6-1　卷材防水施工工艺流程图

(二)屋面防水施工要点

1. 施工的环境要求

为了保证施工操作及卷材铺贴的质量,宜在 50～350℃的气温下施工;高聚物改性沥青及高分子防水卷材不宜在负温以下施工;热熔法铺贴卷材可以在－100℃以上的气温条件下施工,这种卷材耐低温,在负温下不易被冻坏;雨、雪、霜、雾或大气湿度过大,以及大风天气均不宜露天作业,否则应采取相应的技术措施。

2. 对屋面排水坡度的要求

平屋面的排水坡度为 2%～3%,当坡度小于或等于 2%时,宜选用材料找坡;当坡度大于 3%时,宜选用结构找坡。天沟、檐沟的纵向坡度不应小于 1%,沟底落差不得超过 200mm。水落口周围直径 500mm 范围内坡度不应小于 5%。

3. 对屋面基层空隙、裂缝的处理

若基层为预制混凝土板,当板与板之间的缝隙宽度小于 20mm 时,采用细石混凝土灌缝,石子粒径不得大于 10mm,其强度等级不得小于 C20,并尽可能使用膨胀水泥或掺膨胀剂搅拌的混凝土进行灌缝;当板与板之间的缝隙宽度大于 40mm 时,板缝内应设 ϕ6 钢筋或按设计要求配置钢筋。浇筑完板缝混凝土后,应及时覆盖并浇水养护 7d,待混凝土强度等级达到 C15 时,方可继续施工,以防止灌缝混凝土过早承受施工荷载的影响,确保板间的粘贴强度。

若基层为现浇钢筋混凝土,当板内存在裂缝时,应先用凿子把裂缝凿成 15～20 mm 宽,深倒八字形的槽沟,然后把石渣清走,把沟槽吹干净,用填缝膏分 2～3 次填满裂缝,每次间隔时间必须有 15min 之久,填满裂缝后用滚筒压平即可。

4. 屋面找平层的要求

找平层是铺贴卷材防水层的基层,给防水卷材提供一个平整、密实、有强度、能黏结的构造基础。因此,铺贴卷材的找平层应坚实,不得有凸出的尖角和凹坑或表面起砂现象,当用 2m 长的直尺检查时,直尺与找平层表面的空隙不应超过 5mm,空隙只允许平缓变化,且每米长度内不得超过一处。找平层相邻表面构成的转角处,应做成圆弧或钝角。

当基层为整体混凝土时,采用水泥砂浆找平层,厚度为 20mm,水泥与砂浆比为 1∶2.5～1∶3(体积比),水泥强度等级不低于 42.5。找平层还要设分格缝,并嵌填密封材料,以避免或减少找平层开裂,当结构变形或温差变形时,防水层不会形成裂缝,造成渗漏。缝宽为 20mm,分格缝的纵向和横向间距不大于 6m,分格缝的位置设在屋面板的支端、屋面转角处防水层与凸出屋面构件的交接处、防水层与女儿墙交接处等,且应与板端缝对齐,均匀顺直。水泥砂浆找平层施工时,先把屋面楼板杂物清理干净并洒水湿润。在铺设砂浆时,按由远到近、由高到低的顺序进行,每分格内一次连续铺成,按设计控制好坡度,用 2m 以上长度刮杆刮平,待砂浆稍收水后,用抹子压实抹平,12h 后用草袋覆盖,浇水养护。对于凸出屋面的结构和管道根部

等细部节点应用细实混凝土做成圆弧、圆锥台或方锥台，以避免节点部位卷材铺贴折裂，利于粘实粘牢。

(1)水落口，在周围500mm的范围内做成，坡度≥5%，平滑。

(2)女儿墙、出屋面烟道、楼梯层的根部做成圆弧，半径为80mm，用细石混凝土制成。

(3)伸出屋面管道根部周围，用细石混凝土做成方锥台，锥台底面宽300mm，高60mm，整平抹光。

5. 基层处理剂

为了加强防水卷材与基层之间的黏结力，保证整体性，在防水层施工前，应预先涂刷基层上的涂料。常用的基层处理剂有冷底子油及与各种高聚物改性沥青卷材和合成高分子卷材配套的底胶(基层处理剂)，选用时应与卷材的材质相容，以免卷材受到腐蚀或不相容黏结不良脱离。

冷底子油、基层处理剂喷涂前要检查找平层的干燥并清扫干净，然后用毛刷对屋面的节点、周边、拐角等部位先行处理，最后才能大面积喷、刷。喷、刷要薄而均匀，不能够漏白或过厚起皮。冷底子油在铺贴前1～2d涂刷，基层处理剂涂刷后4d左右至干燥时再铺贴卷材。

6. 卷材的铺贴

(1)卷材的铺贴方向。卷材的铺贴方向应根据屋面坡度和屋面是否有振动来确定。当屋面坡度小于3%时，卷材宜平行于屋脊铺贴；屋面坡度在3%～15%时，卷材可平行或垂直于屋脊铺贴；屋面坡度大于15%或受振动时，沥青卷材应垂直于屋脊铺贴。其他可根据实际情况考虑采用平行或垂直屋脊铺贴。由檐口向屋脊一层一层地铺设，各类卷材上下应搭接，多层卷材的搭接位置应错开，上下层卷材不得垂直铺贴。

(2)贴卷材的顺序。防水层施工时，应先做好节点、附加层及屋面排水比较集中部位(如屋面与水落口连接处，檐口、天沟、檐沟、屋面转角处、板端缝等)的处理，然后由屋面最低高程处向上施工。铺贴天沟、檐沟卷材时，宜顺天沟、檐口方向，减少搭接。

铺贴多跨和有高低跨的屋面时，应按先高后低、先远后近的顺序进行。

(3)卷材搭接方法及宽度。铺贴卷材采用搭接法，上下层及相邻两幅卷材的搭接接缝应错开。平行于屋脊的搭接缝应顺水流方向搭接，垂直于屋脊的搭接缝应顺当地主导风向搭接。叠层铺设的各层卷材，在天沟与屋面的连接处应采用交叉搭接法搭接，搭接缝应错开；接缝宜留在屋面或天沟侧面，不宜留在沟底。

坡度超过25%的拱形屋面和天窗下的坡面上，应尽量避免短边搭接，必须短边搭接时，在搭接处应采取防止卷材下滑的措施。

各种卷材的搭接宽度见表6-3。

卷材搭接宽度(单位：mm)　　表6-3

搭接方向		短边搭接宽度		长边搭接宽度	
卷材种类＼铺贴方法		满贴法	空铺法 点贴法 条贴法	满贴法	空铺法 点贴法 条贴法
沥青防水卷材		100	150	70	100
高聚物改性沥青防水卷材		80	100	80	100
合成高分子防水卷材	黏结法	80	100	80	100
	焊接法	50			

7. 防水卷材细部做法

泛水与屋面相交处基层应做成钝角(>135°)或圆弧(R=50～100mm),防水层向垂直面的上卷高度不宜小于250mm,常为300mm;卷材的收口应严实,以防收口处渗水。卷材防水檐口分为自由落水檐口、外挑檐口、女儿墙内天沟几种形式,其构造简图如图6-2所示。

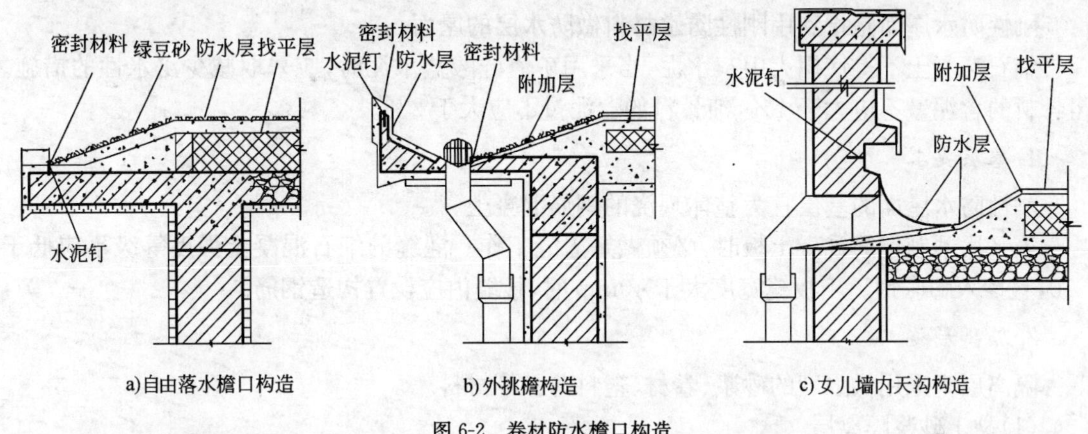

图6-2 卷材防水檐口构造

8. 对屋面防水卷材的保护措施

防水卷材铺贴完成之后,必须做好保护,以免影响防水效果。在防水层面上铺300mm×300mm膨胀珍珠岩隔热块,再在其上面加设一层3cm厚水泥砂浆保护层,该层内布钢丝网,保护层设分格缝,缝内用密封材料填充,以更好地保护防水层。

(三)注意事项

为了阻断来自室内的水蒸气影响,避免引起屋面防水层出现起鼓现象,一般采取在屋面的保温层内设置排气道和其上做隔汽层(如油纸一道,或一毡两油,或一布两胶等)的构造措施,阻断水蒸气向上渗透。排气道间距宜为6m纵横设置,不得堵塞,并同与大气连通的排气孔相连。排水屋面防水层施工前,应检查排气道是否被堵塞,并加以清扫、疏通。

三、涂膜防水屋面施工

1. 基层要求

涂膜防水层的找平层要求同前。

2. 涂膜防水层施工

(1)施工工艺流程

涂膜防水施工的工艺流程一般为:基层清理—喷涂基层处理剂—特殊部位增强处理—涂布防水涂料及铺贴胎体增强材料—清理与修整—施工保护层。

(2)施工注意要点

按防水涂料的品种分层分遍涂布,不得一次涂完。

待先涂的涂层干燥成膜后,方可涂后一遍涂料。

天沟、檐沟、檐口、泛水及立面涂膜防水层的收头,应用防水涂料多遍涂刷或用密封材料封严。

涂膜的施工顺序为:先高跨后低跨,先远后近,先立面后平面。同一屋面应先涂排水比较集中的水落口、天沟、檐口等部位，再进行大面积涂布。

涂膜应厚薄均匀，表面平整，不得有露底、漏涂及堆积现象。

涂膜防水层完工并经验收合格后，应做好保护层。

四、刚性防水屋面施工

刚性防水屋面是指利用刚性防水材料做防水层的屋面。

细石混凝土不得使用火山灰水泥，当采用矿渣硅酸盐水泥时，应采取减少泌水性的措施。粗骨料的含泥量不应大于1%，细骨料的含泥量不应大于2%。

1. 基层要求

刚性防水屋面的基层宜为整体现浇的钢筋混凝土。

当采用预制钢筋混凝土板时，必须做好灌缝工作。灌缝的细石混凝土强度等级不应低于C20，宜掺入膨胀剂。当板缝宽度大于40mm时，板缝内应设置构造钢筋。

2. 隔离层施工

隔离层宜采用低强度的砂浆、卷材、塑料薄膜等材料。

(1)黏土砂浆隔离层

基层清扫干净，洒水润湿，铺厚度10～20mm的黏土砂浆(石灰膏：砂：黏土＝1：2.4：3.6)一层，要求平整、压实、抹光。

(2)卷材隔离层

先将结构层找平，然后在干燥的找平层上铺一层3～8mm厚的干砂滑动层，再在上面铺一层卷材。

3. 防水层施工

分格缝的设置应符合设计要求，固定好分格条。

保证钢筋网片的位置正确，钢筋应在分格缝处断开。

混凝土浇筑应按先远后近、先高后低的原则进行。

第四节　屋面防水设计与分类

建筑物漏水能使建筑物寿命缩短，更给人们的生活带来不便。防水治漏历来受到建筑界的高度重视。世界著名建筑设计大师贝聿铭先生说过：“在设计、建造、维修建筑物中防水治漏是一个永恒的主题。”因为人类建造房屋的初衷就是避雨、遮风的，随着社会的发展建筑物的作用发生了极大变化，但为人类避雨、遮风、提供适宜生活环境的作用没有变，可见防水治漏将伴随着建筑物存在的始终。防水治漏、以防为主、提前防漏、未雨绸缪，省力省心省钱，达到事半功倍的效果。

一、屋面防水设计

1. 设计要求

必须满足屋面的防水功能；符合当地的自然条件；使用新型的复合材料，保证屋面排水畅通，避免对人身及环境的污染，有利于施工操作和维修。

2. 设计原则

设计可靠,按屋面防水等级设计,防排结合,以防为主,刚柔结合,取长补短。合理选材,因地制宜,多道设防,节点密封。

3. 设计内容

确定屋面防水等级、选择设防层次、设计防水构造、选择防水材料,还包括与防水层相邻层次的设计、节点设计、密封防水设计、屋面排水系统设计。

4. 防水材料的选用

了解和掌握各类防水材料的特点、性能、适用范围,不同建筑、不同的防水等级,使用不同的材料,还要考虑各类防水材料的相容性问题、各类材料的适用性等。

5. 屋面防水层设防构造

屋面防水层设防构造分为 3 个等级,即 1 级三道防水层、2 级两道防水层、3 级一道复合材料防水层。

6. 与防水层相邻层次的设计

与防水层相邻层次的设计包括:

(1)结构层设计。设计好的结构层具有刚度大、整体性好、变形小、能提高屋面整体防水效果等优点。

(2)隔汽层设计。隔汽层能阻隔室内湿气,防止湿气通过结构层进入保温层。湿气进入保温层受热蒸发,将使保温层上部的防水层起鼓开裂,降低保温效果。

(3)屋面坡度设计。不同类型的屋面有不同的坡度要求,设计时需根据平屋顶、坡屋顶、隔热屋面、卷材屋面、涂膜屋面、瓦屋面等,找出各自的坡度限值,据此进行设计。

(4)找平层设计。应根据找平层下的基层种类,确定找平层的类别、厚度及技术要求;还应根据防水层材料的类型,确定找平层泛水处的转角圆弧半径。找平层上宜做分格缝。

(5)隔离层设计。设置隔离层可减少结构层与防水层、柔性防水层与刚性保护层之间的黏结力,使各层之间的变形互不影响。

(6)保护层设计。在卷材涂膜等柔性防水层上设置保护层,以延长防水层的使用年限。

(7)保温层设计。确定屋顶最小热阻,屋顶应做保温计算。屋顶传热阻应大于或等于建筑物所在地区要求的最小传热阻,并满足建筑热工设计规定及国家有关节能标准。

(8)隔热层设计。为减少夏季太阳辐射热传到室内,隔热层设计应符合在房间自然通风情况下,建筑物屋顶内表面最高温度应小于或等于夏季室外计算温度的最高值的要求。使用不同的材料,应设计不同的方案。

二、刚性屋面防水设计

刚性防水就是依靠混凝土自身的密实或增添外加剂增大这种密实性,并采取一定的构造措施,如配置钢筋、设置隔离层等达到防水目的。刚性防水常用于屋面、室内浴池、游泳池等。

1. 适用范围

(1)适用于屋面防水等级为 III 级的屋面防水。

(2)可用作 I 级、II 级屋面多道防水设计中的一道防水层。

(3)不适用于设有松散保温层的屋面。

2. 技术要求

(1)刚性防水屋面一般为平屋顶,屋面坡度为2%～3%。

(2)刚性防水层的结构层宜为整体现浇混凝土。

(3)刚性防水层与山墙、女儿墙及凸出屋面结构的交接处,均应作柔性密封处理。

(4)刚性防水层与基层之间应设置隔离层。

3. 设计要点

(1)应视屋面跨度、结构类型、地区特点等具体情况确定防水层厚度,一般为40～60mm。

(2)细石混凝土的强度等级不应小于C20。

(3)细石混凝土防水层中应配置直径4～6mm、间距100～200mm的双向钢筋网片,并在分格缝处断开。

(4)钢筋网片应设置在细石混凝土防水层的上部,距上表面10mm。

(5)细石混凝土防水层应设置分格缝,分格缝应设在屋面板的支承端、屋面转折处、防水层与凸出屋面结构的交接处,并应与板缝对齐。分格缝的纵横间距不应大于6m。

(6)节点部位均应增加卷材或涂膜附加层。

(7)在防水层的分格缝中,均应设置背衬材料,再用密封材料封严。

4. 补偿收缩混凝土防水层设计要点

(1)混凝土的自由膨胀率应为0.05%～0.1%。

(2)混凝土内的配筋率为0.25%,约束膨胀率稍大于0.04%。

(3)混凝土自应力值为0.2～0.7MPa。

三、密封接缝防水设计

1. 确定接缝位移量

因温度、外力引起接缝间隙的变化称为接缝位移,在进行接缝位移量计算时应注意以下几点。

(1)屋面构件的有效长度。

(2)构件因热胀冷缩的温度变化范围。

(3)构件的干湿变形。

(4)屋面受有规律的冲击荷载引起的变形。

(5)基础或结构变形引起的接缝位移。

(6)用已有建筑物类似结构实测位移量数据,修正计算的位移量。

2. 确定接缝宽度

确定屋面接缝宽度应符合以下原则。

(1)设计确定的接缝宽度必须大于接缝位移量。

(2)接缝主要考虑承受拉伸-压缩位移量,搭接缝主要考虑剪切变形量。

(3)应考虑在使用环境及建筑物使用期限内密封材料性能衰减和老化的趋势。

3. 选定密封材料

应依据以下原则选定密封材料。

(1)有符合要求的拉伸-压缩循环性能。

(2)与黏结基层的黏结稳定,与接缝基层表面的防水层材料相容。

(3)有良好的防水性和良好的填塞施工性能。

(4)在受力变形中不发生内聚破坏。

(5)在使用温度条件下不发生软化、流坠,也不发生硬化或过度脆化。

(6)耐老化、耐气候,在使用条件下,具有合理的使用寿命。

4.屋面密封部位设计

(1)在卷材屋面中,密封材料填塞的部位有找平层的分格缝,高聚物改性沥青防水卷材、合成高分子防水卷材搭接缝。

(2)在涂膜屋面中,密封材料填塞的部位有找平层的分格缝、保温屋面板端缝、非保温屋面板端缝。

(3)在刚性屋面中,密封材料填塞的部位有结构层板端缝,防水层与女儿墙、山墙凸出屋面结构的交接处,防水层分格缝檐口与结构层交接处。

需用密封材料填塞的部位还有泛水、檐口处的卷材,涂膜收头处,屋面板侧面与女儿墙接缝处,天沟、檐沟边与墙板交接处,管道根周围与找平层交接处,管道根处的卷材,涂膜附加层上口与管道壁交接处,水落口杯周围与找平层、混凝土交接处。

四、厕、浴间防水设计

1.适用范围

(1)适用于新建、扩建、改建的厕、浴间、厨房间、水箱间、给水房等。

(2)厕、浴间面积小、管道多,做卷材防水困难,且效果不好。现在以涂膜防水、新型材料防水为主。

(3)厕、浴间防水材料一般采用中、高档涂膜防水材料和新型防水材料。

2.厕、浴间防水设计的基本原则

(1)以排水为主,以防为辅,防水层必须做在楼地面面层下边。

(2)厕、浴间地面高程应低于门口外地面高程,有困难时,用门槛解决。地漏高程应低于厕、浴间地面高程。

3.坡度

(1)地面坡度向地漏排水坡度一般工程为2%,高档工程为1%。

(2)以地漏边向外50mm处坡度为3%~5%。

(3)厕、浴间有浴盆,盆底地面排水至地漏处的坡度为3%~5%。

(4)地漏标高原则是偏低不偏高。

(5)厨房内的排水沟坡度不得小于3%,并应有刚、柔二道防水设防。

4.防水层

(1)厕、浴间应采用迎水面防水,防水层应做在楼地面面层的下边,四周应高出地面100~200mm。

(2)小管必须做套管并高出地面20~30mm,管根用防水材料密封好。

(3)下水管为直管,管根处设台阶处理,一般高出地面10~20mm。

(4)厕、浴间及有防水要求的房间,均应采取刚性材料和柔性防水材料复合防水的做法,或用新型防水材料。

(5)对洁具、器具等设备和门框预埋件等根部及沿墙周边交界处，均应采用高性能的防水密封材料密封。

(6)厨房间排水沟的防水层应与地面防水层连接形成一个整体。

5. 墙面防水

(1)厕、浴间墙面防水可用耐擦洗材料，也可贴瓷砖、瓷片，高度不低于 1 500mm。

(2)墙面防水与地面防水交接处必须处理好。顶面可用防水涂料涂抹，也可用能防水的材料吊顶。

五、外墙饰面防水设计

1. 防水等级设计

外墙饰面防水等级分 I、II、III 三个等级。

(1)I 级：外墙面高度超过 60m，墙体为空心砖、轻质砖，多孔材料，用面砖、条砖、大理石等饰面或用对防水有较高要求的材料饰面。

(2)II 级：外墙面高度为 20～60m，墙体为实心砖，用陶或瓷砖等作饰面材料。

(3)III 级：外墙面高度为 20m 以下，用水泥砂浆类饰面。

2. 防水要求

(1)I 级防水：防水砂浆厚 15mm 或聚合物水泥砂浆厚 7mm。

(2)II 级防水：防水砂浆厚 15mm 或聚合物水泥砂浆厚 5mm。

(3)III 级防水：防水砂浆厚 10mm 或聚合物水泥砂浆厚 3mm。

3. 找平层设计

(1)外墙体表面不平整超过 20mm 时，应设砂浆找平层，孔洞、缺口等均应先行堵塞。

(2)外墙体较平整时，找平层可与防水层合一，采用防水砂浆或聚合物防水砂浆直接做防水层。

4. 外墙防水层

外墙防水层必须留分格缝，分格缝间距纵横不应大于 3m，分格缝宽宜为 10mm、缝深宜为 5～10mm。分格缝内填塞具有高弹性、高黏合力、耐老化的防水密封材料。

5. 黏结材料选择

黏结饰面层的材料应与防水层的材料一致，如防水层用防水砂浆时，黏结材料用防水素浆。外墙找平层、防水层与饰面层黏结材料的选择也可参照有关专业规范的条文选择。

6. 外墙饰面层

(1)外墙饰面层必须留分格缝，分格缝间距不应大于 3m，且在外墙体不同材料交接处留设分格缝，分格缝宽宜为 10mm，并填塞具有高弹性、高黏结力、耐老化的防水密封材料。

(2)外墙饰面层与楼层高度同步处要设置分格层或用较宽的分格缝代替，上层与下层必须互相隔阻，以免某部位的漏水顺外墙基层贯通。

六、屋面用卷材分类

卷材是以合成橡胶、树脂或高分子聚合物改性沥青、普通沥青等经不同工序加工而成的可卷曲片状防水材料，一般分为合成高分子防水卷材、高分子聚合物改性沥青防水卷材、沥青卷材三大类，现在又增加了金属卷材新品种。卷材分类及性能指标见表 6-4。

卷材分类及性能指标 表 6-4

材料分类		品种	性能指标				特点
			强度	延性(%),≥	低温(℃)	不透水	
合成高分子卷材	硫化型	三元乙丙橡胶卷材	≥6MPa	≥400	−30	≥0.3MPa,≥30min	强度高、延性大、低温好、耐老化
		氯化聚乙烯橡胶共混卷材	≥6MPa	≥400	−30	≥0.3MPa,≥30min	强度高、延性大、低温好、耐老化
	树脂型	聚氯乙烯卷材	≥10MPa	≥200	−20	≥0.3MPa,≥30min	强度高、延性大、低温好、耐老化
		自黏高分子卷材	≥6MPa	≥400	−40	≥0.3MPa,≥30min	延性大、低温好、施工简便
聚合物改性沥青卷材		SBS改性沥青卷材	≥450N	≥30	−18	高温≥900℃	适合高温和低温地区、耐老化好
		APP(APAO)改性沥青卷材	≥450N	≥30	−5	高温≥1 100℃	适合高温地区
		改性沥青自黏卷材	≥450N	≥500	−20	高温≥850℃	延性大、低温好、施工简便
沥青卷材		纸胎沥青卷材	≥340N	≥3	+5	高温≥850℃	
金属卷材		PSS合金卷材	≥20MPa	≥30	−30	—	耐老化优越、耐腐蚀能力强

第五节 屋面防水工程的质量要求及验收

一、屋面工程的质量要求

屋面工程进行分部工程验收时,其质量应符合下列要求。

(1)防水层不得有渗漏或积水现象。

(2)屋面工程所使用的材料应符合设计要求和质量标准的规定。

(3)找平层表面平整,不得有酥松、起砂、起皮现象。

(4)保温层的厚度、含水率及表观密度应符合设计要求。

(5)天沟、檐沟、泛水及变形缝等构造,应符合设计要求。

(6)卷材铺贴方法和搭接顺序应符合设计要求,搭接宽度正确,接缝严密,不得有皱折、鼓泡及翘边现象。

(7)涂膜防水层的厚度应符合设计要求,涂层无裂纹、皱折、流淌、鼓泡及露胎体现象。

(8)刚性防水层表面应平整、压光,不起砂,不起皮,不开裂。分格缝应平直,位置正确。

(9)嵌缝密封材料应与两侧基层黏结牢固,密封部位光滑、平直,不得有开裂、鼓泡、下塌现象。

(10)瓦屋面的基层应平整、牢固,瓦片排列整齐、平直,搭接合理,接缝严密,不得有残缺瓦片。

二、屋面工程质量检查和验收的内容

1.准备工作的检查验收

在防水工程施工前,应检查屋面工程是否通过图纸会审,施工方案或技术措施的内容是否完整，工序安排是否合理，进度是否科学，质量要求是否明确，质量目标是否制订；审查防水专业施工队的资质等级和施工人员的上岗证；检查屋面材料的进场情况，材料现场外观检查是否合格，现场抽检取样是否符合标准，测试数据是否有效，能否符合设计要求；检查施工机具和劳保用品数量及完好程度。

2. 基层质量的检查验收

找平层施工前，应检查结构基层的质量是否符合防水工程施工的要求，找平层原材料的质量是否合格，配比是否准确，水灰比和稠度是否适当；分格缝模板的位置是否准确，水泥砂浆抹压是否密实，坡度是否准确，是否及时进行二次压光；找平层表面质量检查。

3. 保温层质量的检查验收

保温层材料的品种是否正确，质量是否合格，板材的厚度是否准确；整体现浇保温层的配比是否正确，搅拌是否均匀，压实程度是否符合要求；松散保温材料的分层虚铺厚度和压实程度是否与试验确定的参数相同；板状保温材料铺贴是否平稳，板缝间隙是否用同类材料嵌填密实，上下板块接缝是否错开；保温层施工完成后是否及时进行找平层和防水层的施工，如在覆盖前遇雨，有否采取临时覆盖措施，雨后应重新测定保温层的含水率。

4. 防水层的质量检查验收

防水层施工前应检查基层(找平层)质量是否合格；防水层材料及配套材料抽样检验是否合格，防水层施工时的气候条件是否满足要求，细部构造是否按照要求增设附加增强层；卷材铺贴前有无弹线，卷材施工顺序、施工工艺是否正确，铺贴方向是否正确，黏结方法是否符合设计要求，卷材底面空气是否排尽，卷材的搭接宽度是否满足要求，卷材接缝是否可靠，封口是否严密；防水涂料配比是否准确，搅拌是否均匀，每遍涂刷的用量是否适当，涂刷的均匀程度、涂刷的遍数和涂料的总用量是否达到要求，涂刷的间隔时间是否足够，胎体增强材料的铺设方向、搭接宽度是否符合要求，涂膜防水层的厚度是否达到设计要求；刚性防水层与结构基层间有没有设隔离层，分格缝模板的位置是否正确，模板是否牢固，钢筋品种、规格是否符合设计要求，钢筋间距和位置是否正确；细石混凝土的配比是否准确，搅拌是否均匀，每格的混凝土是否连续浇筑，混凝土是否压实抹光，是否及时进行二次压光，养护是否及时充分，养护时间是否达到要求，表面有无裂缝、起壳、起砂等缺陷，表面平整度允许偏差是否符合要求。

5. 保护层的质量检查验收

防水层是否已经验收合格，保护层施工时有否采取保护防水层的措施；浅色涂料保护层涂刷是否均匀，有无漏涂、露底现象；绿豆砂、云母或蛭石撒布是否均匀，黏结是否牢固；水泥砂浆、块材或细石混凝土保护层与防水层间有没有设置隔离层，分格缝的位置是否准确，水泥砂浆或混凝土是否密实，表面有无缺陷；保护层的排水坡度是否符合设计要求。

6. 瓦屋面的质量检查验收

瓦及其配套材料是否抽样检验合格，基层质量是否合格，节点部位有无增强处理，防水层有无检查验收；平瓦屋面的顺水条、挂瓦条分档是否与材料尺寸匹配，铺钉是否平整牢固；平瓦铺置是否牢固，坡度过大时有无采取固定措施，瓦面是否整齐、平整、顺直，脊瓦与平瓦、脊瓦之间、平瓦之间的搭盖方向和尺寸是否正确，屋脊与斜脊是否顺直；油毡瓦固定钉的数量是否足够，是否钉平、钉牢，钉帽有无外露现象，与基层是否紧贴，油毡瓦间的对缝是否错开；金属板材的安装固定方法是否正确，搭接宽度是否符合要求，板材间的接缝是否有密封措施，密封是否严密，螺栓固定点密封是否严密，檐口线、泛水段是否顺直。

7. 隔热屋面的验收

隔热层施工前防水层是否验收合格，有无采取保护防水层的措施；架空隔热制品的质量是否达到要求，架空板施工前，屋面是否清理干净，支墩底部有无加强措施，支墩的间距是否准确，架空板是否采用坐浆铺砌，铺设是否平整、稳固，相邻板面的高低差是否符合标准，板缝是否勾填密实；蓄水区的划分及构造是否正确，排水管、溢水口、给水管、过水孔的位置尺寸、高程是否符合设计要求；种植屋面的排水坡度是否准确，种植层、疏水层材料是否符合设计要求，泄水孔的位置、尺寸、高程是否符合设计要求。

8. 屋面防水层的渗漏检查

检查屋面有无渗漏、积水，排水系统是否畅通，应在雨后或持续淋水 2h 后进行。有可能做蓄水检验的屋面，其蓄水时间不得少于 24h。检查时，应对顶层房间的天棚，逐间进行仔细的检查。如有渗漏现象，应记录渗漏的状态，查明原因，及时进行修补，直至屋面无渗漏为止。

三、屋面工程隐蔽验收

屋面工程施工过程中，应认真进行隐蔽工程的质量检查和验收工作，并及时做好隐蔽验收记录。屋面工程隐蔽验收记录应包括以下主要内容：

(1)卷材、涂膜防水层的基层；

(2)密封防水处理部位；

(3)天沟、檐沟、泛水及变形缝等细部做法；

(4)卷材、涂膜防水层的搭接宽度和附加层；

(5)刚性保护层与卷材、涂膜防水层之间设置的隔离层。

四、屋面工程竣工验收资料的内容及整理

屋面工程在开始施工到验收的整个过程中，应不断收集有关资料，并在分部工程验收前完成所有资料的整理工作，交监理工程师审查合格后提出分部工程验收申请。分部工程验收完成后，应及时填写分部工程质量验收记录，交建设单位和施工单位存档。

屋面工程验收的文件和记录应按表 6-5 的要求执行。

屋面工程验收文件和记录 表 6-5

序号	项目	文件和记录
1	防水设计	设计图纸及会审记录、设计变更通知单、材料代用核定单
2	施工方案	施工方法、技术措施、质量保证措施
3	技术交底记录	施工操作要求及注意事项
4	材料质量证明文件	出厂合格证、质量检验报告、试验报告
5	中间检查记录	分项工程质量验收记录、隐蔽工程验收记录、施工检验记录、淋水或蓄水检验记录
6	施工日志	逐日施工情况
7	工程检验记录	抽样质量检验及观察检查
8	其他技术资料	事故处理报告、技术总结

附　　录

浙江兰亭高科有限公司企业标准

Q/SLF 006—2000

LTW 防水卷材

2000-6-10 发布　　　　　　　　　　2000-6-30 实施

浙江兰亭高科有限公司

前　言

随着化学工业的发展，近年来新型防水材料已有较大的发展。但多数用于房建工程，强度要求不高、延伸要求不大。也有较大强度、较高延伸能力的，但多为塑性类材料，可延伸而难延伸。隧道是随着交通现代化兴起的建筑工程，由于隧道工程普遍存在欠超挖现象及现场存在较多的尖锐岩石和石屑，所用的防水材料就必须具有足够的强度以防断裂、顶通，足够的延伸能力以弥补超挖，优良的柔软性以利于不平基层面密切贴合。这种特定的使用场合，对材料提出了特殊的性能要求，LTW 防水卷材是为了满足这种使用场合而研制开发的。

现代化的交通象征了经济的繁荣，反过来又促进了经济的发展，所以强化基础设施建设是推动社会进步的战略部署。现代化的公路、铁路，遇山打洞，拥挤的城市要建设地铁，隧道建设工程势必日益增加，对于隧道建筑用材的要求也将日益提高，LTW 防水卷材作为理想的隧道防水材料，其应用前景必然日益广阔。

本标准于 2000 年 6 月 30 日实施

本标准由浙江兰亭高科有限公司提出并归口

本标准由兰亭工程技术沥青研究中心起草

本标准主要起草人：金海山

本标准于 2000 年 6 月 10 日发布

LTW 防水卷材

1 范围

本标准规定了 LTW 防水卷材的技术要求、试验方法、检测规定、标志及产品技术特征。

2 规范性引用文件

下列文件中的条款通过本标准的引用而成为本标准的条款。凡是注日期的引用文件，其随后所有的修改单(不包括勘误的内容)或修订本均不适用于本标准。然而，鼓励根据本标准达成协议的各方，研究是否可使用这些文件的最新版本。

GB/T 17642—1998 土工合成材料 非织造复合土工膜

3 技术要求

LTW 防水卷材的质量应符合表 1 规定的要求。

LTW 防水卷材技术要求 表 1

序 号	检 测 项 目	技 术 指 标
1	抗拉强度(MPa)	≥10.0
2	断裂伸长率(%)	≥800
3	低温柔度(℃)	−20
4	抗渗透性	压力 0.2MPa，保持时间 24h，无渗透
5	剪切状态下的黏合性(N/mm)	≥2.0

注：尺寸规格由供需双方协商议定。

4 试验方法

4.1 抗拉强度

按 GB/T 17642—1998 中有关规定进行。

4.2 断裂伸长率

按 GB/T 17642—1998 中有关规定进行。

4.3 不透水性

按 GB/T 17642—1998 中有关规定进行。

5 检验规则

5.1 组批与抽样

5.1.1 组批

以一天中(含 24h)生产的同规格、同原料、同配方工艺的产品为一批。

5.1.2　抽样

按 GB/T 17642—1998 中的有关规定进行。

5.2　判定规则

5.2.1　对于表 1 规定的技术指标均合格时，判为批合格，如有一项以上指标不合格，则判为批不合格。

5.2.2　对于 5.2.1 判为不合格的批，如果有一项指标不合格，允许在该批中按 5.1.2 条规定重新加倍抽样，对不合格项进行加倍重检，如仍有一组试样不合格，则判为批不合格。

6　标志及产品技术特征

6.1　标志

包装上应标明厂名、厂址、产品标准号、商品名称、规格、数量、生产日期、批号等。

6.2　产品技术特征

高弹而且有特别优良的柔软性，拉伸 50%，仅需 0.26MPa，拉伸 300%，仅需 0.56MPa，因而是隧道工程使用的理想材料。

浙江兰亭高科有限公司企业标准

Q/ZLG 027—2007

界面沥青

2007-4-10 发布　　　　2007-4-30 实施

浙江兰亭高科有限公司发布

前　　言

随着国家经济的发展和社会技术的进步，大批跨海、跨江大桥、公路大桥及城市高架桥、立交桥处于在建或拟建中。为避免桥面的水损害，同时更重要的是为保证铺装层与桥面结合牢固，需在其间设置防水黏结层。这是提高桥面铺装质量的一个重要环节。

本产品以沥青为基料，作为桥面与铺装层界面的防水黏结料，因而定名为界面沥青。

国内对于桥面防水黏结料的研究，至今尚未成熟，尚无相关的资料可以借鉴。因此本标准的制定仅按材料的工作要求和施工要求，结合试制试用实践，提出了几个主要技术指标，用来控制材料的生产。因而本标准所作的规定，难免存在不够合理之处，有待工程实践的验证，然后作必要的修正。

本标准于 2007 年 4 月 30 日实施

本标准由浙江兰亭高科有限公司提出并归口

本标准由兰亭工程技术沥青研究中心起草

本标准主要起草人：金海山

本标准于 2007 年 4 月 10 日发布

界 面 沥 青

1 范围

本标准规定了界面沥青的技术要求、试验方法、检验规则、标志、包装、运输及储存。

本标准适用于以水泥混凝土为基层、沥青混合料为面层的道路的界面沥青。

2 规范性引用文件

下列文件中的条款通过本标准的引用而成为本标准的条款。凡是注日期的引用文件，其随后所有的修改单(不包括勘误的内容)或修订版，均不适用于本标准。然而，鼓励根据本标准达成协议的各方，研究是否可使用这些文件的最新版本。

JTJ 052 公路工程沥青及沥青混合料试验规程

JTG F40 公路沥青路面施工技术规范

3 技术要求

界面沥青的质量应符合表 1 规定的要求。

界面沥青技术要求 表 1

指 标	单 位	要 求
针入度(25℃,100g,5s)	0.1mm	30～50
软化点	℃	75～90
延度(15℃)	cm	≥20
黏度(185℃)	Pa·s	≤0.8
黏度(60℃)	Pa·s	≥12 000

4 试验方法

4.1 取样

按 JTJ 052 中有关规定进行。

4.2 针入度

按 JTJ 052 中有关规定进行。

4.3 软化点

按 JTJ 052 中有关规定进行。

4.4 延度

按 JTJ 052 中有关规定进行。

4.5 黏度(185℃)

按 JTJ 052 中有关规定进行。

4.6 黏度(60℃)

按 JTJ 052 中有关规定进行。

5 检验规则

5.1 检验分类

检验分例行检验和交货检验。

5.1.1 例行检验

5.1.1.1 属下列情况之一者需进行例行检验

a.新产品的试制定型时；

b.产品的配方或工艺变更时；

c.原辅材料的品种、品牌变化时；

d.用户要求进行例行试验时；

e.国家质量监督机构提出进行例行试验时。

5.1.1.2 例行检验项目为技术要求中的全部项目

5.1.2 交货检验

交货检验项目为表 1 中规定的针入度、软化点、15℃延度，由本企业检验部门检验合格，签署合格证后方可出厂。

5.2 组批与抽样

5.2.1 组批

以一天中(含 24h)生产的同规格、同原料、同配方及同工艺的产品为一批。

5.2.2 抽样

按 JTJ 052 中有关规定进行。

5.3 判定规则

5.3.1 对于表 1 规定的技术指标均合格时，判为批合格，如有一项以上指标不合格，则判为批不合格。

5.3.2 对于 5.3.1 判为不合格的批，如果有一项指标不合格，允许在该批中按 5.2.2 条的规定重新加倍抽样，对不合格项进行加倍重检，如仍有一组试样不合格，则判为批不合格。

6 标志、包装、运输、储存

6.1 标志

包装上应标明生产厂名、厂址、产品标准号、商品名称、净重、生产日期、批号及运输、储存注意事项。

6.2 包装

远距离冷态供货，采用铁桶包装；近距离热态供货，采用散装。

6.3 运输

桶装运输过程中应注意轻放轻卸，防止破损；槽罐车散装运输，要注意保温，根据环境气温条件、运距，适当提高起运温度，防止温降引起黏度提高，造成卸料及泵送困难。

6.4 储存

桶装长期存放，避免日晒雨淋；短期热态储存，注意加热保温，温度宜在120～140℃之间。

界面沥青简要说明

在行车道路的桥梁工程中，不论是钢桥面还是水泥混凝土桥面，为防止桥面的水损害，强化桥面与铺装层的结合，其间必须设置一个有效的防水黏结层。所用的黏结料既要与基面有优良的黏附性，又要与沥青混合料铺装层牢固结合，在高、低温气候环境的行车条件下，有足够的抗剪、抗拉拔能力，其技术要求是较为苛刻的。为获得满意的桥面防水黏结料，国内外许多研究单位均在努力研发中。

本产品针对水泥混凝土桥面的沥青混合料铺装，采用优质的 70 号利维尔沥青为基料，先加 3.8%改性剂 A 改性，再掺 6%外加剂 B 进一步提高产品与水泥混凝土的黏附性。产品依靠改性剂 A 在高温下的高黏度提供抗剪及抗拉拔强度和低温下的优良应变能力防止脆裂；依靠外加剂 B 强化了与基面的黏结强度，确保了基面与铺装层的牢固结合。因此，作为水泥混凝土桥面的界面黏结料，本产品的应用效果优良。

浙江兰亭高科有限公司企业标准

Q/ZLG 028—2007

止　水　带

2007-4-10 发布　　　　　　　　　　2007-4-30 实施

浙江兰亭高科有限公司

前　言

在众多的土木工程中，防水是一个重要的施工内容。

特定场合的防水，须有特定的防水材料相适应，才能取得良好的使用效果。本标准所规定的是一种带状的防水材料，专用于填充道路路面构件间或装铺层与构件间的竖向间隙。由于材料表面较为柔软、易变形，能保证与构件或装铺层立面的紧密黏合；同时材料的延伸性与弹性较好，能可靠地适应环境温度引起的间隙大小的变化，防止产生微裂缝而渗水。

作为片状防水材料的一种，技术指标的检测方法参照了弹性体改性沥青防水卷材国家标准 GB 18242—2000 的规定。考虑到材料在使用过程中无纵横向的拉力作用，因而本标准中略去了抗拉强度和延度的要求。

本标准于 2007 年 4 月 30 日实施

本标准由浙江兰亭高科有限公司提出并归口

本标准由兰亭工程技术沥青研究中心起草

本标准主要起草人：金海山

本标准于 2007 年 4 月 10 日发布

止 水 带

1 范围

本标准规定了止水带的技术要求、试验方法、检测规定、标志、包装、运输及储存。

本标准适用于已有一个定位的构筑物立面，贴上材料后再置构筑物或铺装层而形成竖向填充型间隙的防水材料，不适用于填充构筑物或构筑物与铺装层已形成竖向间隙的防水材料。

2 规范性引用文件

下列文件中的条款通过本标准的引用而成为本标准的条款。凡是注日期的引用文件，其随后所有的修改单(不包括勘误的内容)或修订本均不适用于本标准。然而，鼓励根据本标准达成协议的各方，研究是否可使用这些文件的最新版本。

GB 18242　弹性体改性沥青防水卷材

3 技术要求

止水带的质量应符合表1规定的要求。

止水带技术要求　　表1

指 标 名 称	要 求
耐热性(80±2)℃	悬挂 2h 无滑动、流淌
柔性(10±1)℃	绕 ϕ30mm 棒无裂纹
不透水性	压力 0.2MPa，保持时间 30min，不透水

注：尺寸规格由供需双方协商议定。

4 试验方法

4.1 耐热性

按 GB 18242 中有关规定进行。

4.2 柔性

按 GB 18242 中有关规定进行。

4.3 不透水性

按 GB 18242 中有关规定进行。

5 检验规则

5.1 组批与抽样

5.1.1 组批

以一天中(含 24h)生产的同规格、同原料、同配方、同工艺的产品为一批。

5.1.2 抽样

按 GB 18242 中的有关规定进行。

5.2 判定规则

5.2.1 对于表 1 规定的技术指标均合格时，判为批合格，如有一项以上指标不合格，则判为批不合格。

5.2.2 对于 5.2.1 判为不合格的批，如果有一项指标不合格，允许在该批中按 5.1.2 条规定重新加倍抽样，对不合格项进行加倍重检，如仍有一组试样不合格，则判为批不合格。

6 标志、包装、运输与储存

6.1 标志

包装上应标明厂名、厂址、产品标准号、商品名称、规格、数量、生产日期、批号及运输、储存注意事项。

6.2 包装

近距离运输的产品，采用纸板箱包装，远距离运输的产品，采用木板箱包装。每件质量不宜超过 50kg。

6.3 运输和储存

注意轻放轻卸，防止损坏。堆放高度：纸板箱装的不宜超过 1m，木板箱装的不宜超过 2m。不能曝晒。纸板箱装的严防受潮，木板箱装的避免雨淋。

公路沥青路面设计规范

JTG D50—2006

1 总则

1.0.1 为适应公路建设发展的需要，使沥青路面满足使用要求，保证路面质量，提高工程耐久性，制定本规范。

1.0.2 本规范适用于各级公路沥青路面新建和改建设计，专用公路可参照执行。

1.0.3 沥青路面设计包括交通量实测、分析与预测，材料选择，混合料配合比设计，设计参数的测试与确定，路面结构组合设计与厚度计算，路面排水系统设计和其他路面工程设计等。并进行路面结构方案的技术经济综合比较，提出推荐方案。

1.0.4 高速公路、一级公路的沥青路面不宜采用分期修建。软土地区或高填方路基、黄土湿陷地区等可能产生较大沉降的路段，以及初期交通量较小的公路可"一次设计、分期修建"。

1.0.5 沥青路面设计遵循下列原则：

1 开展现场资料调查和收集工作，做好交通荷载分析与预测，按照全寿命周期成本的理念进行路面设计。

2 调查掌握沿线路基特点，查明土质、路基干湿类型，在对不良地质路段处理的基础上，进行路基路面综合设计。

3 遵循因地制宜、合理选材、节约资源的原则，选择技术先进、经济合理、安全可靠、方便施工的路面结构方案。

4 结合当地条件，积极、慎重地推广新技术、新结构、新材料、新工艺，并认真铺筑试验路段，总结经验，不断完善，逐步推广。

5 符合国家环境保护的有关规定，保护相关人员的安全和健康，重视材料的再生利用与废弃料的处理。

1.0.6 规范中指标具有一定的使用前提和适用条件，具体设计应结合工程实际，在保证工程质量的前提下合理运用。

1.0.7 多年冻土、沙漠、盐渍土、膨胀土等特殊地区的路面结构，应考虑当地的气候、水文、土质、材料等特点，参照本规范的规定，结合实践经验进行设计。

1.0.8 路面设计除应符合本规范的规定外，还应符合现行国家和行业有关标准、规范的规定。

2 术语、符号

2.1 术语

2.1.1 沥青路面(asphalt pavement)

铺筑沥青面层的路面结构。

2.1.2 半刚性基层(semi-rigid base)

采用无机结合料稳定集料或土类材料铺筑的基层。

2.1.3 刚性基层(rigid base)

采用普通混凝土、碾压式混凝土、贫混凝土、钢筋混凝土、连续配筋混凝土等材料做的基层。

2.1.4 柔性基层(flexible base)

采用热拌或冷拌沥青混合料、沥青贯入式碎石，以及不加任何结合料的粒料类等材料铺筑的基层。粒料类材料，包括级配碎石、级配砾石、符合级配的天然砂砾、部分砾石经轧制掺配而成的级配碎砾石，以及泥结碎石、泥灰结碎石、填隙碎石等基层材料。

2.1.5 轴载谱(axle load spectrum)

各种车辆不同轴重的概率分布。

2.1.6 当量轴次(equivalent single axle loads)

按弯沉等效或拉应力等效的原则，将不同车型、不同轴载作用次数换算为与标准轴载100kN相当的轴载作用次数。

2.1.7 累计当量轴次(cumulative equivalent axle loads)

在设计年限内，考虑车道系数后，一个车道上的当量轴次总和。

2.1.8 设计年限(design period)

在计算累计当量轴次时所取用的基准时间。

2.1.9 冻结指数(freezing index)

一年中日平均负温度的累计值(℃)。

2.1.10 设计弯沉值(design deflection)

根据设计年限内一个车道上预测通过的累计当量轴次、公路等级、路面结构类型而确定的路表设计弯沉值。

2.1.11 最大粒径(maximum grain size)

混合料中筛孔通过率为100%的最小标准筛孔尺寸。

2.1.12 公称最大粒径(nominal maximum aggregate size)

混合料中筛孔通过率为90%～100%的最小标准筛孔尺寸。

2.1.13 封层(seal coat)

在沥青面层之上或基层之上或在沥青层之间，铺筑的阻止雨水下渗的沥青薄层。

2.1.14 稀浆封层(slurry seal)

用具有一定级配的石屑或砂、填料(水泥、石灰、粉煤灰、石粉等)与乳化沥青、外掺剂和水，按一定比例拌制成流动型混合料，再均匀洒布于路面上的封层。

2.1.15 微表处(micro-surfacing)

用具有一定级配的石屑或砂、填料(水泥、石灰、粉煤灰、石粉等)与聚合物改性乳化沥青、外掺剂和水，按一定比例拌制成流动型混合料，再均匀洒布于路面上的封层。

2.1.16 抗拉强度结构系数(tensile strength structural coefficient)

考虑沥青混合料和半刚性材料疲劳破坏特性的安全系数，是根据一次荷载作用下的破坏强度与不同应力作用下的疲劳破坏强度之比，并考虑公路等级、室内与现场差异等因素而确定。

2.1.17 容许拉应力(allowable tension stress)

混合料的极限抗拉强度与抗拉强度结构系数之比。

2.1.18　弯沉综合修正系数(deflection combined correctness factor)

实测弯沉值与理论弯沉值之比。

2.1.19　最不利季节(worst season)

路基路面结构处于最不利工作状态的季节。

2.1.20　非不利季节(non-disadvantageous season)

一年中除去不利季节之外的季节。

2.2　符号

AC——密级配沥青混凝土；

AC-C——密级配粗型沥青混凝土；

AC-F——密级配细型沥青混凝土；

SMA——沥青玛蹄脂碎石混合料；

OGFC——开级配沥青磨耗层；

AM——半开级配沥青碎石；

ATB——密级配沥青稳定碎石；

ATPB——开级配沥青稳定碎石。

3　一般规定

3.1　标准轴载及设计交通量

3.1.1　路面设计采用双轮组单轴载100kN作为标准轴载，以BZZ-100表示。标准轴载的计算参数按表3.1.1确定。

标准轴载计算参数　　表3.1.1

标准轴载	BZZ-100	标准轴载	BZZ-100
标准轴载 P(kN)	100	单轮传压面当量圆直径 d(cm)	21.30
轮胎接地压强 p(MPa)	0.70	两轮中心距(cm)	1.5d

对于运煤或运建筑材料等大型载重车为主的公路，应根据实际情况，经论证单独选用设计计算参数。

3.1.2　各种车型的不同轴载应换算成BZZ-100标准轴载的当量轴次。

1　当以设计弯沉值和沥青层层底拉应力为指标时，各级轴载均应按公式(3.1.2-1)换算成标准轴载 P 的当量轴次 N。

$$N=\sum_{i=1}^{K}C_1C_2n_i\left(\frac{P_i}{P}\right)^{4.35} \tag{3.1.2-1}$$

式中：N——以设计弯沉值和沥青层层底拉应力为指标时的标准轴载的当量轴次(次/d)；

n_i——被换算车型的各级轴载作用次数(次/d)；

P——标准轴载(kN)；

P_i——被换算车型的各级轴载(kN)；

C_1——被换算车型的轴数系数；

C_2——被换算车型的轮组系数，双轮组为1.0，单轮组为6.4，四轮组为0.38；

K——被换算车型的轴载级别。

当轴间距大于3m时，应按单独的一个轴载计算；当轴间距小于3m时，双轴或多轴的轴数系数按公式(3.1.2-2)计算。

$$C_1 = 1 + 1.2(m-1) \tag{3.1.2-2}$$

式中：m——轴数。

2　当以半刚性材料层的拉应力为设计指标时，各级轴载均应按公式(3.1.2-3)换算成标准轴载 P 的当量轴次 N'。

$$N' = \sum_{i=1}^{K} C'_1 C'_2 n_i \left(\frac{P_1}{P}\right)^8 \tag{3.1.2-3}$$

式中：N'——以半刚性材料层的拉应力为设计指标时的标准轴载的当量轴次(次/d)；

C'_1——被换算车型的轴数系数；

C'_2——被换算车型的轮组系数，双轮组为1.0，单轮组为18.5，四轮组为0.09。

其余符号含义参照式(3.1.2-1)。

以拉应力为设计指标时，双轴或多轴的轴数系数按式(3.1.2-4)计算。

$$C'_1 = 1 + 2(m-1) \tag{3.1.2-4}$$

式中：m——轴数。

3　上述轴载换算公式，适用于单轴轴载小于或等于130 kN的各种车型的轴载换算。

3.1.3　设计年限应根据经济、交通发展情况以及该公路在公路网中的地位，考虑环境和投资条件综合确定。各级公路的沥青路面设计年限不宜低于表3.1.3的要求，若有特殊使用要求，可适当调整。

各级公路的沥青路面设计年限(单位：年)　　表3.1.3

公路等级	设计年限	公路等级	设计年限
高速公路、一级公路	15	三级公路	8
二级公路	12	四级公路	6

3.1.4　沥青路面的设计交通量，应在实测各类相关车型轴载谱的基础上，参照项目可行性研究报告等有关交通量预测资料，考虑未来各种车型的组成论证确定各种车型的代表轴载，进行不同车型的轴载换算，计算交工后第一年双向日平均当量轴次 N_1。

3.1.5　设计年限内交通量的平均增长率 γ，在项目可行性研究报告等资料基础上，经研究分析确定。

3.1.6　车道系数 η，按照表3.1.6选用。公路无分隔时，车道窄宜选高值，车道宽宜选低值。

车道系数　　表3.1.6

车道特征	η	车道特征	η
双向单车道	1.0	双向六车道	0.3～0.4
双向两车道	0.6～0.7	双向八车道	0.25～0.35
双向四车道	0.4～0.5		

当上下行交通荷载有明显差异时，可按上下行交通特点分别进行结构与厚度设计。

3.1.7　设计时按公式(3.1.7)计算设计年限内一个车道上的累计当量轴次 N_e。

$$N_e = \frac{[(1+\gamma)^t - 1] \times 365}{\gamma} N_1 \eta \tag{3.1.7}$$

式中：N_e——设计年限内一个车道的累计当量轴次(次/车道)；

t——设计年限(年)；

N_1——营运第一年双向日平均当量轴次(次/d)；

γ——设计年限内交通量的平均年增长率(%)；

η——车道系数，见表3.1.6。

3.1.8　交通量宜根据表 3.1.8 的规定划分为四个等级。设计时可根据累计当量轴次 N_e（次/车道）或每车道、每日平均大型客车及中型以上的各种货车交通量[辆/(d·车道)]，选择一个较高的交通等级作为设计交通等级。

交 通 等 级　　表 3.1.8

交 通 等 级	BZZ-100 累计标准轴次 N_e(次/车道)	大客车及中型以上的各种货车交通量[辆/(d·车道)]
轻交通	$<3\times10^6$	<600
中等交通	$3\times10^6\sim1.2\times10^7$	600～1 500
重交通	$1.2\times10^7\sim2.5\times10^7$	1 500～3 000
特重交通	$>2.5\times10^7$	>3 000

3.2　路用材料

3.2.1　沥青路面应采用道路石油沥青或其加工产品，沥青标号的选择应根据公路等级、气候条件、交通量及其组成、路线线形、面层结构与层次、施工工艺等因素，并结合当地使用经验确定。

各种路用沥青的技术指标应符合有关国家标准、规范及行业标准、规范的要求。

3.2.2　液体石油沥青宜用作透层、表面处治或冷拌沥青混合料的黏结料，应视其用途、气候条件和施工情况选择类型与标号。

3.2.3　乳化沥青宜用作透层、黏层、稀浆封层、冷拌沥青混合料、表面处治。

改性乳化沥青适用于交通量较大或重要道路的黏层、稀浆封层、桥面铺装的黏层、表面处治、冷拌沥青混合料、微表处等。

3.2.4　对于特重交通、重交通、重要公路，或温差变化较大、气候严酷地区，或铺筑特殊结构层，以及连续长、陡纵坡段等，可选用改性沥青。

改性沥青的改性剂应根据改性目的与实践效果，结合加工工艺难易、质量稳定性等因素进行技术经济比较后选定。

改性沥青的技术指标应符合现行国家标准、规范，行业标准、规范的相关要求。

3.2.5　应根据混合料类型与使用要求，合理选择纤维稳定剂类型与掺配剂量。纤维稳定剂包括木质素纤维、合成纤维、矿物纤维等。

纤维稳定剂的技术指标应符合现行国家标准、规范，行业标准、规范的相关要求。

3.2.6　沥青路面应选用质量符合行业技术标准要求的粗集料（含轧制的碎砾石）、细集料和矿粉。

3.2.7　沥青路面的粗集料应选用碎石，也可选用经轧制的碎砾石。三级、四级公路的沥青层可用经筛选的砾石。

3.2.8　高速公路和一级公路、二级公路沥青表面层用粗集料应选用硬质、耐磨碎石，其石料磨光值应符合表 3.2.8 的要求，其他等级公路可参照执行。

石料磨光值的技术要求　　表 3.2.8

PSV　公路等级 年降雨量(mm)	高速公路和一级公路	二 级 公 路
>1 000	>42	>40
500～1 000	>40	>38
250～500	>38	>36
<250	>36	—

3.2.9　粗集料与沥青应具有良好的黏附性，对年平均降雨量在 1 000mm 以上地区的高速公路和一级公路，表面层所用集料与沥青的黏附性宜达到 5 级；其他情况黏附性不宜低于 4 级。当黏附性达不到要求时，应掺入高温稳定性好的抗剥落剂或选用改性沥青提高粗集料与沥青的黏附性。

3.2.10　沥青混合料中的细集料，可选用机制砂、天然砂、石屑配制。细集料应具有一定棱角性，洁净、干燥、无风化、无杂质。天然砂宜选用中砂、粗砂，天然河砂不宜超过集料总质量的 20%，沥青玛蹄脂碎石混合料和开级配抗滑表层的混合料不宜使用天然砂。

3.2.11　矿粉必须采用石灰石等碱性石料磨细的石粉。矿粉应干燥、洁净、不成团块。若需利用拌和机回收的粉尘时，其掺入比例不得大于矿粉总量的 25%，且混合后矿粉的塑性指数不得大于 4%。

3.2.12　半刚性基层所用水泥应符合国家技术标准的要求，初凝时间应大于 4h，终凝时间应在 6h 以上。

3.2.13　石灰、粉煤灰稳定土类和石灰稳定土类的半刚性基层、底基层，粉煤灰中 SiO_2、Al_2O_3 和 Fe_2O_3 的总含量应大于 70%，烧失量不宜大于 20%，比表面积宜大于 2 500cm^2/g 或 0.075mm 筛孔通过率应大于 60%。

石灰等级宜高于 III 级，技术指标应符合表 3.2.13 有关要求。

石灰技术指标　　表 3.2.13

技术指标 \ 材料种类		钙质生石灰	镁质生石灰	钙质消石灰	镁质消石灰
有效钙加氧化镁含量(%)，≥		70	65	55	50
未消化残渣含量(5mm 圆孔筛筛余，%)，≤		17	20	—	—
含水率(%)，≤		—	—	4	4
细度	0.71mm 方孔筛筛余(%)，≤	—	—	1	1
	0.125mm 方孔筛累计筛余(%)，≤	—	—	20	20
钙镁石灰的分类界限，氧化镁含量(%)		≤5	>5	≤4	>4

3.2.14　基层、底基层的集料压碎值应符合表 3.2.14 的要求。

基层、底基层的集料压碎值(单位：%)　　表 3.2.14

材料类型 \ 公路等级		高速公路、一级公路	二 级 公 路	三、四级公路
水泥、石灰粉煤灰稳定类		≤30	≤35	≤35
石灰稳定类	基层	—	≤30	≤35
	底基层	≤35	≤40	≤40
级配碎石	基层	≤26	≤30	≤35
	底基层	≤30	≤35	≤40
填隙碎石	基层	—	—	≤26
	底基层	≤30	≤30	≤30
级配或天然砂砾	基层	—	—	≤35
	底基层	≤30	≤35	≤40

4 结构层与组合设计

4.1 结构层设计

4.1.1 沥青路面结构层可由面层、基层、底基层、垫层等多层结构组成。

1 面层可为单层、双层或三层。双层结构分为表面层、下面层。三层结构分为表面层、中面层、下面层。表面层应具有平整密实、抗滑耐磨、抗裂耐久的性能;中、下面层应具有高温抗车辙、抗剪切、密实、基本不透水的性能;下面层应具有耐疲劳开裂的性能。

2 基层是主要承重层,应具有稳定、耐久、较高的承载能力,可为单层或双层。无论是沥青混合料、粒料类柔性基层,还是半刚性基层、刚性基层,均要求具有相对较高的物理力学性能指标。

3 底基层是设置在基层之下,并与面层、基层一起承受车轮荷载反复作用的次承重层。

4 垫层是设置在底基层与土基之间的结构层,具有排水、隔水、防冻等作用。

各级公路应根据具体情况设置必要的结构层。

4.1.2 面层类型应与公路等级、使用要求、交通等级相适应。

1 热拌沥青混凝土可用于各级公路的面层。

2 贯入式沥青碎石和上拌下贯式沥青碎石可用于三、四级公路的面层。

3 沥青表面处治和稀浆封层可用于三、四级公路的面层。

4 冷拌沥青混合料可用于交通量小的三、四级公路面层。

4.1.3 各沥青层的厚度应与混合料的公称最大粒径相匹配,沥青混合料的一层压实最小厚度不宜小于混合料公称最大粒径的 2.5～3 倍,OGFC 或 SMA 的一层压实最小厚度不宜小于混合料公称最大粒径的 2～2.5 倍。

各结构层的设计厚度应根据级配类型、结构组合及施工条件等确定。沥青混合料的压实最小厚度与适宜厚度宜符合表 4.1.3-1 的要求。贯入式沥青碎石、沥青表面处治的压实最小厚度与适宜厚度宜符合表 4.1.3-2 的要求。

沥青混合料的压实最小厚度与适宜厚度 表 4.1.3-1

沥青混合料类型		最大粒径 (mm)	公称最大粒径 (mm)	符 号	压实最小厚度 (mm)	适宜厚度 (mm)
密级配沥青混凝土 (AC)	砂粒式	9.5	4.75	AC-5	15	15～30
	细粒式	13.2	9.5	AC-10	20	25～40
		16	13.2	AC-13	35	40～60
	中粒式	19	16	AC-16	40	50～80
		26.5	19	AC-20	50	60～100
	粗粒式	31.5	26.5	AC-25	70	80～120
密级配沥青碎石(ATB)	粗粒式	31.5	26.5	ATB-25	70	80～120
		37.5	31.5	ATB-30	90	90～150
	特粗式	53	37.5	ATB-40	120	120～150
开级配沥青碎石(ATPB)	粗粒式	31.5	26.5	ATPB-25	80	80～120
		37.5	31.5	ATPB-30	90	90～150
	特粗式	53	37.5	ATPB-40	120	120～150

续上表

沥青混合料类型		最大粒径(mm)	公称最大粒径(mm)	符　号	压实最小厚度(mm)	适宜厚度(mm)
半开级配沥青碎石(AM)	细粒式	16	13.2	AM-13	35	40～60
	中粒式	19	16	AM-16	40	50～70
		26.5	19	AM-20	50	60～80
	粗粒式	31.5	26.5	AM-25	80	80～120
	特粗式	53	37.5	AM-40	120	120～150
沥青玛蹄脂碎石混合料(SMA)	细粒式	13.2	9.5	SMA-10	25	25～50
		16	13.2	SMA-13	30	35～60
	中粒式	19	16	SMA-16	40	40～70
		26.5	19	SMA-20	50	50～80
开级配沥青磨耗层(OGFC)	细粒式	13.2	9.5	OGFC-10	20	20～30
		16	13.2	OGFC-13	30	30～40

贯入式沥青碎石、沥青表面处治压实最小厚度与适宜厚度　　表 4.1.3-2

结构层类型	压实最小厚度(mm)	适宜厚度(mm)
贯入式沥青碎石	40	40～80
上拌下贯沥青碎石	60	60～80
沥青表面处治	10	10～30

4.1.4　基层、底基层设计应贯彻就地取材的原则,认真做好当地材料的调查,根据交通量及其组成、气候条件、筑路材料以及路基水文状况等因素,选择技术可靠、经济合理的结构层。

基层可选用无机结合料稳定集料类或沥青混合料、粒料、贫混凝土等材料,底基层应充分利用沿线地方材料,可采用无机结合料稳定细粒土类或粒料类等。

4.1.5　基层、底基层厚度应根据交通量大小、材料性能,充分发挥压实机具的功能,以及考虑有利于施工等因素选择各结构层的厚度。为便于施工组织、管理,各结构层的材料不宜频繁变化。各种结构层压实最小厚度与适宜厚度应符合表 4.1.5 的要求,并不得设计小于150mm 厚的半刚性材料薄层。

各种结构层压实最小厚度与适宜厚度　　表 4.1.5

结构层类型	压实最小厚度(mm)	适宜厚度(mm)
级配碎石	80	100～200
水泥稳定类	150	180～200
石灰稳定类	150	180～200
石灰粉煤灰稳定类	150	180～200
贫混凝土	150	180～240
级配砾石	80	100～200
泥结碎石	80	100～150
填隙碎石	100	100～120

4.2　结构组合设计

4.2.1　应根据公路所在区域的水文地质、气候特点,公路等级与使用要求,交通量及其交通组成等因素,结合当地实践经验,选择适宜的路面结构组合,拟定沥青层厚度。

4.2.2　对半刚性基层沥青路面的结构层组合设计，基层与沥青面层的模量比宜在1.5～3之间；基层与底基层的模量比不宜大于3.0，底基层与土基模量比宜在2.5～12.5之间。

4.2.3　刚性基层沥青路面应采取措施加强沥青层与刚性基层间的结合，并提高沥青混合料的抗剪强度。

4.2.4　为防止雨水、雪水渗入路面结构层、土基，沥青面层应选用密级配沥青混合料。当采用排水基层时，其下应设防水层，并设置结构内部的排水系统，将水排出路基。

4.2.5　为排除路面、路基中滞留的自由水，确保路面结构处于干燥或中湿状态，下列情况下的路基应设置垫层。

1　地下水位高，排水不良，路基经常处于潮湿、过湿状态的路段。

2　排水不良的土质路堑，有裂隙水、泉眼等水文不良的岩石挖方路段。

3　季节性冰冻地区的中湿、潮湿路段，可能产生冻胀需设防冻垫层的路段。

4　基层或底基层可能受污染以及路基软弱的路段。

4.2.6　对于半刚性基层沥青路面宜采取以下措施减少收缩开裂和反射裂缝。

1　选用骨架密实型半刚性基层，严格控制细料含量、结合料剂量、含水量，及时养生。

2　适当增加沥青层的厚度，在半刚性材料层上设置沥青碎石或级配碎石等柔性基层。

3　在半刚性基层上设置改性沥青应力吸收膜、应力吸收层或铺设经实践证明有效的土工合成材料等。

4.2.7　设计时应采取技术措施，加强路面各结构层之间的结合，提高路面结构的整体性，避免产生层间滑移。

1　沥青层之间应设黏层。黏层沥青可用乳化沥青、改性乳化沥青或热沥青，洒布数量宜为0.3～0.6kg/m^2。

2　各种基层上宜设置透层沥青。透层沥青应具有良好的渗透性能，可用液体沥青(稀释沥青)、乳化沥青等。

3　在半刚性基层上应设下封层。

4　新、旧沥青层之间，沥青层与旧水泥混凝土板之间应洒布黏层沥青，宜用热沥青或改性乳化沥青、改性沥青。

5　拓宽路面时，新、旧路面接茬处，宜喷涂黏结沥青。

6　双层式半刚性材料基层宜采取连续摊铺、碾压工艺，增强层间结合，以形成整层。

4.2.8　下封层可用沥青单层表面处治或砂粒式、细粒式密级配沥青混合料稀浆封层等。其材料规格与要求宜符合本规范有关规定。

5　路基与垫层

5.1　路基回弹模量

5.1.1　路基必须密实、均匀、稳定。填方路基的填料选择、路床的压实度以及填方路堤的基底处理等均应符合相应公路路基设计规范的规定。

必须采取防止地面水和地下水浸入路面、路基的措施，以保证路基的强度和稳定性。设计宜使路基处于干燥或中湿状态，土基回弹模量值应大于30MPa，重交通、特重交通公路土基回弹模量值应大于40MPa。

潮湿、过湿状态的路基，应采取换填砂、砂砾、碎石渗水性材料处理地基，或采取掺入消石灰，固化材料处理，设置土工合成材料，加强路基排水等，进行综合处治。根据各种路基处理措施，确定土基回弹模量的设计值。

5.1.2　多雨地区土质路堑、强风化岩石路段，应注意填挖交界处及路堑段的排水设计，以改善路基的水文状况。土质路堑的干湿类型，一般应降低一个等级，按中湿或潮湿路段进行路面设计。

5.1.3　石方路堑必须设置坚实、稳定的基层。对路基超挖部分应用贫混凝土或无机结合料稳定碎(砾)石的整体性材料作整平层，严禁用土填筑。视山体岩石风化、开裂和降雨情况，应全断面设置级配碎(砾)石垫层150～250mm。

当路面可能受裂隙水、泉眼等地下水影响时，应加强路基排水，如设置渗沟等。

5.1.4　路面设计时应根据路基土的分界稠度确定路基干湿类型。路基的干湿类型可以实测不利季节路床顶面以下800mm深度内土的平均稠度 w_c，再按表5.1.4-1路基干湿状态的稠度建议值确定。也可根据公路自然区划、土质类型、排水条件以及路床表面距地下水位或地表积水水位的高度按表5.1.4-2的一般特征确定。

路基干湿状态的分界稠度建议值　　表5.1.4-1

干湿状态 土质类别	干燥状态 $w_c \geqslant w_{c1}$	中湿状态 $w_{c1} > w_c \geqslant w_{c2}$	潮湿状态 $w_{c2} > w_c \geqslant w_{c3}$	过湿状态 $w_c < w_{c3}$
土质砂	$w_c \geqslant 1.20$	$1.20 > w_c \geqslant 1.00$	$1.00 > w_c \geqslant 0.85$	$w_c < 0.85$
黏质土	$w_c \geqslant 1.10$	$1.10 > w_c \geqslant 0.95$	$0.95 > w_c \geqslant 0.80$	$w_c < 0.80$
粉质土	$w_c \geqslant 1.05$	$1.05 > w_c \geqslant 0.90$	$0.90 > w_c \geqslant 0.75$	$w_c < 0.75$

注：w_{c1}、w_{c2}、w_{c3}分别为干燥和中湿、中湿和潮湿、潮湿和过湿状态路基的分界稠度，w_c为路床顶面以下800mm深度内的平均稠度。

路基的平均稠度 w_c 按下式计算：

$$w_c = \frac{w_L - \overline{w}}{w_L - w_P} \tag{5.1.4}$$

式中：w_c——土的平均稠度；

$\overline{w}$——土的平均含水率；

w_L，w_P——分别为土的液限、塑限，按现行的《公路土工试验规程》中液限塑限联合测定法测定。

对新建公路可根据当地稳定的平均天然含水率、液限、塑限计算平均稠度，并考虑路基填土高度，有无地下水、地表积水的影响，论证后确定路基土的干湿类型。

路基干湿类型　　表5.1.4-2

路基干湿类型	路床顶面以下800mm深度内平均稠度 w_c 与分界稠度 w_{ci} 的关系	一般特征
干燥	$w_c \geqslant w_{c1}$	土基干燥稳定，路面强度和稳定性不受地下水和地表积水影响。路基高度 $H_0 > H_1$
中湿	$w_{c1} > w_c \geqslant w_{c2}$	土基上部土层处于地下水或地表积水影响的过渡带区内。路基高度 $H_2 < H_0 \leqslant H_1$
潮湿	$w_{c2} > w_c \geqslant w_{c3}$	土基上部土层处于地下水或地表积水毛细影响区内。路基高度 $H_3 < H_0 \leqslant H_2$
过湿	$w_c < w_{c3}$	路基极不稳定，冰冻区春融翻浆，非冰冻区软弹土基经处理后方可铺筑路面。路基高度 $H_0 \leqslant H_3$

注：①H_0 为不利季节路床顶面距地下水或地表积水水位的高度。

②地表积水指不利季节积水20d以上。

③H_1、H_2、H_3 分别为干燥、中湿和潮湿状态的路基临界高度，见附录F。

④划分土基干湿类型以平均稠度 w_c 为主，缺少资料时可参照表中一般特征确定。

5.1.5　路基回弹模量设计值宜按下列方法确定：

1　新建公路初步设计时，可根据查表法（或现有公路调查法）、室内试验法、换算法等，经综合分析、论证，确定沿线不同路基状况的路基回弹模量设计值。

2　通过现场测定路基回弹模量值与压实度 K、路基稠度 w_c 或室内试验测定路基土回弹模量值与室内路基土 CBR 值等资料，建立可靠的换算关系，利用换算关系计算现场路基回弹模量。

3　当路基建成后，在不利季节实测各路段路基回弹模量代表值，以检验是否符合设计值的要求。现场实测方法宜采用承载板法，也可采用贝克曼梁弯沉仪法。若在非不利季节测试，则应进行修正。

4　若现场实测路基回弹模量代表值小于设计值或弯沉值大于要求的检验值，应采取翻晒补压、掺灰处理或调整路面结构厚度等措施，以保证路基路面的强度和稳定性。

5.1.6　室内试验法测定土的回弹模量应按以下要求进行。

1　应选择土料场，取土样，宜采用 100mm 直径承载板，按照现行的《公路土工试验规程》中的小承载板法试验要求进行试验。回弹模量测试结果应采用下式修正：

$$E_{0S}=\lambda E \tag{5.1.6-1}$$

式中：E_{0S}——修正后的回弹模量（MPa）；

λ——试筒尺寸约束修正系数，50mm 直径承载板取 0.78，100mm 直径承载板取0.59；

E——室内试验法回弹模量实测值（MPa）。

2　试件制备应根据重型击实标准确定的最佳含水量，采用 3 组试样，每组 3 个试件，每个试件分别按重锤三层 98 次、50 次、30 次击实制件，测得不同压实度与其相对应的回弹模量值，绘成压实度与回弹模量间的关系线，查图求得标准压实度条件下土的回弹模量值。

3　路基回弹模量设计值，应考虑公路等级、不利季节和路基干湿类型的影响，采用下式计算。

$$E_{0D}=\frac{Z}{K}E_{0S} \tag{5.1.6-2}$$

式中：E_{0D}——路基回弹模量设计值（MPa）；

E_{0S}——室内承载板法考虑试筒尺寸约束修正后的回弹模量测试结果（MPa）；

Z——考虑保证率的折减系数，高速公路、一级公路为 0.66，二、三级公路为 0.59，四级公路为 0.52；

K——考虑不利季节和路基干湿类型的综合影响系数，参考表 5.1.6 选取，或者根据室内承载板法回弹模量与稠度的关系分析确定，或者根据当地经验确定。

综合影响系数 K　　表 5.1.6

土基稠度值 w_c	$w_c \geqslant w_{c1}$	$w_{c1} > w_c \geqslant w_{c2}$	$w_c < w_{c2}$
综合影响系数	1.3	1.6	1.9

5.1.7　采用承载板法测定已建成的路基回弹模量，利用式（5.1.7-1）计算测点处路基回弹模量值 E_{0b}。

$$E_{0b}=\frac{\sum P_i}{D\sum l_i}(1-\mu_0^2)\times 10^5 \tag{5.1.7-1}$$

式中：D——承载板直径（mm）；

P_i, l_i——第 i 级荷载（kN）及其检测的回弹变形（0.01mm）；

μ_0——路基的泊松比，取 0.35。

某路段路基回弹模量设计值应按式(5.1.7-2)计算。

$$E_{0D}=(\overline{E}_0-Z_aS)/K_1 \quad (5.1.7\text{-}2)$$

式中：E_{0D}——某路段土基回弹模量设计值(MPa)；

$\overline{E}_0$，S——实测土基回弹模量的平均值和均方差；

Z_a——保证率系数，高速公路、一级公路为2，二、三级公路为1.645，四级公路为1.5；

K_1——不利季节影响系数，可根据当地经验确定。

5.1.8 可采用贝克曼梁弯沉仪测定路基弯沉值，检验路基设计回弹模量相对应的弯沉值。

1 将路基回弹模量设计值按式(5.1.8-1)计算其相应的路基设计弯沉值 l_{0D}，作为检验路基强度的简便方法。

$$l_{0D}=\frac{2p\delta}{K_1E_{0D}}(1-\mu_0^2)\alpha_0\times10^2 \quad (5.1.8\text{-}1)$$

式中：l_{0D}——路基设计弯沉值(0.01mm)；

p，δ——测定车轮胎接地压强(MPa)与当量圆半径(mm)；

α_0——均匀体弯沉系数，取0.712；

K_1——不利季节影响系数，可根据当地经验确定。

2 某路段实测的弯沉代表值 l_0 应不大于路基弯沉设计值 l_{0D}。

$$l_0=\bar{l}_0+Z_aS\leqslant l_{0D} \quad (5.1.8\text{-}2)$$

式中：$\bar{l}_0$，S——分别为该路段实测路基弯沉平均值(0.01mm)与均方差(0.01mm)；

Z_a——保证率系数，高速公路、一级公路为2，二、三级公路为1.645，四级公路为1.5。

5.2 垫层与抗冻层设计

5.2.1 垫层材料可选用粗砂、砂砾、碎石、煤渣、矿渣等粒料以及水泥或石灰煤渣稳定类、石灰粉煤灰稳定类等。各级公路的排水垫层应与边缘排水系统相连接，垫层宽度应铺筑到路基边缘或与边沟下的渗沟相连接。

1 防冻垫层应采用透水性好的粒料类材料，通过0.075mm筛孔颗粒含量不宜大于5%。采用煤渣时，小于2mm的颗粒含量不宜大于20%。垫层厚度视具体情况而定，一般为150～200mm，重冰冻地区潮湿、过湿路段可为300～400mm。

2 采用碎石和砂砾垫层时，最大粒径应与结构层厚度相协调，一般最大粒径应不超过结构层厚度的1/2，以保证形成骨架结构，提高结构层的稳定性。颗粒组成宜满足附录D的要求。

3 可在路基顶面设土工合成材料隔离层，以防止路基污染粒料垫层或隔断地下水。

5.2.2 冰冻区根据20年以上的冻结指数平均值，按表5.2.2划分为重冰冻区、中冰冻区、轻冰冻区、非冰冻区。冻结指数见附录B。

冰冻区划分 表5.2.2

冰冻区划分	重冰冻区	中冰冻区	轻冰冻区	非冰冻区
冻结指数(℃)	≥2 000	2 000～800	800～50	≤50

5.2.3 道路多年最大冻深 Z_{max} 按下列公式计算：

$$Z_{max}=abcZ_d \quad (5.2.3)$$

式中：Z_{max}——多年最大冻深(m)；

Z_d——大地标准冻深(m)；

a——路面路基材料热物性系数，见表5.2.3-1；

b——路基湿度系数，见表 5.2.3-2；

c——路基断面形式系数，见表 5.2.3-3。

路面路基材料热物性系数 a 表 5.2.3-1

路基材料	黏 质 土	粉 质 土	粉 土 质 砂	细粒土质砾、黏土质砂	含细粒土质砾(砂)
热物性系数	1.05	1.1	1.2	1.3	1.35
路面材料	水泥混凝土	沥青混凝土	二灰土及水泥土	二灰碎石及水泥碎(砾)石	级配碎石
热物性系数	1.4	1.35	1.35	1.4	1.45

注：a 值取大地冻深范围内路基及路面各层材料的加权平均值。

路基湿度系数 b 表 5.2.3-2

干 湿 类 型	干 燥	中 湿	潮 湿	过 湿
湿度系数	1.0	0.95	0.90	0.80

路基断面形式系数 c 表 5.2.3-3

填 挖 形 式	路基填土高度(m)					路基挖方深度(m)			
	零填	2m	4m	6m	6m 以上	2m	4m	6m	6m 以上
断面形式系数	1.0	1.02	1.05	1.08	1.10	0.98	0.95	0.92	0.90

5.2.4 冰冻区各级公路的中湿、潮湿路段，应进行防冻厚度验算。

根据交通量计算的结构层总厚度应不小于表 5.2.4 中最小防冻厚度的规定。防冻厚度与路基潮湿类型、路基土类、道路冻深以及路面结构层材料的热物性有关。若结构层总厚度小于最小防冻厚度，则应增加防冻垫层使其满足最小防冻厚度的要求。

最小防冻厚度 表 5.2.4

路基类型	道路多年最大冻深(cm)	黏性土、细亚砂土			粉 性 土		
		砂石类	稳定土类	工业废料类	砂石类	稳定土类	工业废料类
中湿	50～100	40～45	35～40	30～35	45～50	40～45	30～40
	100～150	45～50	40～45	35～40	50～60	45～50	40～45
	150～200	50～60	45～55	40～50	60～70	50～60	45～50
	>200	60～70	55～65	50～55	70～75	60～70	50～65
潮湿	60～100	45～55	40～50	35～45	50～60	45～55	40～50
	100～150	55～60	50～55	45～50	60～70	55～65	50～60
	150～200	60～70	55～65	50～55	70～80	65～70	60～65
	>200	70～80	65～75	55～70	80～100	70～90	65～80

注：①在《公路自然区划标准》中，对潮湿系数小于 0.5 的地区，Ⅱ、Ⅲ、Ⅳ 区等干旱地区防冻厚度应比表中值减少 15%～20%。

②对Ⅱ区砂性土路基防冻厚度应相应减少 5%～10%。

6 基层、底基层

6.1 半刚性基层、底基层

6.1.1 半刚性基层、底基层应具有足够的强度和稳定性、较小的收缩(温缩及干缩)变形和较强的抗冲刷能力，在中冰冻、重冰冻区应检验半刚性基层、底基层的抗冻性能。

6.1.2 半刚性基层、底基层按其混合料结构状态分为骨架密实型、骨架空隙型、悬浮密实型和均匀密实型4种结构类型。

6.1.3 半刚性基层适用条件

1 水泥稳定集料类、石灰粉煤灰稳定集料类材料适用于各级公路的基层、底基层。冰冻地区、多雨潮湿地区，石灰粉煤灰稳定集料类材料宜用于高速公路、一级公路的下基层或底基层。石灰稳定类材料宜用于各级公路的底基层以及三、四级公路的基层。

2 高速公路、一级公路的基层或上基层宜选用骨架密实型混合料。二级及二级以下公路的基层和各级公路的底基层可采用悬浮密实型混合料。均匀密实型混合料适用于高速公路、一级公路的底基层，二级及二级以下公路的基层。骨架空隙型混合料具有较高的空隙率，适用于需考虑路面内部排水要求的基层。

6.1.4 半刚性基层配合比设计按无侧限抗压强度试验方法确定满足设计要求的配合比。

6.1.5 水泥稳定类材料的压实度、7d龄期无侧限抗压强度代表值应符合表6.1.5规定范围的要求，且不宜超过高限。混合料试件成型宜采用振动成型方法，见附录A的A.1，缺乏试验条件时对悬浮密实和均匀密实型混合料可采用静压成型方法。

水泥稳定类材料的压实度及7d无侧限抗压强度 表6.1.5

层位	稳定类型	特重交通		重、中交通		轻交通	
		压实度(%)	抗压强度(MPa)	压实度(%)	抗压强度(MPa)	压实度(%)	抗压强度(MPa)
基层	集料	≥98	3.5～4.5	≥98	3～4	≥97	2.5～3.5
	细粒土	—	—	—	—	≥96	
底基层	集料	≥97	≥2.5	≥97	≥2.0	≥96	≥1.5
	细粒土	≥96		≥96		≥95	

水泥稳定集料的水泥剂量一般为3%～5.5%，当达不到强度要求时应调整级配，水泥的最大剂量不应超过6%。

6.1.6 悬浮密实型水泥稳定类基层集料的最大粒径不大于31.5mm，底基层集料的最大粒径不大于37.5mm，集料级配范围宜符合表6.1.6-1的要求。

悬浮密实型水泥稳定类集料级配 表6.1.6-1

层位	通过下列方筛孔(mm)的质量百分率(%)							
	37.5	31.5	19.0	9.50	4.75	2.36	0.6	0.075
基层		100	90～100	60～80	29～49	15～32	6～20	0～5
底基层	100	93～100	75～90	50～70	29～50	15～35	6～20	0～5

骨架密实型水泥稳定类基层集料的最大粒径不大于31.5mm，集料级配范围宜符合表6.1.6-2的要求。

骨架密实型水泥稳定类集料级配 表6.1.6-2

层位	通过下列方筛孔(mm)的质量百分率(%)						
	31.5	19.0	9.50	4.75	2.36	0.6	0.075
基层	100	68～86	38～58	22～32	16～28	8～15	0～3

6.1.7 对水泥稳定含泥量大的砂、砂砾，宜掺入一定石灰进行综合稳定。当水泥用量占结合料总质量的30%以上时，应按水泥稳定类进行设计，否则按石灰稳定类设计。

对集料颗粒较均匀而无级配，或含细料很少的砂砾、碎石或不含土的砂，宜在集料中添加适量的粉煤灰或剂量为8%～12%的石灰土进行综合稳定。

6.1.8 石灰粉煤灰稳定类材料的压实度和7d龄期的无侧限抗压强度代表值应符合表6.1.8的要求。

石灰粉煤灰稳定类材料的压实度及7d无侧限抗压强度 表6.1.8

层位	稳定类型	特重、重、中交通		轻交通	
		压实度(%)	抗压强度(MPa)	压实度(%)	抗压强度(MPa)
基层	集料	≥98	≥0.8	≥97	≥0.6
	细粒土	—	—	≥96	
底基层	集料	≥97	≥0.6	≥96	≥0.5
	细粒土	≥96		≥95	

6.1.9 骨架密实型石灰粉煤灰稳定类基层集料的最大粒径不大于31.5mm，级配范围宜符合表6.1.9的要求。

骨架密实型石灰粉煤灰稳定类集料级配 表6.1.9

层位	通过下列方筛孔(mm)的质量百分率(%)								
	31.5	26.5	19.0	9.50	4.75	2.36	1.18	0.6	0.075
基层	100	95～100	48～68	24～34	11～21	6～16	2～12	0～6	0～3

6.1.10 悬浮密实型石灰粉煤灰稳定碎石基层、底基层，集料的最大粒径分别不大于31.5mm、37.5mm，其级配范围宜符合表6.1.10-1的要求。

悬浮密实型石灰粉煤灰稳定碎石的集料级配 表6.1.10-1

层位	通过下列方筛孔(mm)的质量百分率(%)								
	37.5	31.5	19.0	9.50	4.75	2.36	1.18	0.6	0.075
基层		100	88～98	55～75	30～50	16～36	10～25	4～18	0～5
底基层	100	94～100	79～92	51～72	30～50	16～36	10～25	4～18	0～5

悬浮密实型石灰粉煤灰稳定砂砾基层、底基层，砂砾级配范围宜符合表6.1.10-2的要求。

悬浮密实型石灰粉煤灰稳定砂砾的集料级配 表6.1.10-2

层位	通过下列方筛孔(mm)的质量百分率(%)								
	37.5	31.5	19.0	9.50	4.75	2.36	1.18	0.6	0.075
基层		100	85～98	55～75	39～59	27～47	17～35	10～25	0～10
底基层	100	85～100	65～89	50～72	35～55	25～45	17～35	10～27	0～15

6.1.11 中冰冻、重冰冻区的高速公路、一级公路采用石灰粉煤灰稳定类材料做基层时，应进行抗冻性能检验，试验方法见附录A的A.2。

抗冻性能采用28d龄期的试件经18～－18℃的5次冻融循环后的残留抗压强度与28d龄期的抗压强度(MPa)之比进行评价，其指标应符合表6.1.11的要求。

石灰粉煤灰稳定类材料抗冻性能技术要求 表6.1.11

气候分区	重冻区	中冻区
残留抗压强度比(%)，≥	70	65

6.1.12 可在石灰粉煤灰稳定类材料中掺入水泥或其他早强剂，提高其早期强度或越冬的抗冻性能，掺入剂量通过试验确定。

6.1.13 水泥粉煤灰稳定类材料的压实度和7d龄期的无侧限抗压强度代表值应符合表6.1.13的要求。

水泥粉煤灰稳定类材料的压实度及7d无侧限抗压强度 表6.1.13

<table>
<tr><th rowspan="2">层位</th><th rowspan="2">类别</th><th colspan="2">特重、重、中交通</th><th colspan="2">轻交通</th></tr>
<tr><th>压实度(%)</th><th>抗压强度(MPa)</th><th>压实度(%)</th><th>抗压强度(MPa)</th></tr>
<tr><td>基层</td><td>集料</td><td>≥98</td><td>1.5～3.5</td><td>≥97</td><td>1.2～1.5</td></tr>
<tr><td>底基层</td><td>集料</td><td>≥97</td><td>≥1.0</td><td>≥96</td><td>≥0.6</td></tr>
</table>

6.1.14 水泥粉煤灰稳定类材料的水泥剂量宜为3%～6%，水泥粉煤灰与集料的质量比宜为(13～17)∶(87～83)，集料级配要求与石灰粉煤灰稳定类混合料相同。

6.1.15 石灰稳定类材料的压实度和7d龄期的无侧限抗压强度代表值应符合表6.1.15的要求。

石灰稳定类材料的压实度及7d无侧限抗压强度 表6.1.15

<table>
<tr><th rowspan="2">层位</th><th rowspan="2">类别</th><th colspan="2">重、中交通</th><th colspan="2">轻交通</th></tr>
<tr><th>压实度(%)</th><th>抗压强度(MPa)</th><th>压实度(%)</th><th>抗压强度(MPa)</th></tr>
<tr><td rowspan="2">基层</td><td>集料</td><td>—</td><td rowspan="2">—</td><td>≥97</td><td rowspan="2">≥0.8①</td></tr>
<tr><td>细粒土</td><td>—</td><td>≥95③</td></tr>
<tr><td rowspan="2">底基层</td><td>集料</td><td>≥97</td><td rowspan="2">≥0.8</td><td>≥96</td><td rowspan="2">≥0.7②</td></tr>
<tr><td>细粒土</td><td>≥95</td><td>≥95</td></tr>
</table>

注：①在低塑性土(塑性指数小于10)地区，石灰稳定砂砾土和碎石土的7d抗压强度应大于0.5MPa。

②低限用于塑性指数小于10的土，高限用于塑性指数大于10的土。

③三、四级公路，压实机具有困难时压实度可降低1%。

6.1.16 石灰稳定集料用于基层时，最大粒径不应大于37.5mm；用于底基层时，最大粒径不得大于53mm。不含黏性土的砂砾、级配碎石和未筛分碎石最好用水泥稳定，若无条件只能用石灰稳定时，应采用石灰土稳定，石灰土与集料的质量比宜为1∶4，集料应具有良好的级配。

6.2 柔性基层、底基层

6.2.1 柔性基层、底基层可用于各级公路。热拌沥青碎石宜用于中等交通及其以上的公路基层、底基层；贯入式沥青碎石宜用于中、重交通的公路基层或底基层；热拌沥青碎石、贯入式沥青碎石可用于改建工程的调平层。

级配碎石可用于各级公路的基层和底基层。级配砾石、级配碎砾石以及符合级配、塑性指数等技术要求的天然砂砾，可用作轻交通的二级及二级以下公路的基层和各级公路的底基层。

填隙碎石适用于三、四级公路的基层和各级公路的底基层。

6.2.2 按照空隙率的大小，沥青碎石混合料的级配类型可分为密级配、半开级配和开级配。密级配沥青碎石混合料具有较高的承载能力；半开级配沥青碎石混合料具有承重、减缓反射裂缝和一定的排水能力。开级配沥青碎石混合料适用于排水基层。基层用沥青碎石的公称最大粒径宜等于或大于 26.5mm。

6.2.3 密级配沥青碎石(ATB)的级配可参照附录 C 表 C.1 的要求，根据试验和使用经验确定集料级配。混合料配合比设计宜按马歇尔试验进行，也可用其他有效方法进行设计。

6.2.4 半开级配沥青碎石(AM)和开级配沥青碎石(ATPB)的公称最大粒径宜用 26.5mm或 37.5mm。半开级配和开级配沥青碎石的结合料宜用黏度较高的沥青。混合料配合比设计可用马歇尔试验方法，其级配可参照附录 C 表 C.1 的要求。混合料的技术指标宜符合表 6.2.4 的要求。

混合料配合比设计技术指标 表 6.2.4

试验指标	单位	半开级配沥青碎石(AM)	开级配沥青碎石(ATPB)
公称最大粒径	mm	等于或大于 26.5	等于或大于 26.5
马歇尔试件尺寸	mm	ϕ152.4×95.3	ϕ152.4×95.3
击实次数(双面)	次	112	75
设计空隙率 VV	%	12～18	>18
沥青膜厚度	μm	>12	—
谢伦堡沥青析漏试验的结合料损失	%	不大于 0.2	—
肯塔堡飞散试验的混合料损失或浸水飞散试验	%	不大于 20	—

注：试件的毛体积密度，按体积法确定。

6.2.5 当用贯入式沥青碎石做基层或调平层时，其沥青、碎石等材料的规格要求与材料用量，宜符合本规范有关条文及附录 C 表 C.2 的要求。

6.2.6 级配碎石宜用几种粒径不同的碎石和石屑掺配拌制而成，分为骨架密实型与连续级配型，其集料的级配组成可参照附录 D 表 D.1 确定。当采用重型击实标准设计时，基层压实度应大于 98%，CBR 值不应小于 100%；底基层压实度应大于 96%，CBR 值不应小于 80%。

6.2.7 级配砾石或天然砂砾其颗粒组成应符合附录 D 表 D.2 的要求，且级配宜接近圆滑曲线。级配砾石或天然砂砾用作基层，当采用重型击实标准设计时，其压实度不应小于 98%，CBR 值不应小于 80%；用作底基层时，其压实度不应小于 96%，CBR 值对轻交通的公路不应小于 40%，对中等交通的公路不应小于 60%。

6.2.8 填隙碎石最大粒径可用于二级以下公路的底基层。最大粒径宜为厚度的 0.5～0.7 倍。用作基层时，最大粒径不应超过 60mm；用作底基层时，最大粒径不应超过 80mm。填隙料可用石屑或最大粒径小于 10mm 的砂砾料或粗砂，填隙碎石的压实度以固体体积率表示。用作底基层时，压实度不应小于 83%；用作基层时，不应小于 85%。

6.3 刚性基层

6.3.1 刚性基层适用于重交通、特重交通及运煤、矿石、建筑材料等的公路工程。

刚性基层厚度一般为 200～280mm，最小厚度应大于 150mm。

6.3.2 当用贫混凝土做刚性基层时，贫混凝土的配合比设计应根据 28d 龄期的抗弯拉强度试验确定水泥剂量，宜为 8%～12%。贫混凝土的强度应符合表 6.3.2 的要求，施工质量管理与控制，宜用7d龄期的抗压强度评价。贫混凝土基层集料的最大粒径不应大于31.5mm。

贫混凝土基层材料的强度要求　　表6.3.2

试验项目	特重、重交通	中交通
28d龄期抗弯拉强度(MPa)	2.5～3.5	2.0～3.0
28d龄期抗压强度(MPa)	12～20	9～16
7d龄期抗压强度(MPa)	9～15	7～12

6.3.3　掺入粉煤灰的贫混凝土基层，28d龄期的抗弯拉强度要求与表6.3.2相同。14d的抗压强度合格值应达到表6.3.2中28d抗压强度的85%。粉煤灰的掺入量宜为水泥质量的20%～40%。

6.3.4　贫混凝土基层应设置纵缝、横缝，并灌入填缝料，其上应设置热沥青或改性沥青、改性乳化沥青黏结层等，以加强层间结合。

7　沥青面层

7.1　沥青混合料面层

7.1.1　沥青面层应具有平整、密实、抗滑、耐久的品质，并具有高温抗车辙、低温抗开裂，以及良好的抗水损害能力。新建高速公路、一级公路沥青路面的路用性能应符合表7.1.1的要求。

高速公路、一级公路沥青路面技术指标　　表7.1.1

项目	目标值	测试方法
平整度	国际平整度指数IRI<2.0m/km、σ<1.0mm	T 0933、T 0932
抗滑性能	横向力系数、构造深度符合表7.1.2要求	T 0965、T 0961、T 0963
高温稳定性	动稳定度符合7.1.6条的规定	T 0719
水稳性	冻融劈裂试验强度比符合表7.1.7要求	T 0709、T 0729
抗裂性能	极限弯曲应变符合表7.1.8要求	T 0715

7.1.2　表面层抗滑性能以横向力系数SFC_{60}和路面宏观构造深度TD(mm)为主要指标。高速公路、一级公路在交工验收时，其抗滑技术指标宜符合表7.1.2的要求。二级公路可参照执行。

抗滑技术指标　　表7.1.2

年平均降雨量(mm)	交工检测指标值	
	横向力系数SFC_{60}	构造深度TD(mm)
>1 000	≥54	≥0.55
500～1 000	≥50	≥0.50
250～500	≥45	≥0.45

注：①横向力系数SFC_{60}——用横向力系数测试车，在(60±1)km/h车速下测得的横向力系数。

②路面宏观构造深度TD(mm)——用铺砂法测定。

7.1.3　面层用热拌沥青混凝土按设计空隙率可分为密级配、开级配两种类型，见表7.1.3。

7.1.4　应根据使用要求、气候特点、交通条件、结构层功能等因素，结合沥青层厚度和当地实践经验，合理地选择各结构层的沥青混合料类型。

热拌沥青混合料分类　　表 7.1.3

沥青混合料类型		最大粒径(mm)	公称最大粒径(mm)	级配类型与设计空隙率(%)		
				密级配		开级配
				3～5	3～4	＞18
AC	砂粒式	9.5	4.75	AC-5		
	细粒式	13.2	9.5	AC-10		
		16	13.2	AC-13		
	中粒式	19	16	AC-16		
		26.5	19	AC-20		
	粗粒式	31.5	26.5	AC-25		
SMA	细粒式	13.2	9.5		SMA-10	
		16	13.2		SMA-13	
	中粒式	19	16		SMA-16	
		26.5	19		SMA-20	
OGFC	细粒式	13.2	9.5			OGFC-10
		16	13.2			OGFC-13

注:SMA 用于夏热区或重交通、特重交通公路时,设计空隙率高限可适当放宽至 4.5%。

1　抗滑面层宜选用沥青玛蹄脂碎石 SMA、密级配粗型沥青混合料 AC-C,有条件时可用开级配抗滑面层 OGFC。

2　在各沥青层中至少有一层应为密级配沥青混合料。

7.1.5　高速公路、一级公路的沥青混合料配合比设计应选择工程用的材料,并参照附录 C 表 C.1 级配范围和实践经验,选择几条级配曲线,进行配合比设计、沥青混合料性能试验和设计参数的测试,根据试验结果确定目标配合比范围。

二级及二级以下公路可根据附录 C 表 C.1 级配范围和实践经验确定工程目标配合比。

沥青混合料配合比设计宜用马歇尔试验方法。有条件时,可选用经实践证明行之有效的其他配合比设计方法。

7.1.6　沥青混合料的高温稳定性以动稳定度来评价。

中等交通以上的公路表面层和中面层沥青混合料,其动稳定度可参照《公路沥青路面施工技术规范》(JTG F40)并根据当地的工程经验确定设计值。对炎热地区、重交通、特重交通,连续长、陡纵坡路段,桥面铺装以及有特殊使用要求时,应提高动稳定度指标的要求。

当需提高沥青混合料的高温稳定性时可采取调整集料级配和沥青用量、提高沥青稠度、选用改性沥青等技术措施。

7.1.7　密级配热拌沥青混合料的水稳定性应符合表 7.1.7 的要求。当沥青混合料水稳定性技术指标不满足要求时,应在沥青混合料中掺入适量消石灰或水泥;也可掺入一定量的石灰岩细集料或粗集料,提高其水稳定性。

热拌沥青混合料水稳定性技术指标　　表 7.1.7

年降雨量(mm)	≥500	＜500	试验方法
冻融劈裂试验劈裂强度比(%)	≥75	≥70	T 0729
浸水马歇尔试验残留稳定度(%)	≥80	≥75	T 0709

注:对多雨潮湿地区的重交通、特重交通等公路,其冻融劈裂强度比的指标值可增加 5%。

7.1.8 对高速公路、一级公路表面层宜在－10℃的低温条件下进行弯曲试验，检验密级配沥青混凝土的低温抗裂性能，其极限破坏应变宜符合表7.1.8的要求。

沥青混合料低温弯曲试验破坏应变(με)技术指标 表7.1.8

气候条件及技术指标	年极端最低气温(℃)				试验方法
	<－37.0	－37.0～－21.5	－21.5～－9.0	>－9.0	T 0728
极限破坏应变(με)	≥2 600	≥2 300	≥2 000		

注：当采用改性沥青时，极限破坏应变指标值可适当提高。

7.1.9 SMA宜采用改性沥青，并掺入纤维稳定剂，剂量应通过试验确定。

SMA可采用马歇尔试验等方法进行配合比设计，并检验高温稳定性、低温抗裂性、水稳定性等指标。

7.1.10 OGFC适用于年平均降雨量大于800mm地区的磨耗层和排水路面的表面层。

1 开级配沥青混合料磨耗层厚度为20mm左右，排水表面层宜为30～40mm。集料的级配可参照附录C表C.1的要求，结合料应采用高黏度改性沥青，混合料中应掺入适量的消石灰和纤维稳定剂。

2 开级配沥青混合料磨耗层或排水表面层下应设置防水层，并将雨水排出路基。

7.1.11 冷拌沥青混合料可用于三、四级公路面层，可用乳化沥青、改性乳化沥青或液体沥青，并应选择密级配沥青混合料，其级配可参照附录C表C.1的要求。混合料配合比设计可根据当地成功的经验或试拌、试铺确定。

7.2 沥青贯入式路面与表面处治

7.2.1 沥青贯入式路面的厚度宜为40～80mm；采用上拌下贯式沥青路面时，拌和层的厚度宜为25～40mm，其总厚度宜为70～100mm。沥青贯入式路面的结合料宜用石油沥青。

7.2.2 沥青贯入式路面(包括上拌下贯式路面)的材料规格和用量应符合附录C表C.2、表C.3的要求。拌和层的沥青混合料应选用密级配热拌沥青混合料AC-10、AC-13，混合料的级配宜符合附录C表C.1的要求。沥青混合料的配合比设计应符合有关规定。

7.2.3 沥青表面处治适用于三级、四级公路的面层，可分为单层、双层、三层。单层表处厚度为10～15mm；双层表处厚度为15～25mm；三层表处厚度为25～30mm。

7.2.4 沥青表面处治可采用道路石油沥青或乳化沥青作为结合料，集料的规格与用量应符合附录C表C.4的要求。

7.2.5 微表处按照矿料粒径的不同，可分为MS-2型和MS-3型，单层厚度分别为4～6mm和8～10mm。稀浆封层按照矿料粒径的不同，可分为ES-1型、ES-2型和ES-3型，单层厚度分别为2.5～3mm、4～6mm和8～10mm。

1 MS-3型微表处，适用于高速公路、一级公路的罩面。ES-3型稀浆封层，适用于二级公路的罩面，以及新建公路的下封层。

2 MS-2型微表处，适用于中等交通量高速公路，一、二级公路的罩面。ES-2型稀浆封层适用于二级及二级以下公路的罩面，以及新建公路的下封层。

3 ES-1型稀浆封层，适用于三、四级公路、停车场的罩面。

7.2.6 微表处和稀浆封层用矿料级配应符合表7.2.6-1的要求，稀浆混合料的室内试验技术指标应满足表7.2.6-2的要求。

微表处和稀浆封层矿料级配 表 7.2.6-1

级配类型	通过下列筛孔(mm)的质量百分率(%)							
	9.5	4.75	2.36	1.18	0.6	0.3	0.15	0.075
ES-1		100	90～100	65～90	40～65	25～42	15～30	10～20
MS-2,ES-2	100	90～100	65～90	45～70	30～50	18～30	10～21	5～15
MS-3,ES-3	100	70～90	45～70	28～50	19～34	12～25	7～18	5～15
允许波动范围	—	±5%	±5%	±5%	±5%	±4%	±3%	±2%

稀浆混合料技术指标 表 7.2.6-2

试验项目	标准		
	微表处	稀浆封层	
		快开放交通型	慢开放交通型
可拌和时间(s)(25℃),⩾	120	120	180
黏聚力(N·m),⩾ 30min(初凝时间) 60min(开放交通时间)	 1.2 2.0	 1.2 2.0	 — —
负荷车轮黏附砂量(g/m²)①,⩽	450	450①	
湿轮磨耗损失(g/m²),⩽ 浸水 1h 浸水 6d	 540 800	 800 —	
轮辙变形试验的宽度变化率(%)②,⩽	5	—	

注:①用于轻交通量道路的罩面和下封层时,可不要求黏附砂量指标。

②微表处混合料用于修复车辙时,需进行轮辙试验。

8 新建路面结构厚度

8.0.1 路面结构设计采用双圆均布垂直荷载作用下的弹性层状连续体系理论进行计算,路面荷载及计算点如图 8.0.1 所示。

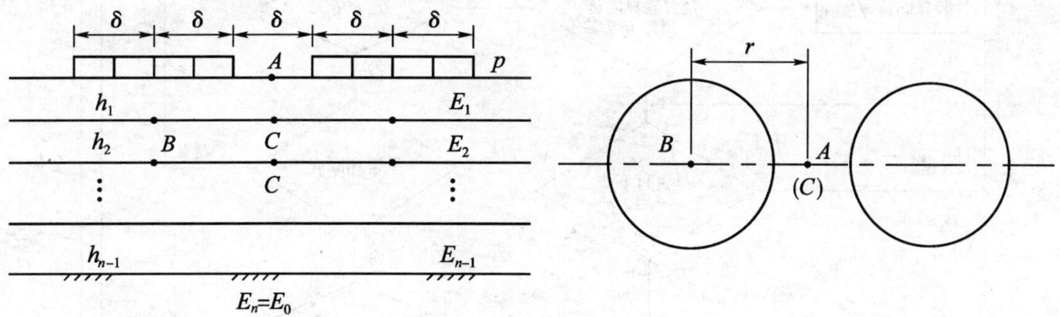

图 8.0.1 路面荷载及计算点图示

8.0.2 路面结构层厚度的确定应满足结构整体刚度(即承载力)与沥青层或半刚性基层、底基层抗疲劳开裂的要求。

1 轮隙中心处(A 点)路表计算弯沉值 l_S 应小于或等于设计弯沉值 l_d,即:

$$l_S \leqslant l_d \tag{8.0.2-1}$$

2 轮隙中心(C 点)或单圆荷载中心处(B 点)的层底拉应力 σ_m 应小于或等于容许拉应力 σ_R,即:

$$\sigma_m \leqslant \sigma_R \tag{8.0.2-2}$$

8.0.3　高速公路、一级公路、二级公路的路面结构，以路表面回弹弯沉值、沥青混凝土层的层底拉应力及半刚性材料层的层底拉应力为设计指标。三级公路、四级公路的路面结构以路表面设计弯沉值为设计指标。有条件时，对重载交通路面宜检验沥青混合料的抗剪切强度。

8.0.4　路面结构设计应按如图 8.0.4 所示的流程进行，主要内容包括：

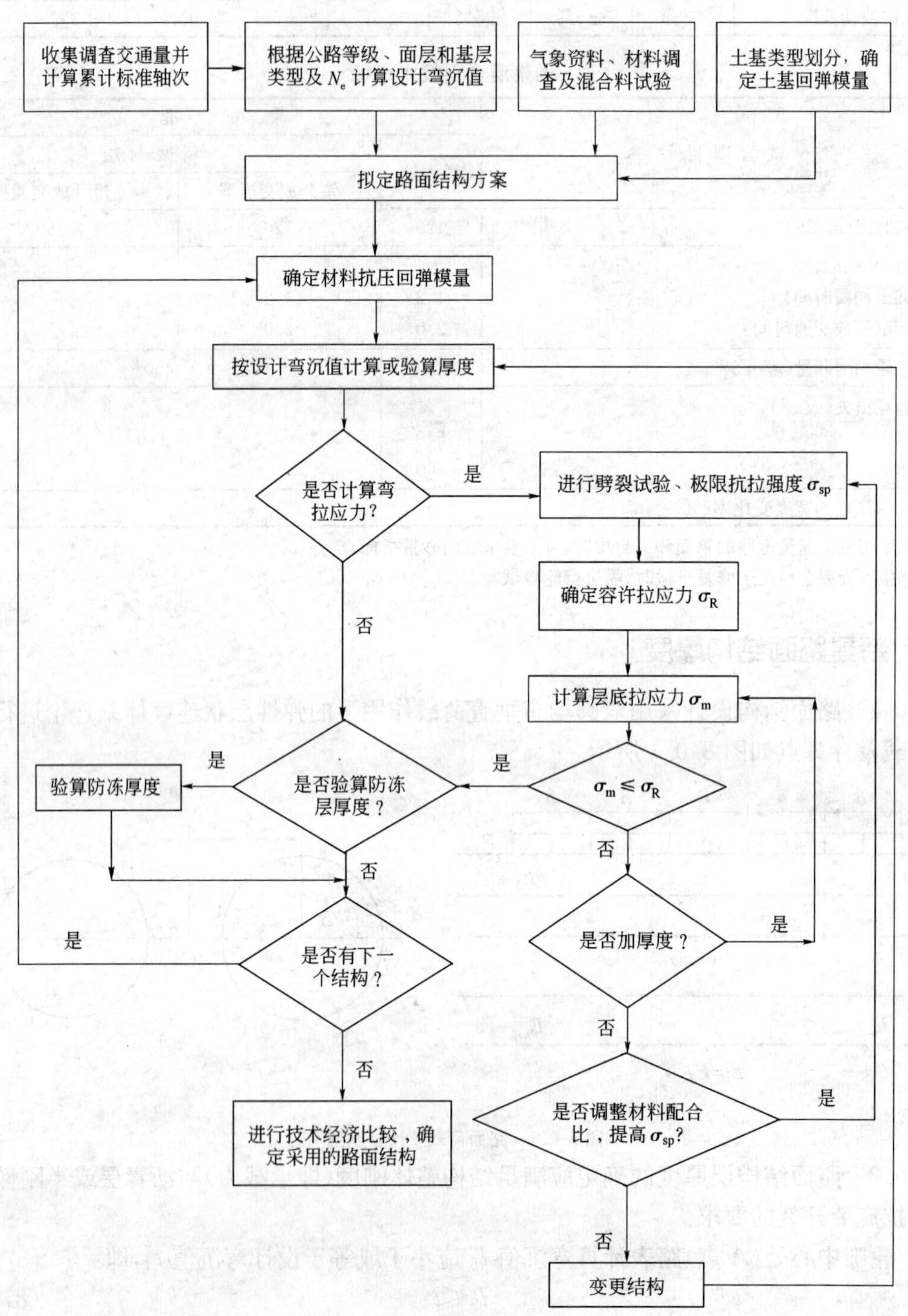

图 8.0.4　设计流程图

1　根据设计要求，按弯沉或弯拉指标分别计算设计年限内一个车道的累计标准当量轴次，确定设计交通量与交通等级，拟定面层、基层类型，并计算设计弯沉值或容许拉应力。

2　按路基土类与干湿类型及路基横断面形式，将路基划分为若干路段，确定各个路段土基回弹模量设计值。

3　参考本地区的经验拟定几种可行的路面结构组合与厚度方案，根据工程选用的材料进行配合比试验，测定各结构层材料的抗压回弹模量、劈裂强度等，确定各结构层的设计参数。

4　根据设计指标采用多层弹性体系理论设计程序计算或验算路面厚度。

5　对于季节性冰冻地区应验算防冻厚度是否符合要求。

6　进行技术经济比较，确定路面结构方案。

8.0.5　设计弯沉值应根据公路等级、设计年限内累计标准当量轴次、面层和基层类型按式(8.0.5)计算确定。

$$l_d = 600 N_e^{-0.2} A_c A_s A_b \tag{8.0.5}$$

式中：l_d——设计弯沉值(0.01mm)；

N_e——设计年限内一个车道累计当量轴次(次/车道)；

A_c——公路等级系数，高速公路、一级公路为1.0，二级公路为1.1，三、四级公路为1.2；

A_s——面层类型系数，沥青混凝土面层为1.0，热拌和冷拌沥青碎石、沥青贯入式路面(含上拌下贯式路面)、沥青表面处治为1.1；

A_b——路面结构类型系数，半刚性基层沥青路面为1.0，柔性基层沥青路面为1.6。

8.0.6　沥青混凝土层、半刚性材料基层和底基层以拉应力为设计或验算指标时，材料的容许拉应力 σ_R 应按式(8.0.6-1)计算：

$$\sigma_R = \frac{\sigma_S}{K_S} \tag{8.0.6-1}$$

式中：σ_R——路面结构层材料的容许拉应力(MPa)；

σ_S——沥青混凝土或半刚性材料的极限劈裂强度(MPa)；

K_S——抗拉强度结构系数。

1　对沥青混凝土的极限劈裂强度，系指15℃时的极限劈裂强度；对水泥稳定类材料系指龄期为90d的极限劈裂强度；对二灰稳定类、石灰稳定类材料系指龄期为180d的极限劈裂强度；对水泥粉煤灰稳定类材料系指龄期为120d的极限劈裂强度。

2　对沥青混凝土层的抗拉强度结构系数，按下式计算：

$$K_S = 0.09 N_e^{0.22} / A_c \tag{8.0.6-2}$$

对无机结合料稳定集料类的抗拉强度结构系数，按下式计算：

$$K_S = 0.35 N_e^{0.11} / A_c \tag{8.0.6-3}$$

对无机结合料稳定细粒土类的抗拉强度结构系数，按下式计算：

$$K_S = 0.45 N_e^{0.11} / A_c \tag{8.0.6-4}$$

8.0.7　路面设计中各结构层的材料设计参数应根据公路等级和设计阶段的要求确定。

1　高速公路、一级公路施工图设计时应选取工程用路面材料实测设计参数；各级公路采用新材料时，也必须实测设计参数。

2　高速公路、一级公路初步设计或二级及二级以下公路设计时可借鉴本地区已有的试验资料或工程经验确定。

3　可行性研究阶段可参考附录E确定设计参数。

8.0.8　半刚性材料的设计参数应按《公路工程无机结合料稳定材料试验规程》的规定测定。沥青混合料的设计参数应按《公路工程沥青及沥青混合料试验规程》的规定测定。

8.0.9　以路表弯沉值为设计或验算指标时，设计参数采用抗压回弹模量，对于沥青混凝土试验温度为20℃；计算路表弯沉值时，抗压回弹模量设计值 E 应按式(8.0.9)计算。

$$E=\overline{E}-Z_{a}S \tag{8.0.9}$$

式中：$\overline{E}$——各试件模量的平均值(MPa)；

S——各试件模量的标准差；

Z_a——保证率系数，取2.0。

8.0.10　以沥青层或半刚性材料结构层层底拉应力为设计或验算指标时，应在15℃条件下测试沥青混合料的抗压回弹模量；半刚性材料应在规定龄期(水泥稳定类材料龄期为90d，二灰稳定类、石灰稳定类材料为180d，水泥粉煤灰稳定类为120d)测定抗压回弹模量。

计算层底应力时应考虑模量的最不利组合。在计算层底拉应力时，计算层以下各层的模量应采用式(8.0.9)计算其模量设计值；计算层及以上各层模量应采用式(8.0.10)计算其模量设计值 E。

$$E=\overline{E}+Z_{a}S \tag{8.0.10}$$

式中符号意义同式(8.0.9)。

8.0.11　各地区应建立劈裂强度、回弹模量与龄期的相关关系，以及快速养生方法等预估规定龄期的材料强度、模量的换算关系，经充分论证后作为设计参数的取值依据。

8.0.12　轮隙中心路表回弹弯沉的计算

路表计算弯沉值应按式(8.0.12-1)计算。

$$l_{S}=1\,000\,\frac{2p\delta}{E_{1}}\alpha_{c}F \tag{8.0.12-1}$$

其中：

$$\alpha_{c}=f\left(\frac{h_1}{\delta},\frac{h_2}{\delta},\cdots,\frac{h_{n-1}}{\delta},\frac{E_2}{E_1},\frac{E_3}{E_2},\cdots,\frac{E_0}{E_{n-1}}\right)$$

$$F=1.63\left(\frac{l_S}{2\,000\delta}\right)^{0.38}\left(\frac{E_0}{p}\right)^{0.36} \tag{8.0.12-2}$$

式中：l_S——路表计算弯沉值(0.01mm)；

F——弯沉综合修正系数；

p,δ——标准车型的轮胎接地压强(MPa)和当量圆半径(cm)；

α_c——理论弯沉系数；

E_0 或 E_n——土基抗压回弹模量值(MPa)；

$E_1,E_2,\cdots,E_{n-1}$——各层材料抗压回弹模量(MPa)；

$h_1,h_2,\cdots,h_{n-1}$——各结构层厚度(cm)。

8.0.13　层底拉应力计算

层底拉应力以单圆中心(B 点)及双圆轮隙中心(C 点)为计算点，并取较大值作为层底拉应力。按式(8.0.13)计算层底最大拉应力：

$$\sigma_m=p\,\bar{\sigma}_m \tag{8.0.13}$$

$$\bar{\sigma}_m=f\left(\frac{h_1}{\delta},\frac{h_2}{\delta},\cdots,\frac{h_{n-1}}{\delta},\frac{E_2}{E_1},\frac{E_3}{E_2},\cdots,\frac{E_0}{E_{n-1}}\right)$$

式中：$\bar{\sigma}_m$——理论最大拉应力系数。

其他符号意义同式(8.0.12)。

8.0.14 路面各结构层的厚度可按计算法或验算法确定。

1 计算法:根据路用性能要求或工程经验确定路面结构组合类型,先拟定某一层作为设计层,然后根据混合料类型与施工工艺要求确定其他各层的厚度,按8.0.4条规定的流程计算设计层厚度。设计层厚度应不小于最小施工厚度。

2 验算法:根据本地区典型结构确定路面结构组合类型,然后根据混合料类型与施工工艺拟定各结构层的厚度,按8.0.4条规定的流程进行结构验算,验算通过后即可作为备选结构。

8.0.15 路面交工时应在不利季节采用BZZ-100标准轴载实测轮隙中心处路表弯沉值。其弯沉代表值应符合式(8.0.15-1)的要求,即:

$$l_{0j} \leqslant l_a \tag{8.0.15-1}$$

式中:l_{0j}——实测某路段的代表弯沉值(0.01mm);

l_a——路表面弯沉检测标准值(0.01mm),按最后确定的路面结构厚度与材料模量计算的路表面弯沉值。

1 检测代表弯沉值应用标准轴载BZZ-100的汽车实测路表弯沉值,若为非标准轴载应进行换算。对半刚性基层结构宜用5.4m的弯沉仪,对柔性结构可用3.6m的弯沉仪测定。

检测时,当沥青层厚度小于或等于50mm时,可不进行温度修正;其他情况下均应进行温度修正。若在非不利季节测定,应考虑季节修正。

2 测定弯沉时应以1~3km为一评定路段。检测频率视公路等级每车道每10~50m测一点,高速公路、一级公路每公里检查不少于80个点,二级及二级以下公路每公里检查不少于40个点。

3 路段内实测路表弯沉代表值(0.01mm)l_0按式(8.0.15-2)计算:

$$l_0 = (\bar{l}_0 + Z_a S) K_1 K_3 \tag{8.0.15-2}$$

式中:l_0——路段内实测路表弯沉代表值(0.01mm);

$\bar{l}_0$——路段内实测路表弯沉平均值(0.01mm);

S——路段内实测路表弯沉标准差(0.01mm);

Z_a——与保证率有关的系数,高速公路、一级公路$Z_a=1.645$,其他公路沥青路面$Z_a=1.5$;

K_1——季节影响系数,根据当地经验确定;

K_3——温度修正系数,温度修正方法:可按照《公路路基路面现场测试规程》中的规定进行或根据条文说明或当地的实测资料进行修正。

9 改建路面设计

9.1 一般规定

9.1.1 改线路段应按新建路面设计。加宽路面、提高路基、调整纵坡的路段应视具体情况按新建或改建路面设计。在原有路面上补强时,按改建路面设计。

9.1.2 调查原路面现状,对路面破损程度进行分段评价,分析路面损坏原因,分段拟定路面改建工程设计方案。

9.1.3 交通量大的高速公路、一级公路以及城市郊区公路宜选择施工方便、工期短、对交通干扰少的设计方案。设计方案应在保证一定使用年限的要求下,尽量减少原路的开挖工程数量，减少废弃材料。

9.1.4 设计方案应考虑原路面沥青混合料、半刚性基层材料的再生利用，并结合已有成果和经验，积极慎重地推广再生技术。

9.1.5 在原路扩宽工程中应采取措施加强新、老路面之间的结合，防止加宽部分与原有路面间产生差异沉降。

9.1.6 大型改扩建工程应根据设计方案修建试验路，以总结交通组织疏导、施工组织、施工工艺、施工质量控制等方面经验，改进设计方案。

9.2 沥青路面加铺层

9.2.1 原有路面主要调查分析内容如下：

1 调查破损情况，包括裂缝率、车辙深度、修补面积等。

2 评价原路面结构承载能力。

3 根据破损情况调查和承载能力测试与评价，选择路面外观为好、中、差的典型使用状况，进行分层钻芯或探坑取样，采集沥青混合料和基层、底基层、土基的样品试验，分析破坏原因，判断其破坏层位及是否可以利用。

4 取样调查路床范围内路基土的分层含水量、土质类型及承载力等，分析路基的稳定性、强度及路基路面范围内排水状况等。

9.2.2 设计应根据下列情况将全线划分为若干段。分段时，应考虑下列因素：

1 将原路面的破损形态、弯沉值、破损原因相近的划分为一个路段。

2 在同一路段内中，若局部路段弯沉值很大，可先修补处理再进行补强。在计算该段代表弯沉值时，可不考虑个别弯沉值大的点。

3 一般按 1km 为单位对路况进行评价，当路况评价指标基本接近时可将路段延长。在水文、土质条件复杂或需要特殊处理的路段，其分段最小长度可视实际情况确定。

9.2.3 各路段的计算弯沉值

各路段应采用 BZZ-100 标准轴载汽车，用贝克曼梁测定原有路面的弯沉值，每 20～50m 测一点，弯沉值变化较大时可加密测点，每车道、每路段的测点数不少于 20 点。若为非标准轴载应进行换算。各路段的计算弯沉值 l_0 按式(9.2.3)计算。

$$l_0=(\bar{l}_0+Z_aS)K_1K_2K_3 \tag{9.2.3}$$

式中：K_2——湿度影响系数，根据当地经验确定。

其他符号意义同式(8.0.15-2)。

9.2.4 旧沥青路面处理

1 沥青路面整体强度基本符合要求，车辙深度小于 10mm，轻度裂缝而平整度及抗滑性能较差时，可直接加铺罩面，恢复表面使用功能。

2 对中度、重度裂缝段宜视具体情况铣刨路面，否则，应进行灌缝、修补坑槽等处理，必要时采取防裂措施后再加铺沥青层。对沥青层网裂、龟裂或沥青老化的路段应进行铣刨并清除干净，并设黏层沥青后，再加铺沥青层。

3 对整体强度不足或破损严重的路段，视路面破损程度确定挖除深度、范围及加铺补强层的结构与厚度。

9.2.5 加铺面层

1 可用沥青混凝土罩面、表面处治或其他预防性养护措施改善提高沥青表面层的服务功能。一般单层沥青混凝土罩面厚度可为 30～50mm，超薄层罩面厚度宜为 20～25mm。预防性养护可选用稀浆封层、微表处或养护剂等。

2 超薄磨耗层结合料宜用改性沥青或掺入其他添加剂，提高超薄磨耗层的水稳性。

9.2.6 原路面当量回弹模量的计算

1 确定原路面的当量回弹模量时，应根据路段的划分计算当量回弹模量值。

2 各路段的当量回弹模量应根据各路段的计算弯沉，按式(9.2.6-1)(轮隙弯沉法)计算。

$$E_t = 1\ 000\frac{2p\delta}{l_0}m_1 m_2 \tag{9.2.6-1}$$

式中：E_t——原路面的当量回弹模量(MPa)；

p,δ——标准车型的轮胎接地压强(MPa)和当量圆半径(cm)；

l_0——原路面的计算弯沉(0.01mm)；

m_1——用标准轴载的汽车在原路面上测得的弯沉值与用承载板在相同压强条件下所测得的回弹变形值之比，即轮板对比值；

m_2——原路面当量回弹模量扩大系数。

比值 m_1 应根据各地的对比试验结果论证地确定，在没有对比试验资料的情况下，可取 $m_1=1.1$(轮隙弯沉法)进行计算。

3 计算与原路面接触的补强层层底拉应力时，m_2 按式(9.2.6-2)计算；计算其他补强层层底拉应力及弯沉值时，$m_2=1.0$。

$$m_2 = e^{0.037\frac{h'}{\delta}\left(\frac{E_{n-1}}{p}\right)^{0.25}} \tag{9.2.6-2}$$

式中：E_{n-1}——与原路面接触层材料的抗压模量(MPa)；

h'——各补强层相当于原路面接触层的模量 E_{n-1} 的等效总厚度(cm)。

4 等效总厚度 h' 按式(9.2.6-3)计算。

$$h' = \sum_{i=1}^{n-1} h_i (E_i/E_{n-1})^{0.25} \tag{9.2.6-3}$$

式中：E_i——第 i 层补强层材料的抗压回弹模量(MPa)；

h_i——第 i 层补强的厚度(cm)；

$n-1$——补强层层数。

9.2.7 加铺补强层结构设计

1 当强度不足时应进行补强设计，设计方法与新建路面相同。

2 加铺补强层的结构设计应根据原路面综合评价，公路等级、交通量，考虑与周围环境相协调，结合纵、横断面调坡设计等因素，选用直接加铺，或开挖原路至某一结构层位，或采取加铺一层或多层沥青补强层，或加铺半刚性基层、贫混凝土基层等结构层设计方案。在确定设计弯沉值时，应根据加铺层的结构选用路面类型系数。

3 原路面与补强层之间视加铺层的结构与厚度，宜洒布黏层沥青，或采取相应的减裂措施，或铺设调平层，或直接加铺结构层等。

9.2.8 加铺补强层设计步骤

1 计算原路面的当量回弹模量。

2 拟定几种可行的结构组合与结构层厚度，并通过试验或参照当地成熟经验确定各补强层的材料参数。

3 根据加铺层的类型确定设计指标，当以路表回弹弯沉为设计指标时，弯沉综合修正系数按式(9.2.8)计算。

$$F=1.45\left(\frac{l_S}{2\,000\delta}\right)^{0.61}\left(\frac{E_t}{p}\right)^{0.61} \tag{9.2.8}$$

式中：E_t——原路面的当量回弹模量(MPa)。

其他符号意义同式(8.0.12-2)。

当以拉应力为控制指标时，确定了设计厚度后，宜按式(8.0.12-2)计算弯沉综合修正系数，最后计算路表回弹弯沉。

4 采用弹性层状体系理论设计程序计算设计层的厚度或进行结构验算。对季节性冰冻地区的中、潮湿路段还应验算防冻厚度。

5 进行技术经济比较，确定补强设计方案。

9.3 水泥混凝土路面加铺沥青路面

9.3.1 水泥混凝土路面应重点调查以下内容：

1 破碎板块、开裂板块、板边角的破损状况，并逐个记录破损板块的位置和数量或按车道绘出破损状况草图，计算每公里断板率。调查纵、横向接缝拉开宽度、错台位置与高度，计算错台段的平均错台高度；调查板底脱空位置等。

2 用落锤式弯沉仪或贝克曼弯沉仪进行现场测定。

(1)视路况每块板或每2～4块板选一测点，在横向接缝板边距板角30～50cm处测定弯沉，全面了解水泥混凝土路面的承载能力情况。

(2)根据测定弯沉值或弯沉盆资料，选择典型路段测量横向接缝或裂缝两侧板边的弯沉值，以评价原混凝土板的承载能力、接缝传荷能力，并结合平均错台高度判断板底脱空情况。

3 选择典型路面状况，分层钻芯取样，测定原混凝土强度、模量等，分析破坏原因。

9.3.2 原路面接缝传荷能力的评价

1 横向接缝两侧板边的弯沉差宜按式(9.3.2-1)计算。

$$\Delta_D=D_u-D_e \tag{9.3.2-1}$$

式中：Δ_D——弯沉差(0.01mm)；

D_u——未受荷板接缝边缘处的弯沉值(0.01mm)；

D_e——受荷板接缝边缘处的弯沉值(0.01mm)。

2 用贝克曼弯沉仪或落锤式弯沉仪测定横向接缝两侧板边的弯沉时，宜用平均弯沉值按式(9.3.2-2)评价水泥混凝土板的承载能力，并区分不同情形对水泥混凝土板进行处治。

$$\overline{D}=\frac{D_u+D_e}{2} \tag{9.3.2-2}$$

式中：$\overline{D}$——平均弯沉值(0.01mm)。

9.3.3 原混凝土路面结构参数，包括面板厚度、弯拉强度、弯拉弹性模量、基层顶面当量回弹模量标准值，可按《公路水泥混凝土路面设计规范》(JTG D40)的有关规定确定。

9.3.4 根据破损调查和承载能力测试资料，原水泥混凝土路面可按表9.3.4进行处理。若路面结构承载能力不满足现有交通荷载要求，应采取补强措施。

9.3.5 沥青加铺层可设单层或双层沥青面层，视具体情况增加调平层或补强层等。加铺层设计应根据公路等级和使用要求、交通量、环境条件和纵、横向调坡设计，在处理破损原水泥混凝土板使其稳定的基础上，综合考虑防止反射裂缝措施，结合已有经验确定。

原水泥混凝土路面处理方法　　表 9.3.4

原路面状况	评 价 等 级	平均弯沉值(0.01mm)	修 补 方 法
路面破损状况	优和良	20～45	局部处理:更换破碎板、修补开裂板块、脱空板灌浆,使处治后的路段代表弯沉值低于 20(0.01mm),然后加铺沥青层
	中等及中等以下	＞45	采取打裂或各种破碎技术将混凝土板打碎、压实,然后加铺补强层
接缝传荷能力不足		$\Delta_D \geqslant 6$	压浆填封,或增加传力杆,或采取打裂工艺消除垂直、水平方向变形,然后加铺沥青层
板底脱空			灌浆或打裂工艺、压实,消除垂直、水平方向变形,使路面稳定,然后加铺沥青层

1　在稳定的原水泥混凝土板上加铺沥青层时,对高速公路、一级公路(或中等及中等以上交通)厚度不宜小于 100mm,其他公路不宜小于 70mm。

2　在原水泥混凝土路面上加铺沥青层时宜用热沥青或改性乳化沥青、改性沥青做黏层。为防止渗水、减缓反射裂缝及加强层间结合,宜设置 20～25mm 厚的聚合物改性沥青应力吸收层、应力吸收膜,或铺设长纤维无纺聚酯类土工织物等。

3　按本规范有关规定增加或完善路面结构排水系统和防水措施。

9.3.6　破碎板的沥青面层补强设计

1　当原路面板接缝或裂缝处平均弯沉大于 45(0.01mm)以上时,宜采取打裂措施,消除原水泥混凝土板脱空,使其与基层紧密结合、稳定后,再加铺结构层。

2　当原路面板接缝或裂缝处平均弯沉大于 70(0.01mm)或水泥混凝土板较破碎时,可将板破碎成小块或碎石,作为下基层或底基层用。采用贝克曼弯沉仪或落锤式弯沉仪测定其当量回弹模量,按本规范 9.2 节规定设计补强层和沥青层。

10　排水设计

10.0.1　一般规定

1　路面排水设计应根据公路等级、降水量、路线纵坡等因素,结合路基、桥涵结构物排水设计,合理选择排水方案,布置排水设施,形成完整、畅通的排水体系,保证路基路面稳定。

2　路面排水包括路表排水、中央分隔带排水及路面结构内部排水。

3　路面排水设计重现期,高速公路、一级公路宜为 5 年,二级及二级以下公路宜为 3 年,对于多雨地区的公路或特殊路段,可适当提高。

4　城镇路段公路排水,宜与城镇地表排水体系相协调。

10.0.2　路表排水形式

1　分散排水——由路面横坡、路肩和边坡防护组成,适用于路线纵坡平缓、汇水量较小,路堤高度较低的路段。

2　集中排水——由路面横坡、拦水缘石或矩形槽、泄水口和急流槽组成,适用于路堤高度较高,或路堤易受冲刷的粉性土、砂性土路段,凹形曲线底部等。

10.0.3　分散排水路段的土路肩边部构造

1　一般情况下,土路肩采用生态防护,种植适合当地气候、土质条件的草皮,并在底基层顶面外侧设置横向排水管，将滞留在填土绿化层底面的渗水通过横向排水管排到路基外，如图10.0.3a)所示，对于低填方路堤可采用如图10.0.3b)所示构造，垫层铺至路基边缘。

2 冲刷相对较大等路段，土路肩宜用不小于50mm厚的预制水泥混凝土块铺砌或现场浇注混凝土，下设砂砾、砂、碎石等透水材料，以利于路面结构排水，如图10.0.3c)所示；也可用碎石、砂砾加固，如图10.0.3d)所示。

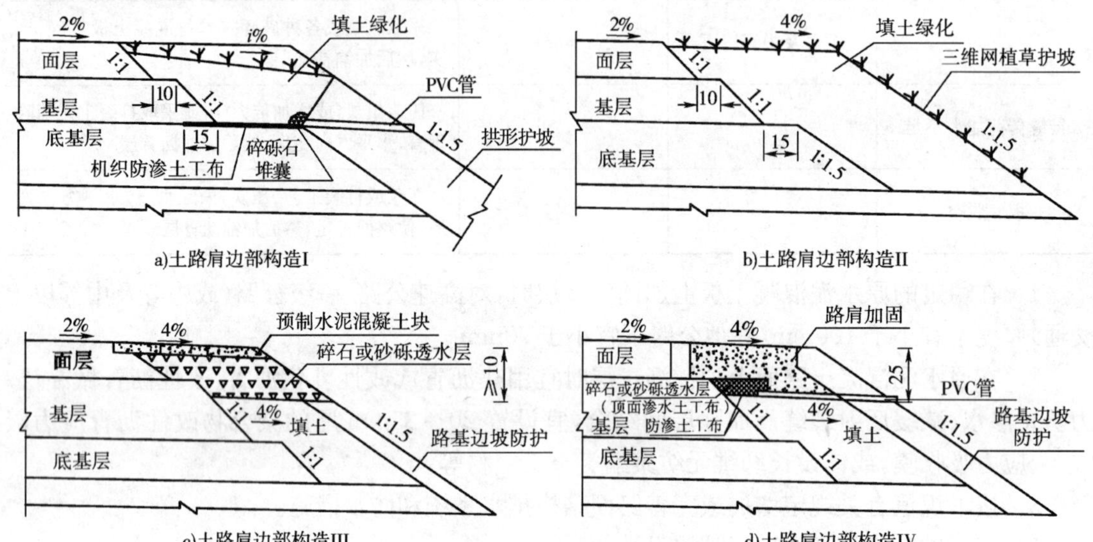

图10.0.3 分散排水路肩构造图(尺寸单位：cm)

3 分散排水设计应与路基边坡防护、边沟或排水沟相结合。

10.0.4 直线段的集中排水

1 泄水口的间距应按有关规范计算确定，一般30～50m设一处，其开口宽度一般为0.5m。在凹形竖曲线的底部或其他位置，宜适当加密。

2 拦水带可用沥青混凝土或预制水泥混凝土制作。当用沥青混凝土拦水带时，其沥青混凝土混合料的级配宜符合表10.0.4的规定，沥青用量宜按马歇尔试验确定的最佳沥青用量增加0.5%～1%，采用双面击实50次，空隙率宜为2%～4%。预制水泥混凝土拦水缘石，应预留相应的出水孔，以免阻止路面结构内部排水。

沥青混凝土拦水带的矿料级配 表10.0.4

方孔筛(mm)	16	13.2	4.75	2.36	0.3	0.075
通过质量百分率(%)	100	85～100	65～80	50～65	18～30	5～15

10.0.5 对新建高速公路超高段的集中排水，宜采用在左侧路缘带左侧设置有钢筋混凝土盖板的预制整体式U形混凝土沟或缝隙式排水沟，每25～50m设一处集水井，并通过横向排水管引至边坡的急流槽或暗管，如图10.0.5所示。

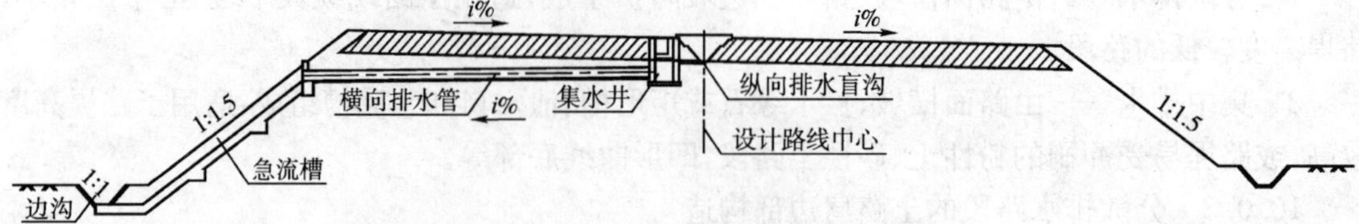

图10.0.5 超高段集中排水

10.0.6　中央分隔带的排水设施由排水沟(明沟、暗沟)、渗沟、雨水井、集水井、横向排水管等组成,中央分隔带可用凸式、平式或凹式。一般不封闭,也可封闭,如图 10.0.6 所示。

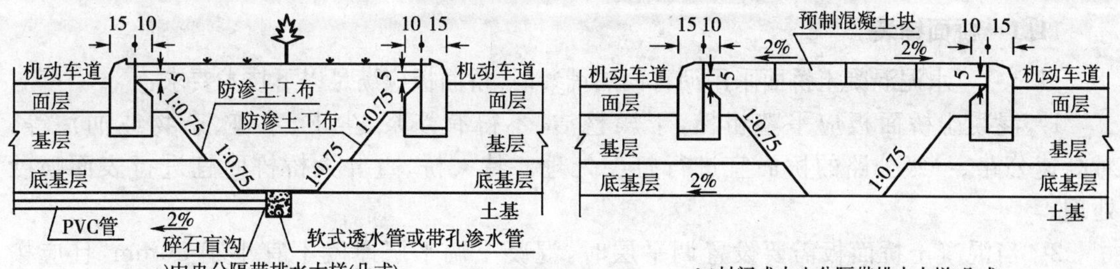

图 10.0.6　中央分隔带排水(尺寸单位:cm)

1　为排除渗入分隔带内的表面水,中央分隔带内可设置纵向排水渗沟,并间隔 40～80m 设一条横向排水管将渗沟内的水排引出,渗沟周围包裹反滤织物(土工布),以免渗入水携带的细粒将渗沟堵塞。渗沟上的回填料与路面结构的交界处铺设防水土工布。

2　中央分隔带封闭后可不设内部排水系统。封闭可用 40～80mm 预制混凝土或现浇混凝土,其下设砂砾垫层。

10.0.7　路面内部排水系统设计要求

1　当路面内部可能出现自由水滞留时,可采用沥青碎石或骨架空隙型水泥稳定碎石或级配碎石做排水基层。

2　排水基层的集料应选用洁净、坚硬而耐久的碎石,其压碎值不应大于 28%,最大粒径可为 20mm 或 25mm,集料级配应满足透水性要求(渗透系数不得小于 300m/d),可通过常水头或变水头渗透试验确定。

3　骨架空隙型水泥稳定碎石,其 7d 浸水抗压强度不得低于 3～4MPa,开级配沥青碎石集料的沥青用量可为集料干重的 2.5%～4.5%。

10.0.8　路面边缘排水应结合当地经验设计,可用碎石、砂砾、砂等透水性填料填筑路肩,并与横向出水管、过滤织物(土工布)组成排水系统。

10.0.9　桥面铺装排水

1　桥面水通过横坡和纵坡排入泄水口,并汇集到纵向排水管排出。对于跨越一般河流的桥梁,桥面水可通过泄水管直接向下排放。

2　为了排出铺装结构内部积水,应在桥面铺装边缘设置 40mm 宽、50mm 深的小碎石渗沟,渗沟与泄水口相接,泄水口间距宜为 5～10m。

3　对特大桥和重要桥梁应加强排水设计,边缘部排水可参照图 10.0.9 设计。

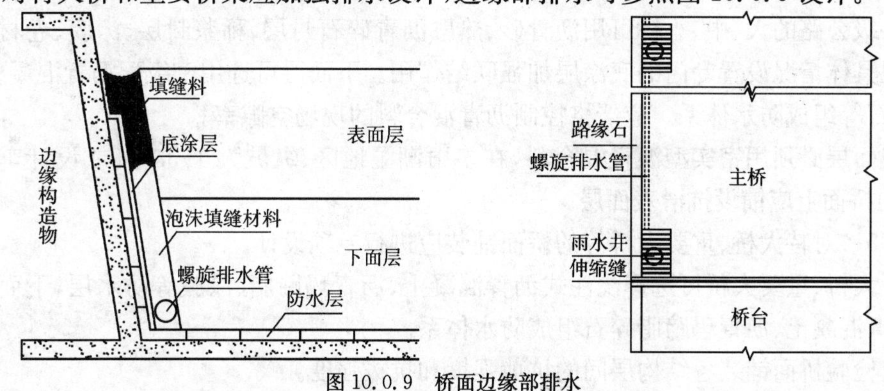

图 10.0.9　桥面边缘部排水

11 桥面铺装及其他工程

11.1 桥面铺装

11.1.1 水泥混凝土桥面采用沥青面层铺装时，桥面板应满足以下技术要求：

1 混凝土桥面板应平整粗糙，干燥整洁，不得有浮浆、尘土、水迹、杂物或油污等。对高速公路、一级公路的桥面宜进行打毛处理。特大桥、重要大桥桥面宜进行表面喷砂处理。

2 当混凝土桥面板需要设置调平层时，混凝土调平层厚度不宜小于 80mm，且应按要求设置钢筋网；纤维混凝土调平层厚度不宜小于 60mm；调平层混凝土强度等级应与梁体一致，并应与桥面板结合紧密。当调平层厚度较薄时，可用沥青混合料或通过加厚下面层进行调平。

11.1.2 桥面沥青铺装结构，可由防水层和下面层、表面层组成，如图 11.1.2 所示。防水层和下面层共同组成防水体系，应重视下面层的密水性和热稳性。

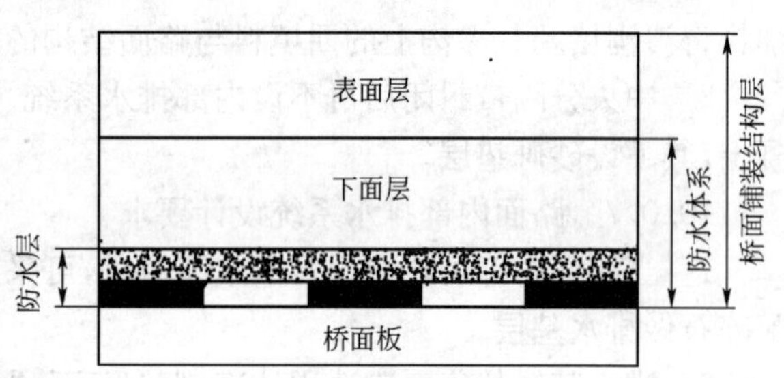

图 11.1.2 桥面沥青铺装结构示意图

1 应根据桥梁类型、设计安全等级，并考虑工程环境条件等因素（如冰冻地区或海洋地区，有工业酸雾、雨影响等）确定防水层和下面层。

2 对特大桥、重要大桥，宜在混凝土桥面板顶面设下封层。

11.1.3 防水层主要包括：涂膜、卷材等专用防水材料；沥青砂、沥青玛蹄脂、热融沥青碎石、稀浆封层等聚合物改性沥青类防水材料；环氧树脂下封层等反应性树脂类防水材料。

当下面层采用浇注式沥青混凝土时可视为防水层，但在动荷载作用下可能出现负弯矩的位置宜采取一定防裂措施。

11.1.4 高速公路、一级公路的桥面铺装厚度宜为 70～100mm，二级、三级公路桥面铺装厚度宜为 50～90mm。表面层厚度不小于 30mm。若桥面铺装为单层时，厚度不宜小于 50mm。

1 当路面与桥面连续施工时，高速公路、一级公路的大、中、小桥的面层结构与厚度宜与两端路线的表面层、中面层相同。

2 各级公路的大、中、小桥可用沥青砂、热融沥青碎石封层、稀浆封层、涂膜、卷材等做防水层，并视具体情况设置专门的底涂层加强联结作用。下面层可选用密级配沥青混凝土、沥青玛蹄脂碎石等组成防水体系。应严格控制沥青混合料的现场空隙率。

3 表面层必须用密实型沥青混合料，在多雨潮湿地区、纵坡大于 3.5%或设计车速大于 50km/h 的桥面上应铺设抗滑表面层。

11.1.5 对特大桥、重要大桥等的桥面铺装应进行专项设计。

1 特大桥、重要大桥可选择浇注式沥青混凝土、沥青玛蹄脂、涂膜等防水层，下面层可用浇注式沥青混凝土、沥青玛蹄脂碎石组成防水体系。

2 应检验桥面铺装各结构层间的抗剪强度和抗拔强度。

11.2 其他工程

11.2.1 桥头衔接

桥面铺装与桥头引道的路面应平稳、顺适地衔接，大、中桥的桥头必须设置搭板，桥头两端应采取换填稳定土、砂砾，或用土工格栅加固路基等技术措施，减少工后沉降，防止或减轻桥头跳车。

11.2.2 高速公路、一级公路路面的边缘构造宜按图 11.2.2 进行设计。

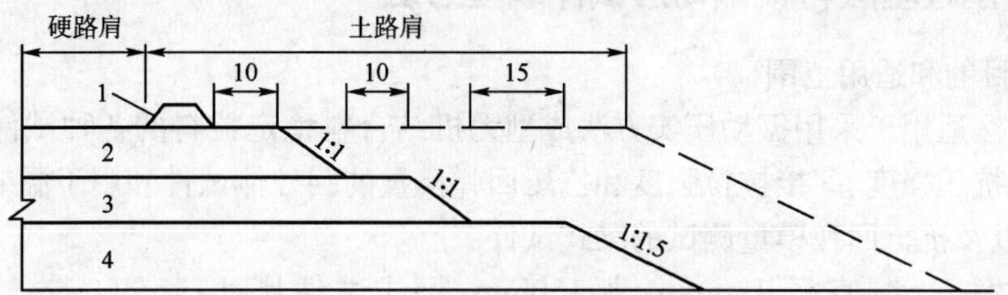

图 11.2.2 路面边缘构造(尺寸单位:cm)

1-路缘石;2-面层;3-基层;4-底基层

附录A 半刚性基层材料振动法试件成型方法和抗冻性试验方法

A.1 半刚性基层材料振动法试件成型方法

A.1.1 目的和适用范围

本试验方法适用于采用振动压实方法成型无机结合料稳定粒料的各种试件，其中包括用于测试无侧限抗压强度、间接抗拉强度和抗压回弹模量的圆柱体试件和用于温缩系数、干缩系数、抗折强度以及抗折回弹模量测试的梁式试件。

圆柱体试件尺寸：直径 150mm，高 150mm；梁式试件尺寸：长 400mm，宽 100mm，高 100mm。

A.1.2 仪器设备

1 振动压实成型机（图 A.1.2）：静压力、激振力和频率可调（与振动法确定压实标准所用设备相同）。配有 ϕ150mm 的圆形压头和 100mm×400mm 长方形压头。

2 圆柱体试件模具

钢模：内径 152mm，高 170mm，壁厚 10mm；

钢模套环：内径 152mm，高 50mm，壁厚 10mm；

筒内垫块：直径 151mm，厚 20mm；

钢模底板：直径 300mm，厚 10mm。

以上各部件可用螺栓固定成一体。

3 梁式试件模具

钢侧板：长 450mm，宽 180mm，厚 150mm；

钢垫块：长 400mm，宽 100mm，厚 25mm。

以上各部件可用螺栓固定成一体。

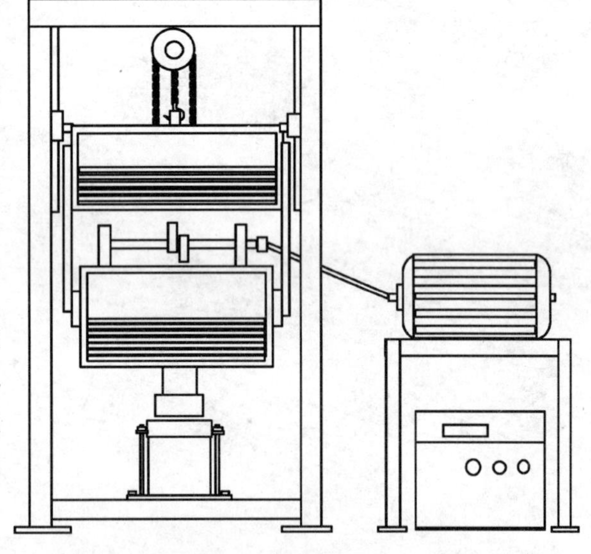

图 A.1.2 振动压实成型机示意图

4 台秤：量程 15kg，感量 5g；电子秤：量程 3kg，感量 0.01g。

5 方孔筛：孔径 37.5mm、31.5mm、26.5mm、19mm、9.5mm、4.75mm、2.36mm、0.6mm 及 0.075mm 的标准筛各一个。

6 量筒：50mL、100mL 和 500mL 的量筒各一个。

7 直刮刀：长 200～250mm，宽 30mm，厚 3mm，一侧开口的直刮刀，用以刮平和修饰粒料大试件的表面。

8 拌和工具：约 400mm×600mm×70mm 的长方形金属盘、拌和用平头小铲等。

9 脱模器。

10　用于固紧试模螺栓的扳手、钳子，用于调节偏心块夹角的小榔头等。

A.1.3　试料准备

在预定做试验的前一天，取有代表性的试料测定其风干含水量。对于细粒料，试料应不少于100g；对于中粒料，试料应不少于1 000g；对于粗粒料的各种集料，试料应不少于2 000g。同时测定石灰和水泥的含水量。

按照压实标准试验确定的最大干密度、设计的集料级配以及试件的体积计算各种集料的重量并配料，配料的份数由测试的试验要求而定。

对于无侧限抗压强度、间接抗拉强度、抗压回弹模量试验每种配合比需要13个试件，对于温缩系数、干缩系数、抗折强度、抗折回弹模量测试的梁式试件每种配合比需要6个试件。

A.1.4　试件制作步骤

1　调节振动成型机的振动参数，对无机结合料稳定粒料一般选用静压力1 900N、激振力6 800～6 900N、振动频率为28～30Hz的振实条件。根据需要成型试件的形状分别安装圆形压头或长方形压头，然后仔细地确定出混合料振动压实并需要达到的规定尺寸，据此调节振动压实机振动器上标尺应达到的位置。

2　取1份试料平铺于金属盘内，按事先通过压实标准试验确定的最佳含水量计算得的每份试料的应加水量将水均匀地喷洒在试料上，用小铲将试料充分拌和到均匀状态。

应加水量可按下式计算：

$$Q_w=\left(\frac{Q_n}{1+0.01w_n}+\frac{Q_c}{1+0.01w_c}\right)\times 0.01w-\frac{Q_n}{1+0.01w_n}\times 0.01w_n-\frac{Q_c}{1+0.01w_c}\times 0.01w_c \qquad (A.1.4)$$

式中：Q_w——混合料中应加的水量(g)；

Q_n——混合料中集料的质量(g)，其原始含水率为w_n，即风干含水率(%)；

Q_c——混合料中水泥或石灰的质量(g)，其原始含水率为w_c(%)；

w——要求达到的混合料的含水率(%)。

3　将所需要的结合料，如水泥、二灰等加到浸润后的试料中，并用小铲、泥刀或其他工具充分拌和到均匀状态。对于加有水泥的试料，应在拌和后1h内完成下述振实试验，拌和后超过1h的试样，应予作废(石灰稳定和石灰粉煤灰稳定除外)。

4　将钢模套环、钢模及钢模底板紧密连接，然后将其放在坚实地面上，将拌和好的混合料按四分法分成四份，依次将混合料倒入筒内，一边倒一边用直径2cm左右的木棒插捣。混合料一次装完后整平其表面并稍加压紧，然后覆盖一片事先剪好的塑料纸。将钢模连同混合料放在振动压实机的钢质底板上，用螺栓将钢模底板与振动压实机底板固定在一起。

5　将振动压头对准钢模后，拉动手动葫芦放下振动器，使振动压头与钢模内的混合料紧密接触，然后取下手动葫芦吊钩，放好手动葫芦拉链。检查振动压实成型机上的螺栓及相关连接处，确定没有任何物品放在振动压实成型机上。

6　启动振动压实成型机开关，开始振动压实。仔细观察振实压实成型机上振动器标尺的位置变化，达到预定的标尺位置后立即关闭，同时记下振动压实时间。

7　用手动葫芦拉起振动压头。松开钢模底板的螺栓，将钢模连同经过振实后的混合料一起卸下，松开螺栓后取下钢模套环，此时振动压实后的混合料顶面应与钢模的上边缘齐平。

8　托住钢模底部的垫块，小心将钢模与其中的混合料一起放到合适地方，根据混合料的类型静置一段时间后用脱模器将振实以后的混合料推出钢模。

对于梁式试件，需要松开螺栓后，小心地将侧板取掉，但试件仍要放在钢垫板上不能移动，等混合料具有初步强度后方可移动。

9　试件脱模或可以搬动后应马上用塑料薄膜包裹并放入养生室中进行养生，养生条件与规范中静压法相同。

A.1.5　注意事项及相关说明

1　对于水泥稳定类材料，从加水拌和到进行压实试验间隔的时间愈长，水泥的水化作用和结硬程度就愈大。因此要求以水泥为结合料的试验拌和后要在 1h 内完成压实试验。

2　由于振动容易对仪器造成损伤，在振动压实前需仔细检查仪器螺栓的紧固程度，操作时一定要遵守操作规程，不可疏忽大意。振动压实过程较短，应认真观察振动器压头是否达到跳起的状态，不要使振动压实成型机长时间在回弹跳起状态运行。

3　对于振动压实后的混合料来说，为了防止变形或松散，圆柱体试件不宜立即脱模。振实后混合料脱模的时间应根据混合料的结构类型而定。

悬浮密实类结构混合料：2～3h；

骨架密实类结构混合料：5～6h；

骨架空隙类结构混合料：10～12h。

与圆柱体试件相比，梁式试件刚成型后更易受损，所以对于梁式试件而言，振动压实并拆除侧板后，试件仍需放置在钢垫板上，最好 24h 以后再移动。如确需临时移动，应托住钢垫板小心移动。

4　在混合料装模并将其表面大致整平后应铺上塑料纸，然后进行振动压实。这样做主要是防止混合料中的细料浆粘在振动压头上，振动压头上黏附细料后不但对振动有影响，而且在振动完后提起振动压头时容易造成试件表面不平整。

5　混合料拌和后装料时应严格按四分法进行，对于半刚性基层混合料而言，离析对室内试验的结果有很大影响。

A.2　半刚性基层材料抗冻性试验方法

A.2.1　目的和适用范围

本试验方法适用于二灰稳定类、水泥稳定类等半刚性材料抗冻性试验。

半刚性基层材料的抗冻性，是以规定龄期（28d 或 180d）的半刚性基层材料在经过数个冻融循环后的饱水无侧限抗压强度与冻前饱水无侧限抗压强度之比值来评价。

试件采用直径为 150mm 的圆柱体，高度与直径之比为 1∶1。

A.2.2　仪器设备

1　路用材料强度试验仪或规格不小于 200kN 的压力机。

2　试模：试模直径×高＝150mm×150mm。

3　天平：感量 0.01g。

4　脱模器。

5　恒温（20±2）℃保湿（97％）养生箱。

6　恒温冰箱：能保持温度为－18℃。当缺乏专用的恒温冰箱时，可采用家用电冰箱的冷冻室代替，控温准确度为±1℃。

7　台秤：称量 15kg，感量 5g。

8　水槽：深度大于试件高度 50mm。

9　其他仪器：量筒、拌和工具、漏斗、大小铝盒、烘箱等。

A.2.3　试料的准备

试料的准备按《公路工程无机结合料稳定材料试验规程》(JTJ 057—94)中的 T 0805—94 第 4.0.3 条进行。

A.2.4　试件制备

1　无机结合料稳定材料的最大干密度和最佳含水量按照击实试验方法确定，或者按振动压实试验方法确定。静压法成型试件压实度取 98%。

2　每组试件个数为 2×9 个。

A.2.5　试件养生

养生温度取(20±2)℃；

冻融 5 次循环的试件养生期为 28d，冻融 10 次循环的试件养生期为 180d。

A.2.6　试验步骤

1　养生龄期结束前一天，将试件在室温下饱水 24h。

2　将饱水后的试件从水中取出，拭干表面的水分、称重。用游标卡尺量试件的高度 h_1，准确到 0.1mm。

3　把试件分成两组，每组 9 个试件。第一组试件放到路面材料强度试验仪的升降台上(台上先放一个扁球座)，进行抗压试验。试验过程中，应使试件的形变等速增加，并保持速率约为 1mm/min。记录试件破坏时的最大压力 P(N)。

4　将第二组试件放入恒温冰箱(或家用冰箱的冷冻室)，冷冻温度为(−18±1)℃，保持冰冻 16h±1h。

5　将第二组经过冰冻的试件取出，称重，用游标卡尺量试件的高度 h_2，准确到0.1mm，然后放入室温为 20℃的水槽中融化，保持(8±1)h。

6　将第二组经过冻融循环的试件从水槽中取出，用软物吸去试件表面自由水，并称试件的质量，然后放入冰箱中，重复第一个冻融循环的过程。

7　根据试验要求，分别冻融 5 个或 10 个循环。对最后一个冻融循环的试件，从冰箱中取出，放入水槽中饱水 24h，饱水结束后从水中取出，拭去表面的自由水，然后称重，量高。

8　把经过冻融循环的试件放到路面材料试验仪的升降台上，进行抗压试验。试验过程中，应使试件的形变等速增加，并保持速率约为 1mm/min。记录破坏时的最大压力 P(N)。

A.2.7　计算

1　试件的无侧限抗压强度按下式计算。

$$R_c(R_{DC}) = P/A = 0.000\,057P \tag{A.2.7-1}$$

式中：R_c，R_{DC}——试件冻融前、后的饱水无侧限抗压强度(MPa)；

P——试件破坏时的最大压力(N)；

A——试件的截面积(mm^2)。

2　试验的允许误差

试件的试验偏差系数 C_v(%)应不大于 20%。

3　半刚性基层材料冻融残留抗压强度比的计算

$$\mathrm{BDR} = (R_{DC}/R_c) \times 100\% \tag{A.2.7-2}$$

式中：BDR——半刚性基层材料冻融残留强度比(%)。

R_c，R_{DC}意义同式(A.2.7-1)。

附录B 气候区有关资料

1960～2000年各省(市、自治区)气候统计资料

表B.1

站名	省份	纬度(°)	气温(℃)				最高、最低气温(℃)98%保证率		冻结指数	
			最低气温		最高气温					
			多年平均	标准差	最热7d多年平均	标准差	最高气温	最低气温	多年平均	极大值
亳州	安徽	33.87	−12	3	36	2	40	−18	39	81
合肥	安徽	31.87	−9	2	36	1	38	−13	16	33
黄山	安徽	30.13	−18	2	23	1	25	−22	249	347
北京	北京	39.93	−16	3	34	2	38	−22	178	308
厦门	福建	24.48	4	1	34	1	36	2	—	—
九仙山	福建	25.72	−10	2	25	1	27	−14	—	—
建瓯	福建	27.05	−5	2	37	1	39	−9	—	—
福州	福建	26.08	1	2	36	1	38	−3	—	—
酒泉	甘肃	39.77	−25	3	31	1	33	−31	699	858
兰州	甘肃	36.05	−17	2	33	2	37	−21	276	338
天水	甘肃	34.58	−14	2	32	2	36	−18	105	154
湛江	广东	21.22	6	2	34	1	36	2	—	—
广州	广东	23.13	3	2	35	1	37	−1	—	—
韶关	广东	24.8	−1	2	36	1	38	−5	—	—
南宁	广西	22.82	2	2	35	1	37	−2	—	—

续上表

站名	省份	纬度(°)	气温(℃)				最高、最低气温(℃)98%保证率		冻结指数	
			最低气温		最高气温					
			多年平均	标准差	最热7d多年平均	标准差	最高气温	最低气温	多年平均	极大值
北海	广西	21.48	4	2	33	1	35	0	—	—
桂林	广西	25.32	−2	2	35	1	37	−6	—	—
威宁	贵州	26.87	−9	2	25	1	27	−13	—	—
贵阳	贵州	26.58	−5	2	31	1	33	−9	—	—
罗甸	贵州	25.43	−1	2	35	1	37	−5	—	—
三亚	海南	18.23	12	3	33	1	35	6	—	—
海口	海南	20.03	8	2	35	1	37	4	—	—
西沙	海南	16.83	18	1	33	1	35	16	—	—
石家庄	河北	38.03	−15	3	35	1	37	−21	113	184
围场	河北	41.93	−26	2	29	2	33	−30	1 083	1 233
张家口	河北	40.78	−21	2	33	2	37	−25	599	708
安阳	河南	36.12	−13	3	35	1	37	−19	69	153
三门峡	河南	34.8	−11	2	35	2	39	−15	53	93
郑州	河南	34.72	−12	2	35	2	39	−16	48	91
南阳	河南	33.03	−10	3	35	2	39	−16	22	67
漠河	黑龙江	53.47	−47	3	29	2	33	−53	3 573	4 148
黑河	黑龙江	50.25	−37	3	30	2	34	−43	2 450	2 843
哈尔滨	黑龙江	45.75	−34	3	31	1	33	−40	1 623	2 140
绥芬河	黑龙江	44.38	−31	2	29	2	33	−35	1 586	2 009
宜昌	湖北	30.7	−4	2	37	1	39	−8	1	10
荆州	湖北	30.33	−6	3	35	1	37	−12	2	12
武汉	湖北	30.62	−9	3	36	1	38	−15	5	19
衡阳	湖南	26.9	−4	2	37	1	39	−8	—	—

续上表

站名	省份	纬度(°)	气温(℃)				最高、最低气温(℃) 98%保证率		冻结指数	
			最低气温		最高气温					
			多年平均	标准差	最热7d多年平均	标准差	最高气温	最低气温	多年平均	极大值
南岳	湖南	27.3	−12	2	27	1	29	−16	—	—
岳阳	湖南	29.38	−5	3	35	1	37	−11	—	—
白城	吉林	45.63	−31	3	32	2	36	−37	1 487	2 092
长春	吉林	43.9	−29	3	31	2	35	−35	1 308	1 799
桦甸	吉林	42.98	−37	4	30	2	34	−45	1 504	2 088
松江	吉林	42.53	−38	3	29	2	33	−44	1 631	1 958
徐州	江苏	34.28	−12	3	35	1	37	−18	42	76
南京	江苏	32	−10	2	35	1	37	−14	15	33
南通	江苏	32.02	−8	2	34	1	36	−12	9	25
赣州	江西	25.85	−3	1	36	1	38	−5	—	—
南昌	江西	28.6	−5	2	37	1	39	−9	—	—
庐山	江西	29.58	−13	2	28	1	30	−17	—	—
景德镇	江西	29.3	−7	2	36	1	38	−11	—	—
开原	辽宁	42.53	−31	3	31	2	35	−37	1 095	1 542
锦州	辽宁	41.13	−21	3	31	2	35	−27	546	865
沈阳	辽宁	41.73	−27	2	31	2	35	−31	882	1 225
大连	辽宁	38.9	−16	3	29	1	31	−22	242	360
图里河	内蒙古	50.48	−46	2	27	2	31	−50	3 370	3 902
海拉尔	内蒙古	49.22	−40	3	30	2	34	−46	2 631	3 097
乌拉特后旗	内蒙古	41.57	−29	3	31	2	35	−35	1 187	1 356
呼和浩特	内蒙古	40.82	−25	3	31	2	35	−31	899	1 028
锡林浩特	内蒙古	43.95	−34	3	32	2	36	−40	1 828	2 060
银川	宁夏	38.48	−22	3	32	1	34	−28	503	607

续上表

站 名	省 份	纬 度(°)	气 温(℃)				最高、最低气温(℃) 98%保证率		冻结指数	
			最低气温		最高气温					
			多年平均	标准差	最热7d多年平均	标准差	最高气温	最低气温	多年平均	极大值
固原	宁夏	36	−24	3	28	2	32	−30	600	736
德令哈	青海	37.37	−27	4	27	2	31	−35	952	1 093
西宁	青海	36.62	−21	2	28	2	32	−25	594	760
伍道梁	青海	35.22	−32	2	16	2	20	−36	2 443	2 579
清水河	青海	33.8	−37	3	16	1	18	−43	2 362	2 804
济南	山东	36.68	−13	2	35	1	37	−17	69	171
泰山	山东	36.25	−22	2	23	1	25	−26	654	785
沂源	山东	36.18	−16	2	33	1	35	−20	158	203
青岛	山东	36.07	−11	2	30	1	32	−15	64	115
大同	山西	40.1	−26	2	31	2	35	−30	830	940
五台山	山西	39.03	−35	3	16	2	20	−41	1 914	2 501
太原	山西	37.78	−20	2	32	1	34	−24	331	393
运城	山西	35.03	−14	2	36	2	40	−18	65	102
榆林	陕西	38.23	−25	3	33	2	37	−31	651	804
延安	陕西	36.6	−20	2	33	1	35	−24	324	466
西安	陕西	34.3	−11	3	36	1	38	−17	46	92
汉中	陕西	33.07	−7	1	33	2	37	−9	4	22
上海龙华	上海	31.17	−7	2	35	1	37	−11	—	—
石渠	四川	32.98	−32	3	18	1	20	−38	1 524	1 661
松潘	四川	32.65	−18	2	25	2	29	−22	270	369
成都	四川	30.67	−4	1	33	1	35	−6	0	2

续上表

站名	省份	纬度(°)	气温(℃)				最高、最低气温(℃)98%保证率		冻结指数	
			最低气温		最高气温					
			多年平均	标准差	最热7d多年平均	标准差	最高气温	最低气温	多年平均	极大值
康定	四川	30.05	−12	2	23	1	25	−16	178	235
西昌	四川	27.9	−2	2	32	2	36	−6	—	—
万源	四川	32.07	−6	2	34	1	36	−10	1	11
天津	天津	39.1	−15	3	33	1	35	−21	207	317
那曲	西藏	31.48	−31	4	18	2	22	−39	1 382	1 712
拉萨	西藏	29.72	−15	2	26	2	30	−19	108	182
帕里	西藏	27.73	−26	3	14	1	16	−32	1 025	1 752
阿勒泰	新疆	47.73	−35	5	32	1	34	−45	1 527	1 838
青河	新疆	46.67	−41	5	29	2	33	−51	2 287	2 780
乌鲁木齐	新疆	43.78	−27	4	34	2	38	−35	1 082	1 462
喀什	新疆	39.47	−18	4	34	1	36	−26	272	383
哈密	新疆	42.82	−23	3	37	2	41	−29	692	897
中甸	云南	27.83	−20	3	21	1	23	−26	198	324
昭通	云南	27.35	−8	2	28	1	30	−12	32	57
昆明	云南	25.02	−3	2	27	1	29	−7	0	1
景洪	云南	22	6	2	35	2	39	2	—	—
杭州	浙江	30.23	−6	2	36	1	38	−10	4	13
温州	浙江	28	−3	1	34	1	36	−5	—	—
沙坪坝	重庆	29.58	1	2	38	1	40	−3	—	—
酉阳	重庆	28.8	−5	1	33	1	35	−7	—	—

附录C 沥青混合料矿料级配与沥青贯入式、沥青表面处治材料规格和用量

各种沥青混合料的矿料级配表

表C.1

级配类型		通过各筛孔(mm)的质量百分率(%)														
		53	37.5	31.5	26.5	19.0	16.0	13.2	9.5	4.75	2.36	1.18	0.6	0.3	0.15	0.075
密级配沥青混凝土	AC-5								100	90～100	55～75	35～55	20～40	12～28	7～18	5～10
	AC-10							100	90～100	45～75	30～58	20～44	13～32	9～23	6～16	4～8
	AC-13						100	90～100	68～85	38～68	24～50	15～38	10～28	7～20	5～15	4～8
	AC-16					100	90～100	70～92	60～80	34～62	20～48	13～36	9～26	7～18	5～14	4～8
	AC-20				100	90～100	74～92	62～82	50～72	26～56	16～44	12～33	8～24	5～17	4～13	3～7
	AC-25			100	90～100	70～90	60～83	51～76	40～65	24～52	14～42	10～33	7～24	5～17	4～13	3～7
沥青玛蹄脂碎石	SMA-13						100	90～100	50～75	20～34	15～26	14～24	12～20	10～16	9～15	8～12
	SMA-16					100	90～100	65～85	45～65	20～32	15～24	14～22	12～18	10～15	9～14	8～12
	SMA-20				100	90～100	72～92	62～82	40～55	18～30	13～22	12～20	10～16	9～14	8～13	8～12
密级配沥青碎石基层	ATB-25			100	90～100	60～80	48～68	42～62	32～52	20～40	15～32	10～25	8～18	5～14	3～10	2～6
	ATB-30		100	90～100	70～90	53～72	44～66	39～60	31～51	20～40	15～32	10～25	8～18	5～14	3～10	2～6
	ATB-40	100	90～100	72～92	65～85	49～71	43～63	37～57	30～50	20～40	15～32	10～25	8～18	5～14	3～10	2～6
半开级配沥青碎石	AM-13						100	90～100	50～80	20～45	8～28	4～20	2～16	0～10	0～8	0～6
	AM-16					100	90～100	60～85	45～68	18～40	6～25	3～18	1～14	0～10	0～8	0～5
	AM-20				100	90～100	60～85	50～75	40～65	15～40	5～22	2～16	1～12	0～10	0～8	0～5
	AM-25			100	70～98	50～85	—	32～62	20～50	6～29	6～18	3～15	2～10	1～7	1～6	1～4
	AM-40	100	75～98	67～96	50～80	25～60	—	15～40	10～35	6～25	6～18	3～15	2～10	1～7	1～6	1～4
开级配沥青碎石基层	ATPB-25			100	80～100	60～100	45～90	30～82	16～70	0～3	0～3	0～3	0～3	0～3	0～3	0～3
	ATPB-30		100	80～100	70～95	53～85	36～80	26～75	14～60	0～3	0～3	0～3	0～3	0～3	0～3	0～3
	ATPB-40	100	70～100	65～90	55～85	43～75	32～70	20～65	12～50	0～3	0～3	0～3	0～3	0～3	0～3	0～3

沥青贯入式面层材料规格和用量(方孔筛)　表C.2

沥青品种	石油沥青					
厚度(mm)	40		50		60	
规格和用量	规格	用量	规格	用量	规格	用量
封层料	S14	3～5	S14	3～5	S13(S14)	4～6
第三遍沥青		1.0～1.2		1.0～1.2		1.0～1.2
第二遍嵌缝料	S12	6～7	S11(S10)	10～12	S11(S10)	10～12
第二遍沥青		1.6～1.8		1.8～2.0		2.0～2.2
第一遍嵌缝料	S10(S9)	12～14	S8	16～18	S8(S6)	16～18
第一遍沥青		1.8～2.1		2.4～2.6		2.8～3.0
主层石料	S5	45～50	S4	55～60	S3(S2)	66～76
沥青总用量		4.4～5.1		5.2～5.8		5.8～6.4

沥青品种	石油沥青				备注
厚度(mm)	70		80		
规格和用量	规格	用量	规格	用量	
封层料	S13(S14)	4～6	S13(S14)	4～6	1.在高寒地区及干旱风沙大的地区,可超出高限,再增加5%～10% 2.集料用量单位为 $m^3/1\,000m^2$,沥青及沥青乳液用量单位为 kg/m^2
第三遍沥青		1.0～1.2		1.0～1.2	
第二遍嵌缝料	S10(S11)	11～13	S10(S11)	11～13	
第二遍沥青		2.4～2.6		2.6～2.8	
第一遍嵌缝料	S6(S8)	18～20	S6(S8)	20～22	
第一遍沥青		3.3～3.5		4.0～4.2	
主层石料	S3	80～90	S1(S2)	95～100	
沥青总用量	6.7～7.3		7.6～8.2		

表面加铺拌和层时(上拌下贯式)贯入层部分的材料规格和用量(方孔筛)　表C.3

沥青品种	石油沥青								备注
厚度(mm)	40		50		60		70		
规格和用量	规格	用量	规格	用量	规格	用量	规格	用量	
第二遍嵌缝料	S12	5～6	S12(S11)	7～9	S12(S11)	7～9	S10(S11)	8～10	在高寒地区及干旱风沙大的地区,可超出高限,再增加5%～10%
第二遍沥青		1.4～1.6		1.6～1.8		1.6～1.8		1.7～1.9	
第一遍嵌缝料	S10(S9)	12～14	S8	16～18	S8(S7)	16～18	S6(S8)	18～20	
第一遍沥青		2.0～2.3		2.6～2.8		3.2～3.4		4.0～4.2	
主层石料	S5	45～50	S4	55～60	S3(S2)	66～76	S2(S3)	80～90	
沥青总用量	3.4～3.9		4.2～4.6		4.8～5.2		5.7～6.1		

表 C.4

沥青表面处治面层材料规格和用量(方孔筛)

沥青种类	类型	厚度(mm)	集料(m³/1 000m²)						沥青或乳液用量(kg/m²)			
			第一层		第二层		第三层		第一次	第二次	第三次	合计用量
			规格	用量	规格	用量	规格	用量				
石油沥青	单层	10	S12	7～9					1.0～1.2			1.0～1.2
		15	S10	12～14					1.4～1.6			1.4～1.6
	双层	15	S10	12～14	S12	7～8			1.4～1.6	1.0～1.2		2.4～2.8
		20	S9	16～18	S12	7～8			1.6～1.8	1.0～1.2		2.6～3.0
		25	S8	18～20	S12	7～8			1.8～2.0	1.0～1.2		2.8～3.2
	三层	25	S8	18～20	S12	12～14	S12	7～8	1.6～1.8	1.2～1.4	1.0～1.2	3.8～4.4
		30	S6	20～22	S12	12～14	S12	7～8	1.8～2.0	1.2～1.4	1.0～1.2	4.0～4.6
乳化沥青	单层	05	S14	7～9					0.9～1.0			0.9～1.0
	双层	10	S12	9～11	S14	4～6			1.8～2.0	1.0～1.2		2.8～3.2
	三层	30	S6	20～22	S10	9～11	S12 S14	4～6 3.5～5.5	2.0～2.2	1.8～2.0	1.0～1.2	4.8～5.4

注:①表中乳化沥青的乳液用量按照蒸发残留物含量 60%计算,如含量不同应予换算。

②在高寒地区及干旱风沙大的地区,可超出高限 5%～10%。

附录D　无结合料材料的级配组成

级配碎石混合料的级配组成

表 D.1

层位	通过下列筛孔(mm)质量百分率(%)														液限(%)	塑性指数(%)	备注
	37.5	31.5	26.5	19	16	13.2	9.5	4.75	2.36	1.18	0.6	0.3	0.15	0.075			
上基层			100		85～100		60～80	30～50		15～30	10～20			0～5			防治反射裂缝过渡层
基层	100	90～100	79～95	60～85	53～80	48～74	40～65	25～50	18～40	13～32	9～25	6～20	3～13	0～7			连续型
		100	90～100	75～95	66～88	59～82	46～71	30～55	18～40	13～32	9～25	6～20	3～13	0～7			
		100	85～95	66～80	44～56	37～48	31～41	28～38	18～28	12～20	8～14	5～11	3～9	0～6	＜25	＜8	骨架密实型
底基层及垫层	95～100	85～95	75～90	60～82	53～78	48～74	40～65	25～50	18～40	13～32	9～25	6～20	3～13	0～7			连续型
	100	85～100	65～85		42～67		20～40	10～27		8～20	5～18			0～10			骨架型
		100	80～100		56～87		30～60	18～46		10～33	5～20			0～10			连续型

注:①上基层是指沥青面层下与半刚性基层之间设置级配碎石,该层的级配宜符合此规定。

②潮湿多雨地区的基层塑性指数不大于 4%。

③为排水与防冻垫层时,其 0.075mm 通过率不超过 5%。

表 D.2

级配砾石结构层的级配组成

层　　位	编号	通过下列筛孔(mm)质量百分率(%)										液限(%)	塑性指数(%)
		53	37.5	31.5	26.5	19	9.5	4.75	1.18	0.6	0.075		
砂石路面面层①	1		100	90～100		65～85	45～70	30～55	20～37	15～25	7～12	<43	12～21
	2			100	85～100	70～90	50～70	40～60	25～40	20～32	8～15	<43	12～21
	3			100		85～100	60～80	45～65	30～50	20～32	8～15	<43	12～18
基层及底基层②	1		100	90～100		65～85	45～70	30～55	15～35	10～20	4～10	<28	<9
	2			100	90～100	75～90	50～70	30～55	15～35	10～20	4～10	<28	<9
	3				100	85～100	60～80	30～50	15～30	10～20	2～8	<28	<9
垫层	1	100		90～100		65～85		30～50		8～25	0～5	<28	<9

注:①面层上可不设磨耗层,若加铺磨耗层,0.5mm 以下细料含量和塑性指数宜用低限。
②潮湿多雨地区的基层塑性指数不大于 6%。

附录E 材料设计参数参考资料

沥青混合材料设计参数 表E.1

<table>
<tr><th colspan="2" rowspan="2">材料名称</th><th colspan="2">抗压回弹模量(MPa)</th><th rowspan="2">15℃劈裂强度(MPa)</th><th rowspan="2">备注</th></tr>
<tr><th>20℃</th><th>15℃</th></tr>
<tr><td rowspan="2">细粒式沥青混凝土</td><td>密级配</td><td>1 200～1 600</td><td>1 800～2 200</td><td>1.2～1.6</td><td>AC-10,AC-13</td></tr>
<tr><td>开级配</td><td>700～1 000</td><td>1 000～1 400</td><td>0.6～1.0</td><td>OGFC</td></tr>
<tr><td colspan="2">沥青玛蹄脂碎石</td><td>1 200～1 600</td><td>1 600～2 000</td><td>1.4～1.9</td><td>SMA</td></tr>
<tr><td colspan="2">中粒式沥青混凝土</td><td>1 000～1 400</td><td>1 600～2 000</td><td>0.8～1.2</td><td>AC-16，AC-20</td></tr>
<tr><td colspan="2">密级配粗粒式沥青混凝土</td><td>800～1 200</td><td>1 000～1 400</td><td>0.6～1.0</td><td>AC-25</td></tr>
<tr><td rowspan="2">沥青碎石基层</td><td>密级配</td><td>1 000～1 400</td><td>1 200～1 600</td><td>0.6～1.0</td><td>ATB-25,ATB-35</td></tr>
<tr><td>半开级配</td><td>600～800</td><td>—</td><td>—</td><td>AM-25,AM-40</td></tr>
<tr><td colspan="2">沥青贯入式</td><td>400～600</td><td>—</td><td>—</td><td>—</td></tr>
</table>

基层、底基层材料设计参数 表E.2

<table>
<tr><th>材料名称</th><th>配合比或规格要求</th><th>抗压回弹模量 E(MPa)(弯沉计算用)</th><th>抗压回弹模量 E(MPa)(拉应力计算用)</th><th>劈裂强度 σ(MPa)</th></tr>
<tr><td>水泥砂砾</td><td>4%～6%</td><td>1 100～1 500</td><td>3 000～4 200</td><td>0.4～0.6</td></tr>
<tr><td>水泥碎石</td><td>4%～6%</td><td>1 300～1 700</td><td>3 000～4 200</td><td>0.4～0.6</td></tr>
<tr><td>二灰砂砾</td><td>7∶13∶80</td><td>1 100～1 500</td><td>3 000～4 200</td><td>0.6～0.8</td></tr>
<tr><td>二灰碎石</td><td>8∶17∶75</td><td>1 300～1 700</td><td>3 000～4 200</td><td>0.5～0.8</td></tr>
<tr><td>石灰水泥粉煤灰砂砾</td><td>6∶3∶16∶75</td><td>1 200～1 600</td><td>2 700～3 700</td><td>0.4～0.55</td></tr>
<tr><td>水泥粉煤灰碎石</td><td>4∶16∶80</td><td>1 300～1 700</td><td>2 400～3 000</td><td>0.4～0.55</td></tr>
<tr><td>石灰土碎石</td><td>粒料>60%</td><td>700～1 100</td><td>1 600～2 400</td><td>0.3～0.4</td></tr>
<tr><td>碎石灰土</td><td>粒料>40%～50%</td><td>600～900</td><td>1 200～1 800</td><td>0.25～0.35</td></tr>
<tr><td>水泥石灰砂砾土</td><td>4∶3∶25∶68</td><td>800～1 200</td><td>1 500～2 200</td><td>0.3～0.4</td></tr>
<tr><td>二灰土</td><td>10∶30∶60</td><td>600～900</td><td>2 000～2 800</td><td>0.2～0.3</td></tr>
<tr><td>石灰土</td><td>8%～12%</td><td>400～700</td><td>1 200～1 800</td><td>0.2～0.25</td></tr>
<tr><td>石灰土处理路基</td><td>4%～7%</td><td>200～350</td><td>—</td><td>—</td></tr>
<tr><td rowspan="3">级配碎石</td><td>基层连续级配型</td><td>300～350</td><td>—</td><td rowspan="3">—</td></tr>
<tr><td>基层骨架密实型</td><td>300～500</td><td>—</td></tr>
<tr><td>底基层、垫层</td><td>200～250</td><td>—</td></tr>
</table>

续上表

材料名称	配合比或规格要求	抗压模量 E(MPa)（弯沉计算用）	抗压模量 E(MPa)（拉应力计算用）	劈裂强度 σ(MPa)
填隙碎石	底基层	200～280	—	—
未筛分碎石	作底基层用	180～220	—	—
级配砂砾、天然砂砾	作底基层用	150～200	—	—
中粗砂	垫层	80～100	—	—

注：拉应力计算参数以实测为主，此表仅供参考。

碎砾石土设计参数 表 E.3

碎石含量(%)	路基干湿类型	回弹模量值(MPa)	密度(t/m^3)	含水率(%)
>70	干燥	90～100	2.05～2.25	7
	中湿	70～80	2.00～2.20	8
	潮湿	55～65	1.95～2.15	11
50～70	干燥	75～85	2.00～2.20	7
	中湿	55～65	1.95～2.15	8
	潮湿	45～55	1.90～2.10	11
30～50	干燥	47～57	1.90～2.10	<10
	中湿	30～40	1.85～1.95	10～15
	潮湿	20～30	1.75～1.85	>15
<30	干燥	30～40	1.80～1.90	<10
	中湿	15～25	1.70～1.80	10～15
	潮湿	15	1.60～1.70	>15

附录 F　查表法估计土基回弹模量参考值

F.0.1　确定临界高度

临界高度指在不利季节，路基分别处于干燥、中湿或潮湿状态时，路床顶面距地下水位或地表积水水位的最小高度，可根据土质、气候条件按当地经验确定。当缺乏实际资料时，中湿、潮湿状态的路基临界高度（H_1、H_2、H_3）可参考表 F.0.1 选用。

F.0.2　拟定路基土的平均稠度

在新建公路的初步设计中，因无法实测土的平均稠度，可根据当地经验或路基临界高度，判断各路段路基的干湿类型，利用条文中表 5.1.4-1 和表 5.1.4-2 及论证得到各路段路基土的平均稠度 w_c 值。

F.0.3　估计路基回弹模量设计值

根据路基土的土类和气候区以及拟定的路基土的平均稠度，可参考表F.0.3估计路基回弹模量设计值。当采用重型击实标准时，路基回弹模量设计值可较表列数值提高20%～35%。模量设计值可较表列数值提高 20%～35%。

路基临界高度参考值　　表 F.0.1

自然区划 \ 路床面至各水位临界高度(m) \ 土组	砂性土								
	地下水			地表长期积水			地表临时积水		
	H_1	H_2	H_3	H_1	H_2	H_3	H_1	H_2	H_3
II_1									
II_2									
II_3	1.9～2.2	1.3～1.6							
II_4									
II_5	1.1～1.5	0.7～1.1							
III_1									
III_2	1.3～1.6	1.1～1.3	0.9～1.1	1.1～1.3	0.9～1.1	0.6～0.9	0.9～1.1	0.6～0.9	0.4～0.6
III_3	1.3～1.6	1.1～1.3	0.9～1.1	1.1～1.3	0.9～1.1	0.6～0.9	0.9～1.1	0.6～0.9	0.4～0.6
III_4									
III_{1a}									
III_{2a}	1.4～1.7	1.0～1.3							
IV_1、IV_{1a}									
IV_2									

续上表

自然区划 \ 路床面至各水位临界高度(m) \ 土组	砂性土								
	地下水			地表长期积水			地表临时积水		
	H_1	H_2	H_3	H_1	H_2	H_3	H_1	H_2	H_3
IV_3									
IV_4	1.0~1.1	0.7~0.8							
IV_5									
IV_6	1.0~1.1	0.7~0.8							
IV_{6a}									
IV_7				0.9~1.0	0.7~0.8	0.6~0.7			
V_1	1.3~1.6	1.1~1.3	0.9~1.1	1.1~1.3	0.9~1.1	0.6~0.9	0.9~1.1	0.6~0.9	0.4~0.6
V_2、V_{2a}(紫色土)									
V_3									
V_2、V_{2a}(黄壤土、现代冲积土)									
V_4、V_5、V_{5a}									
VI_1	(2.1)	(1.7)	(1.3)	(1.8)	(1.4)	(1.0)	0.7	0.3	
VI_{1a}	(2.0)	(1.6)	(1.2)	(1.7)	(1.3)	(1.0)	(1.0)	(0.5)	
VI_2	1.4~1.7	1.1~1.4	0.9~1.1	1.1~1.4	0.9~1.1	0.6~0.9	0.9~1.1	0.76~0.9	0.4~0.6
VI_3	(2.1)	(1.7)	(1.3)	(1.9)	(1.5)	(1.1)			
VI_4	(2.2)	(1.8)	(1.4)	(1.9)	(1.5)	(1.2)	0.8		
VI_{4a}	(1.9)	(1.5)	(1.1)	(1.6)	(1.2)	(0.9)	(0.5)		
VI_{4b}	(2.0)	(1.6)	(1.2)	(1.7)	(1.3)	(1.0)			
VII_1	(2.2)	(1.9)	(1.6)	(2.1)	(1.6)	(1.3)	(0.8)	(0.4)	
VII_2									
VII_3	1.5~1.8	1.2~1.5	0.9~1.2	1.2~1.5	0.9~1.2	0.6~0.9	0.9~1.2	0.7~0.9	0.4~0.6
VII_4	(2.1)	(1.6)	1.3	(1.8)	(1.4)	1.0	(0.9)		
VII_5	(3.0)	(2.4)	1.9	(2.4)	(2.0)	1.6	(1.5)	(1.1)	(0.5)
VII_{6a}									

续上表

自然区划 \ 路床面至各水位临界高度(m) \ 土组	黏性土								
	地下水			地表长期积水			地表临时积水		
	H_1	H_2	H_3	H_1	H_2	H_3	H_1	H_2	H_3
II_1	2.9	2.2							
II_2	2.7	2.0							
II_3	2.5	1.8							
II_4	2.4～2.6	1.9～2.1	1.2～1.4						
II_5	2.1～2.5	1.6～2.0							
III_1									
III_2	2.2～2.75	1.7～2.2	1.3～1.7	1.75～2.2	1.3～1.7	0.9～1.3	1.3～1.75	0.9～1.3	0.45～0.9
III_3	2.1～2.5	1.6～2.1	1.2～1.6	1.6～2.1	1.2～1.6	0.9～1.2	1.2～1.6	0.9～1.2	0.55～0.9
III_4									
III_{1a}									
III_{2a}									
IV_1、IV_{1a}	1.7～1.9	1.2～1.3	0.8～0.9						
IV_2	1.6～1.7	1.1～1.2	0.8～0.9						
IV_3	1.5～1.7	1.1～1.2	0.8～0.9	0.8～0.9	0.5～0.6	0.3～0.4			
IV_4	1.7～1.8	1.0～1.2	0.8～1.0						
IV_5	1.7～1.9	1.3～1.4	0.9～1.0	1.0～1.1	0.6～0.7	0.3～0.4			
IV_6	1.8～2.0	1.3～1.5	1.0～1.2	0.9～1.0	0.5～0.6	0.3～0.4			
IV_{6a}	1.6～1.7	1.1～1.2	0.7～0.8						
IV_7	1.7～1.8	1.4～1.5	1.1～1.2	1.0～1.1	0.7～0.8	0.4～0.5			
V_1	2.0～2.4	1.6～2.0	1.2～1.6	1.6～2.0	1.2～1.6	0.8～1.2	1.2～1.6	0.8～1.2	0.45～0.8
V_2、V_{2a}(紫色土)	2.0～2.2	0.9～1.1	0.4～0.6						
V_3	1.7～1.9	0.8～1.0	0.4～0.6						
V_2、V_{2a}(黄壤土、现代冲积土)	1.7～1.9	0.7～0.9	0.3～0.5						
V_4、V_5、V_{5a}	1.7～1.9	0.9～1.1	0.4～0.6						

续上表

自然区划 \ 土组 / 路床面至各水位临界高度(m)	黏性土								
	地下水			地表长期积水			地表临时积水		
	H_1	H_2	H_3	H_1	H_2	H_3	H_1	H_2	H_3
VI$_1$	(2.3)	(1.9)	(1.6)	(2.1)	(1.7)	(1.3)	0.9	0.5	
VI$_{1a}$	(2.2)	(1.9)	(1.5)	(2.0)	(1.6)	(1.2)	(0.9)	(0.5)	
VI$_2$	2.2～2.75	1.65～2.2	1.2～1.65	1.65～2.2	1.2～1.65	0.75～1.2	1.2～1.65	0.75～1.2	0.45～0.75
VI$_3$	(2.4)	(2.0)	(1.6)	(2.1)	(1.7)	(1.4)	(0.8)	(0.6)	
VI$_4$	2.4	2.0	1.6	(2.2)	(1.7)	(1.3)	1.0	0.6	
VI$_{4a}$	(2.2)	(1.7)	(1.4)	(1.9)	(1.4)	(1.1)	0.7		
VI$_{4b}$	(2.3)	(1.8)	(1.4)	(2.0)	(1.6)	(1.2)	(0.8)		
VII$_1$	2.2	(1.9)	(1.5)	(2.1)	(1.6)	(1.2)	(0.9)	(0.5)	
VII$_2$	(2.3)	(1.9)	(1.6)	1.8	1.4	1.1	0.8	0.4	
VII$_3$	2.3～2.85	1.75～2.3	1.3～1.75	1.75～2.3	1.3～1.75	0.75～1.3	1.3～1.75	0.75～1.3	0.45～0.75
VII$_4$	(2.1)	(1.6)	(1.3)	(1.8)	(1.4)	(1.1)	(0.7)		
VII$_5$	(3.3)	(2.6)	(2.1)	(2.4)	(2.0)	(1.6)	(1.5)	(1.1)	(0.5)
VII$_{6a}$	(2.8)	2.4	1.9	2.5	2.0	1.6	1.4	(0.8)	

自然区划 \ 土组 / 路床面至各水位临界高度(m)	粉性土								
	地下水			地表长期积水			地表临时积水		
	H_1	H_2	H_3	H_1	H_2	H_3	H_1	H_2	H_3
II$_1$	3.8	3.0	2.2						
II$_2$	3.4	2.6	1.9						
II$_3$	3.0	2.2	1.6						
II$_4$	2.6～2.8	2.1～2.3	1.4～1.6						
II$_5$	2.4～2.9	1.8～2.3							
III$_1$	2.4～3.0	1.7～2.4							
III$_2$	2.4～2.85	1.9～2.4	1.4～1.9	1.9～2.4	1.0～1.9	1.0～1.4	1.4～1.9	1.0～1.4	0.5～1.0
III$_3$	2.3～2.75	1.8～2.3	1.4～1.8	1.8～2.3	1.4～1.8	1.0～1.4	1.4～1.8	1.0～1.4	0.55～1.0
III$_4$	2.4～3.0	1.7～2.4							
III$_{1a}$	2.4～3.0	1.7～2.4							
III$_{2a}$	2.4～3.0	1.7～2.4							

续上表

自然区划 \ 土组 / 路床面至各水位临界高度(m)	粉性土								
	地下水			地表长期积水			地表临时积水		
	H_1	H_2	H_3	H_1	H_2	H_3	H_1	H_2	H_3
IV_1、IV_{1a}	1.9～2.1	1.3～1.4	0.9～1.0						
IV_2	1.7～1.9	1.2～1.3	0.8～0.9						
IV_3	1.7～1.9	1.2～1.3	0.8～0.9	0.9～1.0	0.6～0.7	0.3～0.4			
IV_4									
IV_5	1.79～2.1	1.3～1.5	0.9～1.1						
IV_6	2.0～2.2	1.5～1.6	1.0～1.1						
IV_{6a}	1.8～2.0	1.3～1.4	0.9～1.1						
IV_7									
V_1	2.2～2.65	1.7～2.2	1.3～1.7	1.7～2.2	1.3～1.7	0.9～1.3	1.3～1.7	0.9～1.3	0.55～0.9
V_2、V_{2a}(紫色土)	2.3～2.5	1.4～1.6	0.5～0.7						
V_3	1.9～2.1	1.3～1.5	0.5～0.7						
V_2、V_{2a}(黄壤土、现代冲积土)	2.3～2.5	1.4～1.6	0.5～0.7						
V_4、V_5、V_{5a}	2.2～2.5	1.4～1.6	0.5～0.7						
VI_1	(2.5)	(2.0)	(1.6)	(2.3)	(1.8)	(1.3)	(1.2)	0.7	0.4
VI_{1a}	(2.5)	(2.0)	(1.5)	(2.2)	(1.7)	(1.2)	0.6		
VI_2	2.3～2.15	1.85～2.3	1.4～1.85	1.85～2.3	1.4～1.85	0.9～1.4	1.4～1.85	0.9～1.4	0.5～0.9
VI_3	(2.6)	(2.1)	(1.6)	(2.4)	(1.8)	(1.4)	(1.3)	(0.7)	
VI_4	(2.6)	(2.2)	1.7	2.4	1.9	1.4	1.3	0.8	
VI_{4a}	(2.4)	(1.9)	1.4	2.1	1.6	1.1	1.0	0.5	
VI_{4b}	(2.5)	1.9	1.4	(2.2)	(1.7)	(1.2)	1.0	0.5	
VII_1	(2.5)	(2.0)	(1.5)	(2.4)	1.8	1.3	1.1	0.6	
VII_2	(2.5)	(2.1)	(1.6)	(2.2)	(1.6)	(1.1)	0.9	0.4	
VII_3	2.4～3.1	2.0～2.4	1.6～2.0	(2.0～2.4)	(1.6～2.0)	(1.0～1.6)	(1.6～2.0)	1.0～1.6	0.55～1.0
VII_4	(2.3)	(1.8)	(1.3)	(2.1)	(1.6)	(1.1)			
VII_5	(3.8)	(2.2)	(1.6)	(2.9)	(2.2)	(1.5)		(1.3)	(0.5)
VII_{6a}	(2.9)	(2.5)	1.8	(2.7)	2.1	1.5	1.6	1.1	

注:①表中 H_1、H_2、H_3 分别为路基干燥、中湿、潮湿状态的临界高度;路床面至地下水位高度小于 H_3 时为过湿路基,须经处治后方能铺筑路面。

②Ⅵ、Ⅶ区有横线者,表示实测资料较少,有括号者表示没有实测资料,根据规律推算的。

③III_2、III_3、VI_2、VII_3 资料系甘肃省 1984 年所提建议值,其他地区供参考。

④缺少资料的二级区可论证地参考相邻二级区数值,并应积极调研积累本地区的资料。

表 F. 0. 3

二级自然区划各土组土基回弹模量参考值(单位:MPa)

区划	土组＼稠度	0.80	0.90	1.00	1.05	1.10	1.15	1.20	1.30	1.40	1.70	2.00
II_1	黏质土	19.0	22.0	25.0	26.5	28.0	29.5	31.0				
	粉质土	18.5	22.5	27.0	29.0	31.5	33.5					
II_2	黏质土	19.5	22.5	26.0	28.0	29.5	31.5	33.5				
	粉质土	20.0	24.5	29.0	31.5	34.0	36.5					
II_{2a}	粉质土	19.0	22.5	26.0	27.5	29.5	31.0					
II_3	土质砂	21.0	23.5	26.0	27.5	29.0	30.0	31.5	34.5	37.0	45.5	
	黏质土	23.5	27.5	32.0	34.5	36.5	39.0	41.5				
	粉质土	22.5	27.0	32.0	34.5	37.0	40.0					
II_4	黏质土	23.5	30.0	35.5	39.0	42.0	45.5	50.5	57.0	65.0		
	粉质土	24.5	31.5	39.0	43.0	47.0	51.5	56.0	66.0			
II_5	土质砂	29.0	32.5	36.0	37.5	39.0	41.0	42.5	46.0	49.5	59.0	69.0
	黏质土	26.5	32.0	38.5	41.5	45.0	48.5	52.0				
	粉质土	27.0	34.5	42.5	46.5	51.0	56.0					
II_{5a}	粉质土	33.5	37.5	42.5	44.5	46.5	49.0					
III_1	粉质土	27.0	36.5	48.0	54.0	61.0	68.5	76.5				
III_2	土质砂	35.0	38.0	41.5	43.0	44.5	46.0	47.5	50.5	53.5	62.0	70.0
	黏质土	27.0	31.5	36.5	39.0	41.5	44.0	46.5	52.0	57.5		
	粉质土	27.0	32.5	38.5	42.0	45.0	48.5	51.5	59.0			
III_{2a}	土质砂	37.0	40.0	43.0	44.5	46.0	47.5	49.0	52.0	54.5	62.5	70.0
III_3	土质砂	36.0	39.0	42.5	44.0	45.5	47.0	48.5	51.5	54.5	63.0	71.0
	黏质土	26.0	30.0	34.5	36.5	38.5	41.0	46.0	47.5	52.0		
	粉质土	26.5	32.0	37.0	40.0	43.0	46.0	49.0	55.0			

续上表

区划	稠度 / 土组	0.80	0.90	1.00	1.05	1.10	1.15	1.20	1.30	1.40	1.70	2.00
III_4	粉质土	25.0	34.0	45.0	51.5	58.5	66.0	74.0				
IV_1	黏质土	21.5	25.5	30.0	32.5	35.0	37.5	40.5				
IV_{1a}	粉质土	22.0	26.5	32.0	35.0	37.5	40.5					
IV_2	黏质土	19.5	23.0	27.0	29.0	31.0	33.0	35.0				
	粉质土	31.0	36.5	42.5	45.5	48.5	51.5					
IV_3	黏质土	24.0	28.0	32.5	35.0	37.5	39.5	42.0				
	粉质土	24.0	29.5	36.0	39.0	42.5	46.0					
IV_4	土质砂	28.0	30.5	33.5	35.0	36.5	38.0	39.5	42.0	45.0	53.0	61.0
	黏质土	25.0	29.5	34.0	36.5	38.5	41.0	43.5				
	粉质土	23.0	28.0	33.5	36.0	39.0	42.0					
IV_5	土质砂	24.0	26.0	28.0	29.0	30.0	30.5	31.5	33.5	35.0	40.0	44.5 皖、浙、赣
	黏质土	22.0	27.0	32.5	33.5	38.5	41.5	44.5				
	黏质土	28.5	34.0	39.5	42.5	45.5	48.5	51.5				
	粉质土	26.5	31.0	36.5	39.0	42.0	45.0					
IV_6	土质砂	33.5	37.0	41.0	43.0	44.5	46.5	48.5	52.0	55.5	66.5	77.0
	黏质土	27.5	33.0	38.0	41.0	44.0	46.5	50.5				
	粉黏土	26.5	31.5	36.5	39.0	42.0	45.0					
IV_{6a}	土质砂	31.5	35.0	38.5	40.0	42.0	43.5	45.0	48.5	52.0	62.0	72.0
	黏质土	26.0	31.0	35.5	38.0	40.5	43.5	46.0				
	粉质土	28.0	34.5	41.0	44.5	48.5	52.0					
IV_7	土质砂	35.0	39.0	43.0	45.0	47.0	49.0	51.0	55.0	59.0	70.5	82.0
	黏质土	24.5	29.5	34.5	37.0	40.0	42.5	44.5				
	粉质土	27.5	33.5	40.0	43.5	47.5	51.0					

续上表

区划	稠度 / 土组	0.80	0.90	1.00	1.05	1.10	1.15	1.20	1.30	1.40	1.70	2.00
V_7	土质砂黏质土	27.5	31.5	35.5	37.5	39.5	41.5	43.5	48.0	52.0	65.0	78.5
	粉质土	27.0	32.0	37.0	39.0	42.5	45.5	48.0	54.0	60.0		
		28.5	34.0	40.0	43.0	46.0	49.5	52.5	59.5			
V_1	紫色黏质土	22.5	26.0	30.0	32.0	34.0	36.0	38.0				
V_2	紫色粉质土	22.5	27.5	33.5	36.5	40.0	43.0					
	黄壤黏质土	25.0	29.0	33.0	35.5	37.5	40.0	42.0				
V_{2a}	黄壤粉质土	24.5	30.5	37.5	41.0	45.0	49.0					
V_3	黏质土	25.0	29.0	33.0	35.5	37.5	39.5	42.0				
	粉质土	24.5	30.5	37.5	41.0	45.0	48.5					
V_4	红壤黏质土	27.0	32.0	38.0	41.0	44.0	47.0	50.5				
（四川）	红壤粉质土	22.0	27.0	32.5	35.5	38.5	41.5					
VI	土质砂	51.0	54.0	57.0	58.5	60.0	61.0	62.0	64.5	67.0	73.5	80.0
	黏质土	33.5	37.0	41.0	42.5	44.0	45.5	47.2	50.5			
	粉质土	34.0	38.0	42.0	44.0	46.0	48.0	50.0				
VI_{1a}	土质砂	52.5	55.0	58.0	59.0	60.5	61.5	62.5	65.0	67.0	73.0	79.0
	黏质土	27.0	31.0	34.5	36.0	38.0	40.0	42.0	45.5			
	粉质土	31.5	36.5	41.5	44.0	46.5	49.0	51.5				
VI_2	土质砂黏质土	42.0	45.5	49.0	50.5	52.0	53.5	55.5	58.5	61.5	69.0	78.0
	粉质土	27.0	30.5	33.5	35.0	37.0	38.0	40.0	43.0	46.5		
		25.5	30.5	35.5	38.0	41.0	43.5	46.0	52.0			
VI_3	土质砂	46.0	50.0	53.5	55.0	56.5	58.5	60.0	63.0	66.0	75.0	83.0
	黏质土	29.5	33.5	37.5	39.5	44.0	44.0	46.8	50.0			
	粉质土	29.5	35.0	41.0	43.5	49.5	49.5	52.5				

续上表

区划	稠度 / 土组	0.80	0.90	1.00	1.05	1.10	1.15	1.20	1.30	1.40	1.70	2.00
VI_4	土质砂	51.0	53.5	56.5	57.5	59.0	60.0	61.0	63.5	65.5	72.0	77.5
	黏质土	28.5	32.0	36.0	37.5	39.5	41.5	43.5	47.5			
	粉黏土	30.5	34.5	39.0	41.0	43.5	45.5	48.0				
VI_{4a}	土质砂	45.5	49.0	52.5	54.0	56.0	57.5	59.0	62.0	65.0	73.5	81.5
	黏质土	31.0	34.5	38.0	40.0	42.0	44.0	45.5	49.5			
	粉质土	33.0	38.5	44.0	47.0	50.0	52.0	56.0				
VI_{4b}	土质砂	49.5	52.5	55.5	57.0	58.5	59.5	61.0	63.5	65.5	72.5	78.5
	黏质土	30.0	33.0	36.5	38.0	39.5	41.0	42.5	45.5			
	粉质土	31.0	35.5	40.5	43.0	45.5	48.5	51.0				
VII_1	土质砂	52.0	55.0	58.0	59.5	61.0	62.0	63.5	66.0	69.0	76.0	82.5
	黏质土	26.5	31.5	36.5	39.5	42.0	45.0	48.0	54.0			
	粉质土	30.5	37.0	44.0	47.5	51.5	55.0	59.0				
VII_2	土质砂	48.0	51.0	54.0	55.0	56.5	58.0	59.0	61.5	64.0	71.0	77.0
	黏质土	25.5	29.5	33.0	35.0	37.0	39.0	41.5	45.5			
	粉质土	28.0	33.5	39.0	42.0	45.0	48.5	51.5				
VII_3	土质砂	42.5	45.5	49.0	50.5	52.5	53.5	55.0	58.0	60.5	68.5	76.5
	黏质土	20.5	24.5	28.5	30.5	32.5	35.0	37.0	41.5			
	粉质土	23.5	28.0	33.0	36.0	38.5	41.0	44.0				
VII_4	土质砂	47.0	50.0	53.0	54.5	56.0	57.0	58.5	61.0	63.5	70.5	77.0
VII_{6a}	黏质土	22.0	25.5	29.0	30.5	32.5	34.5	36.0	40.0			
	粉质土	27.5	32.5	37.5	40.5	43.0	46.0	49.0				
VII_5	土质砂	45.5	49.0	52.0	53.0	54.5	56.0	57.5	60.0	62.5	70.0	76.5
	黏质土	30.0	33.0	37.5	39.5	41.5	43.5	45.0	49.0			
	粉质土	32.5	38.0	43.5	46.0	49.0	51.5	54.5				

附录G　本规范用词说明

为准确地掌握规范条文，本规范对要求严格程度的用词特作如下规定。

(1)表示很严格，非这样做不可时：

正面词采用“必须”；反面词采用“严禁”。

(2)表示严格，在正常情况下均应这样做时：

正面词采用“应”；反面词采用“不应”或“不得”。

(3)表示允许稍有选择，在条件许可时，首先应这样做时：

正面词采用“宜”或“可”；反面词采用“不宜”。

路桥用水性沥青基防水涂料

JT/T 535—2004

1 范围

本标准规定了路桥用水性沥青基防水涂料的分类、技术要求、试验方法、检验规则和标志、包装、运输、储存等。

本标准适用于公路、城市和铁路桥梁及涵洞等防水工程为主要用途的乳化沥青防水材料以及在其中掺入各种改性材料的水乳性防水涂料。

2 规范性引用文件

下列文件中的条款通过本标准的引用而成为本标准的条款。凡是注明日期的引用文件，其随后所有的修改单(不包括勘误的内容)或修订版均不适用于本标准。然而，鼓励根据本标准达成协议的各方研究是否可使用这些文件的最新版本。凡是不注日期的引用文件，其最新版本适用于本标准。

GB 6186—1982　涂料产品的取样

GB/T 12952—1991　聚氯乙烯防水卷材

GB/T 16777—1997　建筑防水涂料试验方法

GB/T 18244—2000　建筑防水材料老化试验方法

JC 408—1991　水性沥青基防水涂料

JC 412　建筑用石棉水泥平板

3 术语和定义

下列术语和定义适用于本标准：

水性沥青基防水涂料(water quality asphalt waterproof coating)；

以乳化沥青为基料的防水涂料。

4 产品分类和代号

4.1 产品分类

4.1.1　水性沥青基防水涂料，按其采用的化学乳化剂不同分为：

a. 氯丁胶沥青防水涂料，AE-1；

b. 用其他化学乳化剂配制的乳化沥青防水涂料，AE-2。

4.1.2　水性沥青基防水涂料按其质量分为 I 型和 II 型两种。

a. I 型：适用于热拌沥青混凝土路桥面；

b. Ⅱ型:适用于沥青玛蹄脂(SMA)混凝土路桥面。

4.2 产品标记

标记方法如下:

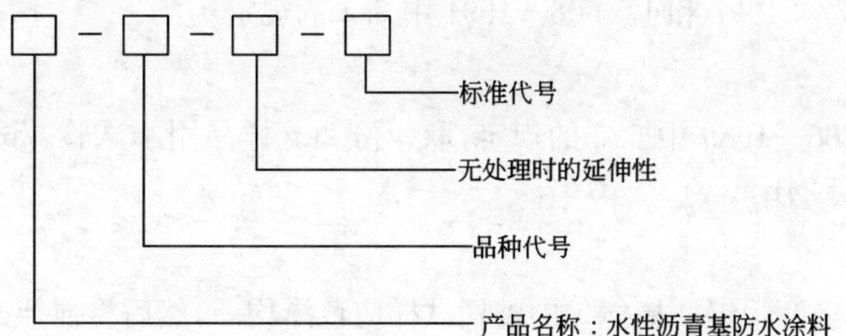

示例:氯丁胶乳化沥青防水涂料,其无处理时延伸性不小于 5mm,标记为水性沥青基防水涂料 AE-1-5 JT/T 535—2004。

5 技术要求

水性沥青基防水涂料的性能应满足表 1 的要求。

水性沥青基防水涂料性能指标 表 1

项目		类型 I	类型 II
外观		搅拌后为黑色或褐色均质液体,搅拌棒上不黏附任何明显颗粒	
固体含量(%)		≥43	
延伸性(mm)	无处理	≥5.5	≥6.0
	处理后	≥3.5	≥4.5
柔韧度(℃)		−15±2	−20±2
		无裂纹、断裂	
耐热度(℃)		140±2	160±2
		无流淌和滑动	
黏结性(MPa)		≥0.4	
不透水性		压力 0.3MPa,保持时间 30min,不渗水	
抗冻性(−20℃)		20 次不开裂	
耐腐蚀性(20℃)	耐碱	$Ca(OH)_2$ 中浸泡 15d 无异常	
	耐盐水	3%盐水中浸泡 15d 无异常	
干燥性(25℃)	表干	≤4h	
	实干	≤12h	
高温抗剪(60℃)(MPa)		0.16	
抗硌破及渗水		暴露轮碾试验(0.7MPa,100 次)后,0.3MPa 水压下不渗水	
人工气候加速老化	外观	无滑动、流淌、滴落	
	纵向拉力保持率(%)	≥80	
	低温柔度(℃)	−3	−10
		无裂纹	

注:试件参考涂布量与施工用量相同,1.5~2.5kg/m²。

6 试验方法

6.1 仪器及材料

按 GB/T 16777—1997 和 JC 408—1991 中 6.1 的规定。

6.2 试样

试样按 GB 3186—1989 中 5.3 的规定，取一份 2kg 样品用于试验。试样应预先在(20±10)℃的环境中放置 24h。

6.3 外观

先用肉眼观察经两根钢筋棒搅匀的整桶试样应色泽均一，然后将搅拌试样的玻璃棒取出，观察和记录每桶试样在玻璃棒上黏附颗粒的情况。

6.4 固体含量

按 JC 408—1991 中 6.4 的方法进行。

6.5 延伸性

按 JC 408—1991 中 6.5 的方法进行。

6.6 柔韧度

按 JC 408—1991 中 6.6 的方法进行。

6.7 耐热度

按 JC 408—1991 中 6.7 的方法进行。

6.8 黏结性

按 JC 408—1991 中 6.8 的方法进行。

6.9 不透水性

按 JC 408—1991 中 6.9 的方法进行。

6.10 抗冻性

按 JC 408—1991 中 6.10 的方法进行。

6.11 耐腐蚀性

6.11.1 耐碱性

在 20℃，按 GB/T 16777—1997 中 8.2.1.2 要求制备试件，放在 $Ca(OH)_2$ 溶液中浸泡 15d 无异常。

6.11.2 耐盐性

在 20℃，按 GB/T 16777—1997 中 8.2.1.2 要求制备试件，放在 3%盐水中浸泡 15d 无异常。

6.12 干燥性试验

按 GB/T 16777—1997 中 12.2.1.1 的规定制备试件。表干时间按 GB/T 16777—1997 中 12.2.1.3B 测定，实干时间按 GB/T 16777—1997 中 12.2.1.2B 测定。

6.13 高温抗剪切试验

将涂料分别粘贴在沥青混凝土和混凝土上，在 60℃温度下，拉力机夹具角度 30°～45°，并保持黏合面正应力 0.15MPa，压速 10mm/min，测剪切力。

6.14 抗硌破及渗水试验

按 GB/T 12952—1991 中 5.11 规定的要求进行穿孔试验，检测渗水透过率。在暴露轮碾试验(0.7MPa，100 次)后，测 0.3MPa 水压下不渗水。

6.15 人工气候加速老化试验

按 GB/T 18244 进行，采用氙弧灯法，试验时间 720h(累计辐射能量约为 1 500MJ/m²)。老化试验后，检查试件外观无滑动、流淌、滴落。测定纵向拉力保持率不小于 80%，并按 GB/T 16777—1997 中第 10 章的方法进行低温柔度测定。

7 检验规则

7.1 检验分类

产品检验分出厂检验和型式检验。

7.1.1 出厂检验项目包括外观、固体含量、耐热性、柔韧性、无处理时的延伸性。

7.1.2 型式检验项目包括本标准规定的全部技术要求。

7.1.3 有下列情况之一时，应进行型式检验。

a. 新产品或老产品转厂生产的试制定型鉴定。

b. 正式生产后，如原料、配比、工艺有较大改变。

c. 正式生产时，每季度进行一次检验。

d. 产品长期停产后，恢复生产时。

e. 出厂检验结果与上次型式检验有较大差异时。

f. 国家质量监督机构提出进行型式检验要求时。

7.2 抽样与组批规则

7.2.1 出厂检验以每班的生产量为一批进行抽样。

7.2.2 按 GB 3186—1982 第 3 章规定的数量，在批中随机抽取整桶样品，逐桶检查外观质量。然后按 GB 3186—1982 中 5.3 的规定，取一份 2kg 样品用于 6.4～6.15 的试验。

7.2.3 样品的标志和密封按 GB 3186—1982 第 6 章的规定进行。

7.3 判定规则

7.3.1 对于耐热性、柔韧性、不透水性、抗冻性试验，若有一个试件不合格时，应双倍抽样重检，重检合格为合格，重检时仍有一个试件不合格，则该项技术要求不合格。

7.3.2 产品抽样检验结果全部符合本标准规定的技术要求时，判为批合格；若有一项技术要求不符合时，判为批不合格。

8 标志、包装、运输、储存

8.1 标志

包装桶的立面应涂刷永久明显的标志，内容包括：

a. 制造厂名；

b. 产品名称和产品标记；

c. 产品净重；

d. 制造日期或生产批号。

8.2 包装

8.2.1 产品用带盖的铁桶或塑料桶包装，每桶净重为 50kg、100kg、200kg 三种规格。

8.2.2 包装好的产品应附有产品合格证和产品使用说明书。

8.3 运输

8.3.1 水性沥青基防水涂料不易燃、无毒，可按一般运输方式办理运输。运输时温度不得低于 0℃。

8.3.2 运输中严防日光曝晒，勿接近热源，应防止碰撞，保持包装完整无损。

8.4 储存

8.4.1 产品应储存在 0℃以上的仓库内，夏季应避免曝晒。

8.4.2 自生产之日起产品的有效期不得少于 3 个月。

路桥用塑性体沥青防水卷材

JT/T 536—2004

1 范围

本标准规定了路桥用塑性体改性(APP)沥青防水卷材的术语和定义、产品分类、技术要求、试验方法、检验规则、标志、包装、运输与储存。

本标准适用于两面附以无规聚丙烯(APP)或其他无规聚烯烃类聚合物(APAO、APO)改性剂的隔离材料,并以聚酯毡为胎基所制成的路桥用塑性体(APPO)沥青防水材料(以下简称"卷材")。

本标准不适用于其他胎基和改性剂上表面材料制成的沥青防水卷材。

2 规范性引用文件

下列文件中的条款通过本标准的引用而成为本标准的条款。凡是注明日期的引用文件,其随后所有的修改单(不包括勘误的内容)或修订版均不适用于本标准。然而,鼓励根据本标准达成协议的各方研究是否可使用这些文件的最新版本。凡是不注日期的引用文件,其最新版本适用于本标准。

GB/T 328.3　沥青防水卷材试验方法 不透水性

GB/T 328.5　沥青防水材料试验方法 耐热度

GB/T 12952—1991　聚氯乙烯防水卷材

GB/T 18244　建筑防水材料老化试验方法

3 术语和定义

下列术语和定义适用于本标准。

塑性体改性(APP)沥青防水卷材[atactic polypropylene (APP)asphalt waterproof roll];

以 APP 改性材料为主,辅以各种助剂制成的沥青涂盖料浸涂聚酯胎基(PY),并在上表面撒以细砂、矿物粒(片)料制成的有特殊性能指标及用途的防水卷材。

4 产品分类

4.1 分类

4.1.1　按上表面材料分为砂面和矿物粒(片)面。

砂面代号:M;

矿物粒(片)面代号:S。

4.1.2　按物理力学性能分为 I 型和 II 型:

I 型——适用于热拌沥青混凝土路桥面；

II 型——适用于沥青玛蹄脂(SMA)混凝土路桥面。

4.2 规格

4.2.1 幅宽：1 000mm。

4.2.2 厚度：3mm、4mm、5mm。

4.2.3 面积：每卷面积分为 $10m^2$ 和 $7.5m^2$。

4.3 型号

型号表示方式如下：

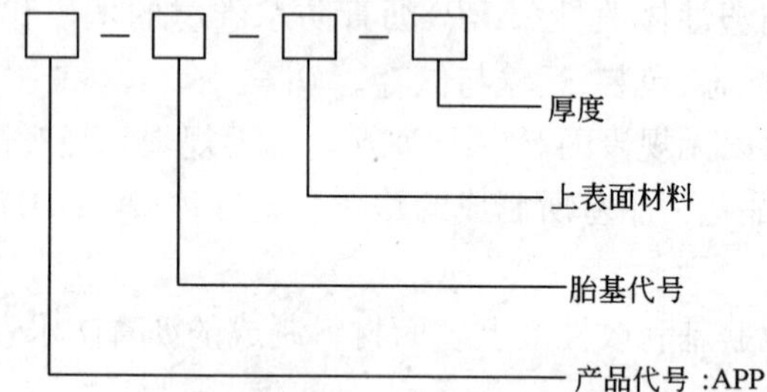

示例：3mm 厚砂面聚酯胎 I 型塑性体改性沥青防水卷材型号为 APP-I-PY-S-3。

5 技术要求

5.1 卷重、面积及厚度

卷重、面积及厚度应符合表 1 的要求。

卷重、面积及厚度 表 1

规格(公称厚度)(mm)		3		4				5	
上表面材料		S	M	S	M	S	M	S	M
面积(m^2/卷)	公称面积，≥	10		10		7.5		7.5	
	偏差	±0.10		±0.10		±0.10		±0.10	
最低卷重(kg/卷)		35.0	40.0	45.0	50.0	33.0	37.5	44	48
厚度(mm)	平均值，≥	3.0	3.2	4.0	4.2	4.0	4.2	5.2	5.2
	最小单值	2.7	2.9	3.7	3.9	3.7	3.9	4.9	4.9

5.2 外观

5.2.1 成卷卷材应卷紧卷齐，端面里进外出不得超过 10mm。

5.2.2 成卷卷材在 4～60℃任一产品温度下开展，在距卷芯 1 000mm 长度外不应有 10mm 以上的裂纹或黏结。

5.2.3 胎基应浸透，不应有未被浸渍的条纹。

5.2.4 卷材表面应平整，不允许有孔洞、缺边及裂口，矿物粒(片)料粒度应均匀一致，并紧密地黏附于卷材表面。

5.2.5 胎基要求在卷材上表面下 1/3～1/2 的位置，以保证底面有一定厚度的沥青。

5.2.6 每卷卷材的接头不应超过 1 个，较短的一段长度不应少于 1 000mm，接头应剪切整齐，并加长 150mm。

5.3 物理力学性能

卷材物理力学性能应符合表 2 的规定。

卷材物理力学性能　　表 2

<table>
<tr><td colspan="2">型　号</td><td>I</td><td>II</td></tr>
<tr><td rowspan="3">可溶物含量(g/m²),≥</td><td>3mm</td><td colspan="2">2 100</td></tr>
<tr><td>4mm</td><td colspan="2">2 900</td></tr>
<tr><td>5mm</td><td colspan="2">3 700</td></tr>
<tr><td colspan="2">不透水性</td><td colspan="2">压力≥0.4MPa,保持时间≥30min,不透水</td></tr>
<tr><td colspan="2" rowspan="2">耐热度(℃)</td><td>130±2</td><td>150±2</td></tr>
<tr><td colspan="2">2h 涂盖层垂直悬挂,无滑动、流淌、滴落</td></tr>
<tr><td rowspan="2">拉力(N/50mm),≥</td><td>纵向</td><td>600</td><td>800</td></tr>
<tr><td>横向</td><td>550</td><td>750</td></tr>
<tr><td rowspan="2">最大拉力时延伸率(%),≥</td><td>纵向</td><td>25</td><td>35</td></tr>
<tr><td>横向</td><td>30</td><td>40</td></tr>
<tr><td colspan="2" rowspan="2">低温柔度(℃)</td><td>−10</td><td>−20</td></tr>
<tr><td colspan="2">3s,弯曲 180°,无裂纹</td></tr>
<tr><td rowspan="2">撕裂强度(N),≥</td><td>纵向</td><td>300</td><td>400</td></tr>
<tr><td>横向</td><td>250</td><td>350</td></tr>
<tr><td rowspan="4">人工气候加速老化</td><td>外观</td><td colspan="2">无滑动、流淌、滴落</td></tr>
<tr><td>纵向拉力保持率(%)</td><td colspan="2">≥80</td></tr>
<tr><td rowspan="2">低温柔度(℃)</td><td>3</td><td>−10</td></tr>
<tr><td colspan="2">无裂纹</td></tr>
<tr><td colspan="2">抗硌破(130℃/2h)</td><td colspan="2">500g 重锤,300mm 高度冲击后无硌破</td></tr>
<tr><td colspan="2">渗水系数(4903.3Pa 下 16h)(mL/min)</td><td colspan="2">≤1</td></tr>
<tr><td rowspan="2">高温抗剪(60℃,黏合面正应力 0.1MPa,压速 10mm/min)(N/mm)</td><td>沥青混凝土面</td><td>2</td><td>2.5</td></tr>
<tr><td>混凝土面</td><td>2</td><td>2.5</td></tr>
<tr><td colspan="2">−20℃低温抗裂(MPa),≥</td><td>6</td><td>8</td></tr>
<tr><td colspan="2">−20℃低温延伸率(%),≥</td><td>20</td><td>30</td></tr>
<tr><td rowspan="2">耐腐蚀性(20℃)</td><td>耐碱</td><td colspan="2">$Ca(OH)_2$ 中浸泡 15d 无异常</td></tr>
<tr><td>耐盐水</td><td colspan="2">3%盐水中浸泡 15d 无异常</td></tr>
</table>

6 试验方法

6.1 卷重、面积及厚度

6.1.1　卷重

用最小分度值 0.2kg 的台秤称量每卷卷材的质量。

6.1.2　面积

用最小分度值 1mm 卷尺在卷材两端和中部 3 处测量宽度、长度,以长度乘以宽度的平均值求得每卷卷材面积。若有接头,以量出两断端长度之和减去 150mm 计算。

当面积超出标准规定的正偏差时，按公称面积计算其卷重，当其符合最低卷重要求时，亦判为合格。

6.1.3　厚度

使用接触面直径为 10mm、单位面积压力为 0.02MPa、分度值为 0.01mm 的厚度计测量，保持时间 5s。沿卷材宽度方向裁取 50mm×1 000mm 的卷材一条，在宽度方向测量 10 点，距卷材长度边缘(150±15)mm 向内各取一点，在这两点中均分取其余 8 点。对砂面卷材必须清除浮砂后再进行测量，记录测量值。计算 10 点的平均值作为该卷材的厚度。以所抽卷材数量的卷材厚度的总平均值作为该批产品的厚度，并报告最小单值。

6.2　外观

将卷材立放于平面上，用一把钢板尺平放在卷材的端面上，用另一把小分度值为 1mm 的钢板尺垂直伸入卷材端面最凹处，测得的数值即为卷材端面的里进外出值。然后将卷材展开按外观质量要求检查。沿宽度方向裁取 50mm×1 000mm 的一条卷材，胎基内不应有未被浸透的条纹。

6.3　物理力学性能

6.3.1　试件

6.3.1.1　将取样卷材切除距外层卷头 2 500mm 后，顺纵向切取长度为 1 600mm 的全幅卷材试样两块，一块作物理力学性能检测用，另一块备用。

6.3.1.2　按如图 1 所示的部位及表 3 规定的尺寸和数量切取试件。试件边缘与卷材纵向边缘间的距离不小于 75mm。

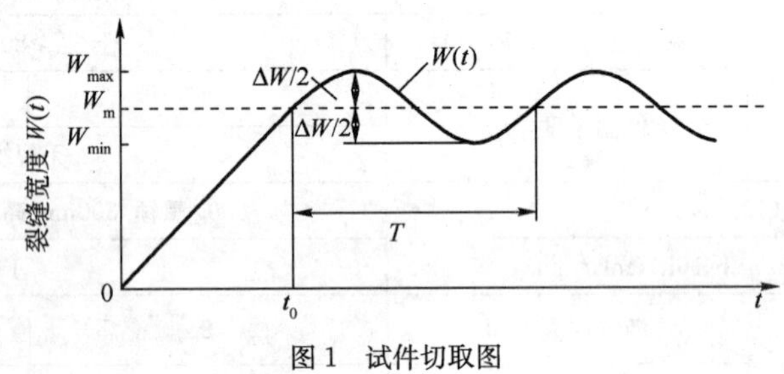

图 1　试件切取图

6.3.1.3　人工气候加速老化性能试件按 GB/T 18244 的规定切取。共取两组。一组进行老化试验；一组作为对比试件，进行性能测定。

6.3.2　可溶物含量

按照 GB/T 18243—2000 中 5.3.2 的方法进行。

6.3.3　不透水性

不透水性试验按 GB/T 328.3 进行。

试件尺寸和数量　　表 3

试验项目	试件代号	试件尺寸(mm)	数量(个)	试验项目	试件代号	试件尺寸(mm)	数量(个)
可溶物含量	A	100×100	3	低温柔度	E	150×25	6
拉力和延伸率	B、B′	250×50	纵横向各 5	撕裂强度	F、F′	200×75	纵横向各 5
不透水性和抗硌破性	C	150×150	各 3	高温抗剪	G	300×400	3
低温抗裂和低温延伸率	B、B′	250×50	纵横向各 5	耐盐水	I	100×100	3
耐热度	D	100×50	3	耐碱	H	100×100	3

6.3.4 耐热度

耐热度试验按 GB/T 328.5 进行。

6.3.5 拉力及最大拉力时延伸率

按照 GB/T 18243—2000 中 5.3.3 的方法进行。

6.3.6 低温柔度

按照 GB/T 18243—2000 中 5.3.6 的方法进行。

6.3.7 撕裂强度

按照 GB/T 18243—2000 中 5.3.7 的方法进行。

6.3.8 人工气候加速老化

试验方法按 GB/T 18244 进行，采用氙弧灯法，试验时间 720h（累计辐射能量约为 1 500MJ/m^2）。老化试验后，检查试件外观，并按 6.3.5 和 6.3.6 测定纵向拉力与低温柔度，计算纵向拉力保持率。

6.3.9 抗硌破

将试件置于 130℃烘箱内恒温 2h，然后按 GB/T 12952—1991 中 5.11 规定的要求进行穿孔试验。

6.3.10 渗水

将试件置于 4903.3Pa 下 16h，按 GB/T 328.3 检测渗水透过率。

6.3.11 高温抗剪

卷材试件分别粘贴在沥青混凝土和混凝土面上，在 60℃温度下，拉力机夹具角度 30°～45°，并保持黏合面正应力 0.1MPa，压速 10mm/min，测剪切力。

6.3.12 低温抗裂

卷材试件在－20℃温度下测拉力及延伸，强度计算方法为：

$$\sigma = N/(hb)$$

式中：σ——强度（MPa）；

N——拉力（N）；

h——试件厚度（mm）；

b——试件宽度（mm）。

6.3.13 耐腐蚀性

6.3.13.1 耐碱性

在 20℃的温度下，将卷材试件放在 $Ca(OH)_2$ 溶液中浸泡 15d 无异常。

6.3.13.2 耐盐雾性

在 20℃的温度下，将卷材试件放在 3%盐水中浸泡 15d 无异常。

7 检验规则

7.1 检验分类

产品分为出厂检验与型式检验。

7.1.1 出厂检验项目包括卷重、面积、厚度、外观、拉力、最大拉力时断裂延伸率、不透水性、耐热度、低温柔度。

7.1.2 型式检验项目包括技术要求中的全部检验项目。

7.1.3 出现下列情况之一时应进行型式检验。

a.新产品投产或产品定型鉴定时；

b. 正常生产时，抗硌破和渗水试验每月进行一次，高温抗剪和低温抗裂每半年进行一次；人工气候加速老化时每两年进行一次，其他指标每年一次；

c. 原材料、工艺等发生较大变化，可能影响产品质量时；

d. 出厂检验结果与上次型式检验结果有较大差异时；

e. 产品停产 6 个月后恢复生产时；

f. 国家质量监督机构提出型式检验要求时。

7.2 组批

以同一类型、同一规格 10 000m² 为一批，不足 10 000m² 时亦可作为一批验收。

7.3 卷重、面积、厚度与外观检验

7.3.1 抽样

在每批产品中随机抽取 5 卷进行卷重、面积、厚度与外观质量检查。

7.3.2 判定

各项检查结果均符合 5.1、5.2 的规定时，判定其卷重、面积、厚度与外观合格。若其中一项不符合规定，允许在该批产品中另取 5 卷样品，对不合格项进行复查。如全部达到标准规定时，则判为合格；若仍不符合标准，则判该批产品不合格。

7.4 物理力学性能检验

7.4.1 抽样

从卷重、面积、厚度与外观合格的卷材中随机抽取一卷进行物理力学性能试验。

7.4.2 判定

若以下测试项目符合表 2 的指标要求，则判定该批产品物理力学性能为合格。

a. 当可溶物含量、拉力、最大拉力时延伸率、撕裂强度各项试验结果的平均值；

b. 不透水性、耐热度每组 3 个试件；

c. 低温柔度 6 个试件至少有 5 个试件，型式检验和仲裁检验应使用 A 法；

d. 人工气候加速老化各项；

e. 抗硌破及渗水试验，3 个试样渗水系数不小于或等于规定值；

f. 高温抗剪，3 个试样的平均值；

g. 低温抗裂，3 个试样的平均值。

7.4.3 判定规则和复验

若有一项指标不符合标准规定，允许在该批产品中再随机抽取 5 卷并从中任取一卷对不合格项进行单项复验。达到标准规定时，则判该批产品合格；若有一项以上不合格，就判不合格。

卷重、面积、厚度、外观与物理力学性能均符合标准规定的全部技术要求，且包装和标志符合 8.1、8.2 的规定时，则判该批产品合格。

7.5 产品合格证

产品出厂时，生产厂需将该批产品出厂检验结果与合格证提供给用户。

8 标志、包装、运输与储存

8.1 标志

产品应有明显的标志，标志的内容包括：

a. 生产厂名；

b. 商标；

c. 产品型号；

d. 生产日期或批号。

8.2　包装

卷材可用纸包装或塑胶带成卷包装。纸包装时应全柱面包装，柱面两端未包装长度总计不应超过 100mm。

8.3　运输与储存

8.3.1　运输与储存时，不同类型、规格的产品分别堆放，不应混杂。避免日晒雨淋，注意通风。储存温度不应高于 50℃，立放储存，高度不超过两层。防止倾斜或横压，必要时加盖苫布。

8.3.2　在正常运输与储存条件下，储存期自生产日起为 1 年。

后　　记

随着我国公路铁路建设的快速发展，防水材料在隧道工程中得到了大规模的应用。同时，公路铁路建设的发展对防水材料的相关应用技术也提出了更高的要求。从发展趋势看，隧道专用防水材料在我国的公路铁路建设中将发挥越来越重要的作用。为了提高施工质量，加强设计、施工、监理、物资供应等环节的交流和协调，促进该项技术的不断进步，我们组织了相关人员共同编著该书。

书中对防水材料的基本特性及工程应用予以全面介绍，同时有选择地摘录了一些与之相关的技术规范，可供工程一线技术人员参考，希望本书的出版能对施工人员有所裨益。

施工现场是探索与检测新技术应用的最好场所，在工程中，我们注重总结，积极与用户共同研究改进与提高的办法，从中获得了许多宝贵的经验。

本书算不上一部结构严谨的学术著作，写作立意上追求的是实用性、可操作性，但由于编著者的水平和能力所限，不尽如人意之处在所难免，不妥之处，欢迎指正。

本书的编写，参考了部分文献，对于文献作者为推进相关领域技术进步所作的贡献表示钦佩，并向列在参考文献内的所有作者、译者表示衷心的感谢！

本书引用了很多试验数据和资料，参考文献之外的，不再一一注明出处，谨向所有涉及的各位表示谢意！

为使本书的内容不断更新充实与完善，欢迎读者提出宝贵意见，为便于联系，特附上通信地址：

浙江兰亭高科有限公司

绍兴县兰亭防水材料有限公司　　浙江中强防水工程有限公司

绍兴兰亭工业园区

邮编：312044

电话：0575-84601778　　84601683

我们期待着与大家共同努力，为推进我国公路技术的进步而尽绵薄之力。

编著者

参考文献

[1] 陈炫. 遇水膨胀材料止水机理. 公路隧道,2000.
[2] 吴培熙,王祖玉,景志坤. 塑料制品生产工艺手册. 北京:化学工业出版社,1998.
[3] 蒋树屏. 公路隧道工程技术的线装及展望//中国公路学会. 学术交流论文集,2001.
[4] 王朝熙. 简明防水工程手册. 北京:中国建筑工业出版社,1991.
[5] 牛光全. 建筑防水工作手册. 北京:中国建筑工业出版社,1994.
[6] 杨斌. 建筑材料标准汇编. 北京:中国标准出版社,2003.
[7] 李承刚. 地下工程防水技术与防水材料//中国建筑防水材料工业协会. 中国防水技术与市场研讨会论文集,2000.
[8] 闫亚丽. 地铁区间隧道渗漏水的治理//隧道和地下工程科技动态报告文集.
[9] GB 326—2007 石油沥青纸胎油毡. 北京:中国标准出版社,2007.
[10] GB 18242—2000 弹性体改性沥青防水卷材. 北京:中国标准出版社,2001.
[11] GB 18243—2000 塑性体改性沥青防水卷材. 北京:中国标准出版社,2001.
[12] GB 12952—2003 聚氯乙烯防水卷材. 北京:中国标准出版社,2003.
[13] GB 12953—2003 氯化聚乙烯防水卷材. 北京:中国标准出版社,2003.
[14] GB 50345—2004 屋面工程技术规范. 北京:中国建筑工业出版社,2004.
[15] GB 18445—2001 水泥基渗透结晶型防水材料. 北京:中国标准出版社,2001.
[16] GB 50208—2002 地下防水工程质量验收规范. 北京:中国建筑工业出版社,2002.
[17] GB 50108—2001 地下工程防水技术规范. 北京:中国计划出版社,2001.
[18] GB 18173.1—2006 高分子防水材料 第一部分 片材. 北京:中国标准出版社,2006.
[19] GB 18173.2—2000 高分子防水材料 第二部分 止水带. 北京:中国标准出版社,2000.
[20] GB 18173.3—2002 高分子防水材料 第三部分 遇水膨胀橡胶. 北京:中国标准出版社,2000.
[21] JC/T 975—2005 道桥用防水涂料. 北京:中国建材工业出版社,2005.
[22] JC/T 690—2008 沥青复合胎柔性防水卷材. 北京:中国建材工业出版社,2008.
[23] JC/T 408—2005 水乳型沥青防水涂料. 北京:中国建材工业出版社,2005.
[24] JC/T 974—2005 道桥用改性沥青防水卷材. 北京:中国建材工业出版社,2005.
[25] JC/T 894—2001 聚合物水泥防水涂料. 北京:中国建材工业出版社,2001.
[26] JC/T 504—2007 铝箔面石油沥青防水卷材. 北京:中国建材工业出版社,2007.
[27] GB/T 14684—2001 建筑用砂. 北京:中国标准出版社,2001.
[28] GB/T 2290—1994 煤沥青. 北京:中国标准出版社,1994.
[29] GB/T 14686—2008 石油沥青玻璃纤维胎防水卷材. 北京:中国标准出版社,2008.
[30] JGJ 55—2000 普通混凝土配合比设计规程. 北京:中国建筑工业出版社,2001.
[31] CJJ 37—90 城市道路设计规范. 北京:中国建筑工业出版社,1991.
[32] JT/T 536—2004 路桥用塑性体(APP)沥青防水卷材. 北京:人民交通出版社,2004.
[33] JT/T 535—2004 路桥用水性沥青基防水涂料. 北京:人民交通出版社,2004.
[34] JTG D50—2006 公路沥青路面设计规范. 北京:人民交通出版社,2006.
[35] JTG D70—2004 公路隧道设计规范. 北京:人民交通出版社,2004.